领域特定语言

DOMAIN-SPECIFIC
LANGUAGES

[美] 马丁·福勒 (Martin Fowler) 著

徐昊 郑晔 熊节 译

姚琪琳 黄进军 钟敬 审校

人民邮电出版社

北 京

图书在版编目（ＣＩＰ）数据

领域特定语言 / （美）马丁·福勒（Martin Fowler）
著；徐昊，郑晔，熊节译. -- 北京 : 人民邮电出版社，
2021.7
ISBN 978-7-115-56316-3

Ⅰ. ①领… Ⅱ. ①马… ②徐… ③郑… ④熊… Ⅲ.
①程序语言－程序设计 Ⅳ. ①TP311.52

中国版本图书馆CIP数据核字(2021)第063598号

版 权 声 明

◆ 著　　　 ［美］马丁·福勒（Martin Fowler）
　 译　　　 徐　昊　郑　晔　熊　节
　 审　　校　 姚琪琳　黄进军　钟　敬
　 责任编辑　 刘雅思
　 责任印制　 王　郁　焦志炜
◆ 人民邮电出版社出版发行　　北京市丰台区成寿寺路 11 号
　 邮编　100164　 电子邮件　315@ptpress.com.cn
　 网址　https://www.ptpress.com.cn
　 三河市君旺印务有限公司印刷
◆ 开本：800×1000　1/16
　 印张：31.25
　 字数：693 千字　　　　　　　 2021 年 7 月第 1 版
　 印数：1 – 3 000 册　　　　　　2021 年 7 月河北第 1 次印刷
　 著作权合同登记号　图字：01-2019-3978 号

定价：149.90 元
读者服务热线：**(010)81055410**　印装质量热线：**(010)81055316**
反盗版热线：**(010)81055315**
广告经营许可证：京东市监广登字 20170147 号

内 容 提 要

《领域特定语言》是领域特定语言（Domain-Specific Language，DSL）领域的丰碑之作，由世界级软件开发大师马丁·福勒（Martin Fowler）历时多年写作而成。

全书共 57 章，分为 6 个部分，全面介绍了 DSL 概念、DSL 常见主题、外部 DSL 主题、内部 DSL 主题、备选计算模型以及代码生成等内容，揭示了与编程语言无关的通用原则和模式，阐释了如何通过 DSL 有效提高开发人员的生产力以及增进与领域专家的有效沟通，能为开发人员选择和使用 DSL 提供有效的决策依据和指导方法。

本书适合想要了解各种 DSL 及其构造方式，理解其通用原则、模式和适用场景，以提高开发生产力和沟通能力的软件开发人员阅读。

前　　言

在我开始编程生涯之前，领域特定语言（Domain-Specific Language，DSL）就已经成了程序世界中的一员。随便找个 UNIX 或者 Lisp 老手问问，他一定会跟你滔滔不绝地谈起 DSL 是怎么成为他的镇宅之宝的，直到你被烦得痛不欲生为止。尽管如此，DSL 却从未处于聚光灯下。大多数人是从别人那里学到 DSL 的，而且只是学到了有限的几种技术。

我写这本书就是为了改变这一现状。我的意图是介绍广泛的 DSL 技术，让你能够做出明智的决策：什么时候在工作中使用 DSL，选择哪种 DSL 技术。

DSL 流行的原因很多，我只强调两点：一是提升开发人员的生产力；二是增进与领域专家的沟通。如果 DSL 选择得当，就可以使一段复杂的代码变得清晰易懂，从而提升处理这段代码的效率。同时，如果有一段通用的文字既可作为可执行软件，又可充当功能描述，让领域专家能理解他们的想法是如何在系统中得以体现的，那么开发者和领域专家间的沟通就会更加顺畅。增进沟通比提升生产率要难一些，收益面却更为广泛，因为这有助于打通软件开发中最狭窄的瓶颈——开发者和客户之间的沟通。

DSL 的价值也不应被夸大。我常说，无论什么时候谈到 DSL 的优缺点，都可以考虑把"DSL"换成"库"。能够从 DSL 中获得的多数收益，也可以通过构建框架获得。实际上，大多数 DSL 只不过是框架或库上的一层薄薄的门面（facade）。因此，DSL 的成本和收益往往会比人们预想的小，但也未曾得到过充分的认识。掌握良好的技术可以大大降低构建 DSL 的成本，希望本书可以帮你做到这一点。这层门面虽薄，但是实用，值得一试。

为什么现在写这本书

DSL 由来已久，但直到近些年，人们对它的兴趣才有了显著的提升。与之同时，我决定用几年的时间写这本书。为什么呢？虽然我不知道自己是否可以给这一现象提供一个权威的解释，但我可以分享一下自己的观点。

在千禧年到来的时候，编程语言世界中（至少在我的企业软件世界中）出现了一种势不可挡的标准化的观念。先是 Java，它在几年的时间里风光无限。即使后来微软推出的 C#挑战了 Java 的统治地位，这个新生者依然是一门与 Java 很相似的语言。新时代的软件开发被编译型的、静态的、面向对象的、语法格式与 C 类似的语言统治着。（甚至连 Visual Basic 都被弄得尽可能地看起来接近这些性质。）

但人们很快发现，并不是所有的事情都能在 Java/C#的霸权下良好运作。有些重要的逻辑用这些语言不能很好地实现，于是 XML 配置文件兴起了。不久之后，程序员就开玩笑说，他们写的 XML 代码比 Java/C#代码都多。这固然有一部分原因是想在运行时改变系统行为，但也体现了另一种用更容易定制的方式来表达系统行为的各个方面的想法。XML 的语法虽然十分烦琐，但确实可以让你定义自己的词汇，而且提供了非常强大的层次结构。

不过后来人们实在忍受不了 XML 的烦琐了。人们抱怨尖括号刺伤了他们的双眼。他们希望既能够享受 XML 配置文件带来的好处，又不用承受 XML 的代价。

到了 21 世纪的头十年，Ruby on Rails 横空出世。不管 Rails 这个实用平台在历史上会占据什么样的位置（我觉得 Rails 确实是一个优秀的平台），它都已经给人们对框架和库的认识造成了深远的影响。Ruby 社区有一种很重要的做事方式：让一切显得更加连贯。换句话说，在调用库的时候，就像用一种专门的语言进行编程一样。这不禁让我们想起一门古老的编程语言——Lisp。这种方式也让人看到了在 Java/C#这片坚硬的土地上绽开的花朵：在这两门语言中，连贯接口（fluent interface）都变得流行起来，这大概要归功于 JMock 和 Hamcrest 创始人的持久影响。

回头看看这一切，我发现这里存在着知识壁垒。有的时候，使用定制的语法会更容易理解，实现也不难，人们却用了 XML；有的时候，使用定制的语法会简单很多，人们却把 Ruby 用得十分扭曲；有的时候，本来在常用的语言中使用连贯接口就可以轻易达成的事情，人们却非要玩起语法分析器。

我假设出现这些问题的原因是知识壁垒的存在。熟练的程序员对 DSL 技术了解不够，无法对使用哪些 DSL 技术做出明智的判断。这就是我想要填补的空白。

为什么 DSL 很重要

2.2 节将讲述更多为何使用 DSL 的细节。我觉得需要学习 DSL（以及本书中提到的技术）的原因主要有两点。

第一点是提升程序员的开发效率。先看一下下面这段代码：

```
input =~ /\d{3}-\d{3}-\d{4}/
```

你会认出这是一个正则表达式，也许还知道它匹配的代码是什么。正则表达式常常被指太让人费解，但试想一下，如果只能使用普通控制代码，你会怎样编写这段模式匹配代码？这段代码与正则表达式相比，哪个更容易理解和修改？

DSL 擅长在程序中某些特定的部分发挥作用，让它们容易被理解，进而提高编写和维护的速度，并且减少 bug。

DSL 的第二个优势就不仅限于程序员的范畴了。因为 DSL 往往短小易读，所以非程序员也能看懂这些驱动着其重要业务的代码。把这些实际的代码暴露在领域专家面前，程序员和客户之间就有了非常顺畅的沟通渠道。

谈起这类事情，人们常说 DSL 可以让你不再需要程序员了。我对此深表怀疑，毕竟人们也曾这样说过 COBOL。不过有些语言确实是给那些不以程序员自居的人来用的，如 CSS。对这一类语言来说，读比写要重要得多。如果领域专家可以阅读并且很大程度上理解核心业务代码，那么他就可以跟编写这段代码的程序员进行更加深入、细致的交流。

DSL 的第二个优势的达成并非易事，但从其回报来看是很值得的。软件开发中最狭窄的瓶颈就是程序员和客户之间的交流，任何可以解决这一问题的技术都值得一试。

别被这本书的厚度吓到

看到这本书这么厚，你可能会吓一跳吧？我自己发现写了这么多内容的时候也忍不住倒吸一口冷气。我对大部头的态度总是小心翼翼的，因为人们用来阅读的时间是有限的，一本厚书就意味着时间上的大量投入（这比书价值钱多了）。所以，在这种情况下我倾向于将本书拆分为"姊妹篇"两大板块。

本书两大板块的内容都足以单独成书。第一个板块是叙述性的概述，需要从头到尾阅读。我希望它可以大致描述出 DSL 的主要内容，让人有一个整体认识就可以，不用深入细节。我觉得这部分最好不要超过 150 页，这是比较合理的厚度。

第二个板块是参考资料，篇幅更大一些。这个板块的内容不需要逐页阅读（虽然也有人这么做），用得着的时候再仔细看就行。有些人喜欢先读完第一个板块，有了整体认识之后，再去看第二个板块里感兴趣的章节。有些人喜欢一边读第一个板块，一边找第二个板块里感兴趣的地方看。之所以采用这种划分方式，主要是因为我想让读者了解哪些地方可以跳过，哪些地方不能，这样读者就可以有选择地深入阅读了。

我已经尽力让参考资料板块独立成篇。这样，如果你想使用树构造（第 24 章），你就去读那个模式，即便对概述板块的记忆已经有些模糊了，也能知道怎么去做。这样一来，一旦你完全理解了概述板块，这本书就变成了参考手册，想查详细资料的话，翻阅一下就能找到。

本书之所以篇幅这么大，是因为我没能找到缩小篇幅的方法。本书的一个主要目的是探索 DSL 可用的各项技术的广度。讨论代码生成、Ruby 元编程、语法分析器生成器（第 23 章）工具的书有很多，我想在这本书里涵盖所有这些技术，让你了解它们的异同。它们都在更广阔的舞台上发挥着各自的作用。我的目的是既要带你从宏观上进行了解，又要提供足够的细节，以帮你上手使用这些技术。

你会学到什么

本书将全面介绍各种 DSL 及其构建方法。人们开始尝试使用 DSL 的时候，通常只会选择一种技术。而本书则会介绍多种不同的技术，从而让人可以根据情况做出最佳选择。书中还提供了很多 DSL 技术的实现细节和例子。当然，我无法写出所有的细节，但也足以帮助你做出早期的决策。

前几章讲述什么是 DSL、DSL 的用途以及 DSL 与框架和库相比的作用。实现 DSL 的章节可以帮你理解如何构建外部 DSL 和内部 DSL。有关外部 DSL 的内容会介绍语法分析器的作用、语法分析器生成器（第 23 章）的用途以及用语法分析器解析外部 DSL 的各种方式。有关内部 DSL 的内容会展示如何以 DSL 的风格使用各种语言构造。虽然这无法告诉你怎样用好特定的语言，但是可以帮你理解这些技术在不同语言间的对应关系。

生成代码的章节列出了生成代码的各种策略，需要时可以看一下。第 9 章讲解语言工作台，简要介绍了一种新一代的工具。本书介绍的绝大部分技术已经存在很长时间了，而语言工作台则是一种面向未来的技术，虽然应当有美好的前景，但尚未得到足够的验证。

谁应该读这本书

本书面向的主要读者是那些正在考虑构建 DSL 的专业软件开发者。我觉得这类读者应该至少具有若干年的工作经验，并认同软件设计的基本思想。

如果你深入研究过语言设计，那么本书中大概不会有什么你没有接触过的内容。我倒是希望我在书中整理并表述信息的方式对你有所帮助。虽然人们在语言设计方面做了大量的工作——尤其是在学术界，但进入专业编程领域的成果寥寥无几。

第一部分的前几章也适用于任何想要了解 DSL 的基本概念和使用价值的读者。通读这一部分可以对 DSL 所采用的不同实现技巧有概要性的了解。

这是一本讲 Java 或 C#的书吗

本书和我写过的大部分书一样，独立于具体的编程语言。我最主要的目的是揭示那些可以用于你手头的任何编程语言的通用原则和模式。所以，不管你用的是哪种现代的面向对象语言，书里的思想都会为你提供帮助。

函数式语言可能会与本书中的一些思想相左。虽然我觉得很多内容依然适用，但我在函数式编程中的经验尚不足以让我判断这种编程范式到底会在多大程度上影响书中的建议。本书对过程式语言（即非面向对象语言，如 C 语言）的作用也很有限，因为我介绍的很多技术依赖于面向对象。

虽然我写的是通用原则，但为了把它们恰当地讲述出来，还是需要用一些例子来说明，这就需要用一门具体的编程语言来写。在选择用哪门语言来写例子的时候，我的首要标准是有多少人能读懂它。于是绝大多数例子是用 Java 或 C#写的。这两门编程语言在业界被广泛使用，有很多相似之处：类 C 的语法、内存管理以及提供了各种便利的类库。但我的意思并不是它们就是写 DSL 的最佳选择（这里特别强调，因为我根本就不这么认为），而是它们最能够帮助读者理解我讲的通用概念。我尽力让二者出现的机会均等，只有在某种语言用起来更方便的时候，才会打破这一平衡。虽然内部 DSL 的良好运用常常要用到某些另类的语法特色，但我尽力避免使用需要太多语法知识才能理解的语言元素——这着实挺困难的。

还有一些思想是必须使用动态语言才能满足的，而不能用 Java 或 C#实现。这种情况下我就会改用 Ruby，因为这是我最熟悉的动态语言。Ruby 非常适合编写 DSL，这一点对我很有帮助。再强调一点，虽然我个人更熟悉某种语言，在选择时也考虑了个人偏好，但不要因此推断这些技术就不能用于其他语言了。我很喜欢 Ruby，但如果你胆敢贬低 Smalltalk，就会看到我对语言真正偏执的一面。

值得一提的是，许多其他语言也适合构建 DSL，其中有些还是专门为了编写内部 DSL 而设计的。我之所以没有提到它们，是因为我对它们所知不多，没有足够的信心对它们进行评价。请不要认为我对它们有什么负面看法。

特别强调的是，要写一本独立于语言的 DSL 书，最大的困难是许多技术的应用恰恰要依赖于特定语言的特性。为了达到广泛的通用性，我做了很多权衡，但你必须意识到，这些权衡可能会被具体的语言环境彻底改变。

这本书里缺了什么

在写这样一本书的过程中，最让人沮丧的莫过于意识到必须停笔的那一刻。我为本书投入了数年的时间，我相信书中有很多内容值得阅读。但我也知道我留了很多坑没填。我本来是想填的，可这需要大量的时间。我的信念是，宁可出版一本不完美的书，也不要为了书的完美再拖上几年——即便这种完美真的可能出现。下面简要介绍一下我已经看到但没有时间填的坑。

我在前面曾提到过一点——函数式语言。实际上，在基于 ML 或 Haskell 的现代函数式语言中，构建 DSL 有悠久的历史。而我在书中基本没有提到这部分内容。一个有趣的问题是：假如我熟悉函数式语言及其 DSL 的用法，本书的内容结构可能会发生多大的改变？

或许本书中最令人沮丧的是没有对诊断和错误处理进行充分的讨论。我记得上大学的时候学过，在写编译器的过程中诊断部分是何等艰难。所以我意识到忽略这一点其实掩盖了一个相当重要的主题。

我个人最喜欢第 7 章讲述的备选计算模型。这里有太多的东西可以写，只可惜时不我与。最后我只好决定少写一些——希望书中的内容依然可以激发你探索更多模型的兴趣。

关于参考资料

尽管叙述部分的结构比较普通，但参考资料部分需要再多介绍一下。我把参考资料分成一系列主题，这些主题分散在不同的章中，以便保持类似的主题被放在一起。我的想法是每个主题都可以独立成篇，这样读者读完叙述部分以后，就可以深入了解某个特定的主题而无须涉及其他主题。若有例外，我会在对应主题的开头提到。

大部分主题以模式的形式呈现。模式的焦点是对一再重复出现的问题的通用解决方案。所以，如果有一个常见的问题"我该怎么设计语法分析器的结构呢？"，解决方案的两种可行模式是分隔符制导翻译（第 17 章）和语法制导翻译（第 18 章）。

近 20 年来，人们写了很多软件开发模式的书，不同作者的观点也不同。我的看法是，模式提供了一种出色的用于组织参考资料的方式，正如本书中所做的那样。叙述部分告诉你，如果想要解析文本，可以考虑上面两种模式，但模式本身提供了更多的信息以供选择和实施。

参考资料部分大多是以模式的结构来写的，但也有例外。对我而言，并不是所有的主题都是解决方案。对于有些主题，如嵌套运算符表达式（第 29 章），其焦点不是解决方案，并且该主题也不符合模式的结构，所以我没有采用模式风格的描述方式。还有一些情况很难称之为模式，如宏（第 15 章）和 BNF（第 19 章），可是用模式结构来描述它们却很合适。总的来说，我的判断标准是，模式结构（尤其是把"运行机制"和"使用时机"分离开的形式）是否有助于描述相关概念。

模式结构

多数作者在编写模式的时候用了一些标准模板。我也不例外，既用了一个标准模板，又跟别人用的有所区别。我采用的模板（或者说模式）的形式，是我在《企业应用架构模式》[Fowler PoEAA]中首次使用的，它的形式如下。

模板中最重要的元素大概要数**名字**了。我喜欢将模式作为参考资料部分的各个主题，其最主要的原因在于这样有助于创建一个强大的词汇表，从而方便展开讨论。虽然这个词汇表不一定能得到广泛应用，但至少可以让我的写作保持一致性，也可以在别人想要用这个模式的时候，为其提供一个上手的起点。

接下来的两个元素是**意图**和**概要**。它们对模型进行简要的概括，还能起到提醒作用，如果你已"将模式纳入囊中"，但忘了名字，它们可以唤起你的记忆。意图是用一两句话总结模式，而概要是模式的一种可视化表示——有时候是一张图，有时候是代码示例，不管是什么形式，只要能够快速解释模式的本质就可以。如果采用图的形式，我有时候会用 UML，不过要是有其他方式更容易表达意图的话，我也很乐意采用。

接下来就是稍长一些的**摘要**了。我一般会在相应位置给出一个例子，用来说明模式的用途。摘要由几段话组成，同样是为了让读者在深入细节之前先了解模式的全貌。

模式有两个主体部分：**运行机制**和**使用时机**。这两部分没有固定顺序，如果你想了解是否该用某个模式，可能就只想读"使用时机"这部分。不过，一般来说，不了解运行机制的话，只看"使用时机"是没什么意义的。

最后一部分是例子。我尽力在"运行机制"一节把模式的工作原理讲清楚，但人们一般还是需要通过代码来理解。代码示例是有风险的，它们演示的只是模式的一种应用场景，而有些人却会以为模式只有这个用法，这是因为没有理解其背后的概念。你可以把一种模式用上千百遍，每次稍稍有些差异，可我没有足够的空间和精力写那么多代码。所以请记住，模式的含义远远不止你从代码示例中看到的这些。

所有的例子都设计得非常简单，只关注要讨论的模式本身。我用的例子都是相互独立的，目的是使每一个参考章节都独立成篇。一般来说，在实际应用模式的时候还会有其他一堆问题要处理，但在一个简单的例子中，起码可以让你有机会理解问题的核心。丰富的例子更贴近现实，可它们也会引入大量与当前模式无关的问题。于是我只会展示一些片段，你需要自己把它们组装起来，以满足特定的需求。

这也意味着我在代码中主要追求的是可理解性。我没有考虑性能和异常处理等因素，因为这些只会把你的注意力从模式的本质转移到别处。

我力图避免编写难以借鉴的代码，即便这更符合特定语言的惯用写法。这种折中在内部 DSL 上会显得有些笨拙，因为内部 DSL 经常要靠某些晦涩的语言技巧来强化语言的连贯性。

书中的很多模式会缺少上面讲的一两个部分，因为我觉得确实没有什么需要写进去的。有些模式没有例子，因为最合适的例子在其他模式里面用到了——在发生这种情况的时候，我会指出来。

致谢

我每次写书的时候，都有很多人提供了大量的帮助。虽然作者署的是我的名字，但许多朋友为提高本书的质量起了很大的作用。

首先要感谢的是我的同事 Rebecca Parsons。我对 DSL 这个话题曾有很多顾虑，例如，它会涉及很多学术背景的知识，而那些是我所不熟悉的。Rebecca 有深厚的语言理论背景，她在这方面给了我很多帮助。此外，她也是我们公司的首席技术探路人和战略家，因此她可以将学术背景和大量的实践经验合二为一。她本来有能力并且也愿意为本书付出更多心血，但 ThoughtWorks 在其他方面更需要她。我很高兴与她在 DSL 这个话题上聊了那么长时间。

作者总是希望（并且带着小小的恐惧）审校人可以通读全书，找出不计其数的大大小小的错误。我幸运地找到了 Michael Hunger，他的审校工作做得极其出色。从这本书刚刚出现在我网站上的时候，他就开始不断地给我挑错，并给出改正的建议，这正是我需要的态度。他同时也推动我详细介绍了使用静态类型的技术，尤其是静态类型的符号表（第 12 章）。他给我提供了无数建议，足以再写两本书了。我希望有朝一日可以把这些想法写下来。

在过去的几年里，我和同事们，包括 Rebecca Parsons 和 Neal Ford，写过很多这方面的文章。在这本书里，我把他们的一些成形的想法也借鉴了过来。

ThoughtWorks 慷慨地给了我大量的时间来写这本书。我曾经用了很长的时间决定不再为某一家公司工作，但 ThoughtWorks 让我很愿意留下来，而且很高兴参与它的建设。

这本书还有很多正式的审校者，他们为本书提供了大量建议，并找出了很多错误。他们是：David Bock、David Ing、Gilad Bracha、Jeremy Miller、Aino Corry、Ravi Mohan、Sven Efftinge、Terance Parr、Eric Evans、Nat Pryce、Jay Fields、Chris Sells、Steve Freeman、Nathaniel Schutta、Brian Goetz、Craig Taverner、Steve Hayes、Dave Thomas、Clifford Heath、Glenn Vanderburg 和 Michael Hunger。

我还欠 David Ing 一个虽小但很重要的感谢，是他提出了"DSL 集锦"这个名字。

成为一个系列书的编辑之后，我就有了些美妙的特权。例如，我拥有了一个很出色的作者团队，他们可以帮我出谋划策。其中我尤其要感谢 Elliotte Rusty Harold，他提供了很多出色的建议。

很多 ThoughtWorks 的同事也成了我创意的源泉。非常感谢过去几年里允许我在各个项目中探索的每个人。我所看到的点子比能写下来的要多得多，能拥有这样一座丰富的宝藏，我感到无比愉悦。

有些人给本书的 Safari 在线图书初稿提供了很多建议，我在正式付梓之前也参考了他们的想法。这些人是：Pavel Bernhauser、Mocky、Roman Yakovenko、tdyer。

我还要谢谢本书出版商 Pearson 的工作人员。Greg Doench 是本书的组稿编辑，他负责出版的整体流程。John Fuller 是本书的执行编辑，他监管生产流程。

我粗略的文字经过 Dmitry Kirsanov 的斧正，才可称得上一部著作。Alina Kirsanova 排定了本书的布局，并制作了索引。

资源与支持

本书由异步社区出品，社区（https://www.epubit.com/）为您提供相关资源和后续服务。

提交勘误

作者和编辑尽最大努力来确保书中内容的准确性，但难免会存在疏漏。欢迎您将发现的问题反馈给我们，帮助我们提升图书的质量。

当您发现错误时，请登录异步社区，按书名搜索，进入本书页面，点击"提交勘误"，输入勘误信息，点击"提交"按钮即可（见下图）。本书的作者和编辑会对您提交的勘误信息进行审核，确认并接受您的建议后，您将获赠异步社区的 100 积分。积分可用于在异步社区兑换优惠券、样书或奖品。

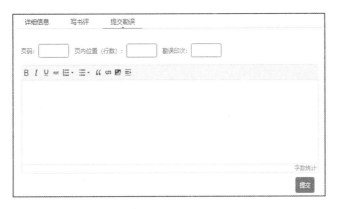

扫码关注本书

扫描下方二维码，您将会在异步社区微信服务号中看到本书信息及相关的服务提示。

与我们联系

我们的联系邮箱是 contact@epubit.com.cn。

如果您对本书有任何疑问或建议，请您发邮件给我们，并请在邮件标题中注明本书书名，以便我们更高效地做出反馈。

如果您有兴趣出版图书、录制教学视频，或者参与图书翻译、技术审校等工作，可以发送邮件给我们；有意出版图书的作者也可以到异步社区在线投稿（直接访问 https://www.epubit.com/contribute 即可）。

如果您来自学校、培训机构或企业，想批量购买本书或异步社区出版的其他图书，也可以发送邮件给我们。

如果您在网上发现有针对异步社区出品图书的各种形式的盗版行为，包括对图书全部或部分内容的非授权传播，请您将怀疑有侵权行为的链接发邮件给我们。您的这一举动是对作者权益的保护，也是我们持续为您提供有价值的内容的动力之源。

关于异步社区和异步图书

"异步社区" 是人民邮电出版社旗下 IT 专业图书社区，致力于出版精品 IT 图书和相关学习产品，为作译者提供优质出版服务。异步社区创办于 2015 年 8 月，提供大量精品 IT 图书和电子书，以及高品质技术文章和视频课程。更多详情请访问异步社区官网 https://www.epubit.com。

"异步图书" 是由异步社区编辑团队策划出版的精品 IT 专业图书的品牌，依托于人民邮电出版社近 30 年的计算机图书出版积累和专业编辑团队，相关图书在封面上印有异步图书的 LOGO。异步图书的出版领域包括软件开发、大数据、AI、测试、前端和网络技术等。

异步社区

微信服务号

目　　录

第二部分　常见主题

第三部分　外部 DSL 主题

第五部分　备选计算模型

第六部分 代码生成

第一部分　叙述

第 *1* 章

入门示例

落笔之初，我需要快速解释一下要写的内容，即什么是领域特定语言（Domain-Specific Language，DSL）。我喜欢先展示一个具体的例子，随后再下一个更抽象的定义。因此，本章会从一个示例开始来说明 DSL 可以采用的不同形式。在第 2 章中，我会试着给出一个广泛适用的、宽泛的定义。

1.1 古堡安全系统

在我的童年记忆里，电视上播放的那些低劣的冒险电影是模糊却持久的。通常，这些电影的场景会安排在某个古旧的城堡里，有着重要的密室或通道。为了找到它们，主角们需要拉动楼顶的烛托，然后轻轻敲打墙壁两次。

我们想象有这样一家公司，他们要根据这个想法构建一套安全系统。他们进入城堡之后，设置某种无线网络，并安装一些小型设备。如果发生了一些事情，这些设备就会发出四字符消息。例如，打开抽屉时，抽屉上附着的传感器就会发出 D2OP 消息。此外，还有一些小的控制设备，它们对四字符命令消息进行响应。例如，某个设备一收到 D1UL 消息，就可以打开一扇门上的锁。

所有这一切的核心是控制器软件，它会监听事件消息，弄清楚要做什么，然后发送命令消息。在那个.com 不景气的年代，这个公司买到了一堆可以用 Java 控制的烤面包机，并用它们来做控制器。因此，只要客户买了古堡安全系统，公司就会进驻古堡，为其装上一大堆设备，还有一个烤面包机，里面安装了 Java 编写的控制程序。

就这个示例而言，我的关注点在于这个控制程序。每个客户都有各自的需求，但是，只要看到一些好的样本，我们就很容易看出常见的模式。为了打开密室，格兰特女士要关闭卧室的房门，打开抽屉，然后开一盏灯。而肖女士则先要打开水龙头，然后打开有机关的灯来开启两个密室中的一个。史密斯女士的密室则位于她办公室内一个上锁的壁橱里，她必须先关上门，把墙上的画摘下来，开关桌上的灯 3 次，打开文件柜最上面的抽屉。这时，壁橱就能打开了。但是，如果她在打开里面的密室前忘了关上桌上的灯，就会引发警报。

虽然这个例子有点天马行空，但它所要表达的意图很常见：我们有这样一系列系统，它们共享着大多数组件和行为，彼此间却存在一些较大的差异。在这个例子里，对所有客户来说，控制器发送和接收消息的方式是相同的，但是产生的事件和发送的命令的序列不尽相同。我们要好好安排一下这些东西，这样公司才能以最小的代价去安装一个全新的系统。因此，为控制器编写行为序列必须非常简单才行。

看了所有这些情况，人们的脑子里就会涌现出一种良好的处理方式：把控制器看作状态机。每个传感器都可以发送事件以改变控制器状态。当控制器进入某种状态时，可以在网络上发出一条命令消息。

此刻，我得承认，在刚开始写作本书时我的想法并不是这样的。状态机是一个很好的 DSL 的例子，因此，我先选了它。之所以选择古堡，是因为我厌倦了其他所有的状态机的例子。

格兰特女士的控制器

这家神秘的公司拥有着成千上万满意的客户，但在这里，我们准备只关注其中的一位：格兰特女士，我最喜欢的客户。她的卧室里有个密室，通常会紧锁着，隐蔽得很好。要打开这个密室，她必须关上门，然后拉开柜子里的第二个抽屉并打开床边的灯（二者的操作顺序任意）。一旦完成这些操作，密室就会解锁并打开了。

我用一张状态图来表示这个序列（图 1-1）。

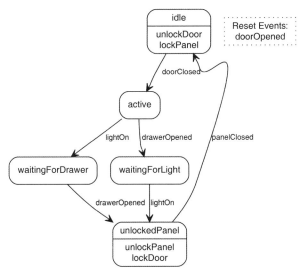

图 1-1 格兰特女士密室的状态图

你可能没接触过状态机，它们是一种常见的描述行为的方式——并非广泛适用，但对于描述类似于这样的情况再合适不过了。其基本的想法是，控制器可以处于不同的状态。当处于某个特定的状态时，某种事件会把控制器迁移到另一个状态，从而具有不同的状态迁移。因此，一系列的事件会让控制器在不同的状态之间迁移。在这个模型里，控制器进入某一状态时，会做出一些动作（如发送命令消息）。（其他类型的状态机可能会在不同的地方做出动作。）

基本上，这个控制器就是一个简单而传统的状态机，不过做了一些微调。客户的控制器要有一个明确的空闲（idle）状态，系统会有大部分的时间处于这种状态。即使系统正处于状态迁移的中间过程，某种特定的事件也可以让系统跳回到这个空闲状态，从而重置整个模型。在格兰特女士的这个例子里，开门就是这样一个重置事件。

引入重置事件，意味着这里描述的状态机并不完全适用于某种经典的状态机模型。状态机有几种非常有名的变体，该模型就是在其中一个变体的基础上，做了一些调整，增加了这种情况所独有的重置事件。

需要特别注意的是，严格说来，要表示格兰特女士的控制器并不一定非要使用重置事件。一种替代方案是，为每个状态添加一个状态迁移，只要由 doorOpened 触发，就会迁移到空闲状态。然而重置事件这个想法很有用，它简化了整个状态图。

1.2　状态机模型

如果团队认为状态机是对控制器工作原理的一个恰当的抽象，下一步就是要确保在软件中实现这一抽象。如果人们在考虑控制器行为的同时，也考虑了事件、状态和状态迁移，那么我们希望这些词汇也可以出现在软件代码里。从本质上来说，这就是领域驱动设计（Domain-Driven Design，DDD）中的通用语言（Ubiquitous Language）[Evans DDD]原则，也就是说，我们在领域人员（那些描述建筑安全该如何工作的人）和程序员之间构建了一种可共享的语言。

要用 Java 来处理这种事，最自然的方式就是使用状态机的领域模型（Domain Model）[Fowler PoEAA]（图 1-2）。

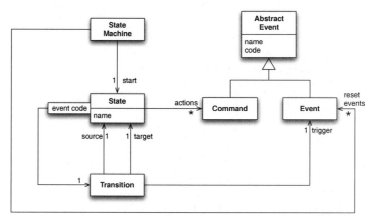

图 1-2　状态机框架的类图

控制器通过接收事件消息和发送命令消息与设备通信。这些消息都是四字符码，它们可以通过通信通道进行发送。在控制器代码里，我想用符号名（symbolic name）来引用这些消息。我创建了事件（Event）类和命令（Command）类，它们都有代码（code）和名字（name）。我把它们放到单独的类里（有一个超类），因为它们在控制器代码里扮演了不同的角色。

```
class AbstractEvent...
  private String name, code;

  public AbstractEvent(String name, String code) {
    this.name = name;
    this.code = code;
  }
  public String getCode() { return code;}
  public String getName() { return name;}

public class Command extends AbstractEvent

public class Event extends AbstractEvent
```

状态（State）类记录了它所发送的命令，及其相应的状态迁移。

```
class State...
  private String name;
  private List<Command> actions = new ArrayList<Command>();
  private Map<String, Transition> transitions = new HashMap<String, Transition>();
class State...
  public void addTransition(Event event, State targetState) {
    assert null != targetState;
    transitions.put(event.getCode(), new Transition(this, event, targetState));
  }

class Transition...
  private final State source, target;
  private final Event trigger;

  public Transition(State source, Event trigger, State target) {
    this.source = source;
    this.target = target;
    this.trigger = trigger;
  }
  public State getSource() {return source;}
  public State getTarget() {return target;}
  public Event getTrigger() {return trigger;}
  public String getEventCode() {return trigger.getCode();}
```

状态机还保存了其起始（start）状态。

```
class StateMachine...
  private State start;

  public StateMachine(State start) {
    this.start = start;
  }
  public State getStart() {return Start;}
```

状态机里的其他任何状态均可从这个起始状态到达。

```
class StateMachine...
  public Collection<State> getStates() {
    List<State> result = new ArrayList<State>();
    collectStates(result, start);
    return result;
```

```
  }

  private void collectStates(Collection<State> result, State s) {
    if (result.contains(s)) return;
    result.add(s);
    for (State next : s.getAllTargets())
      collectStates(result, next);
  }

class State...
  Collection<State> getAllTargets() {
    List<State> result = new ArrayList<State>();
    for (Transition t : transitions.values()) result.add(t.getTarget());
    return result;
  }
```

为了处理重置事件（resetEvents），我在状态机上保存了重置事件的一个列表。

```
class StateMachine...
  private List<Event> resetEvents = new ArrayList<Event>();

  public void addResetEvents(Event... events) {
    for (Event e : events) resetEvents.add(e);
  }
```

像这样用一个单独结构处理重置事件并不是必需的，也可以简单地在状态机上声明一些额外的状态迁移来处理，像这样：

```
class StateMachine...
  private void addResetEvent_byAddingTransitions(Event e) {
    for (State s : getStates())
      if (!s.hasTransition(e.getCode())) s.addTransition(e, start);
  }
```

我倾向于在状态机上设置显式的重置事件，这样可以更好地表现意图。虽然，这样确实把状态机弄得有点儿复杂，但它也更加清晰地表现出通用状态机该如何工作，以及定义特定的状态机的意图。

处理完结构，再来看看行为。事实证明，这真的相当简单。控制器有一个 handle 方法，其参数为从设备接收到的事件编码。

```
class Controller...
  private State currentState;
  private StateMachine machine;

  public CommandChannel getCommandChannel() {
    return commandsChannel;
  }

  private CommandChannel commandsChannel;

  public void handle(String eventCode) {
    if (currentState.hasTransition(eventCode))
      transitionTo(currentState.targetState(eventCode));
    else if (machine.isResetEvent(eventCode))
      transitionTo(machine.getStart());
      //忽略未知事件
  }
```

```
    private void transitionTo(State target) {
      currentState = target;
      currentState.executeActions(commandsChannel);
    }

class State...
    public boolean hasTransition(String eventCode) {
      return transitions.containsKey(eventCode);
    }
    public State targetState(String eventCode) {
      return transitions.get(eventCode).getTarget();
    }
    public void executeActions(CommandChannel commandsChannel) {
      for (Command c : actions) commandsChannel.send(c.getCode());
    }

class StateMachine...
    public boolean isResetEvent(String eventCode) {
      return resetEventCodes().contains(eventCode);
    }

    private List<String> resetEventCodes() {
      List<String> result = new ArrayList<String>();
      for (Event e : resetEvents) result.add(e.getCode());
      return result;
    }
```

该方法会忽略未在状态上注册的事件。如果事件是可识别的，就会迁移到目标状态，并执行这个目标状态上定义的命令。

1.3　为格兰特女士的控制器编程

至此，我已经实现了状态机模型，我可以像下面这样为格兰特女士的控制器编程：

```
Event doorClosed = new Event("doorClosed", "D1CL");
Event drawerOpened = new Event("drawerOpened", "D2OP");
Event lightOn = new Event("lightOn", "L1ON");
Event doorOpened = new Event("doorOpened", "D1OP");
Event panelClosed = new Event("panelClosed", "PNCL");

Command unlockPanelCmd = new Command("unlockPanel", "PNUL");
Command lockPanelCmd = new Command("lockPanel", "PNLK");
Command lockDoorCmd = new Command("lockDoor", "D1LK");
Command unlockDoorCmd = new Command("unlockDoor", "D1UL");

State idle = new State("idle");
State activeState = new State("active");
State waitingForLightState = new State("waitingForLight");
State waitingForDrawerState = new State("waitingForDrawer");
State unlockedPanelState = new State("unlockedPanel");

StateMachine machine = new StateMachine(idle);

idle.addTransition(doorClosed, activeState);
idle.addAction(unlockDoorCmd);
idle.addAction(lockPanelCmd);

activeState.addTransition(drawerOpened, waitingForLightState);
```

```
activeState.addTransition(lightOn, waitingForDrawerState);

waitingForLightState.addTransition(lightOn, unlockedPanelState);

waitingForDrawerState.addTransition(drawerOpened, unlockedPanelState);

unlockedPanelState.addAction(unlockPanelCmd);
unlockedPanelState.addAction(lockDoorCmd);
unlockedPanelState.addTransition(panelClosed, idle);

machine.addResetEvents(doorOpened);
```

上面这段代码与之前的代码有很大的不同。之前的代码描述了如何构建状态机模型，而上面这段代码则关于如何为一个特定的控制器配置这个模型。我们常常会看到这样一种划分：一方面是程序库、框架或者组件实现的代码；另一方面是配置或组件的组装代码。从本质上来说，这就分开了公共代码和可变代码。我们用公共代码构建出一套组件，然后出于不同的目的进行配置（图 1-3）。

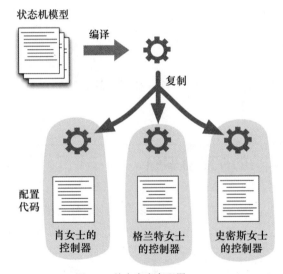

图 1-3　单个库多套配置

还有另外一种表示配置代码的方式：

```
<stateMachine start = "idle">
  <event name="doorClosed" code="D1CL"/>
  <event name="drawerOpened" code="D2OP"/>
  <event name="lightOn" code="L1ON"/>
  <event name="doorOpened" code="D1OP"/>
  <event name="panelClosed" code="PNCL"/>

  <command name="unlockPanel" code="PNUL"/>
  <command name="lockPanel" code="PNLK"/>
  <command name="lockDoor" code="D1LK"/>
  <command name="unlockDoor" code="D1UL"/>

  <state name="idle">
    <transition event="doorClosed" target="active"/>
```

```
      <action command="unlockDoor"/>
      <action command="lockPanel"/>
    </state>

    <state name="active">
      <transition event="drawerOpened" target="waitingForLight"/>
      <transition event="lightOn" target="waitingForDrawer"/>
    </state>

    <state name="waitingForLight">
      <transition event="lightOn" target="unlockedPanel"/>
    </state>

    <state name="waitingForDrawer">
      <transition event="drawerOpened" target="unlockedPanel"/>
    </state>

    <state name="unlockedPanel">
      <action command="unlockPanel"/>
      <action command="lockDoor"/>
      <transition event="panelClosed" target="idle"/>
    </state>

    <resetEvent name = "doorOpened"/>
  </stateMachine>
```

　　大多数读者应该更熟悉这种 XML 文件的表述风格。这种做法有几个好处。第一个明显的好处是，无须为每个要实现的控制器编译一个单独的 Java 程序，相反，只要把状态机组件和相应的语法分析器一起编译到一个公共的JAR里，然后在状态机启动时读取对应的XML文件。对控制器行为的任何修改都无须发布新的 JAR。当然，我们需要为此付出一些代价，因为许多配置上的语法错误只能在运行时被检测出来，虽然有各种各样的 XML Schema 系统可以帮上点忙。我还是"广泛测试"（extensive testing）的超级拥护者，其在编译时检查就可以捕获大多数错误，以及类型检查无法发现的其他问题。有了这种测试，就不必那么担心运行时的错误检测了。

　　第二个好处在于文件本身的表达力。我们不必再去考虑通过变量进行连接的细节。相反，我们拥有了一种声明式的方式，以这种方式读文件会更加清晰。这里还有一些限制：在这个文件里只能表示配置——这种限制也是有益的，因为它会降低人们在编写组件的组装代码时犯错的概率。

　　你也许经常听别人提到声明式（declarative）编程。更常见的计算模型是命令式（imperative）模型，即用一系列的步骤指挥计算机。"声明式"是一个非常模糊的术语，通常用于非命令式模型。这里，我们朝着"声明式"迈进了一步：摆脱了变量传递，并用 XML 中的子元素来表示状态内的动作和状态迁移。

　　正是有了这些好处，如此之多的 Java 和 C#中的框架采用 XML 作为配置文件。如今，有时我们会觉得自己更多在用 XML 编程，而不是用自己的主编程语言。

　　下面是配置代码的另一个版本：

```
events
  doorClosed  D1CL
```

```
  drawerOpened  D2OP
  lightOn       L1ON
  doorOpened    D1OP
  panelClosed   PNCL
end

resetEvents
  doorOpened
end

commands
  unlockPanel PNUL
  lockPanel   PNLK
  lockDoor    D1LK
  unlockDoor  D1UL
end

state idle
  actions {unlockDoor lockPanel}
  doorClosed => active
end

state active
  drawerOpened => waitingForLight
  lightOn      => waitingForDrawer
end

state waitingForLight
  lightOn => unlockedPanel
end

state waitingForDrawer
  drawerOpened => unlockedPanel
end

state unlockedPanel
  actions {unlockPanel lockDoor}
  panelClosed => idle
end
```

　　这确实是代码,尽管不是用我们所熟悉的语法编写的。实际上,这是我专门为本例构建的自定义语法。相比于 XML 语法,我认为它更易写,而且最重要的是,更易读。它更简洁,省却了许多 XML 中的引用字符和噪声字符。或许,你的做法不尽相同,但重点在于,我们可以构造自己和团队所喜欢的语法。我们依然可以在运行时加载它(就像 XML 那样),但同时也可以不在运行时加载而在编译时读取(就像不用 XML 那样)。

　　这样的语言就是领域特定语言,它有着 DSL 的许多特征。首先,它只适用于非常有限的目的——除了配置这种特定的状态机,它什么都干不了。这样带来的结果就是,该 DSL 非常简单——没有用于控制结构或者其他东西的设施(facility)。它甚至不是图灵完备的。不能用这种语言编写整个应用程序,你所能做的只是描述应用中一个小的方面。因此,该 DSL 只有同其他语言配合起来才能完成整个工作。但该 DSL 的简单性也就意味着它易于编辑和处理。

　　简单性不仅对编写控制器软件的人而言意味着易于理解,而且对于开发人员之外的人可以将行为可视化。搭建系统的人能够查看这段代码,了解它是如何工作的,虽然他们并不理解控制器本身的核心 Java 代码。即使他们只读了 DSL 也可以指出错误,或者与 Java 开发人员进行有效的沟通。像这样的 DSL 可以作为领域专家和业务分析师之间的沟通工具，虽然构建起来存在着实际的困难，但能够在软件开发最困难的交流绝壑上架建一座桥梁，所以还是非常值得尝试的。

　　现在，回过头来看一下 XML 表示。它是一种 DSL 吗？我想说，它是。虽然它只不过是用 XML 的语法承载而已，但是它依旧是 DSL。这个例子引出了一个设计问题：为 DSL 自定义语法和使用 XML 语法，哪种做法更好？XML 语法更易于解析，因为人们对解析 XML 已经非常熟悉。（然而，与为自定义语法编写语法分析器相比，解析 XML 花了我几乎同样多的时间。）我要声明一点，自定义语法会易读得多，至少在这个例子里是这样的。尽管如此，这两种方式的核心部分是相当的。的确，我们可以认为，大多数 XML 配置文件本质上是 DSL。

　　现在来看一下下面这段代码，它看上去像这个问题的 DSL 吗？

```
event :doorClosed, "D1CL"
event :drawerOpened,  "D2OP"
event :lightOn, "L1ON"
event :doorOpened,  "D1OP"
event :panelClosed, "PNCL"

command  :unlockPanel, "PNUL"
command  :lockPanel,  "PNLK"
command  :lockDoor,   "D1LK"
command  :unlockDoor, "D1UL"

resetEvents :doorOpened

state :idle do
  actions :unlockDoor, :lockPanel
  transitions :doorClosed => :active
end

state :active do
  transitions :drawerOpened => :waitingForLight,
              :lightOn => :waitingForDrawer
end

state :waitingForLight do
  transitions :lightOn => :unlockedPanel
end

state :waitingForDrawer do
  transitions :drawerOpened => :unlockedPanel
end

state :unlockedPanel do
  actions :unlockPanel, :lockDoor
  transitions :panelClosed => :idle
end
```

　　同之前的自定义语言相比，它稍微有些噪声字符，但依旧相当清晰。与我有类似语言嗜好的读者可能看出来了，这是 Ruby 代码。在创建更可读的代码方面，Ruby 提供了许多语法上的选项。因此，我可以把它弄得很像一门自定义语言。

　　Ruby 开发人员会把这段代码当作一种 DSL。我用到的是 Ruby 这方面能力的一个子集，表现的想法同使用 XML 和自定义语法是一样的。从本质上说，我是把 DSL 嵌入 Ruby，用 Ruby

的子集作为我的语法。在一定程度上来说，这只是视角问题，我选择的视角是戴着 DSL 眼镜来看 Ruby 代码，但这是一个有着悠久历史的视角——Lisp 程序员总是想着在 Lisp 里创建 DSL。

在此，我要指出，有两种类型的 DSL，我称之为外部 DSL 和内部 DSL。**外部 DSL**（external DSL）指，在主程序设计语言之外，用一种单独的语言表示的领域特定语言。这种语言可能使用的是自定义语法，或者遵循另一种表示形式的语法，如 XML。**内部 DSL**（internal DSL）指用通用型语言的语法表示的 DSL。这是为了领域特定的专用目的而按照某种风格使用这种语言。

也许有人听说过一个术语——**嵌入式 DSL**（embedded DSL），它是内部 DSL 的同义词。虽然这个术语得到了相当广泛的应用，但我还是会避免使用它。因为"嵌入式语言"（embedded language）指在应用程序中嵌入脚本语言，例如 Excel 里的 VBA 或 Gimp 里的 Scheme。

回过头来考虑一下原来的 Java 配置代码。它是一种 DSL 吗？我想说，它不是。下面这段代码感觉像是同 API 缝合在一起的，而上面的 Ruby 代码则更有声明式语言的感觉。这是否意味着无法用 Java 实现内部 DSL 呢？我们来看下面这段代码：

```java
public class BasicStateMachine extends StateMachineBuilder {

    Events doorClosed, drawerOpened, lightOn, panelClosed;
    Commands unlockPanel, lockPanel, lockDoor, unlockDoor;
    States idle, active, waitingForLight, waitingForDrawer, unlockedPanel;
    ResetEvents doorOpened;

    protected void defineStateMachine() {
        doorClosed. code("D1CL");
        drawerOpened. code("D2OP");
        lightOn.     code("L1ON");
        panelClosed.code("PNCL");

        doorOpened. code("D1OP");

        unlockPanel.code("PNUL");
        lockPanel.  code("PNLK");
        lockDoor.   code("D1LK");
        unlockDoor. code("D1UL");

        idle
          .actions(unlockDoor, lockPanel)
          .transition(doorClosed).to(active)
          ;

        active
          .transition(drawerOpened).to(waitingForLight)
          .transition(lightOn).to(waitingForDrawer)
          ;

        waitingForLight
          .transition(lightOn).to(unlockedPanel)
          ;

        waitingForDrawer
          .transition(drawerOpened).to(unlockedPanel)
          ;

        unlockedPanel
          .actions(unlockPanel, lockDoor)
```

```
            .transition(panelClosed).to(idle)
            ;
    }
}
```

这段代码在格式上有些奇怪，而且用到了一些不常见的编程约定，但它确实是有效的 Java 代码。对于这段代码，我愿意称之为 DSL，虽然同 Ruby DSL 相比有些凌乱，但它还是有 DSL 所需的声明流。

什么让内部 DSL 不同于通常的 API 呢？这是一个很难回答的问题，后面我会在 4.1 节中花更多的时间来讨论。但总体来说，可以归结为一个相当模糊的概念——类语言流（language-like flow）。

内部 DSL 还有一种叫法，即连贯接口（fluent interface）。它强调内部 DSL 实际上只是某种特殊种类的 API，只不过设计时考虑到了连贯性。鉴于这种差别，最好给非连贯 API 起一个名字——我用的术语是**命令查询 API**（command-query API）。

1.4　语言和语义模型

在这个例子的开始，我谈到了构建一个状态机模型。这种模型的存在以及它同 DSL 的关系是至关重要的。在这个例子里，DSL 的角色是组装状态机模型。因此，当解析自定义语法的版本时，会遇到：

```
events
  doorClosed D1CL
```

我会创建一个新的事件对象（`new Event("doorClosed", "D1CL")`），并保存在符号表（第 12 章）里。而 `doorClosed => active` 则表示一个状态迁移（使用 `addTransition`）。该模型就是一个提供状态机行为的引擎。确实，这种设计的过人之处就是因为有了这个模型。DSL 所做的一切就是提供一种可读的方式来组装这个模型，这就是与开始的命令查询 API 不同的地方。

从 DSL 的角度来看，我把这个模型称为语义模型（第 11 章）。谈及编程语言时，我们常常会提到**语法**（syntax）和**语义**（semantic）。语法描述了程序的合法表达式，在自定义语法的 DSL 里，一切都是由**文法**（grammar）来描述的。而程序的语义指它想表达的含义，即运行时所能做的事情。在这个例子里，模型定义了语义。如果你熟悉领域模型[Fowler PoEAA]，这里就可以把语义模型理解为与它非常类似的东西（图 1-4）。

（可以先读一下第 11 章，了解语义模型与领域模型的差异，以及语义模型与抽象语法树的差异。）

我认为对一个设计良好的 DSL 而言，语义模型至关重要。在现实中，有些 DSL 用了语义模型，而有些没有。但是我强烈建议你应该"几乎""总是"使用语义模型。（我发现对于"总是"这样的词，几乎不可能不加上限定词"几乎"。我几乎找不到一条广泛适用的规则。）

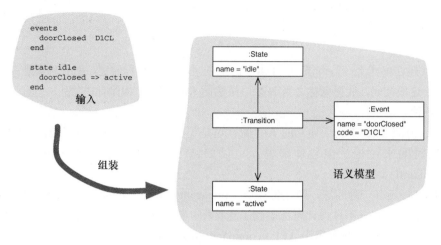

图 1-4 解析 DSL 组装语义模型

我提倡语义模型，因为它清晰地分离了语言的语法分析和结果语义。我可以推理出状态机的工作机制，并改进和调试状态机，而无须顾及语言问题。通过命令查询接口，我们可以组装状态机模型并进行测试。状态机模型和 DSL 可以各自独立演进，即便还没想好如何通过语言表示，也可以为模型添加新特性。也许，最关键的要点在于可以独立测试模型，而与如何把玩语言无关。确实，上面所有 DSL 的例子都构建在相同语义模型的基础上，为模型创建出相同的对象配置。

在这个例子里，语义模型是一个对象模型。语义模型还可以有其他形式。它可以是一个纯粹的数据结构，所有的行为都在单独的函数里。我依然愿意称之为语义模型，因为在那些函数的上下文里，数据结构表现出了 DSL 脚本特定的含义。

从这个角度来看，DSL 只是扮演着表达模型配置的某种机制的角色。使用这种方式的好处更多来自模型而非 DSL。为客户配置一个新的状态机很容易，这是模型的属性，而非 DSL。控制器可以在运行时改变，而无须编译，这是模型的特性，而非 DSL。代码可以在多次安装控制器时复用，这是模型的属性，而非 DSL。由此可见，DSL 只是模型的一个薄薄的门面（facade）。

即使没有 DSL，模型也能提供很多好处。因此，我们一直使用它。我们使用库和框架来避免重复工作。我们在自己的软件中建立模型，构建抽象来加快编程速度。一个良好的模型，无论是发布为库或框架，还是只为自己的代码服务，即使没有任何 DSL 也可以工作得很好。

不过，DSL 可以增强模型的能力。正确的 DSL 使理解一个特定状态机的工作机制更容易。一些 DSL 甚至允许在运行时配置模型。因此，DSL 是对某些模型有益的补充。

DSL 带来的好处与状态机密切相关。状态机是一种特殊类型的模型，其组装有效地为系统扮演着程序的角色。如果要改变状态机的行为，就要调整模型中的对象及其相互关系。这种风格的模型通常称为适应性模型（第 47 章）。其结果是一个模糊了代码和数据之间差异的系统，因为要理解状态机的行为，不能只看代码，还要看对象实例连接在一起的方式。当然，在某种程度上事情总是这样，因为对于不同的数据，任何程序都会给出不同的结果，但这里有明显的区别，因为状态对象的出现可以在极大程度上改变系统的行为。

适应性模型可以非常强大，但经常也很难用，因为人们看不到任何定义特定行为的代码。DSL 的价值在于，它提供了一种显式的方式来表示这样的代码，让人们能够感受到是在为状态机进行编程。

状态机的这一方面可以很好地适用于适应性模型，因为它是备选计算模型。常规的编程语言提供了一种为机器编程的标准的思考方式，这在多数情况下工作得很好。但是，有时我们需要一些不同的方式，如状态机（第 51 章）、产生式规则系统（第 50 章）或者依赖网络（第 49 章）。使用适应性模型是提供备选计算模型的一种很好的方式，而 DSL 是对这种模型编程进行简化的一种很好的方式。在本书后续部分，我会介绍一些备选计算模型（参见第 7 章），你可以了解它们是什么样子的以及如何实现它们。或许你曾听过有人把这种使用 DSL 的方式称为声明式编程。

在讨论这个例子时，我用的是这样一个过程：先构建模型，然后在此层次之上创建 DSL 以便对其进行操作。之所以用这种方式进行描述是因为我觉得这是一种简单的方式，有助于理解 DSL 是如何适用于软件开发的。虽然这种模型优先的情况很常见，但它并不是唯一的方式。在其他场景下，你可能会与领域专家交谈，假定他们可以理解状态机的方式，然后和他们一起创建出他们可以理解的 DSL。在这种情况下，DSL 和模型可以同步构建。

1.5 使用代码生成

到目前为止，在我们的讨论中我通过处理 DSL 来组装语义模型（第 11 章），然后通过运行语义模型来提供我们希望控制器提供的行为。在编程语言圈子里，这种方式称为**解释**（interpretation）。在解释文本时，我们先解析文本，然后立即产生我们希望从程序中得到的结果。（在软件圈子里，解释是一个棘手的词，因为它承载了太多的含义，但在这里特指立即执行的这种形式。）

在编程语言世界中，与解释对应的是编译。**编译**（compilation）时会先解析程序文本并产生中间结果，然后单独处理中间结果来提供预期行为。在 DSL 的上下文里，编译方式通常指的是**代码生成**（code generation）。

用状态机的例子解释它们之间的差异有点儿困难，因此，我们换另外一个小例子。想象一下，有某种规则判定人们是否符合某种条件，如保险资格。例如，一条规则是"年龄在 21 至 40 岁之间"（age between 21 and 40）。这条规则可以是一个 DSL，检验像我这样的候选人是否具备资格。

如果是解释，资格判定处理器会解析规则，在执行时或启动时加载语义模型。在检验某个候选人时，会对他运行语义模型以获得一个结果（图 1-5）。

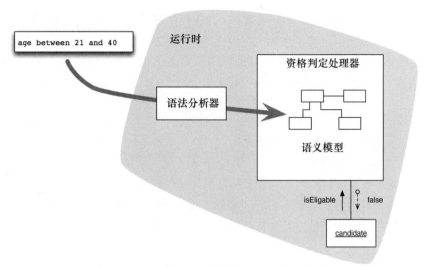

图 1-5　在单个进程中解释器解析文本并产生结果

　　如果是编译，语法分析器会加载语义模型，把它当作资格判定处理器构建进程的一部分。在构建期间，DSL 处理器会产生一些代码，这些代码经过编译、打包，纳入资格判定处理器里，也许是作为共享库。然后，运行这些中间代码，对候选人（candidate）进行评估（图 1-6）。

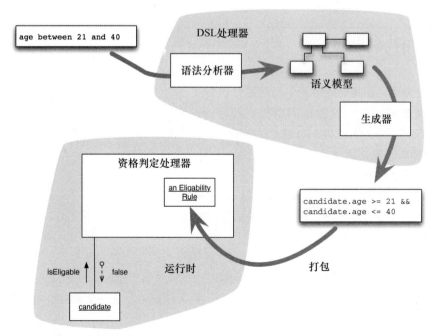

图 1-6　编译器解析文本并产生中间代码，然后打包到另一个进程中运行

　　这个例子中的状态机使用的是解释：在运行时解析配置代码，组装语义模型。但我们其

实也可以生成一些代码，以免在烤面包机里出现语法分析器和模型代码。

代码生成通常很笨拙，因为它常常需要执行额外的编译步骤。要构建程序，首先需要编译状态框架和语法分析器，然后运行语法分析器，从而为格兰特女士的控制器生成源代码，再编译生成的代码。这会让构建进程变得复杂许多。

然而，代码生成的一个优势在于，生成代码和编写语法分析器可以用不同的编程语言。在这种情况下，如果生成代码用的是动态语言，如 JavaScript 或者 JRuby，生成代码的第二个编译步骤就可以省略了。

如果 DSL 所用的语言平台缺乏支持 DSL 的工具，代码生成的作用就会凸显出来。例如，我们不得不在一些老式的烤面包机上运行这个安全系统，而它们又只能理解编译过的 C 代码，那么我们可以实现一个代码生成器，使用组装的语义模型作为输入，产生可以编译并运行在老式烤面包机上的 C 代码。在最近做的一些项目里，我们曾为 MathCAD、SQL 和 COBOL 生成代码。

许多 DSL 相关的作品会关注代码生成，更有甚者，会把代码生成当作主要目标。结果产生了很多赞美代码生成的文章和书籍。然而，在我看来，代码生成只是一种实现机制，且大多数情况下用不到。当然，也有很多情况下必须要用代码生成，但的确也有很多情况下确实不需要代码生成。

许多人用了代码生成就舍弃了语义模型，他们在解析输入文本之后，就直接产生已生成的代码。虽然对使用代码生成的 DSL 而言，这也是一种常见的方式，但我并不推荐这么做，除非是最简单的情况。使用语义模型可以将语法分析、执行语义和代码生成分离。这种分离会使整个活动变得简单许多。它也会让我们改变想法，例如，无须修改代码生成的例程就可以把内部 DSL 改成外部 DSL。类似地，我们无须让语法分析器变得复杂，就可以很容易地产生多种输出。就同一种语义模型而言，我们既可以用解释模型，又可以选择代码生成。

因此，在本书的大部分内容里，我会假设存在一个语义模型，它是 DSL 工作的核心。

常见的代码生成风格有两种：一种是"第一遍"代码，这种代码被用作一个模板，但之后要手工修改；另一种确保除了调试期间所加的追踪信息，生成的代码绝对不会手工修改。我几乎总是倾向于使用后者，因为这样可以更自由地重新生成代码。对 DSL 而言，这一点尤其正确，因为我们希望 DSL 是它所定义逻辑的主要表示形式。这意味着，无论我们何时想要修改行为，必须能够很轻松地修改 DSL。因此，我们必须确保，任何生成的代码都没有经过手工编辑，虽然它可以调用手写的代码，或者由手写的代码调用。

1.6　使用语言工作台

目前展示的两种风格的 DSL（内部 DSL 和外部 DSL）是思考 DSL 的传统方式。它们也许还没有得到广泛的理解和充分的运用，但是它们拥有很长的历史，也得到了适度的应用。因此，本书余下的部分就关注于使用那些成熟且容易得到的工具，让你初步掌握这两种 DSL 方式。

但是还有一类全新的工具已初露端倪，它们也许会极大程度地改变 DSL 的游戏规则——

我称这类工具为**语言工作台**（language workbench）。语言工作台是一个环境，其设计初衷就是帮助人们构建新的 DSL，以及有效运用这些 DSL 所需的高质量工具。

使用外部 DSL 的一大劣势在于，我们会被相对有限的工具所羁绊。在文本编辑器里设置语法高亮是大多数人所能达到的水平。虽然你可以争辩说 DSL 很简单，脚本很小巧，这就足够了，但还是有人希望拥有现代 IDE 所支持的成熟工具。语言工作台不但让定义语法分析器变得简单，而且为这门语言订制一个编辑环境也会变得简单。

所有这些都是有价值的，但是语言工作台真正有趣的方面在于，它们让 DSL 设计者可以超越传统的基于文本的源代码编辑而走向语言的不同形式。最显而易见的一个例子就是对图表语言的支持，这使我们可以通过状态迁移图直接设计密室状态机。

类似于这样的工具不仅可以定义图表语言，还可以从不同的视角来看 DSL 脚本。在图 1-7 中我们看到一幅图，图上不但显示了状态和事件的列表，还显示了一个可以输入事件编码的表格（如果看上去太乱的话可以删掉）。

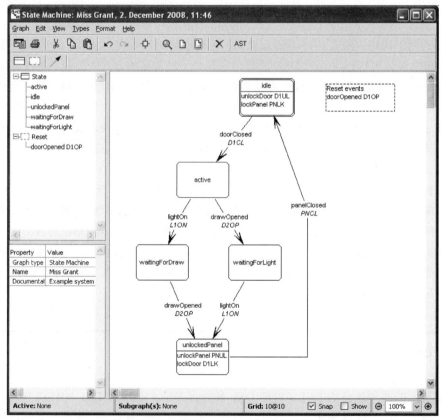

图 1-7　在 MetaEdit 语言工作台中设计密室状态机（来源：MetaCase）

许多工具会提供这种多面板的可视化编辑环境，但是自己打造一个这样的工具需要耗费很大的工作量。语言工作台要做的就是让这件事变得相当容易。确实，我第一次上手使用

MetaEdit 这个工具，就能很快弄出像图 1-7 这样的一个例子。它可以让我为状态机定义语义模型（第 11 章），定义图 1-7 那样的图形化和表格化的编辑器，然后根据语义模型编写代码生成器。

然而，虽然这样的工具看上去不错，但许多开发人员还是本能地怀疑这种玩具式的工具。有一些非常现实的原因使得用文本表示代码更有意义。所以，有些工具选择了这个方向，提供一种后 IntelliJ 风格的能力——为基于文本的语言提供类似于语法制导的编辑、自动补全等功能。

我对此的怀疑是：如果语言工作台真的流行开来，其所产生的语言会不同于我们常规理解的编程语言。这种工具的一大好处在于，它使非程序员也可以编程。对于这种想法，我常嗤之以鼻，因为这就是 COBOL 最初的意图。但我也必须承认，有一种编程环境极其成功，它给非程序员提供了一个编程工具，让这些不觉得自己是程序员的人也能编程，它就是电子表格。

许多人并不把电子表格当作编程环境，然而它可以被认为是目前为止最为成功的编程环境。作为一种编程环境，电子表格有一些有趣的特征，其中一个特征就是把工具紧密地集成到了编程环境之中。没有独立于工具的文本表示，也就无须语法分析器处理。工具和语言紧密地结合和设计在了一起。

另一个有趣的特征我称之为**说明性编程**（illustrative programming）。看一下电子表格，最显而易见的并不是可以进行所有计算的公式，而是构成样本计算的数字。这些数字说明了程序运行时所做的内容。在大多数编程语言里，程序是至关重要的，只有运行测试时，我们才会看到其输出。在电子表格里，输出是至关重要的，只有在点击某个单元格时，我们才会看到其程序。

说明性编程并不是一个获得广泛关注的概念，为了讨论它，我甚至不得不创造出这个词。对外行程序员而言，它可能十分重要，因为用它才能对电子表格进行操作。它也有劣势，例如，缺乏对程序结构的关注，这会导致大量的复制-粘贴编程，以及糟糕的程序结构。

语言工作台支持开发像这样的全新编程平台。因此，我认为它们所产生的 DSL 可能更接近于电子表格，而非我们通常理解的 DSL（也就是本书要讨论的内容）。

我认为，语言工作台有着非凡的潜力。如果能够达成目标，它们会完全改变软件开发的面貌。然而，这种潜力虽然深远，但尚在较远的未来。语言工作台还处于起步期，新的方式会定期出现，旧的工具则势必将深刻演化。所以，在这里我不会进行过多的讨论，因为我觉得在本书预期的生命周期里，它们会有相当大的改变，但在结尾，确实有一章讨论它们，因为我觉得它们非常值得关注。

1.7 可视化

语言工作台的一大优势在于，它给了 DSL 更为多样的表示形式，特别是图形化表示。然而，即便是文本化的 DSL 也可以有图表化的表示。确实，我们在本章前面已经看到了。在图 1-1 中，你也许已经注意到了，它并不像我以往所画的那样整洁，其中的原因在于这并不是我画的，而是我根据格兰特女士的控制器的语义模型（第 11 章）自动生成的。状态机类不仅可以运行，还可以用 DOT 语言对自身进行展示。

DOT 语言是 Graphviz 包的一部分。Graphviz 包是一个开源工具，可以用来描述数学里的图结构（节点和边），然后自动绘制出来。只要告诉它什么是节点、什么是边、用什么形状以及其他一些提示，它就会算出如何对这个图进行布局。

对许多类型的 DSL 来说，使用 Graphviz 这样的工具非常有用，因为它提供了另一种表示形式。类似于 DSL 本身，这种**可视化**的表示形式可以让人更好地理解模型。可视化不同于对应的源码，因为其本身不可编辑，但另一方面，它可以做到可编辑形式无法做到的事情，例如呈现出图 1-7 这样的图。

可视化并不一定非要图形化。编写语法分析器时，我时常用简单的文本可视化来辅助调试。我见过有人用 Excel 生成可视化图表以帮助他们与领域专家交流。重点在于，一旦经过辛勤工作创建出语义模型，添加可视化就会非常容易。注意，可视化是根据模型产生的，而非 DSL。因此，即便不用 DSL 组装模型，依然可以使用可视化。

第 2 章

使用 DSL

看过第 1 章的示例之后，即使我还未给出领域特定语言（DSL）的一般定义，你对 DSL 也应该有了感性认识。（在第 10 章中会列举更多的例子。）现在我要开始给 DSL 下定义，并讨论它的好处和问题，在第 3 章介绍 DSL 的实现之前提供一些上下文。

2.1　定义 DSL

"领域特定语言"是一个很有用的术语和概念，但是其边界很模糊。有些很明显是 DSL，但有些可能会引起争论。这个术语已经使用了一段时间了，但就像软件行业中的很多事物一样，从来就没有一个非常明确的定义。对本书来说，我觉得给出一个定义还是非常有价值的。

领域特定语言（名词）：一种专注于某特定领域并具有有限表达性的计算机编程语言。

这个定义中有 4 个关键元素。

- **计算机编程语言**：人们用 DSL 给计算机下达做某件事情的指令。就像大多数现代编程语言一样，它的结构被设计得更便于人类理解，但仍是计算机可执行的。
- **语言性**：DSL 是一种编程语言，因此其表达性必须具有连贯感，不管是来自单个表达式还是多个表达式组合在一起。
- **有限表达性**：通用型语言可以提供很多能力：支持各种数据、控制，以及抽象结构。这些都很有用，但会让语言变得难以学习和使用。DSL 只支持特定领域所需的特性的最小集。你不能用 DSL 构建一个完整的软件系统，相反，可以用它来解决系统中的某个特定方面的问题。
- **专注领域**：有限语言只在它明确专注的小领域中才会有用。专注领域正是有限语言的价值所在。

注意，专注领域在上述因素中排在最后，它不过是有限表达性的结果。很多人按字面意思把 DSL 理解为一种特定领域的语言。但字面意思通常不正确，例如，我们并不把硬币叫作

"亮片",尽管它是一个铁片且比我们称之为亮片的铁片更亮。①

我把 DSL 分为 3 类:外部 DSL、内部 DSL 和语言工作台。

- **外部** DSL 是一种从应用程序主语言中分离出来的语言。通常来说,外部 DSL 采用自定义的语法,不过也常使用其他语言(如 XML)的语法。应用程序使用文本语法分析技术来对外部 DSL 中的脚本进行解析。Unix 上传统的各种小语言就是这种风格。外部 DSL 的例子包括正则表达式、SQL、Awk,以及像 Structs 和 Hibernate 这样的系统使用的 XML 配置文件。

- **内部** DSL 是通用型语言的一种特定用法。用内部 DSL 编写的脚本在通用型语言中是合法代码,但是它仅以特定的风格使用通用型语言特性的一个子集,来处理整个系统中某个方面的问题。用这种 DSL 写出的脚本更像一种自定义语言,而不像其宿主语言。这种风格的最经典的例子是 Lisp。Lisp 程序员常自诩用 Lisp 的编程过程就是在创建和使用 DSL。Ruby 社区也建立了很强势的 DSL 文化,许多 Ruby 库呈现出 DSL 的风格。特别是 Ruby 的著名框架 Rails,经常被认为是一套 DSL。

- **语言工作台**是一个用于定义和构建 DSL 的专用 IDE。具体来说,语言工作台不仅用来建立 DSL 的语言构造,还作为编写 DSL 脚本的自定义编辑环境。最终生成的脚本综合了编辑环境和语言本身。

多年来,这 3 种风格分别发展了自己的社区。你会发现,那些非常擅长使用内部 DSL 的人,对如何构建外部 DSL 一点都不了解。我认为这是一个问题,因为人们可能没有采用最适合的工具。我曾与一个团队讨论过,他们采用了非常巧妙的内部 DSL 处理技术解决了自定义语法问题,但我确信,采用外部 DSL 会简单得多。但是,他们不知道如何构建外部 DSL,因此这种办法不会成为他们的备选方案之一。所以在本书中,把内部 DSL 和外部 DSL 讲清楚对我来说很重要,这样你就可以了解这些信息,并做出选择。(语言工作台的方式我会介绍得很简要,因为它还是全新的,还在继续演化。)

另一种看待 DSL 的方式是:把它看作一种处理抽象的方式。在软件开发中,我们建立抽象并处理它,而且经常在不同层次上。最常见的建立抽象的方式是实现一个库或框架。最常见的使用框架的方式是通过命令查询 API 调用。从这种角度来看,DSL 是库的前端,提供对命令查询 API 的不同操作。在这种情况下,库就是 DSL 的语义模型(第 11 章),因此,DSL 经常伴随着库出现。事实上,我认为语义模型应该是一个构建良好的 DSL 的必备附件。

当人们谈论 DSL 时,很容易觉得构建 DSL 很难。实际上,难的是构建模型,DSL 只是模型基础上的层次。虽然构建一个良好的 DSL 需要一定的工作量,但比起构建底层模型所需的工作量还是要小多了。

2.1.1 DSL 的边界

我前面说过,DSL 是一种边界模糊的概念。虽然我认为没有人会质疑正则表达式是一种

---

① 这里用了意译,因为中文没有办法表达硬币(coin)和光盘(compact disk)之间的关系。——译者注

DSL，但确实有很多情况存在争议。因此我觉得有必要在这里讨论其中的一些情况，这能让我们更好地理解什么是 DSL。

每种风格的 DSL 都有自己的边界条件，因此我会分别讨论。在此之前有必要提醒的是，各种 DSL 的不同特征源于它们各自的语言性、有限表达性和专注领域。而且根据经验，专注领域并不是一个很好的边界条件，而按照语言性和有限表达性来划分边界是更常见的做法。

我们先来看看内部 DSL。这里的边界问题，其实就是内部 DSL 与普通命令查询 API 之间的区别。从许多方面来说，内部 DSL 不过是一种特别的 API（就像那句贝尔实验室名言"库设计就是语言设计"）。不过在我看来，它们之间的核心区别是语言性。Mike Roberts 和我说过，命令查询 API 定义了抽象领域的词汇，而内部 DSL 则添加了文法。

列出类的所有方法是一种常见的给包含命令查询 API 的类编写文档的方式。这时每个方法自身都应该是有意义的。从这样的文档中，你得到了一组"单词"，每个单词基本上已足以表达自身的含义。而内部 DSL 的方法常常只有在更大的 DSL 表达式的上下文中才有意义。在前面以 Java 为例的内部 DSL 中，有一个名为 to 的方法，它指明了状态迁移的目标。这样的方法名在命令查询 API 中不是一个好名字，但在 .transition(lightOn).to(unlockedPanel) 这样的短语内部是适用的。

这样的结果是，内部 DSL 会给人一种组装各个完整句子的感觉，而不是组装一系列毫无关联的命令。这种特征正是这样的 API 被称为连贯接口的基础。

对内部 DSL 而言，有限表达性显然不是一项核心属性，因为内部 DSL 是一种通用型语言。在这种情况下，有限表达性来自其使用方式。在构建 DSL 表达式时，你限定自己只使用通用型语言特性的一个小子集。通常要避免使用条件判断、循环结构和变量。Piers Cawley 把这种用法叫作宿主语言的洋泾浜用法（pidgin use）。

对外部 DSL 而言，它的边界就是它跟通用型语言之间的边界。语言可以既专注领域又是通用型语言。例如，R 是一种统计学语言，也是一个平台，主要用于解决统计学问题，但依然具备一门通用型语言的所有表达性。因此，尽管它专注领域，我也不会称其为 DSL。

正则表达式是一种更明显的 DSL。专注领域（文本匹配）与其有限性紧密相关——正好使文本匹配更加简单。DSL 的一个普遍特征是它不是图灵完备的。DSL 通常会避免常见的命令控制结构（条件和循环），也没有变量，不能定义子例程。

说到这里，很多人可能对我的看法有不同意见。按照 DSL 的字面定义，像 R 这样的语言应该被归类为 DSL。但是，我之所以如此强调 DSL 的有限表达性，是因为它使 DSL 和通用型语言之间的区分有了意义。有限表达性赋予了 DSL 不同的特征，不管是在使用的时候还是实现的时候。这就导致思考 DSL 时与通用型语言完全不同的方式。

如果这样的界线还不够模糊，让我们来看一下 XSLT。XSLT 的专注领域是 XML 文档转换，但它具备常规编程语言中的所有特性。这样一来，我认为，与 XSLT 是什么样的编程语言相比，更重要的是如何使用它。如果将 XSLT 用于转换 XML，我愿意称其为 DSL。但是，如果将 XSLT 用于求解"八皇后问题"，我愿意称其为一门通用型语言。语言的特殊用法可以将它自身置于 DSL 分界线的任何一侧。

外部 DSL 的另一条边界是其具有序列化的数据结构。配置文件中的属性赋值（如 color = blue）列表是 DSL 吗？我认为此时的边界条件是语言性。一系列赋值表达式不够连贯，所以不符合标准。

类似的情况还出现在有很多配置文件的时候。如今许多环境通过不同类型的配置文件（通常为 XML 语法）来提供可编程性。在很多情况下，这种 XML 配置文件是 DSL，但并非在所有情况下都是如此。有时，这些 XML 文件是由其他工具生成的，此时其目的只是用于序列化，而不是让人来使用。在这样的情况下，人并不期望使用它，所以我不会将其归类为 DSL。当然，一种存储格式具备可读性肯定是有价值的，毕竟有利于调试。问题不在于评判其对于人是否是可读的，而在于其表示形式是否是人与系统交互的主要方式。

这种配置文件最大的问题在于，虽然它们不是为了让人手工编辑而设计的，但实际上手工编辑是家常便饭。于是这种 XML 文档就意外地成了 DSL。

有了语言工作台，边界就在语言工作台与允许用户设计自己的数据结构和表单（如 Microsoft Access）的应用程序之间。毕竟，你可以拿一个状态模型，用关系数据库结构来表示它（我还见过比这更糟糕的主意），然后就能创建表单来操纵模型。这里有两个问题：Access 是一种语言工作台吗？在 Access 里定义的是一种 DSL 吗？

我从第二个问题开始讲解。既然我们正在为状态机构建一个特殊的应用程序，我们就有了专注领域和有限表达性，关键问题是语言性。如果我们只是把数据放进表单，并保存在表中，这感觉上不像一门语言。表可以是语言性的一种表达——像 FIT（10.6 节）和 Excel 都采用了表格的表示形式，同时又给人一种语言的感觉（我认为 FIT 是领域特定的，而 Excel 是通用的）。但是大部分应用程序不会追求这种连贯性，它们只创建表单和窗口，而不强调它们的互相关联。例如，Meta-Programming System Language Workbench 的文本界面给人的感觉迥异于大部分基于表单的用户界面。同样地，很少有应用程序像 MetaEdit 那样允许通过图表的布局来定义事物的布置方式。

至于 Access 是不是一种语言工作台，我们最好回到它原始的设计意图上。Access 并不是要设计成语言工作台，尽管可以那么用。就像 Excel 并不是要设计成数据库，但有很多人这么用一样。

从更广泛的意义上讲，一种人与人之间使用的纯粹的行话是不是 DSL？一个常见的例子是人们在星巴克点咖啡时用的语言：“拿铁，超大杯、半咖、脱脂、不打泡、不要奶油。”这种语言看起来很适合，具备有限表达性、专注领域，还有自己的一套词汇和类似于文法的感觉，但它不在我的定义范围内，因为我只用“领域特定语言”来表示一种计算机语言。如果我们实现了一门计算机语言来表达在星巴克点咖啡，那么它显然是一种 DSL。但我们在买咖啡提神的时候说出来的则是一种人类语言。这里，我用**领域语言**（domain language）来表示在特定领域使用的人类语言，而用“DSL”来表示计算机语言。

那么，这些关于 DSL 边界的讨论告诉了我们什么？我想至少有一件事情是明确的，即很少有清晰的边界。理性的人可能不认同我对 DSL 的定义。事实上，像语言性和有限表达性这样的衡量标准本身就很模糊，因此基于这些标准的结果也会模糊。而且，也并非所有人都会采用我设定的这些边界条件。

在上面的讨论中，我把很多东西排除在了 DSL 的定义之外，但这不代表我认为它们没有价值。定义的价值在于它有利于沟通，让不同的人在讨论问题时有一致的认识。对本书来说，定义可以让我们搞清楚我所描述的技术是否与之相关。我发现有了这样的定义之后，我能更有效地选择一些需要讨论的技术。

2.1.2 片段 DSL 和独立 DSL

我在第 1 章"为格兰特女士的控制器编程"示例中使用的是独立 DSL。我的意思是你可以看到一段这种 DSL 脚本（一般是一个文件），里面全是 DSL。如果你只熟悉这种 DSL，而不熟悉应用程序的宿主语言，也可以理解 DSL 在做什么。因为宿主语言要么不在脚本中（如外部 DSL），要么被内部 DSL 所掩盖。

DSL 的另一种使用方式是以片段的形式出现。在这种情况下，少量 DSL 被用在其宿主语言代码之中。你可以认为这些 DSL 用附加的特性增强了宿主语言。但这时如果不理解宿主语言，就不能明白这些 DSL 到底在做什么。

对外部 DSL 来说，片段 DSL 的一个很好的例子是正则表达式。在一个程序中不会有一个全是正则表达式的文件，但往往会有一些常规宿主代码中点缀着少量正则表达式的片段。片段 DSL 的另一个例子是 SQL，经常能看到在大型程序上下文中使用的 SQL 语句。

内部 DSL 也有类似的使用片段的形式。单元测试是内部 DSL 开发成果显著的领域。尤其是，mock 对象库中的预期文法就属于大型宿主代码上下文中的片段 DSL。内部片段 DSL 的一个流行的语言特性是注解（Annotation）（第 42 章），它允许给宿主代码编程元素添加元数据，这使得注解非常适合片段 DSL，但对独立 DSL 没什么用。

同一 DSL 也可以同时用在独立上下文和片段上下文中，SQL 就是一个很好的例子。有些 DSL 被设计以片段形式使用，有些以独立形式使用，也有些则可以两者通吃。

2.2 为何使用 DSL

到这里，我希望我们对什么是 DSL 已经有了一个很好的认识，接下来的问题是为何要考虑采用 DSL。

DSL 只是一个具有有限关注点的工具。它不像面向对象编程或敏捷方法论那样会引发软件开发领域的根本性改变。相反，它是在特定条件下有专门用途的工具。一个典型的项目可能在多个地方采用了多种 DSL（事实上很多项目已经这么做了）。

在 1.4 节中，我一直说 DSL 只是库或框架所构成模型之上的一个薄层。这句话提醒我们，当你考虑 DSL 的好处或不足之处时，一定要分清它是来自 DSL 的底层模型，还是来自 DSL 本身。这一点很重要，因为人们经常会混淆这两者。

DSL 本身有自己的价值。当你考虑采用它时，要仔细衡量它的哪些价值适合于当前的情况。

2.2.1 提高开发效率

DSL 的核心价值在于它提供了一种更加清晰的沟通系统中某一部分的意图的手段。如果格兰特女士的控制器的定义是以 DSL 形式给出的，那么要比通过模型的命令查询 API 形式给出的更容易理解。

这种清晰明了不光是审美上的需求。一般地，一段代码越容易看懂，就越容易发现错误，也就越容易进行修改。因此，我们鼓励变量名要起得有意义，文档要清楚，代码结构要规范。同样地，我们应该也鼓励采用 DSL。

人们经常低估代码缺陷给生产率带来的影响。这些缺陷不仅降低软件的外部质量，还降低开发人员的效率（不得不花时间去调查原因和修复错误），并且给系统的行为埋下混乱的种子。DSL 的表达能力有限，这让它很难写错，并且一旦出错就很容易发现。

很多时候，模型的存在本身就使生产率得到了很大的提升。它们通过把通用代码组织在一起消除了重复。最重要的是，模型提供了一种思考问题的抽象方式。通过这种方式可以更容易地描述问题，并使之更容易理解。在此基础上，DSL 通过提供一种表达性更好的形式读取和操控抽象来进一步增强这种方式。而且，DSL 对于人们学习这种抽象的 API 大有好处，因为它使人们的关注点转移到如何综合运用不同的 API 方法。

关于这种用法，我遇到的一个有趣的例子是用 DSL 对一些难用的第三方库进行包装。这些库本身提供的命令查询接口设计得很差，用 DSL 进行包装之后，接口的连贯性有了显著的提升。而且，DSL 只需支持客户端真正需要的那些用法，这将大大降低客户端开发人员的学习成本。

2.2.2 与领域专家沟通

我相信，软件项目最常见的失败原因来自项目中最难的部分，也就是开发团队与客户以及与软件用户之间的沟通。通过定义一种针对领域问题的清晰且精确的语言，DSL 有助于改善这种沟通。

这项好处比简单提高生产率更加微妙。首先，很多 DSL 并不适用于领域沟通。例如，用于正则表达式或构建依赖的 DSL 实际上就不适用。只有一部分独立 DSL 适用于这种沟通手段。

当人们在这样的场景下谈起 DSL 时，经常会有人说"现在我们不需要程序员了，业务人员可以自己去确定业务规则"。我把这种论调叫作"COBOL 谬论"，因为 COBOL 就曾被人们寄予这样的厚望。这种争论很常见，我再解释一遍也不会改善这种局面。

尽管存在"COBOL 谬论"，但是我依然觉得 DSL 可以提高沟通效率。不是让领域专家自己去编写 DSL，而是让他们可以读懂，进而理解系统做了什么。通过读懂 DSL 代码，领域专家可以指出系统实现上所犯的错误。而且，他们可以与真正编写业务规则的程序员更有效地交流，或许领域专家可以直接编写一些粗略的规则，然后交给程序员去细化成程序能用的 DSL 规则。

我并不是说领域专家永远不能自己编写 DSL。我遇到过很多团队，他们成功地让领域专家用 DSL 编写重要的系统行为。但我仍然认为，以这种方式使用 DSL 的最大收益在于领域专家可以读懂。所以，当你想创建 DSL 时，从可读性开始，这样即使后续的目标达不到，也不会损失什么。

因为我将使用 DSL 的目的聚焦在让领域专家能够读懂，所以对于是否使用它一直存在争议。如果你希望领域专家理解一个语义模型（第 11 章）的内容，可以提供可视化的模型。这时考虑一下，只提供可视化是否比支持 DSL 更高效。通常可视化和 DSL 这二者都提供会更有用。

让领域专家参与构建 DSL 与让其参与构建模型类似。我经常发现，与领域专家一起构建模型能带来很大的好处。在双方共同构建通用语言（Ubiquitous Language）[Evans DDD]的过程中，软件开发人员与领域专家之间产生了更深入的沟通。DSL 为这种沟通提供了另一种辅助手段。根据环境的不同，你可能会发现领域专家要么同时参与模型和 DSL，要么只参与 DSL。

实际上，有些人发现，试图用 DSL 描述领域，即使不实现 DSL，也是非常有用的。它可以作为沟通的平台。

总而言之，让领域专家参与构建 DSL 比较难，但一旦完成回报很高。而且，即使领域专家最终无法参与，DSL 依然可以提升开发人员的生产率，是非常值得投入的。

2.2.3　改变执行环境

用 XML 来表达状态机的一个强有力的原因是，状态机的定义可以在运行时求值，而不是在编译时。希望代码在不同的环境中运行是我们使用 DSL 的常见动力，而使用 XML 配置文件的常见原因就是可以将逻辑从编译时切换到运行时。

除此之外，还有其他切换执行环境的方法也比较有用。我曾见过一个项目，需要遍历数据库来找到匹配某种条件的合同并对其进行标记。开发人员用 Ruby 编写了一个 DSL 来指定那些匹配条件，并用它组装成一种语义模型（第 11 章）。在 Ruby 中，把数据库中的所有合同都读入内存中再去运行查询逻辑会让系统运行速度变得很慢，但他们可以用这种语义模型来生成 SQL，在数据库中执行。对开发人员来说，直接使用 SQL 编写规则很困难，更别提业务人员了。然而有了 DSL，业务人员就能读懂（事实上，他们还能编写）那些合适的表达式了。

以这样的方式来使用 DSL，可以弥补宿主语言的局限性，让我们用更令人舒服的 DSL 进行表达，然后为真正的执行环境生成代码。

模型的存在有助于这种执行环境的切换。一旦有了一个模型，既可以直接执行它，又可以由它生成代码。模型可以用 DSL 组装，也可以由表单风格的界面来组装。与使用表单相比，用 DSL 有几项好处：一是 DSL 比表单更擅长表示复杂的逻辑；二是我们还可以用同样的代码管理工具（如版本控制系统）来管理用 DSL 编写的业务规则。如果通过表单来创建这些业务规则，然后存储在数据库中，就没办法用版本控制系统了。

接下来我要说的是 DSL 的一个伪优点。我听说有人认为 DSL 的一个优势是它可以在不同的语言环境中执行相同的行为。例如，你可以用 DSL 编写业务规则，然后生成相应的 Java 或 C#代码；或者用 DSL 描述验证逻辑，然后在服务器端的 C#代码或在客户端的 JavaScript 代码中执行。但我认为这是一个伪优点。因为你完全可以使用模型来做到这一点，根本不需要 DSL。当然，DSL 能让那些规则表达得更易于理解，但那是另外一个问题了。

2.2.4　备选计算模型

主流编程大多是命令式的计算模型。这就意味着，我们告诉计算机做什么，以及按什么样的顺序去做。控制流程是用条件句和循环体处理的，我们还使用变量。我们认为用这样的方式理所当然。命令式计算模型之所以这么流行，是因为它相对来说比较容易理解，也容易应用到许多常见问题上。然而，它并不总是最好的选择。

状态机是这方面的一个很好的例子。我们可以编写命令式代码和条件句来处理这种行为——它也可以被很好地结构化。但是，如果我们直接用状态机去思考，而不是过程和条件跳转，会带来更好的效果。另一个常见的例子是定义软件的构建方法。可以用命令式的逻辑，但人们后来发现用依赖网络（Dependency Network）（第 49 章）会更容易（例如，要运行测试必须先编译）。结果，人们设计出了专用于描述构建的语言（如 Make 和 Ant），其中用任务间的依赖关系作为主要的结构化机制。

人们把这种非命令式的方法叫作声明式编程。之所以叫作声明式，是因为这种风格允许声明"应该发生什么"，而不是一堆描述"行为是如何发生的"的命令式语句。

要使用备选计算模型（alternative computational model），DSL 不是必需的。备选计算模型的核心行为源于它所实现的语义模型（第 11 章），例如，前面讲的状态机。然而，DSL 在这一场合非常有用，因为它让人们更容易操控组装语义模型的声明式程序。

2.3　DSL 的问题

前面讨论了这么多何时该采用 DSL，接下来该讨论一下什么时候不该采用 DSL 了，或者至少是使用 DSL 时应注意哪些问题。

从根本上来说，不应该使用 DSL 的唯一原因就是在你的场景中使用 DSL 没有任何好处，或者是 DSL 的好处不及构建它所带来的成本。

有些场景虽然适合使用 DSL，但是它们同样会带来一些问题。但总体来说，我认为当下的情况是这些问题言过其实了，一般是因为人们不太熟悉如何构建 DSL，也不了解 DSL 在软件开发大环境下的定位。而且，很多常说的 DSL 问题源于人们对 DSL 和模型的混淆，这种混淆同样也扰乱了很多 DSL 的好处。

许多 DSL 问题只是与 DSL 的某种特定风格有关。而且要理解这些问题，你需要深入了解这种 DSL 是如何实现的。所以，我想把这些问题留到后面去讨论，在这里只讨论与本章有关的那些较宽泛的问题。

2.3.1　语言噪声

我把最常见的反对 DSL 的观点称为**语言噪声问题**：人们觉得学习一门新语言很难，所以使用多种语言肯定比使用一种要复杂。在项目中必须学习多种语言，这会让工作变得困难，对新人也并不友好。

当人们这么说时，他们通常有一些误解。首先是他们把学习 DSL 的成本与学习通用型语言的成本混淆了。DSL 要比通用型语言容易得多，学习起来也更简单。

许多批评者知道这一点，但仍然反对使用 DSL，因为即便 DSL 易学，他们也觉得一个项目中存在多种 DSL 会让项目变得难以理解。这里的误解在于，他们忘了一个项目中总会存在一些很难理解的复杂部分。即使没有 DSL，代码库中也会有相应的抽象需要理解。通常来说，这样的抽象会被封装成库，以便于掌握。结果是，虽然不必学习多种 DSL，但还是不得不学习多种库。

所以真正的问题在于，学习 DSL 和学习其底层模型中哪个更困难。我认为学习 DSL 要比理解模型容易得多。实际上，DSL 的价值就在于让人们更容易地理解和使用模型，所以使用 DSL 应该能降低整体上的学习成本。

2.3.2　构建成本

虽然 DSL 本身需要花费的成本比它的底层库小多了，但仍然有一部分编写代码和维护代码的成本。因此，就像我们编写任何代码一样，需要衡量其投入产出比。不是所有的库都值得投入精力去实现一层包装它的 DSL。如果命令查询 API 已经够用，就不需要基于此再实现一套 API 了。尽管新实现一种 DSL 确实有用，但有时构建和维护 DSL 的成本会比从中获得的边际收益大得多。

DSL 的维护成本是一项重要的考量因素。即使是一种简单的内部 DSL，如果开发团队中的多数成员觉得难以理解，也会带来很大的问题。而外部 DSL 更是让很多人望而却步，语法分析器就会让很多程序员打退堂鼓。

增加 DSL 而带来成本的一个原因是，人们通常不熟悉如何构建一种 DSL，为此需要去学习新的技术。不过，虽然不应忽略这些成本，但要明白的是，这些学习成本会在未来进行分摊，因为你以后还会用到 DSL。

另外，请记住 DSL 的成本不包括构建模型的成本。任何软件中的复杂逻辑都需要某种机制来管理复杂性，如果复杂到需要用 DSL 来管理，那么它肯定复杂到能够从构建的模型中获益。DSL 可以帮助我们思考模型，并降低模型的构建成本。

这导致的一个相关问题是：鼓励使用 DSL 会不会导致人们编写出很多糟糕的 DSL？实际

上这并不意外，就像很多库有着糟糕的命令查询 API 一样。问题是 DSL 会不会让事情变得更糟。好的 DSL 可以包装一个 API 设计得很差的库（可能的话我更愿意直接改库本身），让它更易于使用。而构建和维护糟糕的 DSL 就是在浪费资源，就像任何糟糕的代码一样。

2.3.3　集中营语言

集中营语言（Ghetto Language）问题与语言噪声问题正好相反。比方说，一家公司用一种自制语言编写了很多公司内部系统，这种语言的使用范围只是公司内部。这样一来，公司就很难招到适应其技术环境的员工，也很难跟得上外部技术环境的变化。

在分析这个问题时，我先澄清一点，根据我对 DSL 的定义，如果整个系统都是用某种语言写的，那么它就不是 DSL，而是通用型语言。虽然你可以用很多与 DSL 有关的技术去构造一门通用型语言，但我强烈建议你不要这样做。构造并维护一门通用型语言是一项巨大的工程，很可能让你一辈子都耗费在这样的集中营里。所以，不要那么做。

我认为这样的集中营语言问题不是空穴来风，它隐含了一些现实存在的问题。第一个问题是，一种 DSL 总是存在着不经意间演化成一种通用型语言的风险。想象一下，你构建了一种 DSL，开始使用它，然后逐渐为它添加新特性。今天添加了条件语句，明天又加上了循环体，然后——哎呀一不小心，你得到了一种图灵完备的语言。

要对抗这种滑向深渊的演化，唯一方法是牢牢地坚守底线。要确保你清楚该 DSL 所聚焦的问题。对任何可能超出该 DSL 目标的新特性都应持怀疑态度。如果你想解决更多问题，试试采用多种语言，并综合运用它们，而不是让一种 DSL 越来越臃肿。

同样的问题也会侵蚀框架。好的库都有一个清晰的目标。如果你的产品定价库包含了一种 HTTP 协议的实现，实际上就会面临同样的问题——没有分离关注点。

第二个问题是，总是自己构建而不从外部获取。这既适用于 DSL，又适用于库。例如，你没理由构建自己的对象关系映射系统。我对软件开发的一个通用原则是，如果不是核心业务，就不要自己编写，而是从外部去获取。特别是，随着开源软件的兴起，通常你应该基于现有的开源软件进行扩展，而不是从头开发一个全新的软件。

2.3.4　狭隘的抽象

DSL 的有用之处在于它提供了一种抽象，我们可以用这种抽象来思考领域问题。这种抽象非常有价值，比起使用底层结构，DSL 可以让人更简单地表达领域行为。

然而，任何抽象（无论是 DSL 还是模型）都会带来一个风险：使人的思路变得狭窄。一旦陷入狭隘的抽象，人们就会想方设法把所有东西都塞进这个抽象之中，而不会尝试其他思路。一般地，当你发现一种不适应抽象的事物时，你就会遇到这样的问题，而你会千方百计地让它适应抽象，而不是修改抽象让它能更容易地吸纳新的行为。这种狭隘的抽象往往发生在你觉得抽象大功告成之际——此时你很自然地不希望发生翻天覆地的变化。

不仅是 DSL，任何抽象都会遇到这种狭隘性的问题。但 DSL 可能会让这个问题变得更严重。因为 DSL 提供了一种更舒适的方式来操作抽象，这使我们习惯之后就不愿意改变了。当你与领域专家一起使用 DSL 时这个问题可能更严重，他们习惯了一种抽象之后会比你更不愿意改变。

因此，就像对待任何抽象一样，你应该把 DSL 看作一种始终在演进的事物，它永远不会完结。

2.4   广义的语言处理

本书是关于领域特定语言的，但它同时也是关于语言处理技术的。这两者是有重叠的，因为在 90%的情况下，开发团队使用语言处理技术是为了 DSL。不过，这些技术也可以巧妙地用在其他方面，让我不能不提。

我曾在拜访一个 ThoughtWorks 项目团队时见到一个很好的例子。他们要与某种第三方系统通信，发送的消息内容是用 COBOL copybook 定义的。COBOL copybook 是一种用来描述记录的数据结构格式。系统中有很多记录，所以我的同事 Brian Egge 决定构建一种 COBOL copybook 的语法分析器，来解析 COBOL copybook 语法的子集，生成 Java 类来对接这些记录。构建出语法分析器之后，项目组就可以轻松地处理很多 COBOL copybook，而系统中的其他代码根本不需要了解 COBOL 的数据结构。一旦这种格式有变化，只需要重新生成一遍就可以了。在这里，很难说 COBOL copybook 是一种 DSL，但我们可以用处理外部 DSL 的技术解决这个问题。

因此，虽然我是在 DSL 的上下文中讨论语言处理技术，但你也可以用它们来解决其他问题。掌握了语言处理的思想，就会发现它们的用途十分广泛。

2.5   DSL 的生命周期

在本书开头，我是这样引入 DSL 的：首先描述一个框架及其命令查询 API，然后在该 API 之上定义一个 DSL，从而使原来的 API 更加容易操作。之所以用这种方式是因为我觉得以这种方式理解 DSL 很容易，但这实际上并不是使用 DSL 的唯一方式。

另一种常见的方式是先定义 DSL。在这种模式下，我们先从一些场景开始，将场景编写成一些你觉得容易看懂的 DSL。如果这种语言是领域功能的一部分，最好和领域专家一起来编写——这是让 DSL 成为一种沟通媒介的良好开端。

有些人喜欢一开始就满足语法上的正确性。这意味着，对内部 DSL 来说，要确保其符合宿主语言的语法；对外部 DSL 来说，要确保其写法确实能被解析。也有些人则先从非正式的写法开始，第二遍再去通过 DSL 细化，从而满足语法上的合理性。

要用这种方式来实现状态机,你要和一些了解客户需求的人坐在一起。先想出一些控制器行为的例子,要么基于人们过去的需求,要么基于你对他们未来期望的理解。对每一个例子,尝试以 DSL 的形式写出来。随着场景的增多,你会调整 DSL 来支持新的功能。在练习结束后,你会得到一组合理的用例样本,以及对应的伪 DSL 描述。

如果用语言工作台定义 DSL,要在工作台之外完成这一阶段,可以用普通的文本编辑器,可以用画图工具,当然也可以用纸和笔。

一旦获得了一组有代表性的伪 DSL,就可以开始实现它们了。实现涉及用宿主语言设计状态机模型、模型的命令查询 API、DSL 的具体语法以及 DSL 与命令查询 API 之间的转换。实现方式有很多种。有些人喜欢一次做整套工作的一个切片:编写一点模型,增加一点操作模型的 DSL,然后用测试把它们都调用起来进行验证。也有些人喜欢先构建并测试整个框架,再在其上构建 DSL。还有人会先设计好 DSL,然后构建库,再把二者匹配起来。作为一个增量开发的倡导者,我倾向于一点一点地实现端到端功能,因此会采用第一种做法。

所以我会从我看到的最简单的一个用例开始,用测试驱动开发的方式编写支持这个用例的库,然后编写 DSL 的部分,并把 DSL 与已构建的框架连接起来。这个过程中我会很乐于对之前得到的 DSL 进行调整,以便于实现。当然,我的这些调整会跟领域专家确认,以确保我们仍对这种沟通媒介有着共同的理解。就这样,完成了一个控制器之后,再挑下一个继续。在此过程中,我会先对框架和测试进行演进,然后对 DSL 进行演进。

虽然我的方式是这样,但不表示我觉得从模型开始开发的方式不好,实际上这往往是一个不错的选择。一般来说,从模型开始的方式经常发生在人们一开始没想使用或不确定是否需要 DSL 时。这种情况下,你会先构建一个可工作的框架,使用一段时间,然后觉得有必要增加一种 DSL。对这个例子来说,你可能先构建了自己的状态机模型,并有了很多用户。过了一段时间,你发现添加新用户非常困难,于是决定尝试一下 DSL。

接下来介绍两种从模型出发构建 DSL 的方式。第一种是"从语言开始生长"的方式,基本上把模型看作一个黑箱,在其之上慢慢地构建 DSL。以前面的状态机为例,我们会先看看有哪些控制器,然后给每个控制器设计出伪 DSL,再一个场景一个场景地实现 DSL,大体上就像前面描述的那样。在这个过程中,你可能会给模型增加一些方法来帮助实现 DSL,但模型通常不会有大的改变。

第二种是"从模型开始生长"的方式。在这里,你会先给模型增加一些使表达更连贯的方法,使其更容易配置和使用,然后逐渐把这些方法抽出来形成 DSL。这种方式更适合用来构建内部 DSL。你可以把这个过程看作对模型的一种深度重构以获得内部 DSL。这种方式的一个有利的方面在于,它是逐步演进的,因此不会带来构建 DSL 的显著的成本。

当然,很多情况下,你甚至不知道已经有了一个框架。你可能构建了几个控制器,然后意识到有很多共同的功能。这时,我会先对现有系统进行重构,分离出模型代码和配置代码。这种分离非常重要。虽然在做这件事时我脑子里可能已经有一些 DSL 的雏形,但我会倾向于先完成分离,再去构建 DSL。

写到这里,我觉得有必要先强调一件事(希望我的担心是多余的):一定要记得用版本控制系统来管理 DSL 脚本。DSL 脚本是代码的一部分，所以就像任何别的代码一样，必须把它放进版本控制系统。DSL 作为文本形式的一大好处就是适合版本管理，可以跟踪系统行为的变化。

2.6　设计优良的 DSL 从何而来

审校本书的人经常问我，设计出优良的 DSL 有哪些技巧。毕竟，语言设计很复杂，我们不希望拙劣的语言越来越多。虽然我内心很希望能告诉别人一些好建议，但我承认，我对此也没有什么清晰的思路。

就像任何写作一样，DSL 的整体目标就是向读者清晰地表明意图。作为作者，你希望你的目标读者（如程序员或者领域专家）能够尽可能快、尽可能清楚地理解 DSL 语句的意图。虽然关于如何做到这一点我没有过多可表达的，但我的确觉得在编程中时刻牢记这一点会非常有价值。

基本上我是一个迭代设计爱好者，在 DSL 编写上也不例外。设计 DSL 时，尽早从你的目标受众那里获取反馈。准备多种方案，看看人们对此有什么反应。设计一种好的语言总会经历无数的尝试和失败，不要怕走弯路，走的弯路越多，就越有可能找到正确的路。

在 DSL 及其语义模型（第 11 章）中，不要怕使用领域中的行话。如果 DSL 脚本的用户都熟悉这些行话，就可以在 DSL 中使用。虽然外人看着奇怪，但对领域内用户来说可以极大地提高沟通的效率。

另外，一定要记得利用一些通用约定。例如，如果每个人都熟悉 Java 或 C#，就可以用"//"来表示注释，或者用"{"和"}"来表示层级结构。

我觉得需要特别引起注意的一点是：不要试图让 DSL 读起来像自然语言。历史上有很多通用型语言做过这方面的尝试，其中最有名的就是 AppleScript。这里的问题在于，为了读起来像自然语言，会加入许多语法糖，这就导致对语义的理解变得极其复杂。记住，DSL 是一种编程语言，那么用起来要像编程，这就需要比自然语言更简练、更精确。试图使编程语言看起来更像自然语言，会让你陷入错误的上下文中。当你与程序打交道时，一定要记得自己在编程语言环境中。

第 3 章

实现 DSL

读到本章你应该已经理解了什么是 DSL，以及为什么要使用 DSL。现在该研究使用什么技术来构建 DSL 了。虽然有许多不同的技术来分别构建内部 DSL 和外部 DSL，但它们还是有很多共通的地方。本章主要关注内部 DSL 和外部 DSL 共有的问题，在第 4 章和第 5 章再讨论各自的具体问题。同样，本章也先不谈语言工作台，留到后面再讨论。

3.1 DSL 处理的架构

我要谈论的最重要的事情就是 DSL 实现的大体结构，也就是我所说的 DSL 系统的架构（图 3-1）。

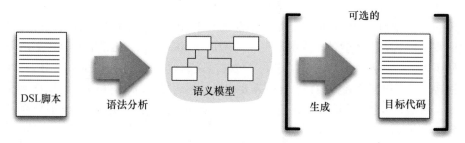

图 3-1 我青睐的 DSL 处理的总体架构

到目前为止，我已经反复说过"DSL 是模型之上的一个薄层"。当我在这里说"模型"的时候，我指的其实是语义模型（第 11 章）模式。这个模式背后的概念是，所有重要的语义行为都会在模型中被捕获，而 DSL 的作用就是通过语法分析来组装模型。这就意味着，语义模型在我所理解的 DSL 中扮演着核心角色——事实上，本书全书都假设你在使用语义模型。（当然，我也会在本节最后有足够的上下文的时候，来谈一下语义模型的替代方案。）

因为我是面向对象"偏执狂"，所以我理解的语义模型首先是一个对象模型。我喜欢既有数据又有对应的处理的充血模型,但语义模型不必拘泥于此,它也可以仅是一种数据结构。虽然我坚持应该使用一个合适的对象,但用数据模型的形式来表示语义模型总比根本不用语义模型要好。因此,要记住,虽然在本书的讨论中我假设使用的是具有行为的对象,但是数据结构也是用来描述语义模型的一种选择。

虽然很多系统都使用领域模型(Domain Model)[Fowler PoEAA]来捕获软件系统的核心行为,而且通常 DSL 就是负责组装领域模型的重要部分,但我还是坚持把领域模型和语义模型加以区分。DSL 的语义模型通常是一个应用程序的领域模型的子集,因为并不是所有的领域模型都适合用 DSL 处理。另外,DSL 不仅用于组装领域模型(甚至是在其已经存在的时候),还可用于其他任务。

语义模型完全是一个普通的对象模型,它可以像其他所有对象模型一样被操控。在状态机这个例子中,我们用状态模型的命令查询 API 来组装一个状态机,然后运行它来获取状态的行为。在某种意义上,它和 DSL 是相互独立的,但在实践中它们又是关系紧密的两兄弟。

(如果你有编译背景,可能会以为语义模型就是抽象语法树。简单地说,它们是不同的概念,我会在 3.2 节中再进行分析。)

保持语义模型和 DSL 分离有几个好处。最主要的好处是,我们在思考领域的语义时,不必纠结 DSL 语法或语法分析器。如果你在使用 DSL,说明你所表示的东西通常已经非常复杂,而且复杂到了它应该有自己的模型来表示。

特别是,这让我们可以通过创建模型中的对象并直接操作它们来测试语义模型。例如,我可以创建一系列状态和状态迁移来测试事件和命令是否执行,而根本不用关心语法分析。如果状态机的执行存在问题,我就可以很清晰地把问题隔离在模型中,而不必了解语法分析是如何工作的。

一个明确的语义模型让我们可以支持用多种 DSL 来组装它。你可以先使用简单的内部DSL,再替换成更易读的外部 DSL。因为你已经有一些脚本和用户,所以你可能希望保留现有的内部 DSL,并且同时支持这两种 DSL。因为两种 DSL 都可以解析成相同的语义模型,所以支持它们并不难。这还有助于避免语言的重复。

更重要的是,拥有分离的语义模型就可以独立地演进模型和语言。如果我要改变模型,可以不改变 DSL,而只需要在模型能够工作之后给 DSL 加上必要的构造。同样,如果要尝试新的 DSL 语法,只需要验证它们可以在模型中创建相同的对象。我可以通过比较两种语法组装语义模型的方式来对这两种语法进行比较。

从很多方面看,语义模型和 DSL 语法的分离都非常类似于企业软件设计中领域模型和展现的分离。事实上,有时候我甚至把 DSL 认为是用户界面的另一种形式。

DSL 和展现之间的对比也能看出一些局限性。DSL 和语义模型始终还是有关联的。如果要给 DSL 增加新的构造,就需要确保语义模型能够支持这些构造,这也就意味着要同时修改它们才可以。但是,分离的好处也是明显的,它可以让我单独思考语义问题和语法分析问题,这让事情变得简单了许多。

内部 DSL 和外部 DSL 的不同就在于语法分析步骤(语法分析对象和语法分析方法)。两种风格的 DSL 会产生同一种语义模型，而且就像我之前暗示的那样，我们没有理由不使用由内部 DSL 也由外部 DSL 组装的单个语义模型。事实上，这也正是我在编写状态机的例子中使用的策略：让多种 DSL 组装单个语义模型。

使用外部 DSL 时，DSL 脚本、语法分析器和语义模型之间有清晰的分离。DSL 脚本用一种独立的语言编写，语法分析器读取这些脚本，然后组装语义模型。而使用内部 DSL 时，它们更容易混杂在一起。我提倡使用一个显式的对象层（表达式构建器（第 32 章））来提供类似于语言的连贯接口，然后就可以通过调用表达式构建器的方法来运行 DSL 脚本以组装语义模型。因此，在内部 DSL 中，DSL 脚本的语法分析是通过宿主语言的语法分析器和表达式构建器一起完成的。

这让我们想到另一个有趣的问题：在内部 DSL 中使用"语法分析"这个词可能蛮古怪的。我承认我对此也并不感到十分舒服。但我发现，想到内部 DSL 和外部 DSL 的并行处理其实是十分有用的观点。传统的语法分析是将文本流放入语法分析树，然后处理该语法分析树，从而产生一些有用的输出。而在内部 DSL 的语法分析中，输入的是一系列函数调用，它们也会被放入一个层级结构（通常为隐式的栈）中来产生输出。

还有一个与"语法分析"有关的因素是，在很多场景下并不直接处理文本。在内部 DSL 中，宿主语言语法分析器处理文本，而 DSL 处理器处理的更多是语言构造。但在 XML DSL 中两者是一样的：XML 语法分析器把文本翻译成 XML 元素，而 DSL 处理器处理的就是前者所生成的 XML 元素。

这时有必要重温一下内部 DSL 和外部 DSL 的区别。我之前提到的区分方法是，是否是使用应用程序的基础语言来编写的。这通常而言是正确的，但并不是百分之百正确。一个比较极端的反例是，使用 Java 来编写主应用程序，而使用 JRuby 编写 DSL，在这种情况下我仍然把它归类为内部 DSL，因为使用的都是本书内部 DSL 章节中介绍的技术。

内部 DSL 和外部 DSL 的真正区别在于，内部 DSL 使用一种可执行的语言编写，然后通过在这种语言中执行 DSL 来进行语法分析。无论是 JRuby 还是 XML，DSL 都被嵌入载体语法中，但不同之处在于 JRuby 代码是被运行的，而 XML 数据结构只是被读取而已。当然，大多数时候内部 DSL 是用应用程序的主要语言实现的，所以这个定义通常来说还是有用的。

有了语义模型之后，我们需要让模型如我们期望的那样工作。在状态机的例子中，我们期望的就是让它控制安全系统。有两种方法可以达到这个目的。最简单的通常也是最好的方法就是运行语义模型本身。因为语义模型就是代码，所以可以运行它并完成它需要完成的一切。

另一个方法就是使用代码生成。代码生成指生成能单独编译和运行的代码。在一些圈子中，代码生成被视为 DSL 的根本。我看到一些讨论中描述任何与 DSL 相关的工作都需要通过生成代码来实现。在个别情况下，有些关于语法分析器生成器（第 23 章）的演讲和文章会不可避免地谈及代码生成。但 DSL 与代码生成并没有本质关联，大多数情况下最好的选择是运行语义模型。

如果想在不同的地方运行模型和解析 DSL，代码生成就派上用场了。在一个具备有限制的语言选择的环境中（如有限制的硬件或者在关系数据库内部）运行代码就是一个好的例子。你肯定不希望在烤面包机里或在 SQL 中运行语法分析器，所以会用更合适的语言来实现语法分析器和语义模型，然后生成 C 或者 SQL 代码。一个相关的场景是，你的语法分析器依赖一些特定的库，而你又不想在生产环境中使用它们。如果在构建 DSL 时使用了一个复杂的工具，那么这种情况就很常见，这也是语言工作台倾向于使用代码生成的原因。

在这些情况下，在语法分析环境中拥有无须生成代码就能运行的语义模型仍然十分有用。运行语义模型可以让你在不知道代码如何生成的情况下执行 DSL。因此不用生成代码就可以测试语法分析和语义，这可以帮助我们更快地运行测试并分离出问题。此外，还可以对语义模型进行验证，这样就可以在生成代码之前捕获错误。

另一种支持代码生成的观点是，很多开发人员发现即使在一个可以直接解释语义模型的环境中，充血语义模型中的逻辑也非常难懂。而从语义模型中生成代码使很多事情更加明确，而不是像魔法似的那么隐晦，这点在一个缺乏高水平开发人员的团队中显得至关重要。

但我们必须清楚的重要的一点是，代码生成在 DSL 蓝图中只是一个可选项，需要它的时候它很关键，但大多数时候并不需要它。就好像雪地靴，在雪地中徒步时你当然需要一双，但在夏天完全用不着。

使用代码生成，我们还发现语义模型的另一个好处。它可以解耦代码生成器和语法分析器。我可以在不清楚语法分析过程的情况下编写一个代码生成器，并且独立地测试它。仅凭这一点就足以使语义模型价值连城。另外，如果需要的话，它还使支持多种代码生成目标变得更容易。

3.2 语法分析器的工作方式

虽然内部 DSL 和外部 DSL 在细节上有很多不同，但其根本的区别在于语法分析过程。不过它们也有很多相似的地方。

最重要的相似的地方就是二者的语法分析都是一个很强的层级操作。在对文本进行语法分析的时候，我们会安排数据块流入一个树结构。下面以状态机中的事件列表这个简单的结构为例。在外部 DSL 语法中，它看起来是这样的：

```
events
  doorClosed D1CL
  drawerOpened D2OP
end
```

我们可以把它看作一个复合结构，即包含若干事件的事件列表，其中每个事件都有名字和编码。

用 Ruby 编写的内部 DSL 是这样的：

```
event :doorClosed "D1CL"
event :drawerOpened "D2OP"
```

这里没有整个列表的概念，但每个事件本身仍是一个层级：每个事件都有名字符号和编码字符串。

对于这样的脚本，可以把它看作一个层级结构。这样的层级结构叫作**语法树**（或语法分析树）。任何脚本都可以被转变成很多隐含的语法树，就看你如何分解脚本。语法树这种表示形式比文本本身更能有效地表示一个脚本，因为有很多种方式来遍历语法树并操作它。

如果使用了语义模型（第 11 章），我们就可以把语法树翻译成语义模型（图 3-2）。语言社区中的很多文章强调了语法树的重要性，人们直接运行语法树或根据语法树生成代码。实际上，甚至可以将语法树作为语义模型，但大多数情况下我不会这么做，因为那样会使语法树和DSL 脚本的语法关联过紧，从而使 DSL 的处理与其语法耦合。

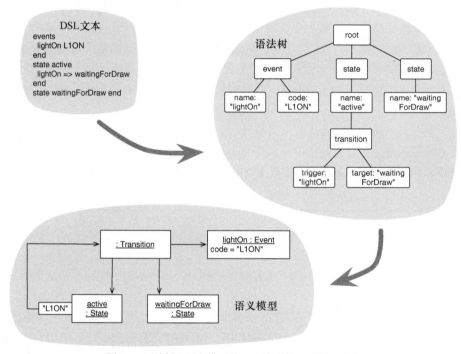

图 3-2　语法树和语义模型是 DSL 脚本的不同表示形式

到目前为止，我都把语法树当作一种有形的数据结构来谈论，类似于 XML DOM。有时候语法树的确是一种有形的数据结构，但更多的时候不是。它可能在调用栈中形成，然后在遍历的过程中得到处理。所以，你看不到整棵树，而只能看到当前处理的分支（类似于 XML SAX的工作方式）。尽管如此，尝试理解隐藏在调用栈中的可怕的语法树还是有帮助的。对一个内部 DSL 而言，语法树是通过函数调用中（嵌套函数（第 34 章））的参数和内嵌对象（方法级联（第 35 章））形成的。有时候，你看不到一个很明显的层级结构，需要通过上下文变量（第13 章）模拟的层级结构来模拟它（函数序列（第 33 章））。语法树可能比较可怕，但它是一种有用的工具。使用外部 DSL 会产生更加明显的语法树，事实上有时候你确实生成了一个完全的语法树数据结构（树构造（第 24 章））。但即使是外部 DSL，也常常是在调用栈中不断形成和修剪语法树，进而被处理的。（这里我引用了几个尚未介绍过的模式，第一次阅读时可以先忽略，但以后再读时，这些引用会非常有帮助。）

3.3 文法、语法和语义

当你要处理一种语言的语法时，**文法**（grammar）是一个很重要的工具。文法描述了文本流转化成语法树的一套规则。大多数程序员应该接触过文法，因为它经常用来描述我们日常使用的编程语言。文法由一系列的生产规则组成，每条规则都有自己的名字以及描述如何分解它的语句。所以，一条加法文法可能看起来就像这样：additionStatement := number '+' number。它告诉我们，对于 5 + 3 这样的代码，语法分析器可以识别出这是一条加法语句。规则是可以相互引用的，所以必然有一条规则告诉我们如何识别合法数字。这些规则组合在一起，就形成了一门语言的文法。

认识到一门语言可以由多种不同的文法来定义是非常重要的。世界上不存在一门语言的唯一文法。一条文法定义了为语言而生成的语法树的结构，而对于一段特定的语言文本片段，会有多种不同的树结构。一条文法只定义了语法树的一种形式。选择哪条文法和语法树取决于很多因素，包括文法语言的特性和处理语法树的方式等。

文法只定义了一门语言的语法，即在语法树中如何表示。但它并没有告诉我们它的语义，也就是表达式的含义。在不同的上下文中，5 + 3 可能等于 8，也可能等于 53，语法相同但语义可能截然不同。在**语义模型**（第 11 章）中，语义的定义其实就是如何从语法树组装语义模型以及如何处理语义模型。特别地，如果两个表达式在**语义模型**中生成相同的结构，即使语法不同，它们的语义也是相同的。

对于外部 DSL，特别是在使用**语法制导翻译**（第 18 章）时，你可能会显式地使用文法来构建语法分析器。对于内部 DSL，可能不会用到显式文法，但是从文法的角度来考虑 DSL 仍然是有用的。文法可以帮助我们选择使用哪种内部 DSL 模式。

在内部 DSL 中谈论文法显得有点儿奇怪的原因之一是，它会涉及两遍语法分析过程，因而有两种文法。第一遍是对宿主语言本身的语法分析，这当然依赖于宿主语言的文法。这个语法分析创建了宿主语言的可执行指令。当宿主语言所构建的 DSL 部分执行时，它会在调用栈中创建可怕的语法树。只有在第二遍语法分析的时候，DSL 文法的概念才开始出现。

3.4 语法分析中的数据

当语法分析器运行时，它需要存储和对有关的数据进行语法分析。这些数据可以是完整的语法树，但多数时候并不是，而且就算是，它也需要存储其他数据来使语法分析过程正常工作。

语法分析本身是一个遍历树的过程。在处理一段 DSL 脚本时，我们将会得到当前所处理的语法树分支的一些上下文信息。但我们通常还需要一些分支之外的信息。我们再拿状态机例子的一段代码看看：

```
commands
  unlockDoor D1UL
end

state idle
  actions {unlockDoor}
end
```

我们可以发现一种普遍的情形：命令在语言的一个地方被定义，在另一个地方被引用。当命令被当作状态动作的一部分被引用时，它所在的语法树分支和它被定义的语法树分支是不同的。如果语法树的表示只存在于调用栈中，那么这时命令的定义已经消失了。因此，我们需要存储命令对象以备以后使用，这样才能在动作子句中引用它。

要实现这一点，我们使用了符号表（第 12 章）。符号表本质上是一个字典，它的键是标识符 unlockDoor，值是语法分析过程中表示这个命令的对象。在处理文本 unlockDoor D1UL 的时候，我们创建了一个对象来持有这些数据，然后以 unlockDoor 为键把它存放到符号表中（图 3-3）。所存放的对象可以是命令的语义模型对象，也可以是语法树中的局部临时对象。之后处理 actions {unlockDoor}时，我们会在符号表中查找该对象以获取状态及其动作之间的关系。因此，符号表是处理交叉引用的重要工具。如果要在语法分析过程中创建完整的语法树，那么理论上可以不需要符号表。不过，它仍然是一个能够把事物串接起来的有用的结构。

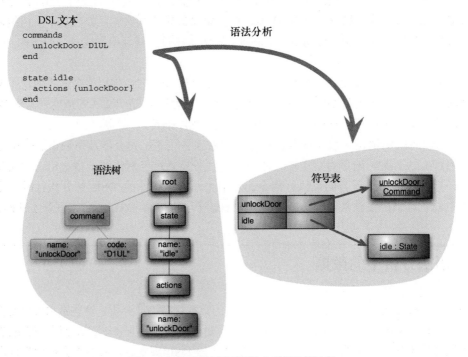

图 3-3　语法分析创建了语法分析树和符号表

本节的最后我们来谈两个更加具体的模式。虽然总体而言本章讨论的是一些高层次的内容，但由于既可用于内部 DSL 又可用于外部 DSL，因此放在这里也是合适的。

随着语法分析的进行，我们需要保存解析的结果。有时候所有的结果都可以放到符号表中，有时候很多信息可以保存在调用栈中，而有时候你需要语法分析器中的一些额外的数据结构。在所有这些情况中，很明显我们需要创建语义模型对象来作为结果，但通常也需要创建一些临时对象，因为语义模型对象到语法分析的最后时刻才会创建出来。构造型构建器（第 14章）就是这样的一种临时对象，它可以捕获一个语义模型对象的所有数据。有时语义模型对象在构造后只有只读数据，而你需要在语法分析时逐渐为其收集数据，这时构造型构建器就非常有用，它和语义模型对象具有相同的字段，却是可读可写的，可以用来存放数据。一旦我们有了所有的数据，就可以创建一个语义模型对象。使用构造型构建器会使语法分析器更复杂，但与改变语义模型的只读属性比起来，我宁愿选择前者。

事实上，有时候你会在处理了所有 DSL 脚本之后才开始创建语义模型对象。在这种情况下，语法分析过程分为完全不同的阶段：第一，读取 DSL 脚本，并且创建临时的语法分析数据；第二，运行临时数据，然后组装语义模型。到底把工作放在文本处理之中还是之后来做，取决于如何组装语义模型。

对表达式进行语法分析的方式通常依赖于我们所工作的上下文。看一下下面这段文本：

```
state idle
  actions {unlockDoor}
end

state unlockedPanel
  actions {lockDoor}
end
```

在处理 actions {lockDoor} 时，我们需要知道的非常重要的一点是，它处在unlockedPanel 状态的上下文中，而不是 idle 状态的上下文中。这个上下文通常会在语法分析器的构建和遍历语法分析树的过程中提供，但也有很多时候很难做到。如果我们不能通过检查语法分析树找到上下文，那么一种好的处理方式是将上下文（本例中为当前状态）存储在变量中。我把这种变量叫作上下文变量（第 13 章）。上下文变量和符号表一样，既可持有语义模型对象，又可持有一些临时对象。

虽然上下文变量通常是一个使用起来非常简单的工具，但一般我尽可能避免使用它。上下文变量会使语法分析代码更难读懂，就跟可变变量使过程式代码更加复杂一样。当然肯定有一些时候你无法避免使用上下文变量，但我倾向于把它们看作应该避免的坏味道。

3.5　宏

宏（第 15 章）是一个既可用于内部 DSL 又可用于外部 DSL 的工具。它们曾经被广泛使用，但现在已经不那么常见了。虽然我建议大多数情况下不要使用宏，但宏偶尔也会有用武之地，所以还是来稍微谈谈它的工作原理和使用时机吧。

宏有两种形式：文本宏和语法宏。文本宏理解起来很容易，简单地说就是文本替换。一个很好的例子就是在 CSS 文件中指定颜色。除了少数几种特定情况，CSS 一般会强制你以颜色编码来指定颜色，如#FFB595。这样的编码并不表示任何意义，更糟糕的是，当需要在多个地方使用同一种颜色的时候，你不得不重复这个编码，而任何编码重复都是"坏味道"。我们可以给这个编码赋予一个在上下文中有意义的名字，如 MEDIUM_SHADE，然后定义并赋给它#FFB595。

虽然 CSS（至少目前为止）并不允许这么做，但我们可以使用一个宏处理器来实现。创建一个用 MEDIUM_SHADE 来定义颜色的 CSS 文件，然后让宏处理器做一个简单的文本替换，把 MEDIUM_SHADE 替换成#FFB595 即可。

上面只是一个非常简单的宏处理的例子，在比较复杂的宏中甚至可以使用参数。一个经典的例子就是 C 预处理器，它可以定义一个宏把 sqr(x) 替换成 x * x。

宏提供了很多创建 DSL 的机会，可以在宿主语言中（如作为 C 预处理器），也可以作为独立文件转化为宿主语言。宏的缺点在于它有很多难以处理的问题，使得它很难在实际中使用。其实文本宏现在已经不再受欢迎，并且很多专家（如我）反对使用它。

语法宏也是通过替换来实现的，但语法宏工作在宿主语言的有效语法元素上，把一种形式的表达式转化成另一种形式。因大量使用语法宏而著称的语言当属 Lisp，虽然 C++模板可能更加广为人知。使用语法宏编写 DSL 是在 Lisp 中编写内部 DSL 的核心技术，但这种技术也仅限于支持语法宏的语言。所以本书中可能不会太多谈及语法宏，因为支持语法宏的语言太少了。

3.6 DSL 的测试

在过去十多年我越来越不想谈论测试这个话题，因为我成了测试驱动开发[Beck TDD]以及类似技术的拥趸，这些技术强调"先写测试，再写实现"。所以，我无法脱离测试而单独思考 DSL 的实现。

有了 DSL，我们可以把测试分成 3 部分：*语义模型的测试、语法分析器的测试和脚本的测试*。

3.6.1 语义模型的测试

我首先想到的是*语义模型*（第 11 章）的测试。这些测试用来确保语义模型能按照期望的方式工作。也就是说，运行它的时候，正确的输出取决于模型中有什么。这是一个标准的测试实践，就如你在所有的框架中使用的一样。对于这样的测试，我根本不需要 DSL，使用模型自身的基本接口组装模型即可。这是好事儿，因为这样我可以不依赖 DSL 和语法分析器就能对模型进行独立测试。

让我们通过密室控制器的例子来说明如何进行测试。在这个例子中，语义模型就是状态机。我可以像 1.3 节介绍的那样使用命令查询 API 来组装语义模型，从而对其进行测试，无须任何 DSL。

```
@Test
public void event_causes_transition() {
  State idle = new State("idle");
  StateMachine machine = new StateMachine(idle);
  Event cause = new Event("cause", "EV01");
  State target = new State("target");
  idle.addTransition(cause, target);
  Controller controller = new Controller(machine, new CommandChannel());
  controller.handle("EV01");
  assertEquals(target, controller.getCurrentState());
}
```

上面的代码演示了如何独立测试语义模型。需要说明的是，真正的测试代码需要包括更多内容，并考虑更多的因素。

有两种办法来将更多因素纳入这类代码中。第一种办法是创建一堆可以提供最小测试夹具的小状态机，来测试语义模型的各种特性。例如，要测试"事件触发状态迁移"，我们只需要一个简单的处于空闲状态的状态机，以及两个可以向外转化成不同状态的迁移。

```
class TransitionTester...
  State idle, a, b;
  Event trigger_a, trigger_b, unknown;

  protected StateMachine createMachine() {
    idle = new State("idle");
    StateMachine result = new StateMachine(idle);
    trigger_a = new Event("trigger_a", "TRGA");
    trigger_b = new Event("trigger_b", "TRGB");
    unknown = new Event("Unknown", "UNKN");
    a = new State("a");
    b = new State("b");
    idle.addTransition(trigger_a, a);
    idle.addTransition(trigger_b, b);
    return result;
  }
```

如果要测试命令，我们只需要一个更小的具有一个除空闲状态之外状态的状态机。

```
class CommandTester...
  Command commenceEarthquake = new Command("Commence Earthquake", "EQST");
  State idle = new State("idle");
  State second = new State("second");
  Event trigger = new Event("trigger", "TGGR");

  protected StateMachine createMachine() {
    second.addAction(commenceEarthquake);
```

```
    idle.addTransition(trigger, second);
    return new StateMachine(idle);
  }
```

这些不同的测试夹具可以用类似的方式来运行和探测。我会给它们创建一个公用的超类。这个超类首先应该能够创建公用夹具——在本例中为一个控制器和一个拥有状态机的命令通道。

```
class AbstractStateTesterLib...
  protected CommandChannel commandChannel = new CommandChannel();
  protected StateMachine machine;
  protected Controller controller;

  @Before
  public void setup() {
    machine = createMachine();
    controller = new Controller(machine, commandChannel);
  }

  abstract protected StateMachine createMachine();
```

现在测试就变成了在控制器中触发事件，然后检查状态即可。

```
class TransitionTester...
  @Test
  public void event_causes_transition() {
    fire(trigger_a);
    assertCurrentState(a);
  }
  @Test
  public void event_without_transition_is_ignored() {
    fire(unknown);
    assertCurrentState(idle);
  }

class AbstractStateTesterLib...
  //--------工具方法--------------------------
  protected void fire(Event e) {
    controller.handle(e.getCode());
  }
  //-------定制断言-------------------------
  protected void assertCurrentState(State s) {
    assertEquals(s, controller.getCurrentState());
  }
```

超类提供的测试实用方法（Test Utility Methods）[Meszaros]和自定义断言（Custom Assertions）[Meszaros]也让测试更加易读。

另一种测试语义模型的方法是，组装一个具有很多特性的大模型，然后对其进行多方面的测试。这个例子中，可以使用格兰特女士的控制器作为测试夹具。

```
class ModelTest...
  private Event doorClosed, drawerOpened, lightOn, doorOpened, panelClosed;
  private State activeState, waitingForLightState, unlockedPanelState,
               idle, waitingForDrawerState;
  private Command unlockPanelCmd, lockDoorCmd, lockPanelCmd, unlockDoorCmd;
  private CommandChannel channel = new CommandChannel();
  private Controller con;
  private StateMachine machine;
```

```
@Before
public void setup() {
  doorClosed = new Event("doorClosed", "D1CL");
  drawerOpened = new Event("drawerOpened", "D2OP");
  lightOn = new Event("lightOn", "L1ON");
  doorOpened = new Event("doorOpened", "D1OP");
  panelClosed = new Event("panelClosed", "PNCL");
  unlockPanelCmd = new Command("unlockPanel", "PNUL");
  lockPanelCmd = new Command("lockPanel", "PNLK");
  lockDoorCmd = new Command("lockDoor", "D1LK");
  unlockDoorCmd = new Command("unlockDoor", "D1UL");

  idle = new State("idle");
  activeState = new State("active");
  waitingForLightState = new State("waitingForLight");
  waitingForDrawerState = new State("waitingForDrawer");
  unlockedPanelState = new State("unlockedPanel");

  machine = new StateMachine(idle);

  idle.addTransition(doorClosed, activeState);
  idle.addAction(unlockDoorCmd);
  idle.addAction(lockPanelCmd);

  activeState.addTransition(drawerOpened, waitingForLightState);
  activeState.addTransition(lightOn, waitingForDrawerState);

  waitingForLightState.addTransition(lightOn, unlockedPanelState);
  waitingForDrawerState.addTransition(drawerOpened, unlockedPanelState);

  unlockedPanelState.addAction(unlockPanelCmd);
  unlockedPanelState.addAction(lockDoorCmd);
  unlockedPanelState.addTransition(panelClosed, idle);

  machine.addResetEvents(doorOpened);
  con = new Controller(machine, channel);
  channel.clearHistory();
}

@Test
public void event_causes_state_change() {
  fire(doorClosed);
  assertCurrentState(activeState);
}

@Test
public void ignore_event_if_no_transition() {
  fire(drawerOpened);
  assertCurrentState(idle);
}
```

这里我仍然用语义模型自身的命令查询接口来组装语义模型。但是，随着测试夹具变得越来越复杂，也可以使用 DSL 简化测试代码来创建测试夹具。如果是语法分析器的测试，就可以这么做。

3.6.2 语法分析器的测试

在使用语义模型（第 11 章）时，语法分析器就是用来组装语义模型的。所以测试语法分析器就是编写几小段 DSL，并且确保它们可以在语义模型中创建出正确结构。

```
@Test
public void loads_states_with_transition() {
  String code =
    "events trigger TGGR end " +
    "state idle " +
    "trigger => target " +
    "end " +
    "state target end ";
  StateMachine actual = StateMachineLoader.loadString(code);

  State idle = actual.getState("idle");
  State target = actual.getState("target");
  assertTrue(idle.hasTransition("TGGR"));
  assertEquals(idle.targetState("TGGR"), target);
}
```

这样使用语义模型不太合适，而且可能破坏语义模型中对象的封装。所以也可以通过定义一些方法来比较语义模型并使用它们以测试语法分析器的输出。

```
@Test
public void loads_states_with_transition_using_compare() {
  String code =
    "events trigger TGGR end " +
    "state idle " +
    "trigger => target " +
    "end " +
    "state target end ";
  StateMachine actual = StateMachineLoader.loadString(code);

  State idle = new State("idle");
  State target = new State("target");
  Event trigger = new Event("trigger", "TGGR");
  idle.addTransition(trigger, target);
  StateMachine expected = new StateMachine(idle);

  assertEquivalentMachines(expected, actual);
}
```

复杂结构的等价性比较比常规概念的相等性比较更加复杂，我们不仅要知道结果是否相等，还要知道对象之间的具体区别是什么。所以，我们使用通知（第 16 章）来进行比较。

```
class StateMachine...
  public Notification probeEquivalence(StateMachine other) {
    Notification result = new Notification();
    probeEquivalence(other, result);
    return result;
```

```
  }
  private void probeEquivalence(StateMachine other, Notification note) {
    for (State s : getStates()) {
      State otherState = other.getState(s.getName());
      if (null == otherState) note.error("missing state: %s", s.getName()) ;
      else s.probeEquivalence(otherState, note);
    }
    for (State s : other.getStates())
      if (null == getState(s.getName())) note.error("extra state: %s", s.getName());
    for (Event e : getResetEvents()) {
      if (!other.getResetEvents().contains(e))
        note.error("missing reset event: %s", e.getName());
    }
    for (Event e : other.getResetEvents()) {
      if (!getResetEvents().contains(e))
        note.error("extra reset event: %s", e.getName());
    }
  }
class State...
  void probeEquivalence(State other, Notification note) {
    assert name.equals(other.name);
    probeEquivalentTransitions(other, note);
    probeEquivalentActions(other, note);
  }

  private void probeEquivalentActions(State other, Notification note) {
    if (!actions.equals(other.actions))
      note.error("%s has different actions %s vs %s", name, actions, other.actions);
  }

  private void probeEquivalentTransitions(State other, Notification note) {
    for (Transition t : transitions.values())
      t.probeEquivalent(other.transitions.get(t.getEventCode()), note);
    for (Transition t : other.transitions.values())
      if (!this.transitions.containsKey(t.getEventCode()))
        note.error("%s has extra transition with %s", name, t.getTrigger());
  }
```

这种测试探测的方法是遍历语义模型中的对象，然后把不同之处记录在通知中。这样就可以找到所有的不同点，而不是找到第一个不同点就立即结束。这样在断言时只需要检查通知中是否有错误。

```
class AntlrLoaderTest...
  private void assertEquivalentMachines(StateMachine left, StateMachine right) {
    assertNotificationOk(left.probeEquivalence(right));
    assertNotificationOk(right.probeEquivalence(left));
  }

  private void assertNotificationOk(Notification n) {
    assertTrue(n.report(), n.isOk());
  }

class Notification...
  public boolean isOk() {return errors.isEmpty();}
```

你可能以为我过于偏执所以才同时从两个方向进行等价性比较，但事实上代码经常如此这般捉弄我们。

非法输入测试

刚才讨论的是正测试,以确保正确的 DSL 输入可以创建正确结构的语义模型(第 11 章)。另一种是负测试,用来探测在非法输入的情况下会发生什么。这里会涉及错误处理和诊断技术,它们超出了本书的范围,但我还是忍不住要简单地谈一下如何进行非法输入测试。

非法输入测试就是把各种各样的非法输入扔进语法分析器。第一次运行这样的测试会非常有趣。你经常会看到一些非常严重但又极其隐蔽的错误。得到这样的结果可能已经足够了,除非你想提供更多的错误诊断的支持。最糟糕的情况是提供了非法的 DSL,进行语法分析之后却没有得到任何错误。这违反了"快速失败"的原则——错误应该尽早并且尽可能明显地暴露出来。如果你组装了一个非法状态的模型,且没有做任何检查,那么可能直到最后问题才会暴露出来。这时,原始错误(加载非法输入)和后来的失败之间有很长一段距离,这段距离会使错误难以定位。

状态机例子只有很少的错误处理机制(作为示例,它只包含常见的特性)。我们用下面这个测试来探测语法分析器的例子,看看会发生什么:

```
@Test public void targetStateNotDeclaredNoAssert () {
  String code =
    "events trigger TGGR end " +
    "state idle " +
    "trigger => target " +
    "end ";
  StateMachine actual = StateMachineLoader.loadString(code);
}
```

非常糟糕,测试正常通过了。而当我尝试操作模型时,即使只是简单地输出结果,它也会抛出空指针异常。这个例子虽然粗糙了一点,但毕竟只是用于教学。然而调试 DSL 输入中的一个拼写错误也耗费了很长时间。我们要珍惜自己的时间,所以我希望它们可以快点失败。

因为问题在于创建了一个非法结构的语义模型,所以检查这个错误的职责也应该落在语义模型身上。在这个例子中,就是给状态添加状态迁移的方法。我用了一个断言来检测错误。

```
class State...
  public void addTransition(Event event, State targetState) {
    assert null != targetState;
    transitions.put(event.getCode(), new Transition(this, event, targetState));
  }
```

现在我就可以修改测试来捕获异常。这会告诉我是否改变过输出的行为,并且记录非法输入导致的错误类型。

```
@Test public void targetStateNotDeclared () {
  String code =
    "events trigger TGGR end " +
    "state idle " +
    "trigger => target " +
    "end ";
  try {
    StateMachine actual = StateMachineLoader.loadString(code);
    fail();
  } catch (AssertionError expected) {}
```

你会注意到我只给目标状态添加了断言，而没有给同样也可能为空的触发事件添加。这是因为对一个空事件调用 `event.getCode()` 会立即抛出空指针异常，这已经符合快速失败的要求。我可以通过另外一个测试来检查这个问题。

```
@Test public void triggerNotDeclared () {
  String code =
    "events trigger TGGR end " +
    "state idle " +
    "wrongTrigger => target " +
    "end " +
    "state target end ";
  try {
    StateMachine actual = StateMachineLoader.loadString(code);
    fail();
  } catch (NullPointerException expected) {}
```

空指针异常确实会快速失败，但是它不像断言那么清晰。一般我不会给方法的参数做非空断言，因为我感觉它带来的好处不值得去读那些额外的代码，除非它会像上面的空目标状态对象一样，当为空时不会立即引发失败。

3.6.3　脚本的测试

语义模型（第 11 章）的测试和语法分析器的测试就是普通代码的单元测试，但其实 DSL 脚本也是代码，所以我们也应该对它们进行测试。我经常听到一些类似于"DSL 脚本过于简单明了，不需要测试"这样的观点，但我本能地对这种观点存疑。我把测试看成是一种双重确认机制。当我们编写代码和测试时，其实是在用两种不同的方式来验证同一种行为，一种是用抽象的方式（代码），另一种是用样例的方式（测试）。对于任何有价值的东西，我们都应该进行双重确认。

脚本测试的细节很大程度上取决于你要测试什么。基本的方法是提供一个测试环境，可以创建文本夹具，运行 DSL 脚本，然后比较结果。测试环境的搭建通常需要一些时间和精力，但这是值得的，因为 DSL 脚本易读并不代表代码不会有错误。如果没有提供测试环境，因而无法进行双重确认，将会极大增加 DSL 脚本出现错误的风险。

脚本测试是很有价值的，因为它还扮演着集成测试的角色，语法分析器和语义模型中的错误都会导致它的失败。

DSL 脚本的可视化形式有助于脚本的测试和调试。如果已经把脚本置于语义模型中，那么生成不同的文本和图形的可视化形式会相对简单。用不同方式来呈现信息会让人们更容易发现错误——事实上，这种双重确认的概念就是自测试代码（self-testing code）如此有价值的核心原因。

对于状态机这个例子，我会先思考那些让这类状态机更有意义的示例。我对它逻辑的理解就是运行各种场景，每个场景就是一连串发送给状态机的事件。然后我就可以检查每个状态机对象的最终状态，以及它所发出的命令。如果以更加可读的方式构建它其实就是构建了另一种 DSL。这并不奇怪，测试脚本其实就是 DSL 的一种普遍用法，因为它符合有限语言和声明式语言的要求。

```
events("doorClosed", "drawerOpened", "lightOn")
        .endsAt("unlockedPanel")
        .sends("unlockPanel", "lockDoor");
```

3.7　错误处理

在写书时，我经常意识到，写书就跟编写软件一样，不得不削减范围才可以保证图书按时出版。这可能意味着重要的主题没有被很好地覆盖，但是，一本有用但不完整的书总好过一本完整但永远没写完的书。我有很多想在本书中深入探讨的主题，其中最重要的就是错误处理。

在大学的编译课上，我记得老师说过：语法分析和输出生成是编写编译器中容易的部分，而给出更好的错误消息才是难点。错误诊断已经超出了编译课的范围，对于本书也一样。

而如何编写合宜的错误消息就更不在本书的范围之内了。即使在非常成功的 DSL 里，好的错误诊断也极其罕见。有多个广泛使用的 DSL 包只提供了很少的帮助信息。Graphviz 是我最喜欢的 DSL 工具之一，它在错误发生时会给出类似 syntax error near line 4 这样的消息，我感到很幸运，因为它竟然还能告知行号。我之前使用的很多工具直接运行失败，没有任何提示，我只能通过"注释行的二分查找法"来自己定位问题。

你可以批评一个系统没有提供很好的错误诊断，但诊断也是一件需要权衡的事情。在改善错误处理上多花时间，就意味着在添加新特性上少花时间。很多来自 DSL 的证据表明，人们可以忍受不佳的错误诊断。毕竟，DSL 脚本很小，与通用型语言所需的错误定位技术相比，其粗糙的错误定位技术更可以理解。

我之所以这么说并不表示不要在错误诊断上面花时间。在一个使用频率很高的库上，好的错误诊断可以帮助我们节省很多时间。每次权衡都是独立的，你需要根据自己的环境来决定。尽管如此，错误处理不那么重要这个说法，也确实让我不再为没有用一整节来介绍这个主题而感到内疚。

虽然不能如我所愿深入介绍，但我希望我所说的这些可以让你开始更多地思考错误诊断，以决定是否在这方面提供更多的支持。

（我应该谈一下最粗暴的一种错误定位技术——注释。如果使用外部 DSL，应该确保它可以支持注释。它们不仅能注释代码，还可以帮助人们找到问题。以换行符结束的注释是最方便的。针对不同背景的读者，我会使用 "#"（脚本风格）或者 "//"（C 语言风格），这些都可以通过一个简单的词法分析规则实现。）

如果你遵循了我的建议使用了语义模型（第 11 章），那么可以在两个地方加入错误处理：模型或语法分析器。对于语法错误，最明显的处理位置就是语法分析器。这里可以用来处理内部 DSL 中宿主语言的语法错误，或者是在外部 DSL 中使用了语法分析器生成器（第 23 章）而产生的文法错误。

对于语义错误，可以选择是在语法分析器中处理还是在模型中处理，这两个地方有各自的好处。模型适合用来检查结构良好的语义规则。所有的信息都在这里以你需要的方式很好地组织在一起，所以你可以编写出最清晰的错误检查代码。另外，如果需要从多个地方组装模型（如多个 DSL 或使用命令查询接口），也需要在模型中进行检查。

完全把错误处理放在语义模型中有一个严重的缺陷：没有链接可以回到 DSL 脚本中的问题源代码，甚至没有一个大致的行号，这使得弄清问题变得很困难。但这可能不是一个无法解决的问题，因为很多经验表明，在多数情况下基于模型的错误消息已经足以帮助找到问题。

如果确实需要 DSL 脚本的上下文，那么有几种方式可以得到。最明显的一种方式就是把错误检测规则放在语法分析器中，但这会使规则的编写变得更加困难，因为这时我们是工作在语法树这个层级上而不是语义模型上。另外，它还很可能会产生重复的规则，这会涉及和代码重复一样的问题。

另一种方式是把语法信息传入语义模型中。例如，可以在语义转换对象中添加一个行号字段，这样当语义模型在转换中检测到错误时，就可以从脚本中输出行号。但这样一来，语义模型就会因为需要跟踪更多的信息而变得更加复杂。另外，脚本可能无法清晰地映射到模型，这可能会产生令人难以理解而不是提供帮助的错误消息。

第三种方式，也是我认为最好的一种策略是：使用语义模型进行错误检测，但在语法分析器中触发错误检测。具体讲，就是语法分析器负责对 DSL 脚本进行语法分析，组装语义模型，然后告诉模型去寻找错误（如果组装的模型不会直接这么做的话）。如果模型找到了错误，那么语法分析器就可以获取这些错误，并提供它所知道的 DSL 脚本上下文。这样就分离了语法知识（在语法分析器中）和语义知识（在模型中）。

还有一种有用的方式是把错误处理分为开始、检测和报告这 3 个阶段，把开始放在语法分析器中，把检测放在模型中，把报告放在语法分析器和模型中，这样模型能提供该错误的语义，语法分析器则可添加语法上下文。

3.8 DSL 的迁移

DSL 倡导者应该警惕的一个风险是"先设计，后使用"。就像其他软件一样，成功的 DSL 会不断演进。这就意味着，用较早版本 DSL 编写的脚本可能无法在新版本的 DSL 上运行。

DSL 的很多性质（无论好坏）与库十分相似。如果你从别人那儿拿来一个库，并基于这个库编写了一些代码，那么一旦库升级，你很可能就会遇到麻烦。DSL 在这一点上并没有什么不同，DSL 的定义本质上就是一个已发布接口，因此其结果与库是一样的。

我在《重构》[Fowler Refactoring]一书里最早使用了**已发布接口**（published interface）这个词。已发布接口和一般的"公共接口"的不同之处是，前者是已经被其他团队所编写的代码使用了的接口。因此，定义已发布接口的团队如果想修改该已发布接口，他们无法轻而易举地重新编写调用代码。修改已发布 DSL 的问题既存在于内部 DSL 也存在于外部 DSL。对于那些未发布的 DSL，如果宿主语言支持一些自动化的重构工具，修改内部 DSL 可能会简单一点。

要解决修改 DSL 的问题，一种办法是提供可以自动把 DSL 从一个版本迁移到另一个版本的工具。这些工具可以在升级的时候运行，也可以在想运行旧版本的脚本时自动运行。

有两种方法来处理迁移。一种方法是**增量迁移**（incremental migration）策略，本质上与人们做演进的数据库设计时所用的是同一概念。对 DSL 定义的任一修改都需要创建一个迁移程序把 DSL 脚本从旧版本自动迁移到新版本。所以，在发布新版本的 DSL 的同时，也需要提供脚本来迁移使用这一 DSL 的任何代码库。

对于增量迁移很重要的一点是，你需要让每一个修改尽可能小。例如，从版本 1 升级到版本 2 时我们想要对 DSL 定义进行 10 次修改，这时候不要为版本 1 升级到版本 2 只创建一个迁移脚本，而是至少创建 10 个迁移脚本。也就是说，一次修改 DSL 定义的一个特性，并且为每次修改都编写一个迁移脚本。把修改分解成更多的步骤（因而也需要增加更多的迁移脚本）是十分有用的。这听起来好像比单个脚本需要更多的工作，但事实上迁移脚本越小编写起来越简单，把多个迁移脚本串接起来也越容易。所以，编写 10 个迁移脚本可能比编写 1 个迁移脚本更快。

另一种方法是**基于模型的迁移**（model-based migration）。这是一种可以和语义模型（第11 章）一起使用的策略。有了基于模型的迁移，就可以为你的语言支持多个语法分析器，每个语法分析器对应一个发布版本（当然不是为每一个中间版本都支持一个语法分析器，而是对于如版本 1、版本 2 这样的大版本）。每个语法分析器都会组装语义模型。在使用语义模型时，语法分析器的行为十分简单，所以保有多个语法分析器并不麻烦。这样，就可以为你在使用的特定版本的脚本使用合适的语法分析器。这种方法可以处理多版本 DSL，但是并不会迁移脚本。要迁移脚本，需要编写一个从语义模型生成 DSL 脚本表示的生成器，这样就可以用版本1 的脚本运行语法分析器，组装语义模型，然后用生成器从语义模型生成版本 2 的脚本。

使用基于模型的这种策略时的一个问题是，它很容易丢失跟语义无关但是脚本编写者希望保留的一些东西，如注释。这个问题在语法分析器很智能的时候特别严重，当然从另一方面看，使用这种方法也会促使语法分析器保持简单。

如果对 DSL 的修改非常大，可能会无法从版本 1 的脚本直接转变成版本 2 的语义模型。这种情况下你可能需要保留版本 1 的模型（或中间模型），然后让它能生成版本 2 的脚本。

我自己对以上两种方法并没有很强的倾向性。

迁移脚本可以由脚本程序员在需要的时候自己运行，也可以由 DSL 系统自动运行。如果要自动运行，在脚本中记录 DSL 的版本会十分有用，因为这可以让语法分析器更容易检测到版本，并触发相应的迁移脚本。事实上，有些 DSL 作者甚至认为，所有的 DSL 都应该在脚本中添加版本信息，因为这样可以更容易地检测到过时的脚本，并支持脚本迁移。虽然版本信息可能会使脚本看起来不太整洁，但它非常稳定，不需要修改。

当然第二种迁移方法其实并不是迁移，它只是持有版本 1 的语法分析器，让它组装版本 2 的模型。你应该帮助人们去更方便地进行迁移，这样他们才能使用更多的特性。当然直接支持旧脚本也很好，这样人们就可以按照自己的节奏去迁移。

虽然这样的技术看上去很吸引人，但在实际工作中是否值得用还是一个问题。就像我之前说的一样，大家都在使用的库也存在这样的问题，自动迁移方案还没有被广泛采用。

第 *4* 章

实现内部 DSL

现在，我已经讨论了一些实现 DSL 的通用型问题，是时候来看看如何实现特定 DSL 了。我决定从内部 DSL 开始，因为它们通常是更容易达成的 DSL 形式。与外部 DSL 不同，内部 DSL 不需要你学习文法和语言语法分析，而且与语言工作台也不同，你不需要任何特殊工具。借助内部 DSL，你可以在习惯的语言环境中工作。其结果是，在过去数年中，人们对内部 DSL 表现出了极大的兴趣就没什么令人吃惊的了。

当使用内部 DSL 时，你会受到宿主语言的极大限制。因为你使用的任何表达式都必须是宿主语言的合法表达式，内部 DSL 用法的很多思想依赖宿主语言的特性。内部 DSL 背后的推动力大部分来自 Ruby 社区，Ruby 语言具有很多特性，这些特性助长了 DSL。然而，Ruby 的很多技巧也可以用在其他语言之中，虽然往往没有那么优雅。内部 DSL 的思想源于 Lisp，这是世界上最古老的计算机语言之一，它的特性很有限，但特别适合 DSL。

内部 DSL 也称为**连贯接口**（fluent interface）。Eric Evans 和我创造了这个术语，用以描述自然语言风格的 API。它是从 API 的视角来看的内部 DSL。它深刻揭示了 API 与 DSL 之间的核心区别——语言性。正如我所指出的，这两者之间存在着灰色区域。你可能在"某项特定的语言构造是否属于语言风格"的问题上有既合理又模棱两可的理由。这些讨论的有利之处在于，它们鼓励你展示所用的技巧和 DSL 的可读性；而不利之处在于，它们可能会再一次陷入个人偏好之争。

4.1 连贯 API 和命令查询 API

对很多人而言，连贯接口的核心模式是*方法级联*（第 35 章）。通常，API 可能看上去如下所示：

```
Processor p = new Processor(2, 2500, Processor.Type.i386);
Disk d1 = new Disk(150, Disk.UNKNOWN_SPEED, null);
Disk d2 = new Disk(75, 7200, Disk.Interface.SATA);
return new Computer(p, d1, d2);
```

有了**方法级联**，我们可以用下面的方式表达同样的内容：

```
computer()
  .processor()
    .cores(2)
    .speed(2500)
    .i386()
  .disk()
    .size(150)
  .disk()
    .size(75)
    .speed(7200)
    .sata()
  .end();
```

方法级联使用了一系列的方法调用，在每一个方法调用的结果基础上，再调用下一个方法。方法都是由一个叠一个的调用组成的。在普通的面向对象代码中，方法通常被描述成"火车失事"：方法是由点号隔开的，看上去就像一节节的火车车厢。方法失事是因为它们通常是一段标志着很难修改级联方法中间的类的接口的代码。然而，从连贯性上考虑，**方法级联**允许很容易地组合多个方法调用，而不需要依赖大量的变量。这让代码看上去"流动"了起来，就像代码自己的语言一样。

但是**方法级联**并不是唯一可以实现这种"流动"的方式。下面的代码可以实现相同的操作，它使用了一系列方法调用语句，我将其称为函数序列（第 33 章）：

```
computer();
  processor();
    cores(2);
    speed(2500);
    i386();
  disk();
    size(150);
  disk();
    size(75);
    speed(7200);
    sata();
```

正如所见，如果以适当的方式组织函数序列的结构，它读上去就可以像**方法级联**一样清晰明了。（我在其名字中使用了"函数"，而不是"方法"，这样就可以在带有函数调用的非面向对象上下文中使用，而**方法级联**则需要面向对象的方法。）连贯性的关键在于方法命名和方法组织的方式，而非所使用的语法风格。

在面向对象编程的早期，对我和很多人影响最大的是 Bertrand Meyer 的书 *Object-Oriented Software Construction*。在谈及对象时，他使用的类比之一就是视之为机器。他的观点是：对象是一个黑箱，它的接口由一系列指示灯和按钮组成（图 4-1）。指示灯可以展示对象的可观察状态，按钮可以按下以改变对象。它有效地提供了可以对对象进行的不同操作。这种风格的接口正是我们思考与软件组件交互的决定性方式。它的影响如此深远，以至于我们甚至没有想过为它赋予一个名字，因此我发明了"命令查询接口"（command-query interface）这个术语。

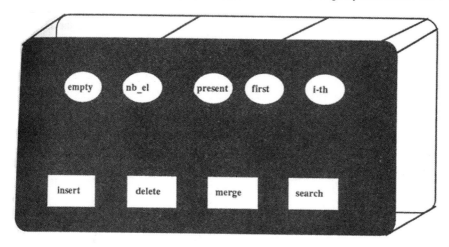

图 4-1　OOSC 原书中 Bertrand Meyer 用以阐述机器隐喻的原始图片。其中椭圆形代表查询按钮，当你按下它们时，会有指示灯显示机器的状态，但不会改变机器的状态。矩形代表命令按钮，会改变机器状态，导致机器开始"鸣叫并点击"，但不会有任何指示灯告诉你噪声由何而来

连贯接口的本质是以不同的思路来思考组件的使用。不同于对象箱和各种按钮，我们从语言上思考使用子句来组成句子，从而将对象编排在一起。这种思想上的转变是内部 DSL 与调用 API 的核心区别。

正如我之前提到的，这是一个非常含糊不清的区别。把 API 视为语言也是非常悠久且备受好评的类比，甚至比对象的普及还早。一个接口是命令查询接口还是连贯接口，有大量例子可以讨论。但是我认为，尽管存在含糊的地方，但是如果能区分开来还是非常有帮助的。

这两种接口风格之间的差异导致的结果之一是，定义良好接口的规则不同。Meyer 最初的机器隐喻在这里非常合适。OOSC 中的图片引入了命令查询分离原则。

命令查询分离（command-query separation）指一个对象上的多个方法应该划分成命令和查询。查询是有返回值的方法，但是不会改变系统的可观察状态，而命令可能会改变可观察状态，但是不应该有返回值。这个原则非常重要，因为它有助于识别出查询方法。由于查询没有副作用，因此可以调用多次并改变调用顺序，而不会改变调用的结果。命令的使用则相对要谨慎一些，因为它们确实有副作用。

命令查询分离在编程中是一个极其有价值的原则，我非常鼓励团队使用。在内部 DSL 中使用方法级联的结果之一是它常常会破坏这一原则，即为了连续级联，每个方法都改变了状态，且返回了对象。我曾经对不遵循命令查询分离原则的人大为贬斥，并且会一直这样做。但连贯接口遵循了一套截然不同的规则，因此我很乐于看到它被使用。

命令查询接口与连贯接口之间的另一重要区别是方法的命名。当给命令查询接口命名时，我们希望那些名称在独立的上下文中也有一定意义。通常，如果人们要查找某个方法，他们会快速浏览 Web 文档页面或者 IDE 菜单中的方法列表。因此，方法名称需要清晰地反映该方法

在该类上下文中的功能，它们就像按钮上的标签。

连贯接口的方法命名则全然不同。对于连贯接口，你对语言中各个单独元素的关注会少一些，而会对构成的整个句子关注更多。这样，你往往会拥有一些方法，它们的名称在一个开放的上下文中并没有什么意义，但是放在 DSL 句子的上下文中读起来很顺当。使用 DSL 命名，句子至上。所有的元素命名都要适应 DSL 句子的上下文。DSL 的名称都是基于特定 DSL 的上下文来起的，而命令查询的名称则是基于无上下文（或基于任意上下文，这两者其实是一样的）来起的。

4.2　对语法分析层的需要

连贯接口是一种与命令查询接口不同的接口，这一事实可能会让事情变得复杂。如果这两种接口同时存在于同一个类中，就会令人十分费解。我因而倡议在普通对象之上构建一层表达式构建器（第 32 章），从而将 DSL 的语言处理元素与普通的命令查询对象分离开来。表达式构建器的全部任务就是使用连贯接口构建普通对象的模型——有效地将连贯的句子翻译为一系列命令查询 API 调用。

两种接口的不同本质是使用表达式构建器的原因之一，但是主要原因还是经典的"分离关注点"。一旦引入了某种语言，即使是内部语言，你也得编写符合语言规则的代码。这些代码往往需要跟踪数据，这些数据只有当语言被处理（对数据进行语法分析）的时候才会产生关联。理解内部 DSL 的工作机制需要一定的工作量，而且一旦组装好了底层模型，这项工作就不再需要了。要弄清楚底层模型如何操作并不需要理解 DSL 或其工作机制，所以将语言处理的代码放在单独的层中是有价值的。

这个结构遵循了 DSL 处理的一般过程。命令查询接口对象的底层模型是语义模型（第 11 章）。表达式构建器层就是语法分析器（的一部分）。

对表达式构建器层使用"语法分析器"这个术语让我有些犹豫，毕竟通常我们只是在文本语法分析的上下文中使用"语法分析器"。对于这个场景，宿主语言语法分析器会对文本进行操作。但是表达式构建器与语法分析器的功能有很多相同之处。关键的差异在于，传统的语法分析器是将记号流整理为语法树，而表达式构建器的输入则是函数调用流。与其他语法分析器的相同之处在于，我们发现考虑将这些函数调用解析为语法树上的结点很有用，我们使用类似的语法分析数据结构（如符号表（第 12 章）），而且仍然会组装语义模型。

语义模型与表达式构建器的分离带来了语义模型的常见优点。你可以对表达式构建器与语义模型进行独立的测试。你可以有多个语法分析器，使用多个表达式构建器将内部 DSL 与外部 DSL 混在一起，或者支持多个内部 DSL。表达式构建器与语义模型也可以独立演进。这非常重要，因为 DSL 就像其他软件一样不是一成不变的。软件需要能够演进，而且很多时候，也需要在不改变 DSL 脚本的情况下更改底层框架，反之亦然。

只有在语义模型对象自身就使用了连贯接口而非命令查询接口的时候才不使用表达式构

建器。有些时候，模型适合使用连贯接口，这时人们可以使用连贯接口作为与模型交互的主要方式。但是，在很多情形下，我倾向于模型对象使用命令查询接口。命令查询接口在不同上下文中的使用方式更为灵活。连贯接口则往往需要临时的语法分析数据。我尤其反对将连贯接口与命令查询接口在同一个对象里混用——那太令人费解了。

总而言之，我将在本书的其余部分使用表达式构建器。虽然我承认并非所有情况下都必须使用表达式构建器，但是我确实认为在大多数情况下还是应该使用的，所以下文将以这个大多数情况为前提。

4.3 使用函数

自从计算时代开始，程序员就力求将通用的代码打包为可复用的块。其中，最成功的包装构件就是函数（也称为子例程、过程，在面向对象的世界中则称为方法）。命令查询 API 往往表达为函数的形式，但是 DSL 结构通常也是主要基于函数构建的。命令查询接口与 DSL 的区别主要在于如何将函数组合在一起。

把函数组合起来形成 DSL 有很多钟模式。我在本章的开头演示了两个例子。要是你有些忘记了，我们来回顾一下。第一个是*方法级联*（第 35 章）：

```
computer()
  .processor()
    .cores(2)
    .speed(2500)
    .i386()
  .disk()
    .size(150)
  .disk()
    .size(75)
    .speed(7200)
    .sata()
  .end();
```

第二个是*函数序列*（第 33 章）：

```
computer();
  processor();
    cores(2);
    speed(2500);
    i386();
  disk();
    size(150);
  disk();
    size(75);
    speed(7200);
    sata();
```

这是组合函数的两种不同模式，问题自然而然就变成了应该选择哪一种。这和很多因素有关。第一个因素是函数的作用域。如果选择方法级联，DSL 中的函数就是只能定义在参与级联的对象上的方法，其通常定义在表达式构建器（第 32 章）上。另外，如果在序列中使用裸函数，就要确保函数能够正确地被语法分析。最显而易见的解决方案是使用全局函数，但是这又会带来两个问题：一是让全局命名空间变得复杂；二是为语法分析数据引入了全局变量。

优秀的程序员见到全局的东西就会紧张，因为它会让局部修改变得十分困难。全局函数在程序的每个部分都可见，但是理想情况下，你只想让函数在 DSL 处理部分可用。很多语言特性可以避免使用全局的东西。例如，命名空间就可以让我们使函数只在导入特定命名空间的时候（Java 的静态导入）才会看起来是全局的。

全局语法分析数据才是更严重的问题。无论以什么方式完成函数序列，都需要操作上下文变量（第 13 章）来知道语法分析表达式的位置。我们来看一下对 size 的调用。构建器需要知道指定的是哪块磁盘的大小，所以它用一个变量来跟踪当前的磁盘，每次调用 disk 时都会更新这个变量。因为所有函数都是全局的，所以状态也是全局的。很多办法可以控制全局性，例如将所有的数据保存在单例对象中。但是一旦使用全局函数，就再也无法摆脱全局数据了。

方法级联在很大程度上避免了全局性问题，因为虽然你仍然需要某种裸函数开始级联，但是一旦开始，所有的语法分析数据就可以被定义级联方法的表达式构建器对象所持有。

可以在函数序列中使用对象作用域（第 36 章），以此避免上述的全局性。在大多数情形下，这涉及把 DSL 脚本放于表达式构建器的子类里，这样，裸函数调用都是基于表达式构建器超类中的方法来解析的。这就解决了这两种全局性的问题。DSL 的所有函数都只在构建器类中定义，因而是局部的。进一步来说，因为它们都是实例方法，所以它们直接访问的都是用来保存语法分析数据的构建器实例上的数据。这对在构建器子类中放入 DSL 脚本的成本来说是性价比极高的方式，因此是我的默认选择。

使用对象作用域的又一好处是支持可扩展性。如果在 DSL 框架可以很容易地添加作用域类的子类，DSL 用户就可以向 DSL 语言增加自己的 DSL 方法。

函数序列与方法级联都要求使用上下文变量，从而记录语法分析的状态。嵌套函数（第 34 章）是第三个函数组合技巧，往往可以避免使用上下文变量。使用了嵌套函数，计算机配置的例子看上去如下：

```
computer(
  processor(
    cores(2),
    speed(2500),
    i386
  ),
  disk(
    size(150)
  ),
  disk(
    size(75),
    speed(7200),
    SATA
  )
);
```

　　嵌套函数通过将函数调用变成高阶函数调用的参数，将函数组合起来，其结果就是一系列函数嵌套调用。嵌套函数这种层级结构在语法分析中非常常见，它有一些强大的优势。直接优势之一是，在我们的例子之中，配置的层级结构反映为语言构造本身——disk 函数嵌套在 computer 函数内，与框架对象被嵌套的方式一样。函数的嵌套因而反映出 DSL 的逻辑语法树。使用函数序列和方法级联时，我只能以特殊的缩进约定来间接地体现语法树；而嵌套函数则可以让我在语言本身中反映语法树（虽然我仍然会用不太一样的代码格式化风格来加以区别）。

　　另一个结果是求值顺序的改变。使用嵌套函数，函数的参数在函数本身求值之前会先求值。这往往允许你无须使用上下文变量就能够构建框架对象。在这个例子里面，在对 computer 函数求值之前，先对 processor 函数求值并返回一个完整的处理器对象。然后 computer 函数就能够根据完整的参数直接创建一个计算机对象。

　　嵌套函数在构建高阶结构时工作得非常好。然而，它并非尽善尽美。圆括号与逗号使代码非常清晰，但相对于缩进的格式，这又让人觉得是一种干扰（Lisp 在这方面占有极大优势，它的语法与嵌套函数是天作之合）。嵌套函数同样暗示了裸函数的使用，所以它与函数序列一样，同样会存在全局性的问题——虽然同样也可以使用对象作用域改善。

　　如果缺乏构建层级结构的思路，而只能按照顺序执行命令的方式进行思考，就会因求值顺序而感到困惑。一系列嵌套函数最终是按照它们的编写顺序反向求值的，正如 third(second(first)) 那样。我的同事 Neal Ford 喜欢指出如果按照嵌套函数的形式来写歌曲 *Old MacDonald Had a Farm*，令人难忘的合唱部分将会变成这样：o(i(e(i(e()))))[1]。而函数序列和方法级联则可以让你以求值顺序来编写函数调用。

　　嵌套函数同样也克服了"函数参数由位置而非名字决定"的问题。想想指定磁盘大小与转速的例子。如果我需要的所有参数只是两个整数，那么我真正需要的就是 disk(75, 7200)，但是它不能让我想起哪个整数对应哪个参数。为了解决这个问题，我可以使用嵌套函数只返回所需的整数，即 disk(size(75), speed(7200))。这样的代码可读性更好，但是并不会阻止我编写 disk(speed(7200), size(75))，从而得到一块意料之外的磁盘。为了避免这个问题，你可以选择返回类型更丰富的中间数据——使用记号对象取代简单的整数，但这会导致令人心烦的复杂性。具有关键字参数（keyword argument）的语言可以避免这个问题，但遗憾的是，具有这种有效语法特性的语言非常稀少。在很多方面，方法级联机制可以帮你向缺少关键字参数的语言提供关键字参数。（后面，我将会讨论另一个解决缺乏命名参数问题的方法字面量映射（第 40 章）。）

　　大多数程序员认为大量使用嵌套函数是不正常的，这真正反映了我们平时（非 DSL）编程时是如何使用函数组合模式的。大多数时候，程序员使用函数序列，很少使用嵌套函数和（面向对象编程语言中的）方法级联。当然，如果你是 Lisp 程序员，在日常编程之中经常会使用嵌套函数。虽然我是在 DSL 编写的上下文中描述这些模式的，但是它们实际上是用于组合表达式的通用模式，只是与我们思考内部 DSL 时的组合模式方面存在一些差异而已。

---

[1] 这首歌的合唱部分为 "Eieeio"。——译者注

到目前为之，我所写的这些模式似乎是互相排斥的，但实际上在特定的 DSL 里面，你往往会将它们（以及后续章节将描述的其他模式）组合使用。每种模式都有其长处与短处，DSL 的不同方面有着不同的需要。下面是一个混合的例子：

```
computer(
  processor()
    .cores(2)
    .speed(2500)
    .type(i386),
  disk()
    .size(150),
  disk()
    .size(75)
    .speed(7200)
    .iface(SATA)
);
computer(
  processor()
    .cores(4)
);
```

这段 DSL 脚本使用了目前讲述的 3 种模式。它使用了函数序列轮流定义每台计算机，每个 computer 函数都使用嵌套函数作为它的参数，每个处理器和磁盘都通过方法级联构建。

这种混合的优势在于，该例子的每部分都采纳了各种模式的长处。函数序列在定义列表中的每个元素时工作良好。它将每台计算机的定义很好地分割为不同的语句。它也很容易实现，因为每条语句可以只往结果列表中增加一台完整配置的计算机对象。

对于每台计算机，嵌套函数消除了当前计算机对于上下文变量的需求，因为所有的参数都是在 computer 函数被调用之前求值的。如果我们假设一台计算机由一个处理器以及一些可变数量的磁盘组成，那么该函数的参数列表就应该很好地反映这些要求（以及它们的类型）。一般而言，嵌套函数使得全局函数的使用更安全，因为这更容易调整全局函数只返回对象而不改变任何语法分析状态。

如果每个处理器和磁盘都有多个可选参数，那么方法级联会很适合。我可以设置任意想要的值，以构建出处理器或者磁盘。

然而，混合使用也可能会带来问题，特别是中断符号方面的困惑：有些元素用逗号分隔，有些用点，还有些则用分号。作为程序员，我能够将它们分清楚，但是也很难记住哪一个对应哪一个。一个非程序员，即使只是去读取这些表达式的人，也可能会觉得困惑。中断符号上的区别是实现的产物，并不是 DSL 本身，所以我们将实现问题暴露给用户——这往往是一个站不住脚的想法。

因此，我不会完全使用这种混合形式。对于 computer 函数，我会倾向于使用方法级联，而不是嵌套函数。但是针对多台计算机，我仍然会使用函数序列，因为我认为这对用户是一个更好的分隔方式。

在构建 DSL 时我们会遇到很多类似的权衡决策的探讨，这只是其中一个缩影。在这里，我可以就不同模式的优劣势提供一些建议，但选择哪一个还是取决于你自己。

4.4 字面量集合

对于程序编写，无论是一般意义的语言还是 DSL，都是关于将各种元素组合在一起的。程序一般是将语句构成为序列，而且是通过函数组合。另一种组合元素的方法是使用字面量列表（第 39 章）和字面量映射（第 40 章）。

字面量列表包括一列元素，这些元素既可以是相同类型，又可以是不同类型，而且数量不限。实际上，我早已透露了字面量列表的例子。回顾一下用嵌套函数（第 34 章）实现的计算机配置代码：

```
computer(
  processor(
    cores(2),
    speed(2500),
    i386
  ),
  disk(
    size(150)
  ),
  disk(
    size(75),
    speed(7200),
    SATA
);
```

如果我将低阶函数的调用都折叠起来，代码将会如下所示：

```
computer(
  processor (...),
  disk(...),
  disk(...)
);
```

computer 函数调用的内容由一列元素组成。的确，在像 Java 或 C#这样的使用花括号的语言之中，可变参数的函数调用是引入字面量列表的常见方式。

然而，其他语言给了你不同的选项。例如，在 Ruby 里，我会使用 Ruby 的字面量列表的内置语法来表示这个列表。

```
computer [
  processor(...),
  disk(...),
  disk(...)
]
```

除了用方括号取代了圆括号，后者与前者几乎完全相同，但是我可以在更多的上下文（而不仅仅是函数调用）中使用这种列表。

类 C 风格的语言也有字面量数组的语法{1, 2, 3}，它们可以作为更灵活的字面量列表来使用，但是在其使用位置以及所能接受的元素方面，它们非常受限。其他语言，例如 Ruby，允许你更宽泛地使用字面量列表。你可以使用可变参数的函数来处理大多数（而非所有）的情形。

脚本语言也允许另一种字面量集合：字面量映射。它也称为哈希或者字典。有了它，我可以用如下的方式来表示计算机的配置（再次使用 Ruby）：

```
computer(processor(:cores => 2, :type => :i386),
         disk(:size => 150),
         disk(:size => 75, :speed => 7200, :interface => :sata))
```

对于诸如设置 `processor` 和 `disk` 属性的情形，使用字面量映射非常方便。这里，`processor` 有多个子元素，它们都是可选的且每个元素可能只被设置一次。方法级联（第 35 章）适合为子元素命名，但是你需要添加自己的代码以确保每个磁盘都只设置了一次转速。这与字面量映射已经浑然天成，使用 Ruby 这门语言的人们已经见惯不惊。

对于这个问题，带有命名参数的函数是一种更好的构造。例如，Smalltalk 可以如此处理：`diskWithSize: 75 speed: 7200 interface: #sata`。然而，与支持字面量映射的语言相比，支持命名参数的语言更少。但是如果你在使用 Smalltalk 语言，使用命名参数是实现字面量映射的好方法。

这个例子也引入另一个语法项——符号数据类型，这在括号风格的语言中不存在。**符号**（symbol）是这样一种数据类型：乍看起来就像字符串，但它主要用于映射中的查找，尤其是**符号表**（第 12 章）。符号都是不可变的，而且相同值的符号往往是相同的对象，从而可以改善性能。它们的字面量形式不支持空格，而且它们也不支持字符串的大部分操作，因为它们的职责是符号的查找，而非保存文本。上述元素，如 `:cores`，就是符号——Ruby 用前置冒号来表示符号。在没有符号的语言中，你可以使用字符串替代，但在有符号数据类型的语言中，你应该选用符号。

这里借机讨论一下为何 Lisp 是一门如此适合内部 DSL 的语言。Lisp 有一个使用非常方便的字面量列表语法：`(one two three)`。它的函数调用也使用了相同的语法：`(max 5 14 2)`。因此，Lisp 程序就是嵌套的列表。纯单词 `(one two three)` 都是符号，所以语法完全就是表达嵌套列表的符号，这些对于内部 DSL 是非常好的基础——你的 DSL 与底层语法完全一样是如此令人愉悦。这个相同的语法既是 Lisp 的优势，又是其劣势。优势是因为它逻辑非常周密，如果遵循这一语法形式，一切则顺理成章；劣势在于你必须遵循这一不寻常的语法形式——如果你不这么做，所有的一切将令人非常恼火，这烦人的圆括号。

4.5 基于文法选择内部元素

正如所见，内部 DSL 的元素有很多不同的选择。到底该选择使用哪个呢？有一个技巧是考虑 DSL 的逻辑文法。使用语法制导翻译（第 18 章）时创建的不同文法规则，对于思考内部 DSL 也是大有裨益。一定类型的表达式，加上它们的 BNF（第 19 章）规则，指明了一定类型的内部 DSL 结构（见表 4-1）。

表 4-1　一定类型的内部 DSL 结构

结构	BNF	适合
必选列表	`parent ::= first second third`	嵌套函数（第 34 章）
可选列表	`parent ::= first maybeSecond? maybeThird?`	方法级联（第 35 章）、字面量映射（第 40 章）
同类集合	`parent ::= child*`	字面量列表（第 39 章）、函数序列（第 33 章）
异类集合	`parent ::= (this | that | theOther)*`	方法级联（第 35 章）
Set	—	字面量映射（第 40 章）

对于必选元素的子句（`parent ::= first second`），嵌套函数是很好的选择。嵌套函数的参数可以直接匹配规则中的子项。如果是强类型，那么类型感知（type-aware）的自动补全可以在每次触发时提示正确的选项。

嵌套函数对于可选元素列表（`parent ::= first maybeSecond? maybeThird?`）则要困难很多，因为你很容易会最终得到一串不可预测的组合。在这种情形下，方法级联通常更适合，因为方法调用指明了正在使用的元素。方法级联的棘手部分是你需要做一些额外的工作，以确保规则中的每一子项都只使用一次。

由相同子元素的多个子项组成的子句（`parent ::= child*`）适合字面量列表。如果表达式定义了语言顶层的语句，那么这是为数不多的我会考虑函数序列的地方。

对于不同子元素的多个元素（`parent ::= (this | that | theOther)*`），我会再次使用方法级联，因为方法名再一次很好地提示了你所处理的元素。

子元素集（Set）往往与 BNF 不能很好地契合，它有多个子元素，但每个子元素最多只出现一次。你也可以把它想象为一个必选列表，其中的子元素可以按任意顺序排列。字面量映射在逻辑上很符合，但常常会出现的问题是无法访问或者强制使用正确的键名。

对于最少一次形式（`parent ::= child+`）的文法规则与内部 DSL 构造不能很好地契合。最好的方式是使用一般的多元素形式，再在语法分析过程中检查至少调用过一次。

4.6　闭包

闭包（closure）是一项编程语言的功能，在某些编程语言（如 Lisp 和 Smalltalk）圈子里已经出现了很长时间，但它们直到最近才又开始在主流语言中崭露头角。闭包有很多的名字（λ 表达式、块、匿名函数等）。闭包是做什么用的呢？简单介绍如下：它们允许你将一些内联代码包装成对象，可以对其进行传递，并在适合的时候求值。（如果你从来没有使用过，应该读一下闭包（第 37 章）。）

在内部 DSL 中，我们在 DSL 脚本里把闭包作为嵌套闭包（第 38 章）使用。嵌套闭包的 3 个特点让它很容易应用于 DSL：内联嵌套（inline nesting）、延迟求值（deferred evaluation）

以及作用域受限的变量。

在之前讨论嵌套函数（第 34 章）时，我说过其最好的特性之一是允许你通过对宿主语言有意义的方式保存并呈现 DSL 层级的特征，而不是像函数序列（第 33 章）和方法级联（第 35 章）那样采取缩进格式来展现层级关系。嵌套闭包同样具有这样的特点，此外它还有一个优点是可以将任意的内联代码进行嵌套——这也是术语**内联嵌套**的由来。大多数语言对于函数参数的类型有一定约束，这限制了嵌套函数的应用，但是嵌套闭包可以让你打破这个约束。通过这个方式，你可以嵌套非常复杂的结构，例如允许函数序列嵌入嵌套闭包，而这在嵌套函数之中是不可能做到的。另一个优点是在很多语言的语法里，嵌套闭包比嵌套函数容易嵌入多行语句。

延迟求值（deferred evaluation）可能是嵌套闭包带来的最重要的功能。使用嵌套函数，函数参数在函数本身被调用之前求值。有时这很有帮助，但有时也很令人困惑（如前面 Old MacDonald 的例子）。使用嵌套闭包，则完全控制了闭包求值的时间。你可以修改所有闭包的求值顺序、根本不求值或存储所有闭包以备后用。当语义模型可以强制控制程序运行的方式时（我称这种形式的模型为适应性模型（第 47 章），将在第 7 章中详述），这尤其方便。在这些情形中，DSL 可以在 DSL 语句内包含一些宿主语言的代码，并将这些代码块放入语义模型中。这使得 DSL 与宿主语言代码融合得天衣无缝。

最后一个属性是嵌套闭包可以引入新变量，其作用域限制在该闭包内。通过使用作用域受限的变量，查看哪些方法正在运行就更容易了。

现在该给出一个例子展示这些特点了。我们从计算机构建器的另一个例子开始。

```ruby
#ruby...
  ComputerBuilder.build do |c|
    c.processor do |p|
      p.cores 2
      p.i386
      p.speed 2.2
    end
    c.disk do |d|
      d.size 150
    end
    c.disk do |d|
      d.size 75
      d.speed 7200
      d.sata
    end
  end
```

（这里我使用了 Ruby，因为 Java 没有闭包，而 C# 的闭包语法又有一点烦琐，因而并没有真正展现出嵌套闭包的价值。）

这是一个很好的内联嵌套的例子，对 processor 与 disk 函数的调用都包含了多条语句的 Ruby 代码。这同样演示了 computer、processor、disk 函数中的作用域受限变量。这些变量增加了一些噪声，但是也能让人更容易查看哪些对象在何处使用。这同样意味着这段代码不需要全局函数或者对象作用域（第 36 章），例如 speed 等函数定义于作用域受限的变量之上（在例子中是表达式构建器（第 32 章））。

在 DSL 风格的计算机配置程序之中，并不是非常需要延迟求值。闭包的这一属性在当你想要将一些宿主语言代码嵌入 DSL 模型的结构之中时更为适合。

考虑一下你希望使用一组验证规则（validation rule）。通常，在面向对象的环境中，我们需要考虑对象是否合法，并且在某处会有一些代码检查其合法性。验证通常是上下文相关的，你验证对象是为了对其做出某些操作。如果要查找关于某人的数据，我可能有不同的验证规则以检查该人是否符合某项保险政策。我可能会像下面这样以 DSL 的形式指定验证规则：

```csharp
// C#...
  class ExampleValidation : ValidationEngineBuilder {
    protected override void build() {
      Validate("Annual Income is present")
        .With(p => p.AnnualIncome != null);
      Validate("positive Annual Income")
        .With(p => p.AnnualIncome >= 0);
```

在这个例子中，函数调用 `With` 的内容是一个闭包，接受一个"人"的参数并包含一些 C#代码。这些代码可以被存储在语义模型中，当模型运行时再被运行——这给选择验证规则提供了很多灵活性。

嵌套闭包是一种非常有用的 DSL 模式，但是它同样经常别扭得令人沮丧。很多语言（如 Java）不支持闭包。你可以借助其他技巧避开缺乏闭包的不足，例如，C 语言中的函数指针或者面向对象语言中的命令对象。这些技巧对于在这些语言中支持适应性模型很重要。但是，这些机制要求大量别扭的语法，这可能会给 DSL 加入一些噪声。

即使对于支持闭包的语言，其闭包的语法也往往比较别扭。C#相对于以往的版本已经相对稳定了，但它仍然不像我所希望的那么干净。我已经习惯了 Smalltalk 的非常干净的闭包语法。Ruby 的闭包语法差不多和 Smalltalk 一样干净，这也是 Ruby 如此广泛地应用于嵌套闭包的原因。非常奇怪的是，虽然 Lisp 对闭包提供了一等支持，但是其闭包语法仍然很别扭——它使用了宏（macro）。

4.7　语法分析树操作

既然提及了 Lisp 与它的宏，接下来我们就来看看语法分析树操作（第 43 章）。Lisp 广泛地使用了宏以使闭包的语法更为合意，但是它们最强大的功能是能够使用一些巧妙的代码编写技巧。

语法分析树操作的基本思想是——不对宿主编程语言的表达式求值，而是将其语法分析树作为数据以得到结果。考虑 C#语言的这个表达式：`aPerson.Age > 18`。如果将这个表达式中的变量 aPerson 绑定，然后求值，其结果将是一个**布尔值**（Boolean）。在某些语言中，另一种做法是对表达式进行处理，以**产生**（yield）该表达式的语法分析树（图 4-2）。

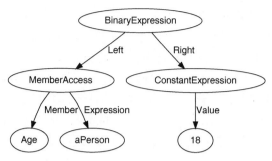

图 4-2 aPerson.Age > 18 的语法分析树

当有了这样的语法分析树，我就可以在运行时操作语法分析树，从而完成所有有趣的任务。一个例子是遍历语法分析树，在另一种查询语言（如 SQL）中生成查询。这本质上就是.NET 的 Linq 语言所做的事情。Linq 允许在 C#中表达很多 SQL 查询，这深受广大程序员喜爱。

语法分析树操作的优势在于，可以用宿主语言编写表达式，然后通过不同的方式（而不只是存储闭包本身）将其转换成不同的表达式，最后组装语义模型（第 11 章）。

在上面的 C#例子中，语法分析树操作是针对语法分析树上对象模型的展现完成的。对 Lisp 来说，语法分析树操作是通过在 Lisp 源代码中的宏转换完成的。Lisp 之所以很好地契合，是因为其源代码的结构与语法树非常接近。语法分析树操作在 Lisp 里更为广泛地应用于 DSL，以至于 Lisp 程序员常常悲叹其他语言不支持宏。我的观点是作为语法分析树操作，用 C#操作语法分析树上对象模型的做法比 Lisp 宏更为有效，尽管这可能是由于我缺乏 Lisp 宏处理的经验。

无论使用何种机制，下一个问题是，作为 DSL 的技巧之一，语法分析树操作有多重要？一个非常突出的应用是 Linq（一项来自微软的技术），允许你在 C#中表达查询条件，并将这些查询条件根据不同的目标数据结构转换成不同的查询语言。通过这种方式，C#查询可以转换为关系数据库的 SQL、XML 结构中的 XPath，或者针对内存中 C#结构仍然保留为 C#。Linq 本质上是一种机制，这种机制允许应用程序代码进行运行时的代码翻译，并由 C#表达式生成任意代码。

语法分析树操作是一项功能强大却有些复杂的技巧，过去的语言对其支持并不好，但如今它因为 C# 3 与 Ruby 的支持得到了非常多的关注。由于它相对较新（至少在 Lisp 世界之外），其实很难评估究竟多有用。我现在的观点是，它是一项边缘性技术——很少有需求，但在偶尔需要的情形下非常方便。Linq 所做的将查询翻译为多种数据目标的形式，很好地展示了它的用途。时间将告诉我们会出现哪些其他的应用。

4.8 注解

当 C#语言推出的时候，很多程序员嘲笑它不过是又一门新瓶装旧酒的 Java。这也有道理，尽管没有必要去嘲笑一个针对既定概念的良好实现。但是，C#之中并非复制主流概念的特性之一是**属性**（attribute），后来 Java 也复制了这个特性，并称为注解（第 42 章）。（我将使用 Java 中的名字，因为"属性"这个术语在编程世界里用得太多了。）

注解允许程序员向编程构造（如类与方法）里附加元数据。这些注解可以在编译时或者运行时进行读取。

例如，假设我们希望声明某些字段必须处于一个有限范围。我们可以借助下面的注解达到目的：

```
class PatientVisit...
  @ValidRange(lower = 1, upper = 1000, units = Units.LB)
  private Quantity weight;
  @ValidRange(lower = 1, upper = 120, units = Units.IN)
  private Quantity height;
```

显而易见的替换方案是将范围检查的代码放入该字段的 setter。然而，注解有诸多优势。它清晰地表明了字段的边界，它也使范围检查变得简单，无论是在设置属性的时候，还是在后期对象的验证阶段。而且这种指定验证规则的方式可以进行 GUI 小部件（widget）配置。

有些语言给这样的数值范围提供了特定的语言特性（我记得 Pascal 就是如此）。你可以认为注解是一种扩展语言的方式，以支持新的关键字和功能。实际上，即使是已经存在的关键字也可能用注解来实现会更好，例如，我觉得访问修饰符（`private`、`public` 等）就属于这种情况。

因为注解是如此紧密地绑定在宿主语言上的，所以它们非常适合片段 DSL，而不是独立 DSL。它们尤其擅长提供向宿主语言添加了领域特定增强特性的整体感。

Java 注解与 .NET 属性之间的相似之处非常明显，也有一些语言构造虽然看上去不同，但是本质上做了同样的事情。下面是 Ruby on Rails 里面指定字符串长度上限的方式：

```
class Person
  validates_length_of :last_name, :maximum => 30
```

语法的不同之处在于，你需要提供字段名（`:last_name`）来指明验证规则适用于哪个字段，而不是将注解紧挨着字段放置。其实现也不同，这里其实是一个类方法，这个方法在该类加载到运行系统的时候运行，而不是特定的语言特性。尽管有这些区别，但是它仍然是将元数据加入程序元素之中，而且使用方式也与注解非常相似。所以我认为从本质上将其归于相同的概念也很合理。

4.9 字面量扩展

引起最近 DSL 热潮的因素之一是 DSL 表达式在 Ruby on Rails 里的应用。DSL 表达式的常见例子之一是像 `5.days.ago` 这样的代码片段。大多数此类的表达式是**方法级联**（第 35 章），正如刚才看到的一样。这个方法级联的崭新之处在于，它开始于一个整数字面量。它巧妙的地方是整数由语言或者标准库提供。为了开始一个类似的方法级联，你需要使用字面量扩展（第 46 章）。为此，你需要能够给外部库中的类添加方法（宿主语言可能具备也可能不具备这样的能力）。例如，Java 就不支持该特性，而 C#（通过扩展方法）和 Ruby 则支持。

字面量扩展的风险之一是它在全局范围内添加了方法，而这些方法本该只在 DSL 的受限上下文之中使用。Ruby 有这个问题，而且 Ruby 语言里也没有简单的方法可以找到何处添加了扩展方法。C#通过将扩展方法置于命名空间之中来处理这一问题，你需要在使用它们之前显式导入。

字面量扩展虽然是不需要频繁使用的技巧，但在需要使用的时候非常方便——它非常适合针对特定领域定制化语言的场合。

4.10　降低语法噪声

内部 DSL 的关键在于它们只是宿主语言中的表达式，以读起来像语言一样的形式编写。这种形式的结果是它们与宿主语言的语法结构交织在一起。从某些方面看这样很好，因为很多程序员对这种语法很熟悉，但是有些人可能会觉得这些语法很烦人。

降低这些语法负担的方式之一是将 DSL 块的语法编写得尽可能接近宿主语言，但不要完全一样，然后通过简单的文本替换将其转换为宿主语言。文本打磨（第 45 章）可以将 3 hours ago 这样的短语转换为 3.hours.ago，或者更激进地，将 3% if value at least $30000 转换为 percent(3).when.minimum(30000)。

虽然我看过很多对这一技巧的论述，但不得不说我并不热衷于它。这种替换很快会变得晦涩难懂，这时使用完全的外部 DSL 会更简单。

另一种方法是使用语法着色。大多数文本编辑器提供了可定制的文本着色方案。当与领域专家沟通时，你可以使用一种特别的方案来弱化所有的噪声语法，例如，在白色背景上将其着色为浅灰色。你甚至可以将其着色为背景色，从而使它隐形。

4.11　动态接收

动态语言（如 Smalltalk 或者 Ruby）的特点之一是，它们在运行时才处理函数的调用。如果你写下 aPerson.name，而在 Person 对象上没有定义 name 方法时，代码将会通过编译，而只在运行时报错（而 C#或 Java 会报出编译错误）。虽然很多人觉得这样有问题，但是动态语言的拥护者能利用好这个特点。

这些语言中常用的机制是，将这些意料之外的调用路由到某个特殊的方法。该特殊方法（Ruby 中是 method_missing，Smalltalk 则是 doesNotUnderstand）的默认行为是报出一个错误，但是程序员可以覆写该方法以正确处理。我称之为覆写动态接收（第 41 章），因为要（在运行时）就"哪个是合法的消息接收方法"做出动态的决定。**动态接收可能会产生一些有用的编程约定，尤其是使用代理（通常希望将对象包起来，然后在方法调用的时候不需要知道哪些具体方法被调用了）时。**

在 DSL 中工作，动态接收的常见应用是将方法参数的信息转移到方法名称本身中。典型例子是 Rails 中 Active Record 的动态查找方法（finder）。假如 Person 类上有一个字段是 firstname，你希望根据人的名字（first name）来查找。你不需要为每个字段去定义一个 find 方法，而是可以定义一个通用的 find 方法——它可以接受字段名作为参数：people.find_by ("firstname", "martin")。这虽然可以工作，但有点古怪，因为我们更期望"firstname"是方法名称的一部分，而非参数。动态接收允许你编写 people.find_by_firstname("martin")，而无须预先定义这个方法。你覆写针对缺失方法的处理方法，检查被调用的方法名是否以 find_by 开始，解析方法名以提取字段名，最终转换为完全参数化方法的调用。你可以将所有这些放在一个方法内，也可以放到单独的方法内，如 people.find.by.firstname("martin")。

动态接收的关键在于它允许将方法参数的信息转移到方法名中，在某些情形下这会让表达式更易于读取与理解。风险则在于它只能做这些——你不能希望自己用一系列方法名去表达复杂的结构。如果你需要的数据结构比单一的数据列表复杂，可以考虑使用其他能处理更复杂数据结构的方法，例如嵌套函数（第 34 章）或者嵌套闭包（第 38 章）。如果对每个方法调用都要进行相同的基本处理（例如基于属性名构建查询对象），动态接收是非常适合的。如果需要以不同的方式动态地处理接收的调用（例如，对 firstname 和 lastname 的处理方法不同），就需要显式地编写方法，而不能依赖动态接收。

4.12 提供类型检查

在看过这些动态语言之后，现在该回到静态语言世界，看看静态类型检查的一些好处。

关于语言提供静态类型检查是否更好这个问题，有过长期的或许是永无休止的争论。这里我并不想再去讨论这些。很多人认为编译时做类型检查非常有价值，但其他人则声称，即使有这样的类型检查，也发现不了太多测试捕获不到的错误。

还有另一个赞成使用静态类型的理由。现代 IDE 的好处之一是，它们提供了一些基于静态类型的非常好的支持。输入变量的名字，点击控制键组合，然后根据该变量的类型得到可以在该变量上调用的方法列表。因为知道代码中符号的类型，IDE 可以很好地做到这些。

然而，DSL 中的大多数类似的符号并没有这样的支持，因为我们需要将它们表示为字符串，或者符号数据类型，并将其保存在符号表中。看看下面的 Ruby 代码片段，来自于古堡安全的例子（1.3 节）：

```ruby
state :waitingForLight do
  transitions :lightOn => :unlockedPanel
end
```

这里的 :waitingForLight 就是符号数据类型。如果将该代码翻译为 Java，我们可能会得到下面的代码：

```
state("waitingForLight")
      .transition("lightOn").to("unlockedPanel");
```

再次，这里的符号只是基本类型的字符串而已。我必须将 waitingForLight 包装进一个方法内，这样才可以级联方法。当输入目标状态时，我必须输入 unlockedPanel，而不是从 IDE 自动补全机制提示的状态列表中选择。

我倾向于像下面这样：

```
waitingForLight
      .transition(lightOn).to(unlockedPanel)
      ;
```

这不仅读起来更连贯，避免了 state 方法和繁杂的引号，还对触发事件以及目标状态有了合适的、可感知类型的自动补全。我可以充分利用 IDE 的功能。

为了做到这些，我需要在 DSL 处理机制中声明符号类型（如 state、command 和 event），然后声明在特定的 DSL 脚本里需要使用的符号（如 lightOn 或者 waitingForLight）。有一种方法是使用类符号表（第 44 章）。在这种情况下，DSL 处理器将每个符号类型定义为类。在编写脚本时，我将它放在类里，并将这些符号声明为字段。所以，为了定义状态列表，我先给符号类型创建一个 States 类，再把脚本中用到的这些状态定义为一个字段声明。

```
Class BasicStateMachine...
   States idle, active, waitingForLight, waitingForDrawer, unlockedPanel;
```

这个结果，如同很多 DSL 构造一样，看上去很奇怪。我一般从来不鼓励给类起一个复数名字，就像这里使用的 States。但它带来了与通常的 Java 编程非常接近的编辑体验。

第 **5** 章

实现外部 DSL

单靠内部 DSL 已经足以定义流畅的语言，但最终你还是会受限于宿主语言的语法结构。外部 DSL 则提供了更高的语法自由度——你可以使用自己喜欢的任何语法。

相比于内部 DSL，实现外部 DSL 的不同之处就在于解析过程：你需要解析纯文本输入，这些输入不受任何现有语言的约束。解析文本的技术是早已成熟的，几十年来人们一直用这些技术来解析编程语言，还有一个历史悠久的语言社区在发展相关的工具和技术。

不过有一点需要注意：编程语言社区提供的工具和文章几乎都假设你是在处理某种通用型语言，DSL 只会偶尔被提及。尽管其中的原则同样适用于通用型语言和领域特定语言，但两者之间毕竟有差异。而且，构建一种 DSL 所需的背景知识比开发通用型语言要少，因此你并不需要经历掌握通用型语言所需的完整学习曲线。

5.1　语法分析策略

在解析一种外部 DSL 时，我们需要将一串文本分解成某种结构，通过这种结构来理解文本的含义。这个初始的"结构化"过程就称为语法分析（syntactic analysis）。请考虑下列代码，这可能是前面介绍过的状态机（1.1 节）的一种实现变体。

```
event doorClosed  D1CL
event drawerOpened D2OP
command unlockPanel PNUL
command lockPanel PNLK
```

语法分析要做的就是识别出 event doorClosed D1CL 这一行是一个事件的定义，并将其与命令定义区分开。

哪怕你从未涉足过任何正式的解析，我敢肯定你也试过这个最简单的解决办法：先把输入文本划分成行，然后逐行处理。如果一行以 event 开头，你就知道这是一个事件定义；如果以 command 开头，你就知道这是一个命令定义。然后把每一行分解开，从中找出关键信息。

我把这种风格称为分隔符制导翻译（第 17 章）。首先找出能把输入分解成语句的分隔符（通常是行结束符），根据这些分隔符把输入拆分成单独的语句，然后逐个语句进行处理，找出其中的含义。通常在每行文本中会包含一些明显的标识，告诉你所处理的语句属于什么种类。

分隔符制导翻译很容易使用，涉及的工具也是大多数程序员熟悉的字符串操作和正则表达式。它的局限性在于，缺乏一种固有的方式来处理输入的层级上下文。

假设我这样描述状态机定义：

```
events
  doorClosed   D1CL
  drawerOpened D2OP
end

commands
  unlockPanel PNUL
  lockPanel   PNLK
end
```

现在"按行分解"就不够了：doorClosed D1CL 这一行所包含的信息不足以表明这是在定义一个事件还是命令。确实有办法可以解决这个问题（例如我就在分隔符制导翻译模式的一个例子中探究了其中的一种办法），但你必须自己动手做。层级上下文越多，自己动手管理它所需的工作量就越大。

为了处理这类结构的 DSL，更合适的办法是语法制导翻译（第 18 章）。首先为输入语言定义一个形式化的文法，就像这样：

```
list : eventList commandList;
eventList : 'events' eventDec* 'end';
eventDec  : identifier identifier;
commandList : 'commands' commandDec* 'end';
commandDec : identifier identifier;
```

任何一本关于编程语言的书中都会提到文法标记。文法被用于定义编程语言的正式语法。绝大多数文法是以某种形式的 BNF（第 19 章）编写的，其中每行代表一条规则：首先是规则的名称，然后是满足该规则的合法元素。所以，在上面的例子中，list : eventList commandList;这一行表示 list 由两部分组成：先是一个 eventList，然后是一个 commandList。引号中的条目是字面量，"*"则表示后继元素可以出现多次，因此 eventList : 'events' eventDec* 'end';就表示一个事件列表（eventList）由以下 3 部分组成：首先是 events 这个单词，然后是任意多个 eventDec，最后是 end 这个单词。

不管用不用语法制导翻译，文法都能帮助你更好地考虑一种语言的语法。实际上，正如我们在内部 DSL 元素表（4.5 节）中看到的，它对于考虑内部 DSL 也同样有益。文法对于语法制导翻译特别有用，因为可以相当机械地将其翻译为语法分析器。

由语法制导翻译生成的语法分析器非常适于处理这样的层级结构，毕竟这是通用型语言的根本。于是，用分隔符制导翻译很难处理的一些事情，现在处理起来就轻松多了。

如何从文法得到解析器呢？前面已经说过，这是一个相当机械的过程，有多种方式可以将 BNF 转换成某种解析算法。相关的研究已经有多年历史，从中衍生出很多技术手段。在本书中，我挑选了 3 种常用的方法。

递归下降语法分析器（第 21 章）是经典的转换方法。递归下降算法是一种易于理解的解析方法，它用函数内部的控制流来展现文法规则。每条文法规则会被转换成语法分析器中的一个函数，每个 BNF 运算符到控制流的转换过程都有清晰的模式可循。

更时尚的方式是语法分析器组合子（第 22 章）：将每条文法规则转换成一个对象，再把对象组成一个与文法对应的结构。你仍然需要递归下降语法分析器的各个元素，但这些元素会被包装成组合子对象，你只要将它们合并起来就行了。这样你甚至不需要理解递归下降语法分析器算法的细节，就可以实现一个文法。

不过本书中大部分地方选了第三种方法。语法分析器生成器（第 23 章）可以把 BNF 当作 DSL 来使用。你用这种 DSL 来编写文法，然后语法分析器生成器负责帮你生成语法分析器。

语法分析器生成器是最精密可靠的途径。这些工具都非常成熟，并且能以极高的效率处理复杂的语言。用 BNF 作为 DSL 使得语言更容易理解和维护，因为它的语法已经被清晰定义，并且自动地捆绑在语法分析器上。不过这些工具也有缺点：需要花时间来学习，而且由于它们大多使用代码生成，因此会使构建流程变得复杂。而且你所使用的语言平台上可能没有一个好的语法分析器生成器，而自己动手实现一个绝非易事。

递归下降语法分析器可能不那么强大和高效，但对于处理 DSL 已经足够了。所以，如果没有好的语法分析器生成器可用或者感觉引入一个语法分析器生成器太重量级，则递归下降语法分析器不失为一个合理的选择。但其最大的问题在于，文法会被隐藏于控制流之中，因此代码的清晰度就大大降低了——至少以我的标准看来。

所以，如果不能或者不想使用语法分析器生成器，我的首选是语法分析器组合子。它使用的算法与递归下降语法分析器大致相同，但你可以在"将组合子合并在一起"的代码中明确地表现出文法。尽管这些代码不会像真正的 BNF 那么清晰易读，但也相去不远——如果再加上一些内部 DSL 的技巧就更是如此了。

无论选择哪种实现方法，要处理任何有结构的语言，语法制导翻译一定比分隔符制导翻译要容易得多。语法制导翻译最大的缺点在于：它不是一种广为知晓的技术（尽管它本来应该是），很多人认为使用它很难。在我看来，这种恐惧很大程度上是由于人们总是在"解析通用型语言"这个上下文中介绍语法制导翻译——解析通用型语言会引入很多复杂的问题，而 DSL 则不会。我希望这本书能鼓励你尝试并使用语法制导翻译，你会发现这其实并不那么难。

在本书的大部分内容里，我将会使用语法分析器生成器，因为相关的工具很成熟，而且文法的明确性也有助于我解释各种概念。具体来说，我选择了 ANTLR 语法分析器生成器，这是一个成熟的、广泛适用的开源工具。它的一大优势在于：它是递归下降语法分析器的一种复杂形式，也就是说你在使用递归下降语法分析器或者语法分析器组合子时获得的那些知识在 ANTLR 中也同样适用。特别是，如果你对语法制导翻译还不太熟悉，那么我认为 ANTLR 会是一个不错的起点。

5.2 输出生成策略

当你想要解析某些输入时，你必须知道：要拿解析的结果干什么——输出应该是什么样的？我已经在很多讨论中指出，大部分时候，解析过程的输出应该是一个语义模型（第 11 章），随后我们就可以直接解释它或者将其用作代码生成的输入。我无意再对此展开讨论，而想让你知道：这与主流语言社区中已有的一些基本假设存在重大的差异。

在主流语言社区中，代码生成非常受重视，因此构造语法分析器通常用于直接生成输出代码，其间并不出现语义模型。对通用型语言来说，这种做法很合理；但对于 DSL，我并不建议这样做。阅读主流语言社区撰写的资料（包括语法分析器生成器（第 23 章）等工具的大部分文档）时，请记住这种差异的存在。

既然输出应该是语义模型，我们就只需要决定采用一个步骤还是两个步骤。单步骤的做法是内嵌翻译（第 25 章）：直接把方法调用放进语法分析器，从而在解析过程中生成语义模型。采用这种做法，你就可以在解析的同时逐步构建起语义模型。只要得到了足够的输入以至于能识别出语义模型的一个组成部分，就立即创建这个部分。在真正创建语义模型中的对象之前，你经常会需要一些中间解析数据，这时很可能涉及把一些信息存储在符号表中（第 12 章）。

另一种做法树构造（第 24 章）需要两个步骤：第一步，解析输入文本并产生一棵展现文本基本结构的语法树，同时组装符号表来处理语法树中各个部分之间的交叉引用；然后执行第二步，遍历语法树，组装语义模型。

使用树构造有一个很大的好处：它把整个解析任务分解成两个较简单的任务。在识别输入文本时，你只需要关注如何构建语法树。实际上，很多语法分析器生成器提供的用于树构造的 DSL 让这部分流程进一步简化。遍历语法树以组装语义模型则是一个常规的编程练习，你可以随时检视整棵树来判断应该做什么。如果你编写过处理 XML 的代码，那么内嵌翻译就类似于使用 SAX，而树构造则类似于使用 DOM。

还有第三种选择：内嵌解释（第 26 章）。它在解析过程中执行解释，并直接输出最终结果。内嵌解释的一个经典例子就是计算器，它接受算术表达式作为输入，将计算的结果作为输出。也就是说，内嵌解释并不生成语义模型。尽管内嵌解释时不时会出现，但毕竟还是很少用到。

即使不生成语义模型，也可以使用内嵌翻译和树构造。其实在使用代码生成时，这种情况相当常见，大部分语法分析器生成器的例子会这样做。尽管这种做法可行（特别是对于比较简单的情况），但是我不建议经常使用，因为语义模型往往非常有用。

所以，大部分时候，就在内嵌翻译和树构造之间进行选择。最终的决策取决于中间语法树的成本和收益。树构造的好处在于把解析问题一分为二，而组合两个简单的任务通常比编写一个复杂的任务要容易完成。随着翻译的整体复杂度上升，情况就更是如此。DSL 发展得越完善，DSL 与语义模型之间的距离越远，中间语法树就越有用，何况通常还有工具帮你创建抽象语法树。

看起来我正在极力鼓吹树构造。而且一个主要的反对原因——语法树的内存开销问题，在目前的硬件环境中"处理小型 DSL"也已不复存在。但尽管有那么多选择树构造的理由，我仍然心存疑虑：构建和遍历语法树有时显得太麻烦，我不得不编写代码来构建语法树，再编写代码来遍历，而很多时候直接构建语义模型会更轻松。

所以我并没有明确的选择。只能大概地说，翻译的复杂度越大，树构造就越适用。最好的建议是，两种方法都试一试，然后看你自己喜欢哪种。

5.3 解析中的概念

只要开始阅读与解析相关的内容并使用**语法分析器生成器**（第 23 章），你很快就会遇到这个领域的一大堆基本概念。要理解**语法制导翻译**（第 18 章），你就得理解很多基本概念，尽管不必达到经典编译器著作所期望的那种程度，因为我们要处理的只是 DSL，而不是通用型语言。

5.3.1 单独的词法分析

语法制导翻译（第 18 章）通常分为两个阶段：词法分析（也称为扫描或分词）和语法分析（也称为解析——非常迷惑人的叫法[①]）。词法分析阶段将输入文本转化为记号流。记号是一种数据类型，包含两个主要属性：类型和内容。例如，在我们的状态机语言中，state idle 这个文本就会被转化为两个记号。

```
[content: "state", type: state-keyword]
[content: "idle", type: identifier]
```

借助**基于正则表达式表的词法分析器**（第 20 章），可以相当轻松地编写出一个词法分析器。它无非就是一组将正则表达式与记号类型相匹配的规则。只需读取输入流，找出第一个匹配的正则表达式，创建对应类型的记号，然后不断重复这一过程就行了。

语法分析器随后会根据文法规则把这一记号流组织成一棵语法树。但是，"先做词法分析"这一事实有其重要的影响。首先，这意味着我必须谨慎使用文本。例如有这样一个状态声明：state initial state，表示一个名为 initial state 的状态。这会使情况变得微妙，因为缺省情况下第二个 state 会被词法分析器识别为关键字 state，而不是一个标识符。为了避免这种误解，我就必须使用某种**可变分词方式**（第 28 章）。可变分词方式有多种实现方式，具体的实现很大程度上依赖解析工具。

[①] 在本章中，parsing 翻译为"解析"（但 parser 依然翻译为"语法分析器"），而 syntactic analysis 翻译为"语法分析"。——译者注

其次，先做词法分析意味着空白符通常会被丢弃，语法分析器根本不会遇到它们，这就使处理语法空白符变得很困难。**语法空白符**（syntactic whitespace）指作为语言的语法的一部分而存在的空白符。例如，用换行符作为语句分隔符（换行分隔符（第 30 章）），或者像 Python 那样用缩进来指明语法结构。

语法空白符一直是一个棘手的问题，因为它混合了语法结构与格式。这种做法很多时候确实有用——我们的眼睛会根据格式来推断结构，所以语言本身也以同样的方式来表达是有好处的。但确实有太多的边缘情况使这两者不能完美吻合，从而引入很高的复杂度。这正是很多开发编程语言的人打心眼里反感语法空白符的原因。我在本书中谈到了换行分隔符，这是最常见的一种语法空白符。除此之外，我只在 31.1 节中对语法缩进做了一些简单的介绍。

之所以像这样把语法分析器分离出来，是因为这使得词法分析和语法分析这两部分的编写都变得更简单。这是又一个将复杂任务拆分成较简单任务的例子。而且还能提升性能，尤其是在资源有限的硬件上，很多此类工具最初就是为这样的硬件设计的。

5.3.2 文法和语言

如果你眼光够犀利的话，大概已经注意到：我曾经提到过为语言编写"一个"文法。很多人误以为总可以得到某种语言的唯一文法。尽管文法确实是用来形式化地定义语言的语法，但是多种文法识别出同一语言的情况也很常见。

我们来看看来自古堡安全系统的下列输入文本：

```
events
  doorClosed  D1CL
  drawOpened  D2OP
end
```

针对这段输入文本，我可以编写出下列文法：

```
eventBlock  : Event-keyword eventDec* End-keyword;
eventDec    : Identifier Identifier;
```

但下列文法也同样适用：

```
eventBlock  : Event-keyword eventList End-keyword;
eventList   : eventDec*
eventDec    : Identifier Identifier;
```

对这种语言来说，两者都是合法的文法，都能识别这段输入。换句话说，它们都能把输入文本转化成语法分析树。两者得到的语法分析树会不同，因此编写输出代码生成的方式也会不同。

有很多原因会使你得到不同的文法。首先，不同的**语法分析器生成器**（第 23 章）会使用不同的文法，这些文法的语法和语义都不同。即便对于同一个语法分析器生成器，当你用不同的方式构建文法规则时，也会得到不同的文法（就像上面的例子那样）。和其他任何代码一样，你也会重构文法，使其更易于理解。最终的产出代码也会影响你构建文法的方式：我经常会调整文法，以便组织将输入文本翻译成语义模型的代码。

5.3.3　正则文法、上下文无关文法和上下文相关文法

　　是时候了解一点语言理论了，特别是，编程语言社区是如何对文法分类的。这种分类法称为**乔姆斯基谱系**（Chomsky hierarchy），由语言学家诺姆·乔姆斯基于 20 世纪 50 年代提出。它的基础是自然语言而非编程语言，但它派生出了一套根据数学属性对文法进行分类，从而定义其语法结构的方法。

　　我们关注的 3 类文法分别是：正则文法、上下文无关文法和上下文相关文法。它们共同构成了一个层级谱系：所有正则文法都是上下文无关的，所有上下文无关文法则都是上下文相关的。严格说来，乔姆斯基谱系只作用于文法，但是人们也将其用于语言：如果说一种语言是"正则的"，就表示可以为其编写出一种正则的文法。

　　各类文法之间的差异在于文法的某些数学特征。这部分内容就留给专门的语言书籍来解释。对于我们眼下的需求，关键的差异在于：你需要用哪种基本算法来编写语法分析器。

　　正则文法（regular grammar）对我们很重要，因为它可以用一个**有限状态机**（finite state machine）来处理。之所以这一点很重要，是因为正则表达式就是有限状态机，因此正则语言可以用正则表达式来解析。

　　就计算机语言而论，正则文法有一个大问题：它们不能处理嵌套的元素。正则语言可以解析 1 + 2 * 3 + 4 这样的表达式，但是不能解析 1 + (2 * (3 + 4))。你可能听闻过：正则文法"不能算数"。对解析而言，这就意味着不能用有限状态机来解析带有嵌套块的语言。显然，这对计算机语言来说不是一个好消息，因为任何通用型语言都需要做算术运算。这也会影响块结构，下面这段程序需要嵌套块，因此不是正则的。

```
for (int i in numbers) {
  if (isInteresting(i)) {
   doSomething(i);
  }
}
```

　　要处理嵌套块，就得向上走一级：上下文无关文法。这个名字令我有些迷惑，因为一个上下文无关的文法却会给文法加上层级上下文，使其能够"算数"。**上下文无关文法**可以用**下推机**（push-down machine）（一种基于栈的有限状态机）来实现。大部分语言的语法分析器使用上下文无关文法，大部分语法分析器生成器（第 23 章）也使用它，递归下降语法分析器（第 21 章）和语法分析器组合子（第 22 章）都会生成下推机。于是，大部分现代编程语言是用上下文无关文法来解析的。

　　尽管上下文无关文法应用如此广泛，但是它们并不能处理所有我们想要的语法规则，常见的一个特例是这样一条语法规则：必须先声明变量再使用它。上下文无关文法就无法处理，因为变量的声明经常出现在当前使用变量的程序分支之外。尽管上下文无关文法可以保存层级上下文，但是也没有足够的上下文来处理这种情况——因此我们还需要符号表（第 12 章）。

在乔姆斯基谱系中再往上一级，也就是上下文相关文法。上下文相关文法可以处理嵌套的元素，但是我们不知道如何编写通用的上下文相关的语法分析器。说得具体点，我们不知道如何根据上下文相关文法生成语法分析器。

之所以要先谈谈这些语言分类理论，是因为这能帮你对处理 DSL 的工具多一些了解。特别是，通过学习这些理论你就会知道，如果需要用到嵌套块结构，就需要能处理上下文无关语言的工具，并且语法制导翻译（第 18 章）很可能是一个比分隔符制导翻译（第 17 章）更合适的起点。

另外，如果你只需要一种正则语言，就不需要用下推机来处理它。不过你可能会发现，在任何情况下，用下推机来处理语言都很简单。一旦习惯使用，下推机是相当清晰直观的，因此即便对于正则语言，用下推机来处理也不为过。

这种语言的分类还告诉了我们，为什么会有一个独立的词法分析阶段。词法分析通常是用有限状态机来做，而语法分析则会用到下推机。因此词法分析器的用途有限，但执行速度可以更快。但是情况也并非总是如此。具体到本书来说，我在大部分例子中使用 ANTLR，它用一个下推机同时处理词法分析和语法分析。

有一些语法分析器工具只能处理正则文法，例如 Ragel 就是一个著名的例子。也可以单独使用词法分析器来识别正则文法。但是如果已经迈进了语法制导翻译，我建议你从上下文无关的解析工具着手。

正则文法和上下文无关文法是你最可能用到的两种文法，不过还有一个新来者也值得关注。有一种文法形式叫作**解析表达式文法**（parsing expression grammar，PEG）。PEG 使用一种新的文法形式，可以处理大部分上下文无关的情景和一些上下文相关的情景。PEG 语法分析器并不倾向于使用单独的词法分析，并且大部分情景中 PEG 似乎比上下文无关文法更好用。不过到目前为止，PEG 还相对较新，相关工具还比较少，也不够成熟，因此对于 PEG 我在本书中不会多讲。当然，当你读到这些时，情况可能已经发生了变化。据我所知，目前最有名的 PEG 语法分析器是 Packrat 语法分析器。

（不过，PEG 与传统语法分析器之间的界限并不分明。例如 ANTLR 就借用了很多 PEG 的概念。）

5.3.4　自顶向下解析和自底向上解析

编写语法分析器的办法有很多，其结果是现成的语法分析器生成器（第 23 章）也有很多种，而且各有特色。其中一个最大的区别在于语法分析器是自顶向下解析的还是自底向上解析的。这不仅会影响语法分析器工作的方式，还会影响语法分析器所能处理的文法种类。

自顶向下语法分析器首先处理文法中最高级别的规则，根据高级别规则来判断如何尝试匹配。因此，对于"事件列表"文法

```
eventBlock  : Event-keyword eventDec* End-keyword;
eventDec    : Identifier Identifier;
```

和输入文本

```
events
  doorClosed  D1CL
  drawOpened  D2OP
end
```

语法分析器会首先匹配 eventBlock，从而寻找关键字 event。一旦发现关键字 event，它就知道接下来需要匹配 eventDec，然后查看相关规则，判断是否需要匹配标识符。简而言之，自顶向下语法分析器将规则看作某种目标，用来指导自己接下来需要寻找的元素。

你应该不会惊讶：自底向上的语法分析器的执行方式恰好相反。它首先读入关键字 event，然后检查当前的输入是否足以匹配某个规则。由于匹配尚未成功，语法分析器就把已经读入的内容暂时放到一旁（或称为移进），并读入下一个记号（一个标识符）。这仍然不足以匹配任何规则，因此语法分析器再次移进。读入第二个标识符之后，就能匹配到 eventDec 规则了，因此语法分析器会把这两个标识符归约成一个 eventDec。对第三行输入也是如法炮制。然后，当语法分析器读取到关键字 end，它就会把整个表达式归约为一个事件块。

很多时候，自顶向下的语法分析器也称为 LL 语法分析器，自底向上的语法分析器则称为 LR 语法分析器：第一个字母表示"从哪个方向开始扫描输入"，第二个字母则表示"如何识别规则"（L 是从左向右，即自顶向下；R 是从右向左，即自底向上）。自底向上解析还有时被称为"移进-归约解析"，因为移进-归约方法是最常见的自底向上解析的实现方式。LR 语法分析器存在不少变体，如 LALR、GLR 和 SLR，这里不再详述这些变体的细节。

通常认为，自底向上的语法分析器比自顶向下的语法分析器难以编写和理解。这是因为在自底向上解析的过程中，大多数人很难想象规则处理的顺序。尽管使用语法分析器生成器之后你不必亲自动手编写语法分析器，但是很多时候还是需要大致理解其中的工作原理，以便调试和排错。Yacc 家族可能是最有名的语法分析器生成器家族，它就是一个自底向上（LALR）语法分析器。

递归下降算法是一个自顶向下的解析算法，因此递归下降语法分析器（第 21 章）是一个自顶向下的语法分析器，语法分析器组合子（第 22 章）也是。还有一个更著名的例子：ANTLR 语法分析器生成器也是基于递归下降算法的，因此也是自顶向下的。

自顶向下的语法分析器的一大缺点是：它们无法处理左递归。例如，下列规则：

```
expr: expr '+' expr;
```

类似于这样的规则会导致语法分析器在尝试匹配 expr 时陷入无穷递归。但是人们并不认为实际中的这种局限性是什么大问题，通过提取左因子技术就可以消除左递归，该技术也很简单直接，但是最终得到的文法就会比较难懂。不过好消息是，只有在处理嵌套运算符表达式（第 29 章）时才会遇到这个问题。而只要你知道嵌套运算符表达式的惯用法，处理起来也不会太困难。最终的文法仍然不会像自底向上的语法分析器那么清晰，但是如果知道惯用法，理解起来就会容易得多。

总而言之，不同的语法分析器生成器在所能处理的文法种类上各有局限性。这些局限性是由它们使用的解析算法决定的。各种语法分析器还有很多其他差异，例如，如何编写动作，如何在语法分析树中上下移动数据，使用何种文法语法（BNF 还是 EBNF），等等。所有这些都会影响你编写文法的方式。然而有一点是最重要的：你必须意识到，文法在 DSL 中的定义并不是固定不变的。很多时候，你需要不断改变文法，使输出结果工作得更好。和其他任何代码一样，文法也会改变，这取决于你究竟要拿它干什么。

如果你对这些概念都比较熟悉，那么在选择语法分析器工具时它们会发挥重要的作用。对比较初级的用户来说，它们可能不会直接影响你对工具的选择，但是至少会影响你使用所选择工具的方式，因此也有必要将它们记在心里。

5.4 混入另一种语言

在面对一种外部 DSL 时，一个最大的风险是，它可能在不经意间演变成了一种通用型语言。即便没有那么极端，一种 DSL 也很容易变得过于复杂，尤其是当你在其中考虑很多需要特别处理，但是其实又很少用到的特殊情况时。

假设我们有这样一种 DSL，根据客户所在的州及其询问的产品，将销售机会分派给销售人员。我们可能会有这样的规则：

```
scott handles floor_wax in WA;
helen handles floor_wax desert_topping in AZ NM;
brian handles desert_topping in WA OR ID MT;
otherwise scott
```

那么，如果 Scott 经常跟 Baker Industries 公司的某高管打高尔夫球，从而得以认识来自 Baker 集团旗下多家公司的经理，又该如何处理呢？我们决定，把所有来自新英格兰（New England）州、客户公司名字以"Baker"开头、想要购买地板蜡的销售机会都分派给 Scott。

类似这样的特殊情况可能有好几十种，每种都需要以某种方式扩展 DSL。但是如果把这些针对特定情况的微调都加到 DSL 中，会使其变得非常复杂。很多时候，用某种通用型语言编写外来代码（Foreign Code）（第 27 章）来处理这些偶发情况会更合适。外来代码指嵌入 DSL 中的一小段通用型语言代码。这段代码不会被 DSL 的语法分析器解析，而只是作为一个字符串放入语义模型（第 11 章），留待后续处理。于是，我们就可能得到类似这样的规则（用 JavaScript 作为外来语言）：

```
scott handles floor_wax in MA RI CT when {/^Baker/.test(lead.name)};
```

这个解决方案不如扩展 DSL 清晰，但是这种机制可以处理很多种特殊情况。如果以后正则表达式匹配成了一种常见的情况，我们可以到时再来扩展语言。

在这个例子中，我使用的通用型语言是 JavaScript。用动态语言来编写外来代码有其优点：你可以在其中读取和解释 DSL 脚本。当然，你也可以用静态语言来编写外来代码，但是随后你需要进行代码生成，并将外来代码织入生成的代码中。用惯了语法分析器生成器（第 23 章）的人应该熟悉这一技巧，因为大部分语法分析器生成器就是这样工作的。

这个例子用到了通用型语言代码，但是借助同样的技巧也可以混入另一种 DSL。这样一来，你就可以用不同的 DSL 来解决不同的问题，这正契合了"使用几种小型 DSL 而非一种大型 DSL"的哲学观点。

可惜的是，在当前的技术水平下，以这种方式同时使用多种外部 DSL 并不容易。目前的语法分析器技术难以做到用模块化文法（31.2 节）来混合多种不同的语言。

使用外来代码的一个问题是：你需要采用与用主语言扫描代码不同的方式来对外来代码分词，因此你需要使用某种可变分词方式（第 28 章）。

最简单的可变分词方式的方法是用某种清晰的分隔符将嵌入代码引用起来，使其能够被分词器识别，从而以单个字符串的形式进行语法分析。例如，在前面的例子中，我把 JavaScript 代码放在了一对大括号之中。这种方法可以很容易地抓取不同的文本，但会给语言增加一些噪声。

可变分词方式不只可以用于处理外来代码。在不同的解析上下文中，你可能希望把语言的关键字解释为一个名称的一部分，例如 state initial state。你可以把这个名称用引号括起来（state "initial state"），但是可变分词方式的其他实现方式引入的语法噪声更少（我会在该模式中详细介绍）。

5.5 XML DSL

在本书一开头我就指出：很多常见的 XML 配置文件实际上就是 DSL。目前为止，我还没有对 XML DSL 多加探讨，因为我需要首先介绍外部 DSL。

当然，并非所有配置文件都是 DSL。具体说，"属性列表"就不是 DSL。属性列表只是一份简单的"键/值对"列表，可能再加上分类。属性列表没有多少语法结构，完全不具备 DSL 那些神奇的语言性。（尽管如此我还是要说，对属性列表而言，XML 的噪声太多了，相比之下我更愿意使用 INI 文件）。

很多配置文件确实具有像 DSL 一样的语言性，因此它们是 DSL。如果用 XML 来实现，我就把它们看作外部 DSL。XML 不是编程语言，它是一种没有语义的语法结构。因此，我们需要先把 XML 代码解读成记号再处理，而不能直接解释并运行。DOM 处理本质上就是树构造（第24 章），SAX 处理则是内嵌翻译（第 25 章）。在我看来，XML 就是 DSL 的载体语法，就跟内部 DSL 的宿主语言提供载体语法的方式一样。（内部 DSL 同时还提供载体语义。）

我对 XML 作为载体语法的质疑在于：它引入了太多的语法噪声——太多的尖括号、引号和斜杠，每个嵌套元素都必须有开始标签和结束标签。其结果是有太多的字符是在为语法结构而非真正的内容服务，代码变得难以理解，而"容易理解"正是 DSL 的全部意义所在。

尽管如此，还是有一些为 XML 辩护的声音。一种观点认为：XML 代码不必由人来编写——可以用特定的 UI 来捕获信息，而 XML 只是一种人类可读的序列化机制。这种观点是合理的，不过这样一来 XML 就成了一种序列化机制而非语言，从而脱离了 DSL 所讨论的上下文。的确，一个具体的任务很可能不必使用 DSL，而用一个基于表单和字段的 UI 来完成。

但是，虽然很多人在谈论"XML 之上的 UI"，有效的行动其实寥寥无几。如果你花了很多时间来查看 XML（或者对 XML 进行差异比较），那么 UI 其实就成了附属品。

还有一种常见的观点认为：XML 语法分析器是现成的，因此你不需要自己动手编写。我认为这种观点有缺陷，而原因是缺乏对"解析"的理解。在本书中提到的"解析"指从输入文本到语义模型（第 11 章）的整个过程，而 XML 语法分析器只涉及其中的部分过程——通常是得到一个 DOM，你仍然需要编写代码来遍历 DOM，从而完成真正有用的功能。对于这一部分解析工作，语法分析器生成器（第 23 章）同样可以做。ANTLR 可以轻松地将输入文本生成等价于 DOM 的语法树。我的经验是，只要熟悉了一种语法分析器生成器，它使用起来就不比使用 XML 解析器工具复杂。另一种观点认为，比起语法分析器生成器，程序员通常对 XML 解析库更熟悉。但在我看来，花点时间去学习使用一种语法分析器生成器是完全值得的。

自定义的外部 DSL 也带来了一个烦恼：它们处理引用、字符转义之类事情的方式总是难以统一。任何曾经花时间处理 Unix 配置文件的人都知道，这很烦人。在这方面，XML 确实提供了一个统一而可靠的设计。

本书中大部分时候不会提及错误处理和诊断方面的内容，但不应该忽视的是 XML 处理器在这方面通常很出色。在自定义一种语言时，你需要花很多心思来得到良好的诊断信息，究竟需要花多少心思则取决于你使用的语法分析器工具有多好。

XML 的另一个优势是：只要将 XML 文件与一份结构定义比较，不需要执行其中的内容就可以知道其格式是否正确。XML 有几种不同的结构定义格式，如 DTD、XML Schema、Relax NG 等，它们都可以检查 XML 的正确性，并且为更智能的编辑工具提供支持。（本书就是用 XML 格式撰写的，Relax NG 对 Emacs 的支持让我很是受用。）

除了生成树或者事件的语法分析器工具，还有一些 XML 绑定接口，可以很轻松地将 XML 数据翻译成对象中的字段。这种接口对于 DSL 一般用处不大，因为语义模型的结构很少与 DSL 的结构直接对应，以至于可以将 XML 元素与语义模型绑定。如果加上一个翻译层，也许能用上绑定接口，但这样真的比遍历 XML 树容易吗？对此我表示怀疑。

如果使用语法分析器生成器，就可以在文法中定义 XML Schema 所能提供的很多检查功能。但很少有工具能使用文法。当然我们可以自己编写一些验证逻辑，但在 XML 世界里这样的工具早就存在了。很多时候，一种不够完美但足够流行的做法可能比最理想的技术更有用。

尽管有这些优点，但 XML 的语法噪声对于 DSL 毕竟太严重了。DSL 的关键在于可读性。的确，有很多工具可以有助于编写 XML，但真正重要的是易读。XML 有自己的特长：它很适于做文本标记，例如这本书的手稿就是用 XML 编写的。但作为 DSL 的载体语法，我认为它强加了太多的噪声。

既然已经谈到了载体语法，不妨再延伸一下：一些较新的语法在"以文本形式编码结构数据"方面做得相当不错，例如 JSON 和 YAML。很多人（包括我自己）喜欢这些语法，因为它们的语法噪声比 XML 小得多。但这些语言很大程度上是面向结构化数据的，因此缺乏真正连贯的语言所需的灵活性。DSL 与数据序列化不同，正如连贯 API 与命令查询 API 不同。连贯性对于 DSL 的易读性至关重要，而数据序列化格式为了在这一上下文中很好地工作做了太多的妥协。

第 **6** 章

在内部 DSL 和外部 DSL 之间做选择

我们已经了解了很多内部 DSL 和外部 DSL 实现的细节，现在让我们来看看它们各自的优势和劣势，以提供给我们足够多的信息来帮助我们在这两种技术之间做出更好的选择，并且帮助我们判断在特定情况下何种 DSL 更加合适。

选择之所以困难，是因为缺乏足够的信息。除了那些大量使用 DSL 的人或者那些有强烈使用倾向的人，其他人都不能够真正比较两种风格之间的异同。由于本书介绍的很多技术不是广为人知的，因此这个问题显得尤为复杂。本书可能可以帮助人们更加容易地构建 DSL，但是关于 DSL 的选择及其影响，是需要经过时间和实践的检验的。所以，本章的很多思考带有推测性。

6.1 学习曲线

初看起来，内部 DSL 的学习成本会更小一些，毕竟它们看起来只是一些更加时髦的 API，而且是建立在一种熟悉的语言之上。而对于外部 DSL，你需要学习语法分析器、文法和语法分析器生成器（第 23 章）等可能陌生的知识和技术。

这种说法有些道理，但事实上事情会更微妙。对于语法制导翻译（第 18 章）有一些新概念需要学习，而且用文法驱动语法分析器有时看起来像魔法一般难懂。它可能不像很多人想象的那么令人惧怕，但如果你没有使用过这些工具，我建议最好在真正评估之前先找个例子熟悉一下。

更糟的是，由于很多语法分析器生成器工具缺乏足够的文档，使得语法制导翻译的学习更加困难。即使有文档，更多的也是关于通用型语言而不是 DSL 的。很多工具的唯一文档就是一篇博士论文。所以迫切地需要让想使用这些语法分析器生成器工具来实现 DSL 但又缺乏相应经验的人更易上手。

有时你可以使用分隔符制导翻译（第 17 章）代替，你可能对它涉及的工具更加熟悉——

字符串分解、正则表达式，而且不需要文法。但使用分隔符制导翻译的限制让我更多时候倾向使用语法制导翻译，虽然使用它会面临一些学习成本。但我们需要知道分隔符制导翻译也是一种选择，特别是对一种正则语言而言。

使用 XML 载体语法是避免学习语法制导翻译的另一种选择，但相比较而言，我认为学习语法制导翻译会更加值得，因为它更容易阅读。

另一方面，内部 DSL 并不总如你所认为的那么容易，虽然你使用的是一种熟悉的语言，但你是在以一种更加奇怪的方式使用它。内部 DSL 经常依赖宿主语言中的一些隐晦的技巧来生成连贯接口，所以就算你对语言很熟悉，也需要花一定的时间找到和学习这些技巧。虽然本书中的一些模式会帮助你更加容易地找到它们，但并不是所有的语言都有这些技巧。所以，找到这些技巧并且学会如何使用也有学习成本。好消息是你可以边开发 DSL 边学习这些技术。而语法制导翻译则要求你在刚开始就学会足够的技术才可以。

因此，尽管它们之间的区别没有你刚开始想的那么大，但是我还是要说内部 DSL 更加容易学习。

当考虑学习曲线的时候，我们需要知道这不仅仅是你个人需要面临的，而是所有要接触你的代码的人都需要面临的。使用外部 DSL 会让使用它们的人付出更多的学习成本。

6.2　构建成本

当初次使用 DSL 技术时，学习曲线攀升的成本是主要的成本。一旦你熟悉了这些技术之后，学习成本就没有了，但你会面临其他的成本。

当谈到 DSL 的构建成本时，分开模型的构建成本和其上的 DSL 层的创建成本是很重要的。在这里我想先讨论模型，虽然很多情况下模型在构建时是和 DSL 关联的，但模型有它本身要考虑的东西。

对于内部 DSL，额外涉及的工作是在模型之上创建表达式创建器（第 32 章）层。表达式创建器编写起来相对比较简单，但不仅需要它们可以工作，还要不断调整语言使其更好地工作。当在模型中直接使用连贯接口方法时，表达式构建器的成本可能不高，但是，如果人们发现这些方法相对命令查询 API 更难理解，它可能会引起其他成本。

对于外部 DSL，相应的成本在于语法分析器的构建。当你对语法制导翻译（第 18 章）上手之后，编写文法和翻译代码应该很快了。我现在觉得，开发语法分析器的成本和构建表达式构建器层的成本是相近的。

一旦熟悉了语法制导翻译，它并不比 XML 载体语法更难理解，而且它比分隔符制导翻译（第 17 章）更加容易使用，除非语言十分简单。

所以，我目前的想法是这样的，如果你对这些技术足够熟悉，那么构建内部 DSL 和外部 DSL 的成本并不会相差很大。

6.3　程序员的熟悉度

很多人说使用内部 DSL 比使用一种新的外部 DSL 更加简单，因为程序员在使用一种熟悉的语言。这种说法在某种程度上是对的，但我不认为它们的区别会如很多人想象的那么明显。奇怪的连贯接口需要一定的时间去适应，虽然它比构建成本小。一种外部 DSL 只要足够简单也不难学，如果遵循了常用编程语言的语法规范，就更易懂了。

除了语法因素，最大的区别就在于工具。如果宿主语言本身有一个很强大的 IDE，那么内部 DSL 仍旧可以使用这个 IDE 工具。你可能还需要像类符号表（第 44 章）这样的更复杂的技术来保留工具的支持，这样你就可以享受 IDE 带来的便捷和好处了。然而对于外部 DSL，你就享受不到这些工具的好处了，而只能有最基本的文本编辑功能。让普通的文本编辑器支持语法高亮显示不难，而且很多文本编辑器在这方面可以进行配置，但缺乏像类型感知那样的自动补全等功能。

6.4　与领域专家沟通

内部 DSL 通常和宿主语言的语法绑定，导致在表达自由度上有些受限，并且会有一些语法噪声。这对程序员来说可能不成问题，因为他们已经习惯了，但领域专家就不一样了。表达受限和语法噪声的程度和语言有关，有些语言会比其他语言更加适合 DSL。

就算是最理想的内部 DSL，也无法像外部 DSL 一样提供语法灵活度。不同的领域专家对这一差距的在意程度不同，然而这正体现了沟通方式的价值。因此，如果外部 DSL 确实能够达到不一样的沟通效果，我会倾向于努力推动它的使用。

如果你不习惯构建外部 DSL，又不确定领域专家是否能适应内部 DSL，那么你可以先尝试使用内部 DSL，在觉得值得的时候再进行切换。因为你可以为两种 DSL 使用相同的语义模型（第 11 章），所以构建两种 DSL 的增量成本并没有那么高。

6.5　与宿主语言混合

内部 DSL 本质上只是一种连贯接口方法的使用约定，所以没有什么能够阻止你把 DSL 代码和常规的命令式代码混合使用。DSL 和宿主语言之间的这种并不明显的边界可能带来好处也可能带来问题，这取决于你想做什么。

它的好处是在没有可用的内部 DSL 构造时可以方便地使用宿主语言。例如，当你在 DSL 中想使用算术表达式时，不需要构建额外的 DSL 构造而直接使用宿主语言的特性即可；当你想在 DSL 上构建抽象时，也只需要使用宿主语言的抽象功能。

这种好处在把命令式代码块放入 DSL 时特别明显。一个很好的例子就是用 DSL 来描述如何构建软件。使用依赖网络（第 49 章）的构建语言（如 Make 和 Ant）已经很长时间了。Make 和 Ant 都属于外部 DSL，它们都很擅长表达软件构建所需的依赖网络。然而，很多构建任务的内容需要更加复杂的逻辑，而且依赖本身经常需要在其上进行抽象。Ant 经常碰到这样的问题，面临各种不符合它特性或语法的命令式构造。

而构建软件的内部 DSL，如基于 Ruby 的 Rake 语言，能够方便地把依赖网络和嵌套闭包（第 38 章）中的命令式代码混合来描述更复杂的构建行为。它也能够用 Ruby 的对象和方法去构建依赖网络之上的抽象，来描述构建脚本的高级别结构。

外部 DSL 无法和宿主语言代码混合使用，但你可以把宿主语言代码作为外来代码（第 27 章）嵌入 DSL 脚本。同样，你也可以把 DSL 作为字符串嵌入通用型语言代码，就如我们嵌入正则表达式和 SQL 一样。但这种混合看起来很奇怪。工具通常不知道你在做什么，所以它们的工作方式看起来很笨拙。在两种环境中进行符号集成是很难的，所以如果要在 DSL 代码中引用宿主语言的变量是非常困难的。如果你想混合使用宿主语言和 DSL 代码，内部 DSL 基本上是最好的选择。

6.6　表达性强边界

混合宿主语言代码和 DSL 代码并不总会带来好处，这种好处只有在用户习惯使用宿主语言的时候才会有。所以当领域专家要阅读 DSL 时并不适合混合它们，将宿主语言代码块放入 DSL 会引起 DSL 所应避免的沟通屏障。

在需要由另一组程序员编写 DSL 时，混合通常也不是一个好主意。事实上，DSL 的好处是它有一个可操作的范围限制。这种限制使它更易理解，而且避免引起 bug。如果 DSL 有很强的边界，它就可以限定需要测试的内容的种类。所以，DSL 中的定价规则不应该给你的集成服务器发送任意的消息，或者改变订单处理工作流。而使用通用型语言，任何事情都是可能的，所以你需要不断通过约定和审查来关注 DSL 的边界。外部 DSL 的这种限制使你不需要关注太多。大多数时候这种限制可以防止你犯错，同样也可以给你带来更好的安全性。

6.7　运行时配置

XML DSL 变得流行的主要原因之一是它可以让你在编译时或者运行时改变代码的执行上下文。当你使用一种编译语言而又想不通过重新编译即可改变系统行为的时候，XML DSL 非常重要。外部 DSL 可以让你达到这个目的，因为你可以在运行时进行语法分析，把它翻译成语义模型（第 11 章），然后执行模型。（当然在使用解释型语言编程时，所有东西在运行时都是可改变的，所以这不成问题。）

　　一种方法是把解释型语言和编译型语言一起使用，这样你就可以用解释型语言编写内部 DSL。但这种时候，内部 DSL 的常见优点就被弱化了。除非大部分团队成员熟悉动态语言，否则无法得到内部 DSL 的"语言熟悉度"的好处。而且，动态语言的工具化一般会很弱。你不可能简单地混合动态和静态语言的构造，但完全使用动态语言也意味着你不能在 DSL 上设置很强的边界。我并不是告诉你不应该这样使用内部 DSL——很多情况下可能不会出现这些潜在的问题。但是这些问题告诉我们大多数情况下，外部 DSL 和静态宿主语言搭配使用更加合适。

6.8　趋于通用

　　当代最成功的一种 DSL 就是 Ant。Ant 用于描述 Java 工程的构建，它是一种使用 XML 语法的外部 DSL。在一次关于 DSL 的讨论中，James Duncan Davidson（Ant 的作者）问道："我们应该如何防止 Ant 中所发生的灾难？"

　　Ant 既是一个巨大的成功又是一个噩梦。它在当时填补了 Java 开发中的一个巨大的空白，但从此以后它的成功也迫使很多团队面对它的缺陷。Ant 有很多缺陷，它的 XML 语法（在当时这被认为是明智之选）就是最明显的一个。但 Ant 的真正问题在于，随着时间的推移，它在功能上逐渐扩张，从而失去了 DSL 所应有的有限表达性这一特点。

　　这就是通往糟糕之路。有 Unix 背景的人经常使用 Sendmail 的例子。随着 DSL 上的需求积累得越来越多，导致更多的特性和更高的复杂度，慢慢地一个良好的 DSL 所应有的清晰性逐渐消失了。

　　这种风险经常存在于外部 DSL，跟很多设计上的问题一样，这个问题也没有简单的答案。它需要持续的关注和决心不让情况朝着更复杂的方向变化。有几种替代方法，一种是引入其他语言来解决复杂情况，而不是通过一种语言的扩展。你可以将另一种语言置于基本 DSL 之上，来生成基本 DSL，这种技术对于在缺乏抽象构建能力的语言中构建抽象特别有用。在这种复杂度上升的时候，内部 DSL 往往是解决此类问题的选择，因为它允许你混合使用 DSL 和通用型元素。

　　内部 DSL 因为可以和通用型宿主语言融合，所以没有这个问题。但可能会出现一个类似的问题，就是当 DSL 和宿主语言错综复杂地交织在一起的时候，可能就失去了 DSL 的味道。

6.9　组合多种 DSL

　　我已经不厌其烦地强调，DSL 应该是能力受限的。那么，要让它工作就必须把它和一种或多种通用型语言集成，同时，你可以把多种 DSL 组合在一起。

　　对于内部 DSL，DSL 组合就跟与宿主语言混合一样简单，你还可以使用宿主语言的抽象特性帮助你完成组合工作。

　　组合对外部 DSL 而言更加困难。要通过**语法制导翻译**（第 18 章）进行组合，你需要为不同的语言编写独立的文法，而且能够把这些文法组合在一起。但大多数**语法分析器生成器**（第 23 章）没有这种能力，这也是对支持通用型语言关注过多的另一个后果。所以你需要用**外来代码**（第 27 章）来实现 DSL 的组合，这看起来会更加笨拙。（有一些工具正在试图支持 DSL 的组合，但它们尚未成熟。）

6.10　小结

　　我的结论就是没有结论。我没有看到内部 DSL 或者外部 DSL 各自明显和普遍的优点，我甚至不能确定是否有一些通用的指导原则来帮助我们进行选择。但我仍希望本章的信息可以帮助你在特定情况下做出最适合的选择。

　　最后我还想强调的一点是，在任何一个方向的尝试都不会如你想象的那样代价高昂。如果你使用**语义模型**（第 11 章），就可以相对简单地在其上叠放多个 DSL，内部 DSL 或者外部 DSL 均可。这就给了你很多实验的机会以帮助你找到最适合的方法。

　　Glenn Vanderburg 给出的方法是：在你仍然试图理解你想用 DSL 来做什么的时候，先使用内部 DSL。这样你就可以很容易地得到来自宿主语言的功能，以及一个更加无缝融合的环境来进行演进。一旦事情就绪之后，如果你需要外部 DSL，构建一个就可以了。同样，语义模型会使这个过程更加简单。

　　还有一种选择我没有谈到过，就是使用语言工作台，我将会在第 9 章中讨论它。

第 7 章

备选计算模型

谈到 DSL 的好处,人们经常会说"DSL 支持声明式编程"。我承认,"声明式"这个词似乎经常被滥用。不过一般而言,"声明式"就意味着"与'命令式'不同的某种编程方式"。

主流的编程语言大多遵循命令式计算模型。命令式计算模型把整个计算过程定义为一系列的步骤:先做这个,再做那个,如果(灯变红)就做另一件事。条件和循环会改变步骤的执行顺序,多个步骤可以组合成为函数。面向对象语言将数据和处理绑定在了一起,并提供了多态——但基础仍然是命令式模型。

命令式模型受到了很多批评(主要来自学院派人士),但它仍然是基础的计算模型——从计算的早期开始就一直如此。我认为这主要是因为它容易理解:人脑很容易跟踪一系列的动作。

不过说到"容易理解",其实有两种不同的"理解":一种是理解程序的意图——想要达到什么目的;另一种是理解程序的实现——如何实现这个目的。命令式编程模型很适合后者:通过阅读代码你就能看到它在做什么。要得到更多的细节,你还可以借助调试器来单步跟踪——源码中语句的顺序与调试器中状态的变化完全对应。

但在理解程序意图方面,命令式模型就未必适合了。如果程序的意图就是一系列动作,那很好;但很多时候,"一系列动作"并非表达意图的最佳方式。这时,就值得考虑一下不同的计算模型了。

我们来看一个简单的例子。你会经常遇到这种情况:需要陈述各种条件组合造成的结果。例如,评估车险的计分规则可能如图 7-1 所示。

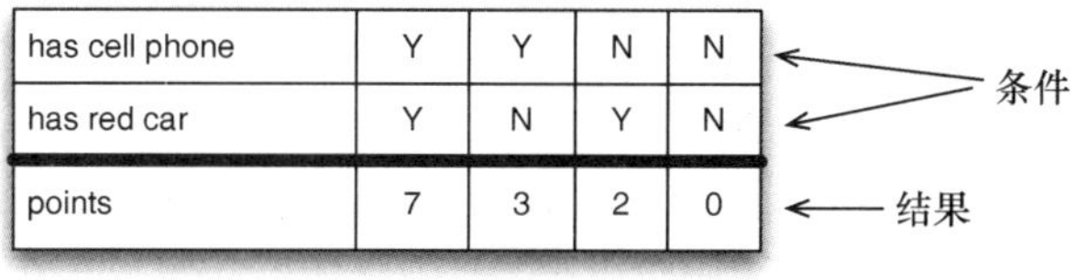

has cell phone	Y	Y	N	N	← 条件
has red car	Y	N	Y	N	
points	7	3	2	0	← 结果

图 7-1 一份简单的车险决策表

在思考这类问题时,人们常会用到这样的表格。如果把这个表格转换成命令式的 C# 代码,大概就会这样:

```
public static int CalcPoints(Application a) {
  if ( a.HasCellPhone &&  a.HasRedCar) return 7;
  if ( a.HasCellPhone && !a.HasRedCar) return 3;
  if (!a.HasCellPhone &&  a.HasRedCar) return 2;
  if (!a.HasCellPhone && !a.HasRedCar) return 0;
  throw new ArgumentException("unreachable");
}
```

我编写布尔风格的条件相对更紧凑些，类似这样：

```
public static int CalcPoints2(Application a) {
  if (a.HasCellPhone)
    return (a.HasRedCar) ? 7 : 3;
  else return (a.HasRedCar) ? 2 : 0;
}
```

但在这个例子中，我倾向于第一种（比较长的）编写风格，因为代码与领域专家的意图更好地对应：她在思考这个问题时采用表格形式，用第一种风格编写出来的代码布局也类似于表格。

尽管表格与（第一种风格的）代码有些相似，但毕竟不完全一样。命令式模型迫使不同的 if 语句按特定的顺序运行，但这并不是决策表的本意。换句话说，我在表示这份表格时添加了不相关的实现产物。对决策表来说，这不是什么大事，但对于别的备选计算模型就可能是。

命令式表示可能有一个更严重的缺陷：它去除了一些有用的可能性。决策表的一个好处是，你可以很容易地检查是否遗漏或者意外地重复某些排列方式，而在命令式代码中做同样的检查则不那么容易。

命令式代码的另一种实现方式是创建一个决策表抽象，然后用本例中的数据来配置它。如果让我来实现的话，我会用下列代码来表示这份表格：

```
var table = new DecisionTable<Application, int>();
table.AddCondition((application) => application.HasCellPhone);
table.AddCondition((application) => application.HasRedCar);
table.AddColumn( true,  true, 7);
table.AddColumn( true, false, 3);
table.AddColumn(false,  true, 2);
table.AddColumn(false, false, 0);
```

现在这个决策表的表示形式更忠实于原始决策表。我们不在命令式代码中指定条件求值的顺序，这部分逻辑留在了决策表对象内部（这种顺序无关性可能有利于并发）。更重要的是，决策表对象本身可以检查一组条件形成的正确性，然后告诉我是否在配置中遗漏了某些条件。还有一个额外的收获：执行上下文从编译时转移到了运行时，因此可以修改其中的规则而不必重新编译。

我把这种表示风格称为适应性模型（第 47 章）。"适应性对象模型"这个词已经存在了一段历史了，它用于描述"面向对象模型实现其他计算模型"，详情可见 Joe Yoder 和 Ralph Johnson 的著作 *The Adaptive Object-Model Architectural Style*。不过，并非只有对象才能做这样的事，"存储数据结构以捕获行为规则"在数据库中也很常见。大多数良好的面向对象模型会有同时包含行为和数据的对象，但定义适应性模型的特征在于：行为在很大程度上是由模型的实例以及实例的组合方式所定义的。如果不看对象实例的配置而只看代码，则无法预期会有怎样的行为。

要使用适应性模型并不需要 DSL。实际上，适应性模型和 DSL 是两个互不相关的概念，可以独立使用。尽管如此，我猜你还是能看出：适应性模型和 DSL 经常一起出现，就像红酒与奶酪。在本书中，我反复强调"使 DSL 语法分析成为构建语义模型"。很多时候这种语义模型就是一个适应性模型，它能给软件系统的某个部分提供备选计算模型。

使用适应性模型的一大弊端在于：行为的定义是隐性的，你无法透过代码看出其背后发生了什么。也就是说，尽管意图通常更容易理解，实现却不好理解。一旦有什么地方出错而需要调试，这就会变成一个大问题。通常在适应性模型中找出错误会难得多。我经常听到人们抱怨：他们找不到程序中的行为，无法理解程序是如何工作的。于是，适应性模型就背上了"难以维护"的恶名。我经常听见人们说起他们花了几个月时间才终于弄清代码背后的逻辑。当他们最终弄清之后，适应性模型能大大提升他们的工作效率，但在那之前（很多人干脆从来就没弄清过），摸索的过程简直就是噩梦。

适应性模型实现的复杂性确实是一个问题，它让很多人望而却步，从而无法享受它带来的诸多好处，而一旦熟悉了这种模型的工作方式，就能得到这些好处。在我看来，DSL 的一大好处就是让人更容易理解适应性模型，从而更容易编写基于此模型的程序。有了 DSL，你至少能看到程序代码。也许你仍然不能完全理解适应性模型究竟如何工作，但只要能更清楚地看到具体配置，也算是向前进了一大步。

备选计算模型也是使用 DSL 的一个助推因素，所以我才会在本书中用这么大篇幅来介绍这些计算模型。如果你要解决的问题可以用命令式代码轻松表达出来，那么常规的编程语言就足够了。当你用到备选计算模型时，DSL 的好处（提高生产率、改善与领域专家的沟通效果）才真正显现出来。领域专家经常会以非命令式的方式（如决策表）来思考问题。适应性模型让你能够更直接地用程序捕获他们的思考方式，DSL 则让你更清晰地表示这段程序以便与他们沟通。

可能的计算模型有很多，我并不打算在本书中给出对于它们完整的汇总，而是只挑选其中几种常见的计算模型。你可能会在常见的情况下用到这些模型，同时我还希望借此激发你的想象力，让你找到适合自己领域的特定的计算模型。

7.1 决策表

既然前面已经提到过决策表（第 48 章），我们就从决策表开始吧：它也是一种简单的备选计算模型，并且很适合用 DSL 表达。图 7-2 展示了一个相对简单的例子。

Premium Customer	X	X	Y	Y	N	N
Priority Order	Y	N	Y	N	Y	N
International Order	Y	Y	N	N	N	N
Fee	150	100	70	50	80	60
Alert Rep	Y	Y	Y	N	N	N

条件 → Premium Customer / Priority Order / International Order

结果 → Fee / Alert Rep

图 7-2　订单处理的决策表

图 7-2 中的这张表格由两部分组成：前 3 行是各种条件组合，后两行是条件引发的结果。其中的语义一目了然：你接到订单，到条件组合中比对；你会找到匹配的一列条件组合，然后该列下面部分的结果就会被触发。例如，如果一位优质客户（Premium Customer）下了一个国内加急订单（Priority Order），费用（Fee）就应该是 70 美元，并且要提醒一名代理（Alert Rep）及时处理订单。

在这个例子中，所有的条件都是布尔条件，而更复杂的决策表可能包含其他形式（如数值范围）的条件。

决策表特别容易被非程序员所理解，因此很适于用来与领域专家沟通。由于决策表就是一张表格，因此也很适合在电子数据表中编辑，所以如果用 DSL 来展现的话，你的程序就有了"让领域专家直接编辑"的可能性。

7.2 产生式规则系统

产生式规则系统（第 50 章）是一种用于描述建模逻辑的常用概念：把逻辑分解成多条规则，每条规则出条件和作为结果的动作两部分组成。每条规则都可以用类似于命令式代码中的 if-then 语句的风格来表述。

```
if
  passenger.frequentFlier
then
  passenger.priorityHandling = true;

if
  mileage > 25000
then
  passenger.frequentFlier = true;
```

有了产生式规则系统，我们就可以用"条件+动作"的形式来定义规则，至于规则的执行和规则之间的关联则交给背后的系统。在上面的例子中，两条规则之间就存在关联：如果第二条规则为真（因此被"履行"，用行话来说），它就有可能影响第一条规则是否应该履行。

这种性质（某些规则的履行会改变另一些规则是否被履行）称为**级联**（chaining），是**产生式规则系统**的一个重要性质。有了级联，你可以单独编写规则，而不必考虑它们会在更大范围内造成什么结果，然后让系统找到这些结果。

但好事也可能变成风险。产生式规则系统依赖大量隐式的逻辑，它们经常会做出令你意想不到的事来。这种意外的行为有时是好事，但是有时则可能得到错误的结果甚至造成更严重的损害。这类错误的产生总是由于编写规则的人本身没有仔细考虑规则之间的相互影响。

在备选计算模型中，隐式行为带来的问题相当常见。我们相对地习惯于命令式模型，但在编写命令式程序时还是会犯很多错误。面对备选计算模型时，我们就更容易出错，因为通过阅读代码往往难以轻松推断出将会发生什么。把一堆规则嵌入一个规则库中往往会产生出乎意料的结果——有可能是好事，也可能不是。所以人们得出结论：在大多数情况下实现备选计算模型时，很有必要实现某种跟踪机制，以便看到模型执行过程中到底发生了什么。对产生式规则系统而言，这就意味着需要记录哪些规则被履行，并提供便利的方式来访问这些记录，这样困惑的用户或者程序员就能看到这些规则的级联最终造成了意料之外的结果。

产生式规则系统已经存在很长时间了，有很多产品实现并提供完备的工具来捕获和执行规则。尽管如此，在自己的代码中编写一个小型的产生式规则系统还是有意义的：因为只用于某个小规模的特定的领域，你可以从相对简单的实现开始——自己动手实现备选计算模型的情况大多如此。

级联无疑是产生式规则系统的重要组成部分，但它其实并非不可或缺。编写不支持级联的产生式规则系统有时也很有用，例如用来实现一套验证规则。在进行验证时，你通常只是捕获一组验证条件，而验证不通过时的动作总是"报错"。尽管不需要级联，但是把整个验证行为看作一套各自独立的规则仍然有助于理清思路。

有人认为决策表（第 48 章）实际是产生式规则系统的一种展现形式：决策表中的每一列对应于一条规则。尽管这没错，但我认为没有抓住要点。使用产生式规则系统时，每次只关注一条规则的行为；而使用决策表时，同时关注整张表。这种视角的变化使这两个模型成了不同的思维工具，这才是它们之间的根本差异所在。

7.3 状态机

在本书一开头，我介绍了另一个流行的备选计算模型——状态机（第 51 章）。状态机把对象的行为划分成一组**状态**（state），并用**事件**（event）来触发行为。事件会使对象从当前状态**迁移**（transition）到另一个状态。

从图 7-3 可以看出：处于"collecting"（填写）和"paid"（已支付）状态的订单都可以取消，取消操作会使订单状态迁移为"cancelled"（已取消）。

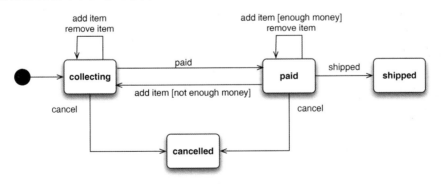

图 7-3　订单的 UML 状态机图

状态机的核心元素包括状态、事件和状态迁移，但在这个基本结构之上还有很多变化，这些变化特别会在如何初始化动作时发生。状态机很常用，因为很多系统可以被看作"通过遍历一系列状态来响应各种事件"。

7.4 依赖网络

软件开发者在日常工作中最熟悉的备选模型当属依赖网络（第 49 章），因为它是各种构建工具（Make、Ant 以及它们的衍生品）背后的基础模型。在这个模型中，我们关注需要执行的任务，并捕获每个任务的先决条件。例如，如图 7-4 所示，"运行测试"任务可能有两个任务作为先决条件，分别是"编译"和"加载数据"，而这两个任务又都依赖作为先决条件的"生成代码"任务。指定了这些依赖关系之后，当"运行测试"任务被调用时，系统会找到需

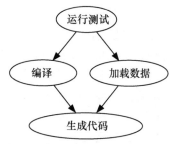

图 7-4 软件构建中可能的依赖网络

要先完成的其他任务以及执行的顺序。而且，尽管"生成代码"任务在清单中出现了两次（因为有两个任务将其列为先决条件），系统还是会知道这个任务只需要执行一次。

如果有一系列耗费大量计算资源并且彼此依赖的任务需要管理，那么依赖网络就是很好的选择。

7.5 选择模型

关于"何时选择何种计算模型"，很难给出具体的指导原则。所有的选择最终都归结于一种感觉：这种计算模型是否符合你思考这个问题的方式。而判断"是否符合"的最好办法就是"试一下"。先在纸上尝试用简单的文字和图表来描述行为，如果某个模型似乎能通过这个简单的桌面检查（desk check），就值得把它构建出来（可能为一个原型），看看是否真的管用。在我看来，关键在于得到一个良好的语义模型（第 11 章），但如果能同时得到一个简单的 DSL，那么必定会有所帮助。但我还是倾向于首先投入较多精力来优化模型，再追求易读的 DSL。只要有了合理的语义模型，尝试用各种不同的 DSL 来驱动它就会相对容易。

备选计算模型还远不止以上介绍的这些。如果还有更多时间的话，我很愿意在这个话题上展开更多的讨论。要是有人写一本关于计算模型的专著，我相信那一定会是一本好书。

第 *8* 章

代码生成

目前为止，关于实现 DSL 的讨论，我已经谈过如何对 DSL 文本进行语法分析，通常以组装语义模型（第 11 章）为目标，在该模型中加入有趣的行为。在许多情况下，一旦组装出语义模型，工作就结束了——我们只是要运行语义模型以获得预期的行为。

直接运行语义模型通常是最容易做的事，然而还有很多情况下，我们不能这么做。或许，我们要在差异极大的环境中执行 DSL 专用的逻辑，在其中的某个环境里，构建语义模型或语法分析器极为困难，甚至是不可能的。在这种情况下，就该轮到代码生成大显身手了。使用代码生成，我们就可以在几乎任何环境中运行 DSL 中指定的行为。

使用代码生成的时候需要考虑两种不同的环境：DSL 处理器和目标环境。DSL 处理器包含语法分析器、语义模型和代码生成器，这个环境需要便于开发这些组件。目标环境则是生成的代码及其环境。使用代码生成的意义在于，将目标环境与 DSL 处理器分离开来，因为 DSL 处理器可能是在目标环境中无法构建的。

目标环境千变万化。有可能是没有资源运行 DSL 处理器的嵌入式系统，也有可能是目标环境是一种不适合进行 DSL 处理的语言的环境。更具讽刺意味的是，目标环境本身也许是一个 DSL。由于 DSL 的有限表达力，它们通常无法提供更为复杂系统所需的抽象层次。即便可以通过扩展 DSL 来给予我们所需的抽象层次，也要承受把 DSL 变复杂的风险，也许，会复杂到使 DSL 成为一种通用型语言。所以，一个更好的选择是，在另外的环境里实现所需的抽象，并生成目标 DSL 的代码。举个例子，用 DSL 指定查询条件，然后生成 SQL。这样做可能是为了让数据库查询更高效，但 SQL 不是表示我们查询的最佳方式。

目标环境的局限性并不是代码生成的唯一原因。另一个可能的原因是对目标环境缺乏了解。用更熟悉的语言指定行为，然后生成不那么熟悉的代码，这么做会更容易一些。还有一个代码生成的原因是，可以更好地进行强制的静态检查。用 DSL 可以描述一些系统的接口，但是系统的其余部分希望用 C# 与这个接口通信。在这种情况下，可以生成 C# API，这样就可以获得编译时检查和 IDE 的支持。当接口定义改变时，可以重新生成 C#，编译器会帮助我们识别出一些损坏的代码。

8.1   选择生成什么

生成代码时要决定的第一件事是，要生成何种代码。按照我观察问题的方式，有两种代码生成的风格可用：基于模型的代码生成（第 55 章）和无视模型的代码生成（第 56 章）。这二者的差别在于，在目标环境里语义模型（第 11 章）是否有显式的表示。

作为一个例子，我们来考虑一下状态机（第51 章）。实现状态机有两种经典的方法，分别是嵌套条件和状态表。以一个非常简单的状态模型为例，如图 8-1 所示，嵌套条件的方法可能是这样：

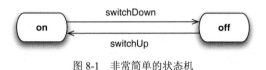

图 8-1   非常简单的状态机

```
public void handle(Event event) {
  switch (currentState) {
    case ON:  switch (event) {
                case DOWN:
                  currentState = OFF;
              }
    case OFF: switch (event) {
                case UP : currentState = ON;
              }
  }
}
```

这里有两个嵌套的条件测试。外部条件查看状态机的当前状态，内部条件根据接收到的事件进行切换。这就是无视模型的代码生成，因为状态机的逻辑嵌入在语言的控制流中——没有对语义模型的显式表示。

使用基于模型的代码生成，就要在生成的代码中放入一些语义模型的表示。虽然这不见得要与 DSL 处理器中使用的完全吻合，但它会是某种形式的数据表示。在这个例子里，状态机稍微复杂了点。

```
class ModelMachine...
  private State currentState;
  private Map<State, Map<Event, State>> states = new HashMap<State, Map<Event, State>>();

  public ModelMachine(State currentState) {
    this.currentState = currentState;
  }
  void defineTransition(State source, Event trigger, State target) {
    if (! states.containsKey(source)) states.put(source, new HashMap<Event, State>());
    states.get(source).put(trigger, target);
  }
  public void handle(Event event) {
    Map<Event, State> currentTransitions = states.get(currentState);
    if (null == currentTransitions) return;
    State target = currentTransitions.get(event);
    if (null != target) currentState = target;
  }
```

这里把状态迁移存储在一个嵌套 Map 里。外层 Map 是状态的一个 Map，其键是状态名，值是另一个 Map。内层 Map 的键是事件名，值是目标状态。这是一个粗略的状态模型——没有显式的状态、状态迁移和事件类——但是数据结构捕获了状态机的行为。数据驱动的结果就是，代码完全是通用的，需要使用专用代码进行配置才能正常工作。

```
modelMachine = new ModelMachine(OFF);
modelMachine.defineTransition(OFF, UP, ON);
modelMachine.defineTransition(ON, DOWN, OFF);
```

通过把语义模型的表示放入生成的代码，通用框架代码和专用配置代码分离开来，这同第 1 章中谈及的分离是一样的。基于模型的代码生成保留了通用/专用的区分，无视模型的代码生成则把语义模型的表示放入控制流，将二者叠放在一起。

这样一来，如果使用基于模型的代码生成，唯一需要生成的代码就是专用的配置代码。完全在目标环境里构建基本的状态机并进行测试。如果使用无视模型的代码生成，就不得不生成更多的代码。固然可以将一些代码提取出来放入库函数里面而省去生成的过程，但大多数关键行为依然要生成。

由此看来，使用基于模型的代码生成来生成代码会容易很多。生成的代码通常会非常简单。确实，我们需要构建通用代码部分，但是，鉴于这个部分可以独立于代码生成系统进行运行和测试，通常实现起来还是很容易的。

因此，我倾向于尽可能使用基于模型的代码生成。然而，这有时不太可能。通常，使用代码生成完全是因为目标语言无法轻松地把模型表示为数据。即便可以，也有许多处理上的限制。嵌入式系统常常使用无视模型的代码生成，因为如果使用基于模型的代码生成所生成的代码，其处理负担可能会异常巨大。

如果可以使用基于模型的代码生成，还有一个需要记住的因素。如果要改变系统的特定行为，唯一需要替换的是与配置代码对应的生成物（artifact）。想象一下，我们要生成 C 代码。我们可以把配置代码放到不同的库里，而非通用代码中。这样一来，我们就可以修改特定行为而无须替换整个系统（虽然实现它需要一些运行时绑定的机制）。

这里还可以再进一步，生成一种完全在运行时读取的表示。例如，生成一个简单的文本表：

```
off switchUp   on
on  switchDown off
```

这样就可以在运行时修改系统的特定行为，其成本就是通用系统在启动在代码中加载数据文件。

此时，你可能会想，我只是生成了另一个 DSL，可以在目标环境中进行语法分析而已。你可能会这么想，但我不会。在我看来，上面的小文本表根本算不上 DSL，因为它并不是为了人们操作便利而设计的。文本格式固然让它变得更可读，但这一特性的主要目的还是使调试变得更加方便。它的主要设计目标就是让语法分析简单，这样就可以很快地把它加载到目标系统里。设计这种格式时，可读性的重要程度远不及语法分析的简单性。而对 DSL 而言，则应将可读性放在较高的优先级。

8.2 如何生成

　　一旦考虑好生成何种代码，接下来就要考虑生成过程了。如果生成文本性输出，有两种主要的风格可以采用：基于转换器的代码生成（第 52 章）和基于模板的代码生成（第 53 章）。如果用基于转换器的代码生成，我们会编写代码来读取语义模型（第 11 章），然后在目标源码中生成语句。就这个状态机的例子而言，我们获得事件，进而生成输出代码来声明每个事件，对命令和状态也是如此。因为状态中包含了状态迁移，所以为每个状态生成代码时，还要找到状态对应的状态迁移，并为这些状态迁移生成代码。

　　如果用基于模板的代码生成，我们会先编写一个作为样本的输出文件。在这个输出文件里，在那些会因特定的状态机而有所不同的地方放置专门的模板标记。这些模板标记使我们可以调用语义模型以生成相应的代码。如果用过类似于 ASP、JSP 这样的模板化 Web 页面工具，你应该熟悉这种机制。处理模板时，它会用生成的代码替换模板中的引用。

　　基于模板的代码生成是由输出的结构来驱动的。而基于转换器的代码生成则可由输入、输出或这二者共同驱动。

　　两种代码生成方式都运行良好，要在二者中选择，最好每个都试一下，然后选择最适合自己的那个。在我看来，基于模板的代码生成适用于输出里有大量静态代码而只有少量动态部分的情况——特别是，我们可以看看模板文件，这样就可以对生成了什么有所了解。由此看来，如果用到无视模型的代码生成（第 56 章），很可能会用基于模板的代码生成。否则（实际上，大多数情况下）我喜欢基于转换器的代码生成。

　　我把二者对立起来讨论，但实际上，它们并非不能混用。使用基于转换器的代码生成时，我们可能会用字符串格式语句编写一小块代码——这就是基于模板的代码生成的一个小型的使用场景。尽管如此，我认为，对于整体策略有个清晰的认识是有益的，在二者间切换时也要保持清醒的认识。如同涉及编程的绝大多数事情一样，对于所做的事情停止思考之时，就是开始制造难以维护的混乱之始。

　　使用基于模板的代码生成的最大的一个问题在于，生成可变的输出需要用到宿主代码，但如果弄不好，它可能会压制静态模板文件。如果用 Java 生成 C，我们会希望在模板里多用 C 而尽量少用 Java。我觉得，在这里，嵌入助手（第 54 章）是一个不可或缺的模式。弄清楚如何生成模板中的可变元素是很复杂的，这种复杂应该隐藏在一个类里，在模板里通过简单的方法调用来使用这个类。通过这种方式，C 代码里面的 Java 代码就可以降到最低限度。

　　这么做不仅让模板保持整洁，还可以让生成代码变得容易。嵌入助手是一个常规的类，可以使用能够感知 Java 的工具进行编辑。如果有成熟的 IDE，这会带来巨大的差异。如果在 C 文件中嵌入大量的 Java，IDE 通常帮不上忙，甚至连语法高亮显示都没有。模板中的每个调用都应该是单一的方法调用，其他的东西都应该在嵌入助手内部。

　　这么做很重要，一个例子就是语法制导翻译（第 18 章）的文法文件。有时，我会遇到充满长长的行为代码的文法文件，其本质上就是外来代码（第 27 章）块。这些代码块交织在生成的语法分析器里，但是它们的规模会淹没文法的结构。这时嵌入助手就有了用武之地，它可以让行为代码保持小巧。

8.3 混合生成的代码和手写代码

有时，在目标环境中需要运行的所有代码都可以生成，但更常见的情况是，我们需要混合生成的代码和手写代码。

有些需要遵循的通用规则如下：

● 不要修改生成的代码；

● 将生成的代码和手写代码严格分开。

使用自 DSL 生成的代码，其重点在于 DSL 应该成为行为的权威来源。任何生成的代码都只是生成物。如果我们深入进去，手工编辑代码生成的结果，重新生成时，那些修改就会消失。这样做会带来生成的额外工作，并不只是这种做法本身不好，它还会给 DSL 进行必要的修改和重新生成带来麻烦，使用 DSL 的意义会丧失殆尽。（有时，在编写手写代码之初，生成一个脚手架工具是有用的，不过，这不是 DSL 的常见情形。）

综上所述，任何生成的代码都不应该手工修改。（一个例外的情况是为了调试而插入一些跟踪语句。）因为我们希望不触及它们，所以分开手写代码和生成的代码是很有意义的。我的偏好是将文件清晰地分为全生成的或者全手写的。我不会把生成的代码提交到源码库中，因为在构建期间，这些代码可以重新生成。我倾向于把生成的代码保存在源码树的一个单独分支里。

在一个过程式系统中，代码组织在由函数组成的文件里，分离生成的代码和手写代码相当容易。然而，对面向对象的代码来说，类混合了数据结构和行为，这种分离就要复杂一些。很多时候，我们会有一个逻辑类，类的某些部分要生成，另一些部分要手写。

通常，处理这种情况的最简单的方法是，把这个类分成多个文件。然后根据需要，分成生成的代码和手写代码。然而，并不是所有的编程环境都允许我们这么做。Java 就不行，C#可以用"部分类"（partial class）实现。如果用的是 Java，就没法简单地把类拆分到多个文件里了。

曾经有一种常见的选择是，在类中标记区域为生成的或者手写的。我总是觉得这是一种笨拙的机制，它会误导人们编辑生成的代码。同时也意味着，生成的代码无可避免地会得到提交——这会弄乱版本控制的历史。

这个问题有一个好的解决方案，就是代沟（第 57 章），使用继承将生成的代码和手写代码分开。以基本的形式来看，生成一个超类，手写一个子类，在子类里面可以增强或者覆写生成的行为。这样就把生成的代码和手写代码用文件分开了，同时在一个类里结合了两种风格，具有极大的灵活性。这种做法的劣势在于，需要放松访问控制的规则。原本一个 private 方法可能就要放宽成 protected，这样才能在子类中覆写和调用。在我看来，这种放宽能够将生成的代码和手写代码分开，而付出的代价极小。

分开生成的代码和手写代码，其难度看上去分别与生成的代码和手写代码之间调用的模式相对应。简单的控制流，如无视模型的代码生成（第 56 章），其生成的代码单向地调用手写代码，分开两者就简单许多。所以，如果在分开手写的代码和生成代码上遇到了困难，也许值得考虑一下能够简化控制流的方式。

8.4　生成可读的代码

当我们谈及代码生成时，时不时就会遇到一个纠结的问题，生成的代码到底应该在多大程度上可读，结构应该在多大程度上是良好的。在这个问题上，有两个思维学派，其中一派认为生成的代码应该如手写代码一般清晰且可读，另一派则认为既然生成的代码不能手工修改，那么考虑这些是多余的。

在这场争论中，我倾向于认为生成的代码应该结构良好并且清晰的那一派。虽然不能手工修改生成的代码，但总有一些场合，人们需要理解这些代码是如何工作的。代码总会出错而需要调试，调试清晰且结构良好的代码会容易得多。

因此，我喜欢让生成的代码几乎与手写代码同样好——具有清晰的变量名、良好的结构，以及大多数我们通常遵循的惯例。

也有一些例外的情况。首当其冲的一种情况就是，如果得到一个正确的结构还需要额外花时间，那么我就不会为此费心了。我可不想花大量时间为生成的代码找到或创建一个最佳的结构。我不担心重复。我不想要明显的、易于避免的重复，但是，并不会要求它达到手写代码对于重复的要求的程度。毕竟，我不用为修改费心，而只需要关注可读性。如果代码存在一些重复但还算清晰，就留在那。因为可以确保生成的注释与生成的代码保持同步，所以我也乐于使用注释。这些注释能够反向引用语义模型（第 11 章）中的结构。为了满足性能要求，我也会在清晰的结构上做出妥协——对于手写代码也是如此。

8.5　语法分析前的代码生成

在本章的大部分内容里，我关注将代码生成作为 DSL 脚本的输出。但在另外一种场合下，代码生成也能发挥作用。在某些情况下，编写 DSL 脚本时需要集成一些外部信息。如果要编写的 DSL 用于在销售人员和销售区域之间建立关联，就需要与销售人员使用的企业数据库配合。我们希望确保在 DSL 脚本里使用的符号与企业数据库中使用的符号相匹配。要做到这一点，一种方法是使用代码生成来生成编写脚本时所需的信息。对这些信息的检查通常可以在组装语义模型（第 11 章）时进行，但这些信息在源码中有时也很有用，尤其是用于代码导航和静态类型检查。

这方面的一个例子是，用 Java/C#编写内部 DSL，我们希望将提及销售人员的符号都可以静态类型化。为了做到这一点，可以用代码生成的枚举值来列举这些销售人员，然后在脚本文件中导入这些枚举值[Kabanov et al.]。

8.6　延伸阅读

关于代码生成技术，最为全面的书是 *Code Generation in Action*[Herrington]。或许，你也会觉得 Marcus Voelter 在 *A Catalog of Patterns for Program Generation* 中描述的一套模式很有用。

第 *9* 章

语言工作台

之前我所介绍的技术都已经以某种形式存在了很长的时间。支持这些技术的工具，如用于外部 DSL 的**语法分析器生成器**（第 23 章），同样是非常成熟的。在本章里，我将会介绍一类比较新的工具，它们就是语言工作台。

从本质上说，语言工作台是一种工具，可以帮助你构建 DSL 并且以现代 IDE 的形式对 DSL 提供工具支持。这些工具不仅仅为创建 DSL 提供了一个 IDE，也可以为编辑这些 DSL 提供构建 IDE 的支持 IDE。于是当人们编写 DSL 脚本的时候，可以获得与程序员使用 IntelliJ IDE 后所获得的同等程度的支持。

当我编写本书时，语言工作台还是一个新生的领域。大多数工具还处于 β 测试阶段。哪怕是那些已经存在了一段时间的工具，我们也不足以根据我们的使用经验，给予这类工具太多的论断。然而我仍然相信语言工作台的巨大潜力——它可能会彻底改变我们的编程方式。虽然我不知道这些努力是否能让它获得成功，但我可以肯定这是一个值得关注的领域。

由于语言工作台并不成熟，因此介绍起来非常困难。我考虑了很长时间到底应该如何来写这一章。最后我发现无论如何取舍，由于这些工具太新而非常容易发生新变化，因此我都很难在这样的一本书里对它进行细致的描述。目前我所写下的很多东西，将会在你读到的时候过时。因此，我想抛开细节而关注那些不容易变化的核心原则（在变化如此快速的一个领域中，这些原则并不容易识别）。于是我决定在本书中仅用本章来讲述语言工作台，在后续的章节中不会给出任何细节上的参考。同时我还决定将只介绍几个我认为在这个领域中相对稳定的主题。纵然如此，你仍然需要谨慎地对待本章的内容，并随时关注网上相关的最新进展。

9.1 语言工作台的要素

虽然不同的语言工作台工具看起来区别很大，但它们仍然有很多共同的元素，特别是它们都允许定义 DSL 环境的以下 3 个方面。

- **语义模型**（第 11 章）**模式**定义语义模型的数据结构和静态语义，通常使用元模型

（meta-model）。

- **DSL 编辑环境**为人们编写 DSL 脚本定义丰富的编辑经验，可能是源编辑，也可能是投射编辑。
- **语义模型行为**通过构建语义模型定义 DSL 脚本将会做什么，通常使用代码生成技术。

语言工作台使用**语义模型**作为其系统的核心部分，并提供工具帮助你定义该模型。通常语言工作台并不使用编程语言来定义**语义模型**，而是在一种特殊的元模型建模结构中定义，这种元模型建模结构使语言工作台使用运行时工具在模型上工作。正是利用了元模型建模结构，语言工作台才可以提供更高级的工具。

因此，模式和行为是分离的。**语义模型模式**基本上是一种没有太多行为的数据模型。**语义模型**的行为来自数据结构之外——大部分是以代码生成的形式。有一些工具暴露**语义模型**，允许你根据这些模型来构建解释器，不过代码生成仍然是使**语义模型**运行的最流行的方式。

语言工作台有一个最有趣也最重要的特点——它们的编辑环境。这可能是语言工作台给软件开发带来的最重要的方面，它提供丰富得多的工具，用于组装和操作**语义模型**。这些工具有多种形式，可能是接近辅助文本编辑的工具，也可能是一种图形化的编辑器——允许你通过图表来编写 DSL 脚本，更有甚者，有一种使用我称作说明性编程（illustrative programming）的环境，可以提供接近于操作电子表格而不是编程语言的体验。

如果继续深入的话，我们将面临由工具的"新和易变"所带来的问题，但是在刚刚讨论过的概念中，我觉得有两个通用原则会对语言工作台产生持续的影响：模式定义（schema definition）和投射编辑（projectional editing）。

9.2　模式定义语言和元模型

在本书里，我一直在强调对于**语义模型**（第 11 章）的使用。所有我使用过的语言工作台都使用了**语义模型**，并提供了用于定义**语义模型**的工具。

然而，语言工作台所使用的模型和我之前所谈论的**语义模型**有显著的差异。作为一个面向对象的忠实拥护者，我很自然地倾向于构建一个既包含数据结构也包含行为的面向对象的**语义模型**。然而语言工作台并不是这样的。它们提供一种环境来定义模型的模式，也就是数据结构（通常会使用特定的 DSL——模式定义语言），而行为语义则会单独定义（通常是通过代码生成）。

这时"元"（meta）的概念开始产生，于是所有东西开始看起来像埃舍尔[①]的画一样。这是因为模式定义语言有一个语义模型，而这个语义模型本身就是一个模型。模式定义语言的**语义模型**是 DSL **语义模型**的元模型。但是模式定义语言自身需要一个模式，这个模式用一个语义模型定义，这个语义模型的元模型仍然是一个模式定义语言，这个模式定义语言的元模型是……

如果上面这一段让你感觉完全是胡言乱语，那么让我慢慢地来解释一下。

[①] 埃舍尔（M.C. Escher），荷兰艺术家，其画作以充满数学概念的表达而著称。——译者注

我将从密室示例开始，回想一下那个例子里，对于从"active"（活跃）状态到"waiting for draw"（等待拉抽屉）状态的转化。我可以用状态图来展示它，如图 9-1 所示。

这里我们看到两个状态和一个连接这两个状态的状态迁移。回想一下我在 1.2 节里使用的**语义模型**，我将这个模型解释为 State 类的两个实例以及 Transition 类的一个实例（使用我为**语义模型**定义的类和字段）。在这个例子里，**语义模型**的模式是 Java 类定义。我需要 4 个类：State、Event、String 和 Transition。下面是这个模式的简化形式：

```
class State {
...
}

class Event {
  ...
}

class Transition {
  State source, target;
  Event trigger;
  ...
}
```

Java 代码是表示这个模式的一种方式，另一种方式是使用类图（图 9-2）。

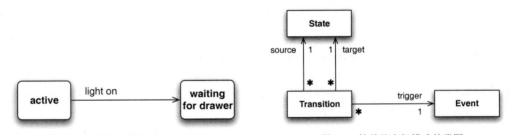

图 9-1　光照开关的简单状态机图　　　图 9-2　简单状态机模式的类图

模型的模式定义了你能在模型中使用的内容，我不能在状态图中为状态迁移加入保卫（guard），除非我在模式中加入了保卫。所有数据结构定义都是如此：类与实例；数据表与数据行；记录类型与记录。模式定义了哪些可以进入实例。

这个例子中的模式是 Java 类定义，但是我也可以使用 Java 对象而不是类来表达同样的模式，这么做将会使我能够在运行时操作这个模式。这里用一个粗略的例子来说明这种做法，我需要 3 个 Java 类来表示类、字段和对象。

```
class MClass...
  private String name;
  private Map<String, MField> fields;

class MField...
  private String name;
  private MClass target;

class MObject...
  private String name;
```

```
private MClass mclass;
private Map<String, MObject> fields;
```

我可以使用这一环境来为状态和状态迁移创建一个模式。

```
private MClass state, event, transition;
private void buildTwoStateSchema() {
  state = new MClass("State");
  event = new MClass("Event");

  transition = new MClass("Transition");
  transition.addField(new MField("source", state));
  transition.addField(new MField("target", state));
  transition.addField(new MField("trigger", event));
}
```

接下来，我就能使用这个模式来定义图 9-1 中的简单状态机模型了。

```
private MObject active, waitingForDrawer, transitionInstance, lightOn;
private void buildTwoStateModel() {
  active = new MObject(state, "active");
  waitingForDrawer = new MObject(state, "waiting for drawer");
  lightOn = new MObject(event, "light on");
  transitionInstance = new MObject(transition);
  transitionInstance.set("source", active);
  transitionInstance.set("trigger", lightOn);
  transitionInstance.set("target", waitingForDrawer);
}
```

把这个结构想成两个模型有利于我们思考这个问题，如图 9-3 所示。基础模型（base model）是格兰特女士的密室，包含 MObject。第二个模型由 MClass 和 MField 组成，通常指的是元模型。**元模型**指这样一类模型，它们的实例定义了其他模型的模式。

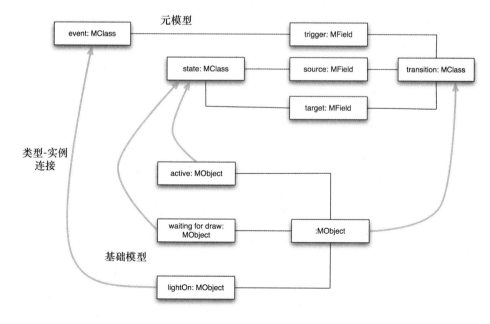

图 9-3 状态机的基础模型和元模型

由于元模型只是另一种语义模型，因此我可以为它定义一种 DSL 来组装，就像我为基础模型所做的那样，我称这种 DSL 为**模式定义语言**（schema definition language）。模式定义语言其实只是数据模型的一种形式，在这种模型中，可以定义数据实体以及实体之间的关系。模式定义语言和元模型有许多不同的形式。

当手工启动 DSL 时，通常不会创建元模型。大多数情况下，使用宿主语言提供可行的结构定义是更好的选择。因为你使用熟悉的宿主语言中模式和实例的构造，所以使用它来构建 DSL 会更容易。在我给出的那个粗略的元模型的例子中，如果你希望知道某个状态迁移的源状态，那么我不得不使用 aTransition.get("source") 而不是 aTransition.getSource() 的方式来查询它，这种方式让我更难找到哪些字段是可用的，迫使我实现自己的类型检查，以及其他我不得不做的事情。我没有恰当地使用我的语言，而是忽视了它。

反对在这种场景中使用元模型的最可能的理由可能是：我丧失了使语义模型成为恰当的面向对象的领域模型的能力。即使元模型完成了可接受定义语义模型结构的工作，为这个模型定义行为也是相当困难的。如果我希望使用恰当的对象来组合数据和行为，我最好使用语言本身的机制来进行模式定义。

但是对语言工作台需要做不同的取舍。为了提供更好的工具，语言工作台需要检查和操作我所定义的所有模型的模式。而通过元模型可以更容易地完成对模式的操作。此外，语言工作台所提供的工具克服了许多由元模型带来的缺点。因此，大多数语言工作台使用元模型。语言工作台使用模型驱动出编辑器的定义，并添加到模型中不存在的行为中。

当然，元模型也只是一种模型，像其他模型一样，它也可以有一个模式来定义它的结构。在我给出的那个例子中，元模型的模式是用来描述 MClass、MField 和 MObject 的模式。从逻辑上讲，我们也可以使用元模型来定义这个模式。这样我们就可以使用语言工作台自身提供的建模工具来定义整个模式定义系统，这使我们可以使用与编写 DSL 脚本使用的一样的工具来创建元模型。实际上，模式定义语言本身只是语言工作台中的另一种 DSL。

我将这种方式称为自举式工作台（bootstrapped workbench），许多语言工作台使用这种方式。通常，这样的工作台让建模工具足以应对我们的工作，因为这些工具能够定义其自身。

但是此时也许你会觉得自己进入了埃舍尔的画。如果模型是用元模型定义的，而元模型又只是用元模型定义的一种模型，那么哪里才是终点呢？在实际使用中，并不是所有东西都有模型，如模式定义工具，通常会有一些东西被硬编码进语言工作台以使其可以工作。从本质上说，模式定义模型有一个特殊的地方，就是它有能力定义其自身。所以虽然你可以想象你在攀爬一个由元模型组成的无限的楼梯，但是在某个时刻你将会到达一个可以自定义的模型。当然，这个想法看起来就觉得很奇怪，所以总体来说我觉得最简单的方式就是不要去过多地想它。

一个常被问起的问题是，模式定义语言和文法有什么差别。简单的回答是，文法定义某种（文本）语言的具体语法，而模式定义语言定义语义模型的模式的结构。因而，文法将会包含很多关于输入语言的描述，而模式定义语言则独立于任何用于组装语义模型的 DSL。文法还隐含了语法分析树的结构，结合语法树构造规则，它可以定义语法树的结构。然而语法树通常和语义模型不同（如我在 3.2 节中所讨论的）。

在定义模式时，我们可以从数据结构的角度来考虑它：类和字段。确实，模式定义的主要工作是考量用于存储语义模型的元素的合理的数据结构。但是还有一个要素需考虑，就是模式的结构性约束。相当于契约式设计（Design by Contract）[Meyer]中的不变式（invariant），这些约束定义了什么是语义模型的有效实例。

结构性约束通常指那些无法在数据结构定义中表达的验证规则。数据结构定义本身就隐含一定程度的约束——我们无法表达在语义模型中其模式无法存储数据。例如，在上述的状态模型中，任何一个状态迁移都只有一个目标状态。我们无法让它变成多个，因为没有地方可以存储这样的信息。这就属于由数据结构定义和强制的约束。

当我们谈及结构性约束时，我们通常指的是那些不是由数据结构产生的约束，我们可以存储它，但这是非法的。这种约束可能是强加在数据结构上的限制，例如，对人类腿的数量，虽然这个属性实际可能被存储在一个整型的字段里，但是只有 0、1 或者 2 是合法的。这些约束可能会变得很复杂，需要考虑大量的字段和对象，例如，一个人不可能是其自身的祖先。

模式定义语言通常包含表达结构性约束的方法。可能是简单到只是允许你限制属性的取值范围，也可能复杂到提供一种通用型语言以让你通过编程的方式来表达任何约束。结构性约束往往存在一个限制，就是它无法改变语义模型，而仅仅能够查询它，这类约束是不使用级联的产生式规则系统（第 50 章）。

9.3 源编辑和投射编辑

对语言工作台而言，投射编辑是最引人瞩目的特性，因为它与大多数程序员熟知的源编辑系统有很大的不同。源编辑系统用一种表示方式来定义程序，它可以独立于用于处理这种表达方式进入运行系统中的工具来进行编辑。实际中这种表示方式是基于文本的，这意味着程序可以用任何文本编辑工具来读取和编辑。这个文本就是程序的源代码。通过将源代码加载到编译器或解释器，我们可以将它转化为可运行的形式。但是源代码是程序员编辑和存储的主要表示方式。

而使用**投射编辑**系统时，程序的主要表示方式是一种与所使用的工具相关的特定格式。这个格式是工具使用的语义模型（第 11 章）的一种持久化的表示方式。编辑程序时，我们首先启动工具的编辑环境，然后工具能够将其语义模型投射成一个可编辑的表示方式供让我们读取和更新。这个可编辑的表示方式可能是文本，也可能是图、表格或表单。

桌面数据库工具，如 Microsoft Access，就是一个投射编辑系统的典型例子。你从来不会通过文本格式的源代码来读取（更不用说修改）整个 Access 程序，而是用 Access 提供的各种工具来查看数据库模式、报表和查询等。

投射编辑带来了源编辑所没有的诸多好处。最显著的就是可以通过不同的表示方式进行编辑。例如，通常我们习惯使用图表形式来思考状态机，使用投射编辑器你就可以将状态机渲染成一个图表，并在这个图表上直接编辑。而使用源编辑，你只能在文本中编辑它。（虽然可以借由一些可视化工具运行该文本来看到图表，但是你无法直接编辑这个图表。）

这样的投射可以让你更容易地输入正确的信息，而不允许输入错误的信息。当调用一个对象的方法时，文本的投射可以仅列出该对象的类的合法方法，并仅允许你使用合法的方法名。这样你就可以在编辑器和程序间获得更紧密的反馈环，并让编辑器为程序员提供更多的支持。

你还可以同时使用多个投射，既可以与主要投射同时使用，也可以作为主要投射的备选方案。Intentional Software 公司的语言工作台有一个常见的展示，在类 C 语言的语法中写一个条件表达式，然后通过菜单命令将这个表达式切换为类 Lisp 的语法或者表格形式。这样的方式使你可以选择查看手头任务的信息的最合适的投射，也可以根据每个程序员的偏好来选择不同的展现形式。通常，你希望针对同一段信息能有多个投射。例如，对于一个类的超类，在一个表单中它可能是一个字段，同时在编辑环境的另一个窗格中它可能就是一个类层级结构。通过任何一种投射进行编辑，都会更新核心模型，进而更新其他所有投射。

这些表示方式是底层模型的投射，这将鼓励我们在模型上进行语义转换。如果我们希望重命名一个方法，可以在模型上而不是文本表示方式上进行修改。这使得很多修改被看作语义角度上的**语义模型**上的操作，而不是文本上的操作。这对于以安全有效的方式进行重构格外有帮助。

投射编辑不是什么新事物，至少从我开始编程的时候就有了。虽然它有很多优势，但是我们编写的大多数正规的程序仍然是基于源的。这是因为投射编辑系统将你锁定在一个特定的工具上，这不仅使人们对供应商锁定感到忧虑，还很难产生一个多种工具协作的生态环境（没有公共的表示方式）。而文本虽然有各种各样的不足，但是它是一种公共格式，所有能够处理文本的工具都能够使用。

源代码管理系统是一个特别好的例子，可以说明公共表示方式带来的不同。在过去的几年里，在源代码管理系统上取得了很多有趣的发展，引入了并发编辑、对比表示、自动合并、事务仓库提交以及分布式版本控制。所有这些工具在很多编程环境中能够得到使用，这主要是因为这些工具仅仅是对文本文件的操作。于是我们看到一个非常可惜的情况，那些原本能够使用智能仓库、对比和合并的工具，由于没有使用文本文件而无法真正使用它们。这对大型软件项目而言是非常严重的问题，所以大型软件系统仍然倾向于使用源编辑系统。

源编辑还有一些实用的优势，当你需要通过发送电子邮件向某人解释某事的时候，使用文本比使用投射和屏幕快照要容易得多。某些转换可以很容易地通过文本处理工具自动实现，这在投射编辑系统不能提供你所需要的转换时非常有用。此外，投射编辑系统只允许有效的输入，但是通常输入一些不会马上起作用的数据作为思考解决方案的临时步骤也是有用的。有用的限制和约束对于思考所起的作用的区别是非常微妙的。

现代 IDE 的一个巨大的成功是提供了一种熊掌与鱼兼得的方式。基本上你工作在基于源的方式上，所有文本格式带来的好处你都可以获得。而一旦你将所有的源都加载到 IDE 中，它将为源创建一个语义模型，以使其利用所有投射编辑的技术来简化编辑工作。我将这种方法称作**由模型辅助的源编辑**（model-assisted source editing）。纵然这种方法需要很多的资源，工具需要对所有的源进行语法分析，并需要大量的内存来保留语义模型。其结果则是将两种编辑方式的优点结合了起来。然而，要做到这一点并随着程序员的编辑持续更新语义模型，也是一个非常困难的任务。

多种表示方式

在思考源编辑和投射编辑的时候，有一个概念我觉得非常有帮助，那就是表示方式（representation）所扮演的角色。源代码扮演了两种角色：编辑表示方式（编辑程序时的表示方式）和存储表示方式（以持久化形式存储代码时的表示方式）。编译器进而将这种表示方式转变为可执行的表示方式，也就是可以在机器上运行的表示方式。对解释性语言来说，源也是可执行的表示方式。

在某些时候，例如编译时，会生成一个抽象的表示方式。这是一种完全面向计算机的构造，以便于计算机对程序进行处理。现代 IDE 也会生成抽象的表示方式来辅助编辑。同一份源可以有多种抽象的表示方式，例如，IDE 使用的用于编辑的表示方式可能与编译器使用的语法树不同。而现代编译器也常常为不同目的而创建多种抽象的表示方式，如分别使用不同的语法树和调用关系图。

使用投射编辑时，可以有不同的表示方式。核心的表示方式是用于工具的语义模型（第 11章）。它被投射到多种编辑表示方式。存储模型时则采用单独的存储表示方式。存储表示方式在某种程度上可能是人类可读的（如 XML 中的串行化），但是明智的人是不会用它来编辑的。

9.4 说明性编程

也许投射编辑的最引人入胜的一个发展成果就是它可以支持一种被我称作**说明性编程**的方式。在通常的编程过程中，我们关注最多的是程序——对于应该工作的内容的一般性描述。之所以是一般性的，主要是因为它是一段描述一般情况的文本，会根据不同的输入产生不同的结果。

但是世界上最流行的编程环境并不是这样的。在我并不科学的观察中，世界上最流行的编程环境是电子表格。它的流行特别有趣，因为绝大多数电子表格程序员是**外行程序员**：他们并不认为自己是程序员。

在电子表格中，最易见的东西是说明性计算和一组数字。而程序则被隐藏在公式栏后面，每次只能查看一个单元格的公式。电子表格将程序的运行和程序的定义结合在一起，我们只需关注运行。针对程序运行结果提供具体的说明，可以帮助人们更好地理解程序的定义，从而让使用者可以更容易地推测出程序的行为。这当然与大量使用测试的开发方法有类似之处。所不同的是，在电子表格中，测试的结果对于使用者有更好的可见性。

我选择使用"说明性编程"来描述这种情况，部分是因为"示例"这个词被广泛使用（而"说明"则没有），当然也是因为"说明"这个词汇强化了示例运行过程中的探索性。"说明"通过不同的看待方式来解释一个概念，而一个说明性的运行则有助于我们发现修改程序之后的变化。

当试图清晰地理解某个概念时，思考边界条件是一个有效的做法。一个边界情况是在编辑时使用程序信息的投射的情况。例如，在 IDE 里，当你编辑代码的时候，IDE 会显示类的层级关系。从某种程度上讲，这与说明性编程类似，因为类层级关系会随着你对程序的修改而持续地更新。但是它们之间的关键差别在于，类层级关系是从程序的静态信息中获得的，而说明性编程则需要通过实际运行程序来获取信息。

比起在解释器中能够容易地运行一段代码（这是动态语言里让人非常喜爱的一个特性），我将说明性编程看作一种更宽泛的概念。解释一段代码也允许你探索一段代码的运行，但是它不像电子表格那样把示例的运行结果放在你的眼前。说明性编程技术将结果的说明推入你的编辑体验中，而程序则退居幕后，只有当你需要探索部分说明的时候，它才会出现。

当然，我也不是觉得说明性编程都是好的。我经常遇到这样一个问题，在电子表格和 GUI 设计器中，虽然对于揭示程序做了什么它们做得不错，但是它们并没有强调程序的结构。所以很多复杂的电子表格和 UI 面板非常难以理解和修改。这通常是无节制地使用复制/粘贴方式来编程的结果。

这给了我很大震动，在说明性编程中程序被忽视了，程序员通常不重视它。在常规的编程中，我们对程序员的粗心已经见怪不怪了，更不用说外行程序员编写的说明性程序了。这个问题所带来的影响是，随着程序规模的增长，它们迅速变得不可维护。未来说明性编程所面临的挑战是如何在说明性环境中帮助使用者开发出结构合理的程序，虽然说明性环境也可以迫使我们重新思考一下什么是结构合理的程序。

这个挑战中的困难部分是创建新的抽象的能力。对于富客户端 UI 软件，由于 UI 构建器只从屏幕和控件上考虑设计，这些软件很容易变得非常混乱。我的体会是，你需要找到对程序的合理的抽象，每种抽象采用不同的形式。但是屏幕构建器不支持这些抽象，因为它只能说明它理解的抽象。

尽管有这些问题，说明性编程仍然是一项我们需要重视的技术。我们无法忽略这样一个事实，电子表格在外行程序员中是如此流行。大多数语言工作台把注意力放在如何让外行程序员进行编程，而因投射编辑而产生的说明性编程可能是语言工作台最终成功的关键。

9.5　工具之旅

到目前为止，我极力避免在本章中谈论任何真正的语言工作台，因为这是一个快速发展的领域，任何有关的工具在这本书出版的时候都会变成陈年旧事，更不用说到你阅读的时候，但是我决定还是要谈谈这些工具，好让你对它们有些感性认识。但是要记住，你在这里所读到的这些工具的细节，很难保证都是正确的。

最有影响力的也是最成熟的语言工作台是由 Intentional Software 公司开发的 Intentional Workbench，这个项目由 Charles Simonyi 主导。Charles 因在 PARC 针对早期字处理软件的开创性工作而为人所知，后来又领导了 Microsoft Office 的开发。他的理念是，程序员和非程序员应该在一个集成化的工具中高效地协作。所以 Intentional Workbench 有非常丰富的投射编辑能力，以及一个成熟的元模型仓库建模来绑定所有的部分。

对 Intentional 最大的批评是，他们秘密地埋头开发了这个工具很久，而且 Intentional 对于专利申请很主动，这让这个领域的一些人感到很警觉。他们从 2009 年起进行了一些公开的演讲和工具的展示。他们的工具看起来功能很强，支持多种投射：文本、表格、图表、说明及其这些投射的组合。

从研发的角度上讲，Intentional 是最早的语言工作台，而从正式对外发布的角度上讲，来自 MetaCase 公司的 MetaEdit 则是最早的。这个工具专注在图形投射编辑，也支持表格投射编辑（但是不支持文本）。不同寻常的是，这个工具并不是一个"自举式工作台"，模式和投射定义需要在特殊的环境中完成。Microsoft 也有一个类似风格的 DSL 工具组。

JetBrains 公司开发的 Meta-Programming System（MPS）则采用另一种投射编辑系统——主要使用结构化的文本表示方式。比起 DSL 中领域专家的紧密参与，它更关注程序员的生产率。JetBrains 因其成熟的代码编辑和导航工具在 IDE 功能上取得了显著的进展，在开发者工具的领域中具有很高的声望。它们把 MPS 当作未来开发工具的基石。此外，大部分 MPS 的代码是开源的，这是非常重要的一点，因为这可能是最终促使开发者尝试并迁移到这个完全不同的编程环境中去的至关重要的因素。

另一个开源工具是 Xtext，它构建在 Eclipse 之上。Xtext 与其他工具的一个很大的不同点是，它使用源编辑而不是投射编辑。它使用 ANTLR 作为语法分析器的后端，并通过集成 Eclipse 为 DSL 脚本提供由模型辅助的源编辑方式，这与在 Eclipse 中编辑 Java 的风格类似。

Microsoft 的 SQL Server Modeling（之前被称作 Oslo）混合使用文本源编辑和投射编辑。它使用一种称为 M 的建模语言。你可以使用 M 定义语义模型（第 11 章）的模式以及文本 DSL 的文法。然后，该工具将创建一个智能编辑器插件，为 DSL 脚本提供由模型辅助的源编辑方式。最终产生的模型存放在关系数据库中，有一个图表化的编辑器（Quadrant）可以操作这些模型。这些模型可以在运行时被查看，因此整个系统可以在完成没有使用代码生成技术的情况下工作。

我敢肯定这样走马观花地考察这些工具并不能让你充分理解每个工具的特性，但是大致上还是让你对这些工具的概貌有了些了解。在这个领域仍然有很多新理念出现，现在预测哪个工具或者哪些技术和哪些商业理念的结合能成功还为时尚早。如果仅以技术而言，Intentional 是最成熟的，但是我们都知道，通常最终的成败并不完全是由技术决定的。

9.6 语言工作台和 CASE 工具

有些人认为语言工作台和几十年前被认为要改变软件开发方式的 CASE 工具有很多相似点。

如果有人不知道什么是 CASE 的话，我这里做一个简单的介绍。计算机辅助软件工程（Computer-Aided Software Engineering，CASE）工具允许你通过图表化的符号表达软件的设计，然后根据你提供的设计生成软件。在 20 世纪 90 年代，它们一度被认为是未来软件开发的希望，而后就渐渐退出历史舞台了。

从表面上看，CASE 工具和语言工作台的确有类似的东西：以模型为核心，使用元模型定义，图表化的投射编辑。这些的确是 CASE 工具的特征。

然而它们有一个关键的技术上的差异，那就是 CASE 工具并不能让你定义自己的语言。MetaEdit 可能是最接近 CASE 工具的一种语言工作台了，但是它允许你定义自己的语言，并根据你的模型来控制代码生成。这与 CASE 工具有很大不同。

还有一些人认为对象管理组织（Object Management Group，OMG）的模型驱动的架构（Model-Driven Architecture，MDA）会在 DSL 和语言工作台中扮演重要的角色。我对此表示怀疑，因为在我看来 OMG 的 MDA 标准对 DSL 环境而言太笨重了。

也许对 CASE 和语言工作台而言，最大的差异还是文化上的。对于 CASE 世界，许多人认为编程是无关紧要的，是注定要被自动化工具取代的。而对于语言工作台社区，更多的人是有编程背景的，并且希望通过语言工作台创建一个能让程序员更有效率的工作环境（当然，同时也促进与客户和用户的协作）。其结果就是，语言工作台倾向于使用代码生成工具——生成关键输出的核心部件。而在工具演示过程中，这个部分是最容易被忽略的，因为它没有投射编辑那么激动人心，但它代表了我们对产生最终结果的工具的重视。

9.7 是否应该使用语言工作台

我不知道你是否看厌了我一次次的免责声明，但是我还要再说一次。这是一个崭新且易变的领域，在你读到我现在谈论的内容的时候，它们很可能已经不再有效。即使如此，我还是要写一点东西。

在过去的几年里，我一直在关注这些语言工作台工具，因为我认为它们具有无穷的潜能。如果语言工作台真的实现了理想，那么它们将彻底改变编程的面貌，以及我们对编程语言的认识。可以说，它们可能会具有像核聚变蕴含的潜能那样，彻底解决我们的问题。但是我应该强调，我说的是潜能，而潜能在这里意味着我们应该关注这个领域的发展。

但正是因为它是崭新且易变的，在目前阶段我们应该谨慎对待它。保持谨慎的另一个深层次的原因是目前这些工具固有的工具锁定问题比较严重。你在某个语言工作台上所编写的代码，几乎不可能被导出到另一个语言工作台。未来的某一天，某些互操作标准可能会出现，但这会非常困难。于是，你目前在某一语言工作台上所付出的努力可能会付之东流，无论是因为遇到障碍还是供应商的问题。

一个规避风险的办法是把语言工作台当作语法分析器，而不是完整的 DSL 环境。在完整的 DSL 工作环境中，你在语言工作台的模式定义环境中设计语义模型（第 11 章），并生成全功能的代码。而把语言工作台当作语法分析器的时候，你仍然以这样的方式构建语义模型。然后使用语言工作台定义模型的编辑环境，模型则适合根据语义模型产生的基于模型的代码生成（第 55 章）。在这种情况下，如果语言工作台出现任何问题，只有语法分析器会受影响。最有价值的语义模型中的东西不会受到任何影响，也不会锁定。那么寻找语法分析器的替代机制就容易得多了。

我上面的想法，正如使用语言工作台这件事一样，略带有推测性质。不过考虑到这些工具的潜力，它们还是值得试验。这是有风险的投入，但是所带来的回报还是相当高的。

第二部分　常见主题

第*10*章

DSL 集锦

正如在本书开头提到的，软件世界充满了 DSL。这里我想简单总结几个 DSL，我还没有挑出来哪个可以作为最好的来展示。我之所以选择以下这几个来展示，是觉得它们适合展示现有的各种不同类型的 DSL。这只是现有 DSL 的一小部分，但是我希望即使一个小小的例子也能给你一些全景的认识。

10.1　Graphviz

Graphviz 是一个很好的 DSL 例子，对任何从事 DSL 工作的人来说都是一个有用的包。它是用来对"节点-弧图"产生图渲染的库。图 10-1 给出的是从 Graphviz 网站上"偷"来的一个例子。

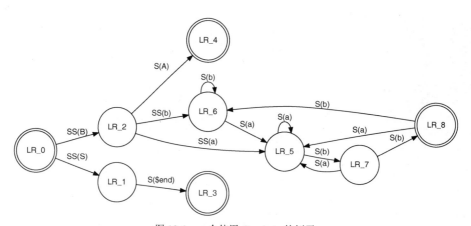

图 10-1　一个使用 Graphviz 的例子

要想生成这张图，需要用 DOT 语言提供以下代码，DOT 语言是一个外部 DSL：

```
digraph finite_state_machine {
  rankdir=LR;
```

```
size="8,5"
node [shape = doublecircle]; LR_0 LR_3 LR_4 LR_8;
node [shape = circle];
LR_0 -> LR_2 [ label = "SS(B)" ];
LR_0 -> LR_1 [ label = "SS(S)" ];
LR_1 -> LR_3 [ label = "S($end)" ];
LR_2 -> LR_6 [ label = "SS(b)" ];
LR_2 -> LR_5 [ label = "SS(a)" ];
LR_2 -> LR_4 [ label = "S(A)" ];
LR_5 -> LR_7 [ label = "S(b)" ];
LR_5 -> LR_5 [ label = "S(a)" ];
LR_6 -> LR_6 [ label = "S(b)" ];
LR_6 -> LR_5 [ label = "S(a)" ];
LR_7 -> LR_8 [ label = "S(b)" ];
LR_7 -> LR_5 [ label = "S(a)" ];
LR_8 -> LR_6 [ label = "S(b)" ];
LR_8 -> LR_5 [ label = "S(a)" ];
}
```

这个例子展示了图上的两种实体：节点和弧。节点使用 node 关键字声明，但是并不是必须声明。弧使用->操作符声明。节点和弧都可以在方括号里列举属性。

Graphviz 使用了一个 C 数据结构形式的语义模型（第 11 章）。语义模型是由一个使用语法制导翻译（第 18 章）和内嵌翻译（第 25 章）的语法分析器组装的，它们使用 Yacc 和 C 编写而成。这个语法分析器很好地利用了嵌入助手（第 54 章）。因为是用 C 编写的，所以没有辅助对象，但是有一组辅助函数，这些辅助函数会在文法动作中调用。由于这些短代码动作不会干扰文法，因此文法的可读性非常好。词法分析器是手写的，这在使用 Yacc 语法分析器时是很常见的情况，尽管有 Lex 词法分析器生成器的存在。

Graphviz 真正做的事情是在节点和弧的语义模型组装好之后发生的。这个包会弄清楚如何把图布局到图表中，并且有渲染代码可以把图渲染成多种图形格式。所有的这些都是和语法分析器代码不相关的。一旦这个脚本变成了语义模型，其他的所有东西都是基于那些 C 数据结构的了。

我举的这个例子使用分号作为语句分隔符，不过这完全是可选的。

10.2 JMock

JMock 是一个关于 Mock 对象（Mock Objects）[Meszaros]的 Java 库。它的作者们曾经编写过很多个 Mock 对象库，这使他们用一门好的内部 DSL 来定义 Mock 对象预期的想法获得了演进（[Freeman and Pryce]是一篇很棒的论文，讨论了这一演进过程）。

Mock 对象是用来做测试的。从声明**预期**来开始这个测试，这个预期指的是在测试过程中一个对象预期会被调用到的那些方法。然后把这个 Mock 对象注入你想测试的真实对象里，并激发这个真实对象。这个 Mock 对象再报告它自己是否接收到了正确的函数调用，这样就支持了行为验证（Behavior Verification）[Meszaros]。

为了演示 JMock 的 DSL，我来展示一下它这十多年来的演进过程。我们从被作者称为新纪元（Cenozoic era）[Freeman and Pryce]的第一个库 JMock 1 开始。下面是一些预期的示例：

```
mainframe.expects(once())
  .method("buy").with(eq(QUANTITY))
  .will(returnValue(TICKET));
```

这段代码的意思是，作为测试的一部分，mainframe 对象（即 Mock 的主体）预期 buy 方法被调用一次。调用时所用的参数应等于常量 QUANTITY。调用之后将返回常量 TICKET 的值。

Mock 预期需要作为片段 DSL 编写在测试代码中，因此内部 DSL 是其自然的选择。JMock 1 在 Mock 对象本身（expects）上使用了方法级联（第 35 章），在其他地方（once）使用了嵌套函数（第 34 章）。为了使嵌套函数的方法生效，还使用了对象作用域（第 36 章），为了实现这一点，JMock 1 要求所有使用 Mock 的测试都必须用其库类的子类来编写。

为了使方法级联和 IDE 更好地协同工作，JMock 使用了渐进式接口。这样，with 只能跟在 method 后面，这使得 IDE 中的自动补全功能可以引导你用正确的方式编写出预期。

JMock 使用表达式构建器（第 32 章）来处理 DSL 调用，并且把这些调用翻译成 Mock 和预期的语义模型（第 11 章）。[Freeman and Pryce]中提到可以把表达式构建器作为语法层，把语义模型作为解释层。

一个关于可扩展性的有趣的经验来自方法级联和嵌套函数的相互影响。在表达式构建器定义之上的方法级联是一个为了让用户进行扩展而使用的小技巧，因为你可以使用的所有方法都是定义在表达式构建器之上的。不管怎样，在嵌套函数中添加新的方法是很容易的，因为你在测试类上定义了这些方法，或者使用用于对象作用域的库超类的子类。

这种方法工作得很好，但是还是有一些问题。尤其是这个约束：所有使用 Mock 的测试都必须定义在 JMock 库类的子类里，这样对象作用域才能工作。JMock 2 使用一种新风格的 DSL 来避免这个问题；在这个版本中，相同的预期读起来像这样：

```
context.checking(new Expectations() {{
    oneOf(mainframe).buy(QUANTITY);
    will(returnValue(TICKET));
}}
```

在这个版本中，JMock 使用 Java 的实例初始化来完成对象作用域。尽管在表达式的开头确实加入了一些噪声，但是我们现在可以不用在子类中定义预期了。实例初始化器实际上形成了一个闭包（第 37 章），使这成了嵌套闭包（第 38 章）的一个应用。另外值得注意的是，现在预期使用函数序列（第 33 章）来分隔预期的方法调用部分和指定返回值部分，而不是到处使用方法级联。

10.3　CSS

在谈及 DSL 的时候，我经常会举 CSS 的例子。

```
h1, h2 {
  color: #926C41;
  font-family: sans-serif;
}
b {
  color: #926C41;
}

*.sidebar {
  color: #928841;
  font-size: 80%;
  font-family: sans-serif;
}
```

有很多原因让 CSS 成为一个很棒的 DSL 的例子。主要的原因是，大多数的 CSS 程序员不称自己为程序员，而称为 Web 设计师。CSS 是如此好的一个 DSL 例子，以至于不仅领域专家可以读懂，而且其本身就是领域专家编写的。

CSS 是一个好的例子还因为它的声明式计算模型。这种模型和命令式模型是很不同的。你不需要像使用传统的编程语言那样让计算机"先做这个，再做那个"，而是简单地声明一些 HTML 元素的匹配规则。

这个声明式的本质对于搞清楚应该怎么做增添了些许复杂度。在我的例子里，一个侧边栏 div 里面的 h2 元素匹配了两种不同的颜色规则。CSS 用一种略微复杂的特殊方案来指出在这种情况下哪种颜色应该胜出。然而，很多人发现很难搞清楚这些规则是如何工作的。这是声明式模型的阴暗面。

CSS 在 Web 生态系统中扮演着重要的角色。尽管它现在已经很重要了，但是仅仅使用它来构建整个 Web 应用还是很荒谬的想法。它在自己的领域做得很好，并且和一些 DSL 以及通用型语言组成了一个完整的解决方案。

CSS 也很庞大。在基础语言语义和变化属性的语义上都有很多的东西。DSL 在它们能表达的方面有所限制，但是还是有很多东西要学。

CSS 也有大多数 DSL 的受限的错误处理机制。浏览器被设计成忽略错误的输入，很多时候这意味着一个有语法错误的 CSS 文件悄悄地具有了一些错误的行为，经常需要一些恼人的调试。

像大多数 DSL 一样，CSS 缺乏创建新的抽象的方法，这是 DSL 有限表达性造成的常见后果。虽然这在大多数时候是没关系的，但有一些特性正在丢失，令人烦恼。上面的 CSS 的例子展示出其中的一点：我不能用我的颜色方案来给颜色命名，所以我不得不使用无意义的十六进制数串。人们还经常抱怨缺少操作 size 和 margin 时很有用的数学函数。这个问题的解决方案和其他 DSL 是一样的。很多简单的问题，例如颜色命名问题，可以使用宏（第 15 章）解决。

另一个解决方案是再编写一个类似于 CSS 的 DSL，用来生成 CSS 作为输出。SASS 就是这样的一个例子，它提供了数学运算符和变量。它也采用了非常不同的语法，在 CSS 的块结构上加入了语法上的换行和缩进。这是一个通用的解决方案：在一个 DSL 之上构建另一个 DSL 层，用来提供底层 DSL 丢失的抽象。上层 DSL 应该跟底层的相似（SASS 使用相同的属性名），上层 DSL 的用户通常也了解底层的 DSL。

10.4 HQL

Hibernate 是一个广泛应用的对象-关系映射系统,让你可以将 Java 类映射到关系数据库的表上。因为 Java 类可以被映射到针对真实数据库的 SQL 查询语句,所以 Hibernate 查询语言(Hibernate Query Language,HQL)提供了使用类似于 SQL 的形式编写查询语句的能力。这样的查询可能看起来像这样:

```
select person from Person person, Calendar calendar
where calendar.holidays['national day'] = person.birthDay
    and person.nationality.calendar = calendar
```

这允许人们通过 Java 类而不是数据库的表来思考问题,同时避免了应对那些恼人的不同数据库 SQL 语法之间的差异的问题。

HQL 处理的精髓在于把一个 HQL 查询翻译成一个 SQL 查询。Hibernate 分 3 步完成了这件事情。

- 使用语法制导翻译(第 18 章)和树构造(第 24 章)将 HQL 输入文本转换为一棵 HQL 抽象语法树(AST)。
- 将 HQL AST 转换为 SQL AST。
- 用代码生成器将 SQL AST 生成为 SQL 代码。

在所有的这些步骤中,都使用了 ANTLR。除了使用记号流作为 ANTLR 的语法分析器的输入,你还可以把 AST 作为 ANTLR 的输入(这就是 ANTLR 中所称为的"树文法")。ANTLR 的树构造语法可以用来构建 HQL 和 SQL AST。

这个转换的路径,即输入文本→输入 AST→输出 AST→输出文本,是一个常见的源到源的转换。和很多转换的场景类似,把一个复杂的转换分解成一些容易接插在一起的小的转换,是很好的方式。

在这个例子中,你可以认为 SQL AST 是语义模型(第 11 章)。HQL 查询的含义由查询的 SQL 渲染所定义,SQL AST 是 SQL 的模型。通常,AST 不是语义模型的正确结构,因为语法树约束的坏处是比好处多的。但是对于源到源的翻译,使用输出语言的 AST 是非常合理的。

10.5 XAML

自全屏幕用户界面出现之后,人们就开始尝试如何去定义屏幕的布局。由于它是一个图形媒介,因此人们总是去使用一些图形化的布局工具。然而我们经常看到的是,在代码里面去布局可以获得很强的灵活性,麻烦的是代码可能用起来很奇怪。屏幕布局主要是一个层级的结构,把一个层级结构用代码缝起来是比它原有的方式要难一些。所以,随着 WPF

（Windows Presentation Framework）的出现，微软公司引入 XAML 作为 DSL 来布局 UI。

（我发现现在微软公司的产品命名太平庸了。像"Avalon"和"Indigo"这样在开发时期使用的好名字已经变成了 WPF 和 WCF 这种无聊的缩写词。你甚至可以幻想某天"Windows"可能变成"Windows Technology Foundation"。）

XAML 文件是可以用来布局一个对象结构的 XML 文件。有了 WPF，XAML 文件可以布局屏幕。

微软公司是图形设计界面的拥趸，所以使用 XAML 工作的时候，你可以使用设计界面，也可以使用文本表示，或者两者都用。作为一个文本的表示，XAML 确实被 XML 格式的语法噪声所累，但是 XML 在像这样的层级结构上表现得很好。它和 HTML 在布局屏幕方面的相似性也是一个加分点。

我的一个老同事 Brad Cross 曾提到组合式（而不是计算式）DSL，XAML 就是这样的一个好例子。不像一开始的那个状态机的例子，XAML 有关如何把相对被动的对象组织到结构中。程序的行为通常不强烈地依赖屏幕布局这样的细节。确实，XAML 的优势之一就是鼓励将屏幕布局与驱动屏幕行为的代码分离。

从逻辑上来讲，一个 XAML 文档定义了一个 C# 类，这里面确实存在一些代码生成。这些代码生成为部分类，在这个例子里为 xamlExample.Hello。我可以通过在另一个部分类的定义中编写代码来增加屏幕行为。

```
public partial class Hello : Window {
  public Hello() {
    InitializeComponent();
  }
  private void HowdyClicked(object sender, RoutedEventArgs e) {
    _text1.Text = "Hello from C#";
  }
}
```

这段代码允许我把行为捆绑在一起。对于在 XAML 文件中定义的任何控件，我都可以在代码中将该控件上的一个事件绑定到一个处理方法（HowdyClicked）。代码也可以通过名字来引用控件，这样就可以操作它们了（_text1）。像这样使用名字，我可以保持 UI 布局结构和引用之间的独立性，这样我就可以在不更新行为代码的前提下改变布局。

因为 XAML 总是和 WPF 一起出现，所以人们总是认为它在 UI 设计的上下文中。然而，XAML 可以用来连接任何 CLR 类的实例，这样可以在很多场合下使用它。

XAML 定义的结构是一个层级结构。DSL 可以定义层级，但是它也可以通过名字来定义其他的结构。事实上 Graphviz 就是这么做的，它使用对名字的引用来定义图结构。

像这样布局图形结构的 DSL 是很常见的。Swiby 使用一个 Ruby 的内部 DSL 来定义屏幕布局。它使用嵌套闭包（第 38 章）以提供一种自然的方式来定义层级结构。

当我在谈论图形布局的 DSL 时，我禁不住提一下 PIC——一种古老的、有点迷人的 DSL。PIC 是早些年 Unix 时代的产物，那时图形屏幕还不是很流行。它允许你使用文本的格式来描述图表，并且可以进行处理以生成图像。下面的代码可以产生图 10-2 所示的图表：

```
.PS
A: box "this"
move 0.75
B: ellipse "that"
move to A.s; down; move;
C: ellipse "the other"
arrow from A.s to C.n
arrow dashed from B.s to C.e
.PE
```

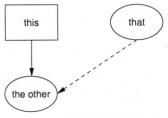

图 10-2　简单的 PIC 图表

其编写形式是一目了然的，唯一需要提示的是，你要通过方位点来引用形状上的连接点，这样 A.s 表示形状 A 上的 "南" 点。像 PIC 这样的文本描述在 WYSIWYG 环境的年代并不是很流行，但是这种方法还是很方便的。

10.6　FIT

FIT（Framework for Integrated Test）是 Ward Cunningham 早些年开发的测试框架。它的目标是用领域专家可以理解的形式来描述测试场景。已经有很多不同的工具扩展了这个基本的想法，尤其是 Fitnesse。

把 FIT 当作一个 DSL 来看，它有很多有趣的特点。第一个是它的形式。FIT 的核心是，即使你不是程序员，也可以很容易地以表格的形式列出示例。所以一个 FIT 程序是一些表格的集合，一般是嵌入在 HTML 页面中的。在表格之间，你可以放置任何 HTML 元素作为注释。这样就允许一个领域专家使用散文般的叙事方式来描述你想要的内容，表格会提供一些可以进行加工的东西。

FIT 表格可以有多种形式。与程序最接近的形式是动作夹具，其本质上是一种简单的命令式语言。它很简单，没有条件和循环，只有一系列的动词。

eg.music.Realtime			
enter	select	2	pick an album
press	same album		find more like it
check	status	searching	
await	search complete		
check	status	ready	
check	selected songs	2	

每个表格连接到一个夹具，这个夹具可以把动词翻译成系统的动作。check 这个动词比较特别，这里它其实进行的是比较。当表格运行的时候，会创建一个 HTML 的输出，这个输出与输入页面大体相同，唯一的不同之处在于，所有的 check 行会根据比较结果是否匹配来显示绿色或者红色。

除了这个有限的命令式形式，FIT 还可以和好几种其他风格的表格一起合作。下面的例子是从一个对象列表（就是上面的搜索结果）定义输出表格数据。

eg.music.Display					
title	artist	album	year	time()	track()
Scarlet Woman	Weather Report	Mysterious Traveller	1974	5.72	6 of 7
American Tango	Weather Report	Mysterious Traveller	1974	3.70	2 of 7

表头这一行定义了几个方法，可以用来在列表中的对象集合上调用。每一行比较一个对象，定义该行的对象在某列属性上的预期值。当运行表格的时候，FIT 比较预期值和实际值，同样使用绿色/红色来标识。这个表格的风格遵从早期的命令式表格，因此你可以使用命令式的表格（在 FIT 中称为动作夹具）来导航整个应用，然后使用声明式的表格（称为行夹具）来给出预期值，进而比较应用显示了什么。

这种以表格作为源代码的方式不是很常见，但是它实际上是一种可以时常使用的方法。人们喜欢以表格的形式来具体说明内容，不管是测试数据的例子还是更通用一些的处理规则，如决策表（第 48 章）。很多领域专家很喜欢在电子表格中编辑数据，然后这些数据就可以被处理成源代码了。

第二个关于 FIT 的有趣的事情是，它是一个面向测试的 DSL。近年来涌现了很多的自动化测试工具，其中不乏通过创建 DSL 来组织测试的，它们中的很多工具受到了 FIT 的影响。

测试对 DSL 来说是一个自然的选择。相比于通用型编程语言，测试语言经常需要不同种类的结构和抽象，例如，FIT 的动作表格中的简单线性的命令式模型。测试经常是需要领域专家去读的，所以 DSL 是很好的选择，并且通常是专门为了目前的应用而编写的 DSL。

10.7　Make 等

一个小程序很容易构建和运行，但是很快你就会意识到，构建代码需要若干步骤。所以在早期的 Unix 时代，Make 工具提供了一个结构化构建的平台。构建的问题在于，很多步骤代价高昂，而且不需要每次都执行，所以依赖网络（第 49 章）是编程模型的自然选择。一个Make 程序包含了若干通过依赖链接起来的目标。

```
edit : main.o kbd.o command.o display.o
        cc -o edit main.o kbd.o command.o
main.o : main.c defs.h
        cc -c main.c
kbd.o : kbd.c defs.h command.h
        cc -c kbd.c
command.o : command.c defs.h command.h
        cc -c command.c
```

这个程序的第一行表示 edit 依赖这个程序中的其他目标。所以，如果这些目标中的任何一个过时了，那么，在构建它们之后，我们必须也构建 edit 目标。一个依赖网络允许你最小化构建时间，同时确保需要构建的内容实际都构建了。Make 是一个常见的外部 DSL。

对我而言，像 Make 这样的构建语言的最有趣的地方不在于它们的计算模型，而是它们的

DSL 需要和更通用的编程语言混合使用。除了在它们之间指定目标和目标间的依赖关系（一个经典的 DSL 场景），你还需要使用更命令式的方式来指出如何构建每个目标。在 Make 里，这意味着使用 shell 脚本命令，在这个例子中就是对 cc 的调用（C 编译器）。

　　除在目标定义中使用混合语言之外，一个简单的依赖网络在构建变得更复杂的时候会很难承受，需要在依赖网络之上做一些进一步的抽象。在 Unix 的世界，这催生了 Automake 工具链，使用它可以自动地生成 Makefile。

　　在 Java 的世界我们看到了一些类似的进展。Java 的标准构建语言是 Ant，它也是使用 XML 作为载体语法的外部 DSL。（不考虑我对 XML 载体语法的个人偏见，它确实避免了 Make 中使用制表符或者空格来做语法上的缩进而引入的巨大麻烦。）Ant 开始的时候很简单，但是最终变成了使用嵌入式通用脚本和其他系统（如 Maven）来生成 Ant 脚本。

　　对于我的个人项目，我比较喜欢的构建系统是 Rake。跟 Make 和 Ant 类似，它使用依赖网络作为其核心计算模型。与 Make 和 Ant 的最大区别是，它是用 Ruby 编写的内部 DSL。这允许你使用更加无缝的方式来书写目标的内容，而且也更容易构建更大型的抽象。

　　下面是从构建本书的 Rakefile 中挑选出来的例子：

```
docbook_out_dir = build_dir + "docbook/"
docbook_book = docbook_out_dir + "book.docbook"

desc "Generate Docbook"
task :docbook => [:docbook_files, docbook_book]

file docbook_book => [:load] do
  require 'docbookTr'
  create_docbook
end
def create_docbook
  puts "creating docbook"
  mkdir_p docbook_out_dir
  File.open(docbook_book, 'w') do |output|
    File.open('book.xml') do |input|
      root = REXML::Document.new(input).root
      dt = SingleDocbookBookTransformer.new(output,
              root, ServiceLocator.instance)
      dt.run
    end
  end
end
```

　　这行 `task :docbook => [:docbook_files, docbook_book]` 是依赖网络，意思是 :docbook 依赖其他两个目标。Rake 中的目标可以是任务也可以是文件（支持面向任务和面向产品这两种依赖网络风格）。用来构建目标的命令式代码位于目标声明之后的嵌套闭包（第 38 章）内。（可参考［Fowler rake］获取更多的有关 Rake 的功能。）

第11章

语义模型（Semantic Model）

由 DSL 组装的模型。

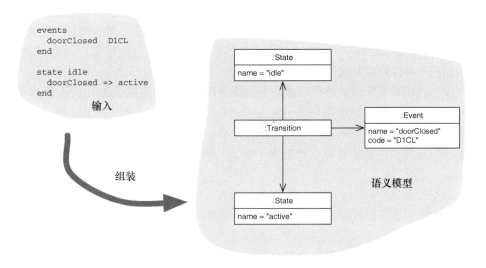

11.1 运行机制

在 DSL 的上下文中，语义模型指 DSL 所描述主题的一种表示形式（如内存中的对象模型）。如果 DSL 描述了状态机，那么语义模型可能是由状态、事件等类组成的对象模型。定义特定的状态和事件的 DSL 脚本对应按照相应模式（schema）的组装，其中包含了 DSL 脚本中声明的每个事件的实例。因此，语义模型就是由 DSL 组装的库和框架。

本书中所涉及的语义模型都是内存中的对象模型，但是这并不是表示它们的唯一方式。你可以使用一种数据结构，以及在其之上定义的一些表示状态机行为的函数。当然，模型也可以不在内存中，DSL 可以组装保存在关系数据库中的模型。

语义模型应该根据 DSL 的目的来设计。对状态机而言，这个目的是使用状态机（第 51 章）计算模型来控制系统的行为。语义模型应该能够脱离 DSL 来使用，你应该可以通过命令查询接口来组装语义模型。这可以确保语义模型完整地捕获了主题的语义，并且我们可以单独地测试语义模型和语法分析器。

语义模型在概念上非常接近领域模型[Fowler PoEAA]。我使用了另一个名词来命名它，因为虽然语义模型通常是领域模型的子集，但并不是必须如此。而且，我通常用领域模型指代那些具有丰富行为的对象模型，而语义模型很可能仅仅是数据。此外，领域模型捕获了应用程序中的核心行为，而语义模型可能只是一种辅助角色。一个很好的例子就是在对象模型和关系数据库之间协调数据的对象-关系映射器（object relational mapper，ORM）。你可以使用 DSL 描述对象-关系映射，产生的语义模型将由数据映射器（Data Mapper）[Fowler PoEAA]组成，而不是这个映射所表示的主题的领域模型。

通常语义模型与语法树也有所不同，因为两者有不同的目的。语法树对应 DSL 脚本的结构。虽然抽象语法树可以简化并略微重组输入数据，不过其形式基本保持不变。而语义模型考虑的则更多是通过 DSL 脚本中的数据可以完成什么功能。因此它们在结构上存在实质性的不同，语义模型通常也不是树状结构的。虽然有时抽象语法树也可以是有效的 DSL 的语义模型，但这更多的是一种特殊情况而不是通常情况。

传统上，讨论语言和语法分析时通常不会使用语义模型。这也是使用 DSL 和通用型语言之间的一个区别。对通用型语言来说，语法树通常能够产生适用的结构来进行代码生成，因此不太需要独立的语义模型。当然有时也会采用语义模型，例如，在代码优化时所使用的调用关系图——这些模型通常被称作中间表示形式，因为它们是最终代码生成之前的中间步骤所产生的。

语义模型经常先于 DSL 产生。这发生在你认为从 DSL 组装领域模型比从常规的命令查询接口组装领域模型更好的时候。当然，你也可以同时构建 DSL 和语义模型。通过和领域专家讨论，可以同时细化 DSL 的表达式和领域模型的结构。

语义模型可以包含用以执行其自身的代码（解释器风格），也可以用作代码生成的基础（编译器风格）。即便你使用代码生成的方式，提供解释来辅助测试和调试也是很用的。

将验证行为放入语义模型中是最合适的，因为它包含了表达和运行验证所需的所有信息和结构。尤其是，在运行解释器或生成代码之前运行验证会很有帮助。

Brad Cross 引入了计算式 DSL（computational DSL）和组合式 DSL（compositional DSL）的概念[Cross]。这两个概念的差异主要来自它们产生的语义模型的种类。组合式 DSL 使用文本格式来描述某种组合结构。例如，使用 XAML 来描述 UI 布局的例子——语义模型的主要形式是关于不同的元素如何组合在一起。而状态机的例子更多的是计算式 DSL，它的语义模型感觉上更像代码而不是数据。

计算式 DSL 导致语义模型主要用于驱动计算，通常使用备选计算模型，而不是常见的命令式模型。这样的语义模型通常是适应性模型（第 47 章）。采用计算式 DSL 可以做更多事情，但使用起来很困难。

将语义模型想象成具有两组不同接口非常有帮助。一种接口是**操作性接口**（operational interface）——客户端在工作中使用组装的模型时用的接口。另一种接口是**组装性接口**（population interface）——DSL 用来创建模型中类的实例的接口。

操作性接口应该假设语义模型已经创建好了，并且使系统的其他部分更容易利用语义模型。对于 API 设计我有一个秘诀，就是假设模型已经奇迹般地被创建出来，然后我只用考虑如何使用它。虽然听起来这是反直觉的，但是我确实发现在考虑组装性接口之前定义操作性接口是一个更好的办法，尽管运行中的系统不得不先执行组装性接口。对我而言，这不但是对于 DSL 而且是对于任何对象的一个经验法则。

组装性接口只是用以创建模型的实例，因此很可能这个接口仅仅被语法分析器所使用（当然还有语义模型的测试代码）。虽然我们尽可能地将语义模型与语法分析器解耦，但是事实上语法分析器显然需要先看到语义模型才能正确地组装。尽管如此，我们还是要在语义模型和语法分析器间构建清晰的接口，这样可以降低因在语义模型中对实现的修改而迫使我们修改语法分析器的概率。

11.2 使用时机

我建议在任何情况下都要使用语义模型。当我说"任何情况"的时候我会感到不舒服，因为这种太绝对的建议是思路不够开阔的信号。但是，也许是我想象力有限，在语义模型这个问题上我确实很少见到不需要使用它的情况，即使偶尔出现也是在非常简单的场景中。

我发现语义模型有一些令人信服的优点。清晰的语义模型可以让我们对 DSL 的语义和语法分析分开进行测试。我们可以通过直接组装语义模型来测试语义并针对模型进行测试，也可以通过看它是否用正确的对象组装语义模型来测试语法分析器。如果有多个语法分析器，可以通过比较语义模型的组装来测试它们是否在语义上产生等价的输出。这么做可以更容易支持多个 DSL，并且更常见的是可以独立于语义模型来演进 DSL。

语义模型同时提高了语法分析和运行的灵活性。我们可以直接运行语义模型，也可以使用代码生成技术。如果使用代码生成，就可以根据语义模型来完成代码生成，而将语义模型与语法分析完全解耦。我们也可以同时运行语义模型和代码生成——这样就可以将语义模型用作生成的代码的模拟器。使用语义模型还让支持多个代码生成器变得很简单，因为与语法分析器独立，所以不需要在语法分析器代码中引入重复代码。

使用语义模型的最重要的一点是，语义模型把对语义的思考与对语法分析的思考分离开了。哪怕是简单的 DSL 也具有足够的复杂度而可以分解成两个更简单的问题。

那么例外情况是什么呢？一种情况是简单的命令式解释，你希望在对语句进行语法分析的过程中逐条地运行它。例如，对简单算术表达式求值的计算器程序就是一个典型的例子。对于算术表达式，哪怕你不直接解释它们，它们生成的抽象语法树（abstract syntax tree，AST）也几乎和你在语义模型中得到的一样，所以对于这种情况不值得构建单独的语法树和语义模型。对于这个问题有一个更通用的法则：如果你找不到比 AST 更有用的模型，那么你不需要创建单独的语义模型。

人们不使用语义模型的最常见的情况是正在生成代码的时候，这时语法分析器可以生成 AST，代码生成器直接根据 AST 来生成代码。如果 AST 可作为底层语义的模型，同时你不在意将代码生成的逻辑和 AST 耦合，这就是一个合理的方案，否则将 AST 变换为语义模型，再根据它来生成代码是一种更简单的方案。

可能是因为偏见，我总是假设我需要使用语义模型。哪怕我说服了自己不需要它，我仍然时刻保持对于复杂度提高的警惕，一旦发现我的语法分析逻辑变得复杂，我就会引入它。

尽管我如此器重语义模型，但仍要指出使用语义模型并不是函数式编程里 DSL 文化的一部分。函数式编程社区使用 DSL 已经很久了，而我仅仅是偶尔使用当代函数式语言，虽然我倾向认为语义模型在函数式编程的世界里仍然有用，但我必须承认，我不具备足够的函数式编程知识来支持我的观点。

11.3　入门示例（Java）

在本书中可以找到很多语义模型的例子，这是因为我非常偏爱它。我最开始给出的例子——密室控制器状态机，就可以很好地说明语义模型的应用。这个例子里的语义模型是状态机模型。在最初的讨论里，我并没有使用语义模型这个名字。因为当时我主要想介绍 DSL 的概念，所以我假设模型已经构建好，而 DSL 是在模型层之上的。虽然其中使用的模型仍然是语义模型，但这并不是一个好例子，因为我们是由内而外地在思考这个问题。

但是语义模型所拥有的好处都在这个模型上。我能够（且已经）在不编写 DSL 的情况下独立地测试状态机模型。我可以在不改变语法分析代码的前提下，对这个模型的实现进行重构，因为对实现细节的修改不会影响组装性接口。哪怕我必须要对这些方法进行修改，大多数时候也比较容易，因为这个接口清晰地划分了边界。

虽然大多数情况下不需要为同一个语义模型提供多个 DSL，但是这是我这个例子的一个需求。使用语义模型使这个需求变得相对容易实现，我有多个语法分析器（包含内部 DSL 和外部 DSL），我能够通过验证它们创建的语义模型的组装是否等价来测试它们。我可以方便地添加新的 DSL 和语法分析器，而无须在其他语法分析器中重复任何代码或者修改语义模型。同样，对于输出结果，我可以直接运行这个语义模型作为状态机，也可以用这个语义模型生成多个代码生成示例，或者对它进行可视化处理。

除了用作执行和其他输出的基础，语义模型也可以用来做验证。例如，我可以检查在状态机中是否存在无法到达或无法摆脱的状态，我也可以检查是否所有的事件和命令都被用在了状态和状态迁移的定义之中。

第 *12* 章

符号表（Symbol Table）

用来存储语法分析过程中所有可识别的对象以解决引用问题的地方。

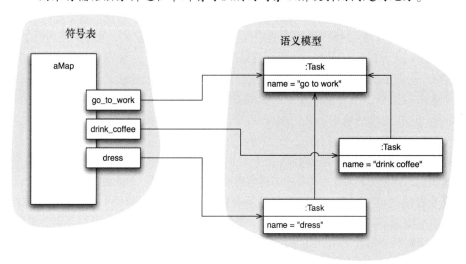

很多语言需要在代码中的多个地方引用对象。如果一种语言可以用于定义配置任务及其依赖，就需要一种方法可以在任务的定义中引用其依赖的任务。

为了达到这个目的，我们为每一个任务都定义了某种形式的符号。当处理 DSL 脚本时，我们把这些符号放在一个符号表中。符号表中存储了符号与底层对象之间的链接。底层对象中保存了完整的信息。

12.1 运行机制

符号表的根本目的是用来建立在 DSL 脚本中用以引用对象的符号和被符号引用的对象之间的映射关系。这种映射本质上非常适合用"映射"（map）数据结构来表示。所以并不奇怪的是，符号表最常见的实现通常就是映射，把符号作为键，把语义模型（第 11 章）中的对象作为值。

需要考虑的一个问题是用哪种对象作为符号表中的键。很多语言中最明显的选择就是字符串，因为 DSL 的文本本身就是字符串。

在支持符号数据类型（symbol data type）的语言中，我们还可以用字符串之外的东西作为键。在结构方面，符号与字符串很相似（一个符号本质上就是一串字符），但在行为方面，两者有所不同。很多字符串操作（拼接、子字符串等）对符号来说并没有意义。符号的主要任务就是用来查找，符号类型也基本上是按照这个思路来设计的。因此，两个字符串"foo"和"foo"通常是不同的对象，需要通过比较内容来确定是否相等，而符号:foo 和:foo 总是解析至同一个对象，可以更快地比较相等性。

性能可以作为选择符号数据类型而不是字符串的一个理由，但对小型 DSL 而言这方面的区别可能没有那么大。选择符号数据类型的主要原因是它可以清晰地表达你的意图。把某种东西声明为符号的时候，你已经清晰地表述了你想用它来做什么，代码也就更加易懂。

支持符号的语言通常有一种特殊的字面上的语法来定义它们。Ruby 使用:aSymbol，Smalltalk 使用#aSymbol，而 Lisp 把所有裸标识符作为符号。这使得符号在内部 DSL 中更加突出和显眼——这也是一个使用它们的理由。

符号表中的值可以是最终的模型对象或者中间的构建器。使用模型对象使符号表直接作为结果数据，这在简单的情形下会更加方便；而使用构建器对象作为值则可以提供更多的灵活性，但代价是更多的工作量。

很多语言需要引用不同种类的对象。在上文引例中的状态模型就需要识别"状态""命令"和"事件"。为了引用不同种类的对象，需要在多种实现技术中进行选择：单映射、多映射或者专门的类。

对符号表使用单映射意味着对符号的所有查找都在同一个映射中进行。这种做法的直接后果就是你不能为不同种类的东西使用同一个符号名。例如，你不能有相同名字的事件和状态。这一限制可能有助于减少 DSL 中的混淆。但使用单映射使得处理 DSL 的代码读起来更加困难，因为你不能从符号清晰地区分出你所引用的对象是什么种类。所以我不推荐这种做法。

使用多映射意味着引用的每一种对象都有一个独立的映射。例如，状态模型可能有 3 个映射，分别对应事件、命令和状态。我们可以把这看作一张逻辑符号表或者 3 张符号表。无论看作哪种，我都倾向于多映射而不是单映射，因为它让处理阶段的代码能更加清晰地知道符号指向何种对象。

使用专门的类意味着用单个对象来表示符号表，用不同的方法引用存储在其中的不同种类的对象，如 getEvent(String code)、getState(String code)、registerEvent(String code, Event object)等。有时候这种方式是有用的，而且它的确提供了一个放置添加特定的符号处理行为的适合的地方。但大多数时候，我并不觉得有足够的理由使用它。

有些时候对象可以在定义之前被引用——这被称为前向引用（forward reference）。DSL 一般不会严格地规定在使用标识符前必须先行声明，因此通常会用到前向引用。如果使用了前向引用，需要确保对于任何符号的引用，如果在符号表中还没有相应条目，一定要将其填入符号表。这通常会促使你使用构建器来作为符号表的值，除非模型对象非常灵活。

如果没有对符号的显式声明，你需要留意符号的拼写错误，这往往是很多破坏性错误的根源。有一些方法可用于检查符号的拼写错误，使用这些检查方法可以避免大量的麻烦。为了解决这个问题，可以规定所有符号都要以某种方式进行声明。如果你选择进行显式声明，要记住并不一定要在符号使用之前进行声明。

很多复杂的语言支持嵌套的作用域，这里的符号可能只在整个程序的某个子集中被定义。这在通用型语言中非常普遍，但在简单的 DSL 中很少见。如果确实需要这么做，那么可以使用嵌套作用域的符号表（Symbol Table for Nested Scopes）[parr-LIP]来实现。

静态类型符号

如果你使用静态类型语言（如 C#或者 Java）来实现内部 DSL，可以直接使用哈希映射（hashmap）作为符号表，以字符串为键。这种 DSL 看起来可能像这样：

```
task("drinkCoffee").dependsOn("make_coffee", "wash");
```

虽然这样使用字符串可以工作，但它也有一些缺点。
● 字符串引入了语法噪声，因为你需要为它们加上引号。
● 编译器不能进行任何类型检查。如果错误拼写了任务的名字，只有到运行时才能发现。另外，如果你需要识别不同种类的对象，编译器不会告诉你引用了错误的类型——同样，只有在运行时才能发现。
● 如果你使用现代 IDE，则无法支持字符串的自动补全。这就意味着，失去了一种很强大的编程辅助功能。
● 自动化的重构无法很好地支持字符串。

可以使用某种静态类型符号（statically typed symbol）来避免这些问题。例如，枚举就是一个很好很直观的选择，类符号表（第 44 章）也不错。

12.2　使用时机

符号表在任何语言处理练习中都很普遍，而且我也希望你可以经常使用它们。

有些时候符号表也不是必需的。例如，当有树构造（第 24 章）时，你可以在语法树中找到所有的东西，通常可以在构建出的语义模型（第 11 章）中搜索。但有时候你会需要临时存储一些东西，就算真的不需要，符号表的存在也会让事情变得更加简单。

12.3　延伸阅读

[parr-LIP]中提供了在外部 DSL 中使用不同种类符号表的很多细节，其中很多内容也同样

适用于内部 DSL，因为在内部 DSL 中我们也可以使用符号表这项有价值的技术。

[Kabanov et al.]中提供了一些在 Java 中使用静态类型符号的建议。同样，这些建议也适用于其他语言。

12.4   以外部 DSL 实现的依赖网络（Java 和 ANTLR）

这里是一个简单的依赖网络：

```
go_to_work -> drink_coffee dress
drink_coffee  -> make_coffee wash
dress -> wash
```

"->"左侧的任务依赖于右侧命名的任务。我将使用内嵌翻译（第 25 章）对它进行语法分析。我希望可以按照任意顺序编写依赖，然后返回头的列表，也就是说，这些任务不是其他任何任务的先决条件。这是一个用来说明为什么值得把任务放在符号表中进行跟踪的例子。

作为我个人的喜好，我编写了一个加载器类（loader class）来包装 ANTLR 语法分析器。它会从一个 reader 中获取输入：

```java
class TaskLoader...
  private Reader input;
  public TaskLoader(Reader input) {
     this.input = input;
  }

  public void run() {
    try {
      TasksLexer lexer = new TasksLexer(new ANTLRReaderStream(input));
      TasksParser parser = new TasksParser(new CommonTokenStream(lexer));
      parser.helper = this;
      parser.network();
    } catch (IOException e) {
      throw new RuntimeException(e);
    } catch (RecognitionException e) {
      throw new RuntimeException(e);
    }
  }
```

这个加载器把自身作为嵌入助手（第 54 章）插入生成的语法分析器中。它会提供一个很有用的符号表，这是一个任务名到任务的简单映射。

```java
class TaskLoader...
  private Map<String, Task> tasks = new HashMap<String, Task>();
```

这个 DSL 的文法极其简单。

```
grammar file...
  network : SEP? dependency (SEP dependency)* SEP?;
  dependency
    : lhs=ID '->' rhs+=ID+
```

```
    {helper.recognizedDependency($lhs, $rhs);}
  ;
```

助手类包含处理已识别的依赖的代码。为了把任务连接起来，它组装并且使用符号表。

```
class TaskLoader...
  public void recognizedDependency(Token consequent, List dependencies) {
    registerTask(consequent.getText());
    Task consequentTask = tasks.get(consequent.getText());
    for(Object o : dependencies) {
      String taskName = ((Token)o).getText();
      registerTask(taskName);
      consequentTask.addPrerequisite(tasks.get(taskName));
    }
  }

  private void registerTask(String name) {
    if (!tasks.containsKey(name)) {
      tasks.put(name, new Task(name));
    }
  }
}
```

一旦该加载器已经运行，就可以从它获取图的头。

```
class TaskLoader...
  public List<Task> getResult() {
    List<Task> result = new ArrayList<Task>();
    for(Task t : tasks.values())
      if (!tasksUsedAsPrerequisites().contains(t))
        result.add(t);
    return result;
  }

  public Set<Task> tasksUsedAsPrerequisites() {
    Set<Task> result = new HashSet<Task>();
    for(Task t : tasks.values())
      for (Task preReq : t.getPrerequisites())
        result.add(preReq);
    return result;
  }
}
```

12.5　在内部 DSL 中使用符号键（Ruby）

符号表来自语法分析，但它们在内部 DSL 中一样有用。在这个例子中，我使用 Ruby 来展示如何使用符号数据类型。这是一个关于早餐任务和先决条件的简单的 DSL 脚本：

```
task :go_to_work => [:drink_coffee, :dress]
task :drink_coffee => [:make_coffee, :wash]
task :dress => [:wash]
```

DSL 中的每个任务都被 Ruby 的符号数据类型所引用。任务列表使用函数序列（第 33 章）来声明，每个任务的细节用字面量映射（第 40 章）来展示。

语义模型（第 11 章）很容易描述，它就是一个简单的任务类。

```
class Task
  attr_reader :name
  attr_accessor :prerequisites

  def initialize name, *prereqs
    @name = name
    @prerequisites = prereqs
  end

  def to_s
    name
  end
end
```

表达式构建器（第 32 章）使用对象作用域（instance_eval）读入 DSL 脚本。

```
class TaskBuilder...
  def load aStream
    instance_eval aStream
    return self
  end
```

符号表是一个简单的字典。

```
class TaskBuilder...
  def initialize
    @tasks = {}
  end
```

任务子句使用单个哈希关联参数，用它来组装任务信息：

```
class TaskBuilder...
  def task argMap
    raise "syntax error" if argMap.keys.size != 1
    key = argMap.keys[0]
    newTask = obtain_task(key)
    prereqs = argMap[key].map{|s| obtain_task(s)}
    newTask.prerequisites = prereqs
  end
  def obtain_task aSymbol
    @tasks[aSymbol] = Task.new(aSymbol.to_s) unless @tasks[aSymbol]
    return  @tasks[aSymbol]
  end
end
```

使用符号实现符号表和使用字符串作为标识符是一样的，但如果语言支持，你应该优先选择符号。

12.6　以枚举作为静态类型符号（Java）

Michael Hunger 是本书的一位勤勉的审校者，他不断地催促我描述一下如何使用枚举作为静态类型符号，因为这是一项他成功使用过的技术。很多人喜欢静态类型是因为它们可以发现错误，但这并不是我所十分崇尚的方式，因为我觉得静态类型可以发现的大部分错误能够通过充分的测试（这是有无静态类型的情况下都需要的）捕获。但静态类型的一个很大的优点是它有现代 IDE，你可以通过输入"Ctrl+空格"组合键获得当前程序中可用的所有有效的符号列表。

这里仍然使用任务这个例子，而且是和前例中完全一样的**语义模型**（第 11 章）。语义模型中以字符串作为任务的名字，但在 DSL 中我将会使用枚举。这不仅可以实现自动补全，还可以防止拼写错误。枚举用起来很简单。

```
public enum TaskName {
  wash, dress, make_coffee, drink_coffee, go_to_work
}
```

可以这样定义任务的依赖：

```
builder = new TaskBuilder(){{
  task(wash);
  task(dress).needs(wash);
  task(make_coffee);
  task(drink_coffee).needs(make_coffee, wash);
  task(go_to_work).needs(drink_coffee, dress);
}};
```

这里使用 Java 的对象初始化器作为对象作用域（第 36 章），同时静态导入任务名枚举，这样就可以直接在脚本中使用任务名。使用这两项技术可以使脚本写入任何类中，而不需要使用不得不把这些脚本写入表达式构建器（第 32 章）的子类中的继承。

任务构建器构建了任务的映射，每次调用 `task` 都会在映射中注册一个任务。

```
class TaskBuilder...
  PrerequisiteClause task(TaskName name) {
    registerTask(name);
    return new PrerequisiteClause(this, tasks.get(name));
  }
  private void registerTask(TaskName name) {
    if (!tasks.containsKey(name)) {
      tasks.put(name, new Task(name.name()));
    }
  }
  private Map<TaskName, Task> tasks = new EnumMap<TaskName, Task>(TaskName.class);
```

先决条件子句是一个子构建器类。

```
class PrerequisiteClause...
  private final TaskBuilder parent;
  private final Task consequent;

  PrerequisiteClause(TaskBuilder parent, Task consequent) {
    this.parent = parent;
    this.consequent = consequent;
  }
  void needs(TaskName... prereqEnums) {
    for (TaskName n : prereqEnums) {
      parent.registerTask(n);
```

```
          consequent.addPrerequisite(parent.tasks.get(n));
      }
    }
```

我把子构建器作为任务构建器的一个静态内部类，这样它就可以访问任务构建器的私有成员。我甚至可以进一步使它成为一个实例内部类，这样就不需要引用父类。我之所以没有这么做是担心对 Java 不太熟悉的人可能不太理解。

这样使用枚举很简单，而且不会迫使你使用继承或者限制你在何处编写 DSL 脚本——这是枚举优于类符号表（第 44 章）的地方。

在使用这种方法时，需要记住当符号集合需要对应一些外部数据源时，你需要先编写一个步骤来读取外部数据源并且用代码生成枚举声明，这样所有的东西就都保持同步了[Kabanov et al.]。

这样实现的后果是所有的符号都有同一个命名空间。当你有多个脚本需要共享同一个符号集合的时候，这没什么问题，但是有时候你会希望不同的脚本可以使用不同的符号集合。

假设我有两个任务集合，其中一个用于早晨的任务（和上面的一样），另一个用于铲雪。（是的，我是看着车道想出这个主意的。）当我工作在早晨的任务时，我希望 IDE 只把它们提供给我。对于铲雪任务，道理也是一样的。

实现的方法是：根据某接口来定义任务构建器，然后让枚举实现该接口。

```
public interface TaskName {}

class TaskBuilder...
  PrerequisiteClause task(TaskName name) {
    registerTask(name);
    return new PrerequisiteClause(this, tasks.get(name));
  }
  private void registerTask(TaskName name) {
    if (!tasks.containsKey(name)) {
      tasks.put(name, new Task(name.toString()));
    }
  }
  private Map<TaskName, Task> tasks = new HashMap<TaskName, Task>();
```

然后我可以定义一些枚举，并选择性地导入所需的枚举就可以将这些枚举用于不同的任务组。

```
import static path.to.ShovelTasks.*;

enum ShovelTasks implements TaskName {
  shovel_path, shovel_drive, shovel_sidewalk, make_hot_chocolate
}

builder = new TaskBuilder(){{
  task(shovel_path);
  task(shovel_drive).needs(shovel_path);
  task(shovel_sidewalk);
  task(make_hot_chocolate).needs(shovel_drive, shovel_sidewalk);
}};
```

如果想要更多的静态类型控制，可以创建一个通用版本的任务构建器，让它检查是否使用了 TaskName 的正确的子类型。但是，如果你只是对良好的 IDE 的易用性感兴趣，那么选择性地导入一组正确的枚举就足够了。

第13章

上下文变量（Context Variable）

用变量保存语法分析所需的上下文。

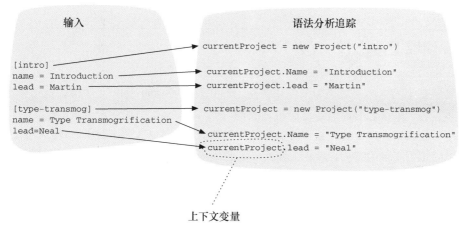

上下文变量

假设你正在对一个信息项列表进行语法分析，以及获取每一项的数据。每一项的信息都可以独立获取，但你仍然需要知道目前正在获取的是哪一项的信息。

上下文变量将当前处理的信息项保存在一个变量中，并在处理下一项时对该变量重新赋值，从而达到上述要求。

13.1 运行机制

当你使用名为 currentItem 的变量，并且随着对输入脚本中某个信息项移向下个信息项的语法分析过程而定期更新这个变量的值时，你实际上已经在使用上下文变量了。

上下文变量可能是语义模型（第11章）对象也可能是构建器。使用语义模型看起来相当直接明了，但是这样做有个前提，那就是当语法分析需要修改语义模型的所有属性时，它们是可变的。如果希望保持语义模型的所有属性不可变，那么最好使用某种构建器，如构造型构建器（第 14 章），来收集信息并创建语义模型对象。

13.2 使用时机

在语法分析过程中有许多场景需要保存过程中的上下文，这时候上下文变量就是一个自然的选择，因为它易于创建和使用。

然而当你需要很多上下文变量时，它们也可能变得很麻烦。这是因为从其本质上来说，它们是需要追踪的可变状态，而它们恰恰是最容易产生 bug 的一类可变状态。例如，很容易忘记在正确的时刻更新上下文变量，且这种 bug 很难调试。有许多可以不使用上下文变量的组织语法分析的方式。当然我并不是说上下文变量不好，我只是倾向于那些不使用它的技术。当然你还会在其他章中看到这个观点。

13.3 读取 INI 文件（C#）

我希望有个简单例子来说明上下文变量，而我发现古老的 INI 文件格式是一个不错的选择。虽然它看起来很老旧，而且已经被"改进"的 Windows 中的注册表所取代了，但它仍然是一种用于处理属性列表的轻量级、可读的文件格式。与 INI 文件相比，XML 和 YAML 文件格式可以处理更复杂的结构，但是丧失了一定的可读性且更难进行语法分析。如果对于你所需要的东西，INI 文件就能够满足，那么它仍然不失为一种合理的选择。

例如，这里有一个项目编码的列表和每个项目编码对应的一些属性数据：

```
[intro]
name = Introduction
lead = Martin

[type-transmog]
name = Type Transmogrification
lead=Neal

#行注释

[lang] #组注释
name = Language Background Advice
lead = Rebecca #分项注释
```

虽然 INI 文件格式没有标准的形式，但是基本形式就是对属性赋值，然后把这些赋值语句分成段。在这个例子里，每个段代表一个项目编码。

它的语义模型（第 11 章）非常简单。

```
class Project...
  public string Code { get; set; }
```

```
public string Name { get; set; }
public string Lead { get; set; }
```

INI 格式的文件可以很容易地通过分隔符制导翻译（第 17 章）来读取。语法分析器的基本结构的常见实现方式就是将脚本分解成行，然后逐行进行语法分析。

```
class ProjectParser...
  private TextReader input;
  private List<Project> result = new List<Project>();

  public ProjectParser(TextReader input) {
    this.input = input;
  }
  public List<Project> Run() {
    string line;
    while ((line = input.ReadLine()) != null) {
      parseLine(line);
    }
    return result;
  }
```

行语法分析器中的前面几行语句用来处理空白和注释。

```
class ProjectParser...
  private void parseLine(string s) {
    var line = removeComments(s);
    if (isBlank(line)) return ;
    else if (isSection(line)) parseSection(line);
    else if (isProperty(line)) parseProperty(line);
    else throw new ArgumentException("Unable to parse: " + line);
  }
  private string removeComments(string s) {
    return s.Split('#')[0];
  }
  private bool isBlank(string line) {
    return Regex.IsMatch(line, @"^\s*$");
  }
```

上下文变量 currentProject 出现在语法分析段中，此时我对它进行赋值。

```
class ProjectParser...
  private bool isSection(string line) {
    return Regex.IsMatch(line, @"^\s*\[");
  }
  private void parseSection(string line) {
    var code = new Regex(@"\[(.*)\]").Match(line).Groups[1].Value;
    currentProject = new Project {Code = code};
    result.Add(currentProject);
  }
  private Project currentProject;
```

之后，在对属性进行语法分析时我会使用这个上下文变量。

```
class ProjectParser...
  private bool isProperty(string line) {
    return Regex.IsMatch(line, @"=");
  }
  private void parseProperty(string line) {
```

```
      var tokens = extractPropertyTokens(line);
      setProjectProperty(tokens[0], tokens[1]);
    }
    private string[] extractPropertyTokens(string line) {
      char[] sep = {'='};
      var tokens = line.Split(sep, 2);
      if (tokens.Length < 2) throw new ArgumentException("unable to split");
      for (var i = 0; i < tokens.Length; i++) tokens[i] = tokens[i].Trim();
      return tokens;
    }
    private void setProjectProperty(string name, string value) {
      var proj = typeof(Project);
      var prop = proj.GetProperty(capitalize(name));
      if (prop == null) throw new ArgumentException("Unable to find property: " + name);
      prop.SetValue(currentProject, value, null);
    }
    private string capitalize(string s) {
      return s.Substring(0, 1).ToUpper() + s.Substring(1).ToLower();
    }
```

　　使用反射机制使得这段代码变得有点儿复杂，但这意味着当我在语义模型中添加更多属性时，无须更新语法分析器。

第14章

构造型构建器（Construction Builder）

构造函数的参数保存为构建器的字段,然后通过这个构建器,逐步地完成对不可变对象的创建。

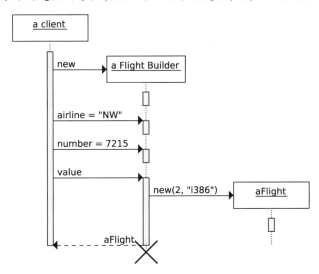

14.1 运行机制

　　构造型构建器的基本做法是很简单的。假设你要渐进式地创建一个不可变对象——我们称其为产品,那么我们可以创建一个构建器对象,把产品的构造函数的所有参数都作为这个构建器的字段,然后把所收集的产品的其他任何属性也加为字段。最后为这个构建器添加一个方法,根据构造型构建器中的所有数据组装并返回一个新的产品对象。

你还可以在构造型构建器中添加一些生命周期控制函数。例如，检查是否已经收集到创建产品所需的足够数据；通过一个标志位表明产品是否已经被返回，从而避免再次返回同一产品或将已创建的产品放入字段；此外，如果在创建产品之后还要向构造型构建器中增加新的属性，构造型构建器就应该引发错误。

多个构造型构建器还可以组合在一起形成层次更深的结构，用以生成一组彼此关联的对象而不是单个对象。

14.2　使用时机

在你需要创建一个有一些不可变的字段的对象，而你希望渐进式地采集这些字段的值的时候，你就可以使用构造型构建器。构造型构建器让你可以在创建最终产品之前，把所需要的所有数据收集在清晰的位置。

构造型构建器的最简单的一个可选择方法就是，在本地变量或松散字段中捕获所有的信息。对于只需创建一两个产品的情况，这种方法不失为一种好的选择，而一旦你需要创建很多对象——例如在语法分析时，这种方法就会让人感到非常难以理解。

另一种可选方法则是创建一个实际的模型对象，在收集到不可变属性的数据后，就为这个模型对象创建一个新的副本，然后用这个改变了属性的对象去替换原有的对象。这样做你可以不必编写构造型构建器，但是处理起来不太方便。尤其是，当你的对象有多个引用的时候，你需要非常仔细地去替换每一个引用，而这往往并没有那么容易。

使用构造型构建器通常而言是一个不错的解决方案，但是要记住，只有当你需要处理不可变的字段的时候，你才需要使用它。否则，你只需要直接创建产品对象。

尽管名字里也有"构建器"，但是我认为这个模式与表达式构建器（第 32 章）是完全不同的。构造型构建器只是渐进式地收集构造函数的参数，它并不提供连贯接口。而表达式构建器恰恰关注如何提供连贯接口。当然，一个对象既是构造型构建器又是表达式构建器的例子并不罕见，但这不代表它们是同一个概念。

14.3　构建简单的航班数据（C#）

假想一个应用程序，需要使用航班数据。这个航班数据仅被这个应用程序读取，所以把领域类设置为只读是合理的。

```
class Flight...
  readonly int number;
  readonly string airline;
  readonly IList<Leg> legs;
  public Flight(string airline, int number, List<Leg> legs) {
```

```
      this.number = number;
      this.airline = airline;
      this.legs = legs.AsReadOnly();
    }
    public int Number {get { return number; }}
    public string Airline {get { return airline; }}
    public IList<Leg> Legs {get { return legs; }}

class Leg...
    readonly string start, end;
    public Leg(string start, string end) {
      this.start = start;
      this.end = end;
    }
    public string Start {get { return start; }}
    public string End {get { return end; }}
```

虽然这个应用程序可能只需读取航班数据，但很有可能它必须以这样一种方式收集数据，这使得通过构造器来构建完整的对象很困难。所以，这里我可以使用一个简单的构造型构建器来收集数据，并通过它来构建最终的对象。

```
class FlightBuilder...
    public int Number { get; set; }
    public string Airline { get; set; }
    public List<LegBuilder> Legs { get; private set; }
    public FlightBuilder() {
      Legs = new List<LegBuilder>();
    }
    public Flight Value {
      get{return new Flight(Airline, Number, Legs.ConvertAll(l => l.Value));}
    }

class LegBuilder...
    public string Start { get; set; }
    public string End { get; set; }

    public Leg Value {
      get { return new Leg(Start, End); }
    }
```

第 15 章

宏（Macro）

使用基于模板的代码生成在进行语言处理前把输入文本转换成不同的文本。

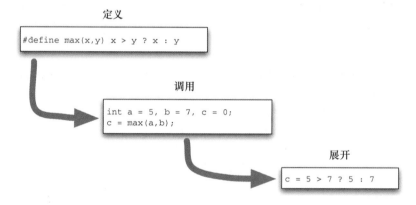

定义

```
#define max(x,y) x > y ? x : y
```

调用

```
int a = 5, b = 7, c = 0;
c = max(a,b);
```

展开

```
c = 5 > 7 ? 5 : 7
```

一门语言总有一组固定的形式和结构可以处理。有时，我们可以这样来增加语言的抽象：首先把输入文本进行纯粹的文本转换，然后让编译器或者解释器对文本进行针对该语言的语法分析。因为我们清楚想要的最终形式是什么，所以进行文本转换时，可以直接编写期望的输出形式，并带有可参数化的值。

宏允许定义这些转换，无论是通过纯粹的文本形式，还是通过理解底层语言语法的语法宏。

15.1 运行机制

对于用编程语言构建抽象，宏是最古老的技术之一。编程的早期，宏与函数一样流行。然而后来就不再受欢迎，不过这也合情合理。但是它们在内部 DSL 仍有一席之地，尤其是在 Lisp 社区。

我想把宏分为主要的两类：文本宏和语法宏。文本宏更为人所熟悉并易于理解——它们把文本看作纯粹的文本。语法宏则理解宿主语言的语法结构，因而更容易确保它们在语法合理的文本单元上操作，产生的结果在语法上也是合法的。文本宏处理器可以在任何以文本表示的语言上操作——这意味着对于几乎所有的语言。语法宏处理器只能工作在单一的语言上，它经常作为该语言的一个工具，甚至包含语言规范本身。

为了理解宏如何工作，即使你对语法宏更感兴趣，我认为最简单的方式也还是先理解文本宏，以对基本概念有一个了解。

15.1.1 文本宏

多数现代语言不支持文本宏，多数开发人员也避免使用它们。然而，借助通用的宏处理器，如经典的 Unix m4 宏处理器，你可以在任何语言上使用文本宏。像 Velocity 这样的模板引擎是非常简单的宏处理器，可用在一些技术上。虽然多数现代语言回避使用宏，但是 C（当然还有 C++）有内置在基本工具中的宏预处理器。C++专家通常会告诉大家避免使用预处理器，这合情合理，不过宏仍然存在。

宏处理的最简单的形式是用一个字符串替换另一个字符串。有个很好的例子能够说明这是有用的，就是在 CSS 文档中避免重复指定相同的颜色。例如，你有一个网站，并重复使用某个特定的颜色，在表格边框、线条颜色、文本高亮中等。使用基本的 CSS，你不得不在每次使用时重复颜色编码。

```
div.leftbox { border-bottom-color: #FFB595}
p.head { bgcolor: #FFB595 }
```

这种重复导致颜色很难更新，而且使用原始编码让人难以理解。而使用宏处理器，你可以给颜色定义一个特定的单词，然后用这个单词替代原始编码。

```
div.leftbox { border-bottom-color: MEDIUM_SHADE}
p.head { bgcolor: MEDIUM_SHADE }
```

从本质上来说，宏处理器检查 CSS 文件，把 MEDIUM_SHADE 替换为颜色符号，就可以生成前面那个例子中的文本。所以你编辑的 CSS 文件其实不是 CSS，因为真正的 CSS 不能定义符号常量，所以有了宏处理器，你给 CSS 语言实现了增强。

对这个例子，你可以对输入文本使用简单的搜索并替换的方式，基本上是使用文本打磨（第 45 章）模式。虽然文本替换比较简单，但 C 语言中的宏就经常这么用，尤其是对于符号常量。你可以使用同样的机制在文件中引入共同的元素，例如 Web 页面上共同的头部和尾部。在需要预处理的 HTML 文件中定义一个标记，在其上运行替换，然后就可以得到真正的 HTML 文件。这样的小技巧对小型网站来说相当方便，可以避免在每个页面上重复编写共同的头部和尾部。

更有趣的文本宏的用法是可以对其进行参数化。考虑一个常见的场景，你想得到两个数字中的较大值，用 C 语言表达式需要多次编写 a > b ? a : b。你可以在 C 语言的预处理器中将其编写成一个宏：

```
#define max(x,y) x > y ? x : y

int a = 5, b = 7, c = 0;
c = max(a,b);
```

宏和函数调用的区别在于，宏在预编译时求值。它对 max 表达式执行搜索并替换，以替换参数。编译器根本不会看到 max 表达式。

（我在这里应该提一下，有些环境中"宏"这个词指的是子例程。很烦人，但这就是实际情况。）

因此，宏是函数调用的另一个选择。它的好处是避免了函数调用的所有开销——这是 C 语言编程人员经常担心的，尤其是在早期的 C 语言开发中。但是宏也有许多小问题，尤其在使用参数时。考虑这个计算数字平方的宏：

```
#define sqr(x) x * x
```

看上去很简单，应该是对的。但是试一下这样调用：

```
int a = 5, b = 1, c = 0;
c = sqr(a + b);
```

这个例子中，c 的值是 11。这是因为宏展开后的表达式是 a + b * a + b。由于 * 比 + 的优先级高，你得到的是 a + (b * a) + b，而非 (a + b) * (a + b)。宏展开后的表达式与编程人员期望的不同，所以我称之为**错误展开**（mistaken expansion）。这种宏展开在多数情况下是对的，只在特殊情况下会出错，导致的奇怪 bug 很难发现。

要避免这种情况，只需要比 Lisp 开发者使用更多的圆括号就行了。

```
#define betterSqr(x) ((x) * (x))
```

语法宏了解宿主语言，所以在很大程度上避免了这个问题，但是仍然会有一些与文本宏同样的问题。我先用文本宏来解释这种问题。

我们回到 max 宏，看我这样把它搞乱：

```
#define max(x,y) x > y ? x : y

int a = 5, b = 1, c = 0;
c = max(++a, ++b);
printf("%d",c); // => 7
```

这是一个**多次求值**（multiple evaluation）的例子，我们传入的参数有副作用，宏体多次引用了这个参数，于是执行多次求值。在这个例子中，a 和 b 都递增了两次。这也是一个很好的例子，说明 bug 很难发现。更让人沮丧的是，很难预料还有哪些情况下宏展开会出错。你得把宏展开和函数调用分清楚，当出现嵌套的宏时，结果更加难以预料。

更多的例子，请考虑下面这个宏。它有 3 个参数：一个包含 5 个整数的数组、1 个上限值和 1 个结果值。它把数组中的数字相加，并把相加得到的值与上限值比较，其较小值作为结果值。

```
#define cappedTotal(input, cap, result) \
{int i, total = 0; \
```

```
for(i=0; i < 5; i ++) \
  total = total + input[i];\
result = (total > cap) ? cap : total;}
```

我们这样调用：

```
int arr1[5] = {1,2,3,4,5};
int amount = 0;
cappedTotal (arr1, 10, amount);
```

这样工作得很好（当然使用函数更好）。现在稍微改变一下用法：

```
int total = 0;
cappedTotal (arr1, 10, total);
```

运行代码后 total 值为 0。原因是名字 total 展开到了宏，但是宏解释时认为它是宏本身定义的变量。其结果就是传入宏的变量被忽略了——这种错误叫作**变量捕获**（variable capture）。

有个与之相反的问题，在 C 语言中不会发生，但在不强制声明变量的语言中会发生。我将在 Ruby 中做一些文本宏来解释这个问题——即使以书中例子的标准来看，这个练习也无甚用处。我们的宏处理器将采用 Velocity，在生成 Web 页面的工具中鼎鼎有名。我借用 Velocity 中的宏特性来说明这个例子。

我们再次使用 C 中的 cappedTotal 例子。这是 Ruby 代码中的 Velocity 宏：

```
#macro(cappedTotal $input $cap $result)
total = 0
${input}.each do |i|
  total += i
end
$result = total > $cap ? $cap : total
#end
```

委婉地说，这段 Ruby 代码不是很地道，但是一个刚从 C 转过来的 Ruby 新手很有可能会这样写。在宏体里面，变量$input、$cap 和$result 指向调用宏时的参数。假设中的程序员可能会在 Ruby 程序中这样使用宏：

```
array = [1,2,3,4,5]
#cappedTotal('array' 10 'amount')
puts "amount is: #{amount}"
```

如果现在在运行这段 Ruby 程序之前先用 Velocity 处理它，然后运行生成的文件，看上去一切工作正常。展开之后是这样的：

```
array = [1,2,3,4,5]
total = 0
array.each do |i|
 total += i
end
amount = total > 10 ? 10 : total
puts "amount is: #{amount}"
```

现在，程序员出去喝了一杯茶，回来后编写了这样的代码：

```
total = 35
#... 代码行 ...
#cappedTotal('array' 10 'amount')
puts "total  is #{total}"
```

他会有些惊讶。代码看似工作正常，因为 amount 设置的是对的。但是，早晚他会发现 bug，因为宏运行时，变量 total 的值被修改了。这是因为宏体的代码中引用了 total，所以展开后的表达式修改了这个变量的值。宏捕获了变量 total。与前面那种形式的变量捕获相比，捕获的后果可能不一样，甚至更糟糕，但它们都源自相同的基本问题。

15.1.2　语法宏

由于所有这些问题，宏处理，尤其是文本宏，在多数编程环境中已经不流行了。C 语言中仍然有，但现代语言中完全避免使用宏。

但是有两个重要的例外情况——C++和 Lisp，它们不但使用，而且鼓励使用语法宏。C++中，语法宏就是模板，衍生了很多编译时生成代码的神奇方法。这里我不会过多讨论 C++模板。其部分原因是我不是非常熟悉模板，我用 C++那会儿它们还不普遍。C++也不是以实现内部 DSL 著称的语言。通常情况下，C/C++世界中的 DSL 都是外部的。毕竟，即使对有经验的程序员来说，C++用起来也很复杂，因此不鼓励使用内部 DSL。（正如 Ron Jeffries 所说的：我用 C++挺长时间了……但还是不够长！）

然而，Lisp 是另外一回事儿。Lisp 诞生之初，Lisp 程序员就讨论用 Lisp 实现内部 DSL。这已经过了相当长的时间了，因为 Lisp 是仍然活跃的最古老的编程语言之一。这其实并不奇怪，因为 Lisp 都是关于符号处理的，即关于操作语言的。

与其他所有编程语言不同，宏深入了 Lisp 的核心。Lisp 的很多核心特性是通过宏完成的，即使是 Lisp 编程新手也用它们——通常没有意识到它们是宏。其结果就是，当大家讨论内部 DSL 的语言特性时，Lisp 程序员总是讨论宏的重要性。一旦出现不可避免的语言比较时，Lisp 程序员总是鄙视任何没有宏的语言。

（这也让我处境尴尬。虽然我对 Lisp 涉猎颇多，但我不认为自己是一个严格意义上的 Lisp 程序员，在 Lisp 社区也不活跃。）

语法宏确实有一些强大的能力，Lisp 程序员也确实在使用它们。然而，Lisp 中多数甚至大多数的宏，是为了处理闭包（第 37 章）而打磨语法。这是一个简单的 Ruby 中的闭包的例子，使用了执行环绕方法（Execute-Around Method[Beck SBPP]）：

```
aSafe = Safe.new "secret plans"
aSafe.open do
 puts aSafe.contents
end
```

open 方法是这样实现的：

```
def open
 self.unlock
 yield
 self.lock
end
```

这里的关键是，直到接收方调用 `yield` 方法，闭包的内容才被求值。这确保了在运行传入的代码之前，接收方能够运行 `open` 方法。与这种方式比较一下：

```
puts aSafe.open(aSafe.contents)
```

这样不行，因为参数中的代码在调用 `open` 方法前就已经运行。在闭包中传递代码，可以延迟代码的求值。**延迟求值**（deferred evaluation）意味着调用的接收方法可以选择何时运行或者是否运行传入的代码。

在 Lisp 中可以做同样的事情。与之等同的调用是：

```
(openf-safe aSafe (read-contents aSafe))
```

我们希望可以这样使用函数调用来实现：

```
(defun openf-safe (safe func)
 (let ((result nil))
  (unlock-safe safe)
  (setq result (funcall func))
  (lock-safe safe)
  result))
```

但是这样并没有延迟求值。为了延迟求值，应该这样调用它：

```
(openf-safe aSafe (lambda() (read-contents aSafe)))
```

但这样看上去太乱了。为了让调用过程简洁，需要宏的帮助。

```
(defmacro openm-safe (safe func)
 `(let (result)
   (unlock-safe ,safe)
   (princ (list result ,safe))
   (setq result ,func)
   (lock-safe ,safe)
   result))
```

这个宏避免了要在 lambda 表达式中封装函数，于是我们用更清晰的语法来调用这个宏：

```
(openm-safe aSafe (read-contents aSafe))
```

在 Lisp 中使用宏，大多数（甚至绝大多数）是为了给延迟求值机制提供清晰的语法。支持整洁闭包语法的语言则不需要宏。

上面的宏在几乎所有情况下工作正常，但是"几乎"意味着还是会有问题。例如，我们这样调用：

```
(let (result)
 (setq result (make-safe "secret"))
 (openm-safe result (read-contents result)))
```

问题在于变量捕获。如果我们使用名为 `result` 的符号作为参数就会引发错误。变量捕获是 Lisp 宏的"地方病"，其结果是，Lisp 各种方言努力想办法避免它。有一些，如 Scheme，使用 hygienic 宏体系，通过重新定义符号完全避免任何变量捕获。Common Lisp 使用不同的机制：gensym，通过给局部变量生成符号，确保它们不会跟任何其他变量发生冲突。gensym 使用起来更麻烦，但是可以让程序员有选择地使用变量捕获，也有一些情况下，故意的变量捕获是有用的，我会把相关的讨论留给 Paul Graham[①]［Graham］。

除了变量捕获，也可能有多次求值的问题，因为参数 safe 在展开定义时使用了多次。为了避免这个问题，需要把参数绑定到另一个局部变量上，这也需要一个 gensym，结果是：

```
(defmacro openm-safe2 (safe func)
 (let ((s (gensym))
   (result (gensym)))
  `(let ((,s ,safe))
   (unlock-safe ,s)
   (setq ,result ,func)
   (lock-safe ,s)
   ,result)))
```

避免这样的问题，就会使宏比第一眼看上去难写得多。尽管如此，使用简便语法的延迟求值在 Lisp 中被频繁使用，因为对创建新的控制抽象和备选计算模型来说，闭包是非常重要的——这些都是 Lisp 程序员愿意做的事情。

尽管大多数 Lisp 宏是为了延迟求值而编写的，但是它们还有一些其他的用途，是语法上简便的闭包无法独自做到的。尤其是宏提供了一种机制可以让 Lisp 程序员做语法分析树操作（第 43 章）。

Lisp 语法初看起来比较奇怪，但习惯之后，你会意识到它对程序的语法分析树是一种很好的表达方式。对于每个列表，第一个元素是语法分析树节点的类型，其余元素都是它的子节点。Lisp 程序使用很多嵌套函数（第 34 章），其结果就是语法分析树。通过在求值前使用宏来操作 Lisp 代码，Lisp 程序员可以实现语法分析树操作。

现在很少有编程环境支持语法分析树操作了，所以 Lisp 的支持是一个明显的语言特性。除了支持 DSL 元素，Lisp 也允许语言中更基本的操作。标准 Common Lisp 中的宏 setf 就是一个很好的例子。

虽然 Lisp 经常被用作函数式语言（即对数据没有副作用），但是确实有在变量中储存数据的函数，这样的基本函数是 setq，可以这样设置一个变量：

```
(setq var 5)
```

通过嵌套列表，Lisp 可以形成很多种不同的数据结构，而且有可能你想更新这些数据结构中的数据。你可以通过 car 访问列表中的第一个元素，并通过 rplaca 更新。但是有很多种不同方式可以访问数据结构中的不同部分的数据，对于每种访问方式，都要费力地记住访问函数和更新函数。为此，Lisp 提供了 setf，在给定访问函数的情况下，它会自动计算并应用相应的更新。所以我们可以使用(car (cdr aList))访问列表中的第二个元素，并使用(setf (car (cdr aList)) 8)来更新。

```
(setq aList '(1 2 3 4 5 6))
(car aList) ; => 1
```

---

① Paul Graham 是 Y Combinator 创始人、《黑客与画家》作者、Lisp 大师。——译者注

```
(car (cdr aList)) ; => 2
(rplaca aList 7)
aList ; => (7 2 3 4 5 6)
(setf (car (cdr aList)) 8)
aList ; => (7 8 3 4 5 6)
```

这种技巧让人叹为观止，就像魔术一样。但是它也有局限性，从而减少了它的魔力。这种方法不能用于所有的表达式，而只能用在由可逆函数组成的表达式上。Lisp 保留了反函数的记录，例如，rplaca 是 car 的反函数。宏分析第一个参数表达式，并通过查找反函数来计算更新表达式。如果你定义新函数，可以告诉 Lisp 它们的反函数，然后使用 setf 来做更新。

这里我只做了少许的发挥，因为跟我的简单介绍相比，setf 要复杂得多。但这里讨论的重点在于，要定义 setf，确实需要宏，因为 setf 依赖于对输入表达式进行语法分析的能力。对表达式参数进行语法分析的能力是 Lisp 宏的关键优势。

Lisp 中宏对语法分析树操作很有效，因为 Lisp 的语法结构跟语法分析树很相近。但是，宏并不是实现语法分析树操作的唯一方式。C#是一种支持语法分析树操作的语言的例子，它能够从表达式中得到语法分析树，并提供了程序对其进行操作的库。

15.2　使用时机

初看之下，文本宏很吸引人。它们可以用于任何使用文本的语言，它们在编译时完成其所有的操作，并能够实现宿主语言无法完成的令人赞叹的行为。

但是文本宏的问题非常多。诸如错误展开、变量捕获，多次求值的小 bug 时有出现，并难以追踪。宏之后的工具中都不出现宏意味着它们提供的抽象就像没有经过滤网的筛子一样漏出，你无法从调试器、智能 IDE 或者任何其他依赖展开后的代码的地方得到支持。多数人也发现推导嵌套的宏展开比推导嵌套的函数调用要困难得多。这可能是因为缺少处理宏的实践，但是我认为这是更基本的东西。

总之，除了非常简单的场景，我不推荐使用文本宏。我认为对基于模板的代码生成（第 53章）它们还可以工作，前提是避免自作聪明，尤其是，避免嵌套展开。否则还不够麻烦的。

这种推论中有多少适用于语法宏呢？我倾向于说大多数适用。虽然不太可能出现错误展开，但其他问题仍会突然出现。这让我对它们非常谨慎。

与之对应的反例是 Lisp 社区中大量使用语法宏。作为局外人，我有些犹豫不宜评价太多。我的总体感觉是，它们对 Lisp 确实有意义，但我不认为它们的使用逻辑对其他语言环境也适用。

最后是关于选择是否使用语法宏的要点。大多数语言环境不支持语法宏，所以无须担心。在确实用到的时候，如 Lisp 和 C++，它们通常是有用的，所以你一般至少对它们会略为熟悉。这意味着在你使用的语言环境中，选择使用语法宏确实适合你。

还剩下一点，语法宏能否成为选择语言的一个理由。目前，我认为宏比其他可用方案差，因此使用了宏的环境都应该减分，但须说明，我对那些语言不够熟悉，不足以完全确认我的判断。

第*16*章

通知（Notification）

收集错误消息和其他消息，并将它们汇报给调用者。

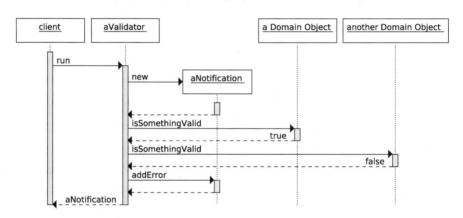

假如我进行了某些操作，对对象模型进行了实质性的修改。完成这些操作后，我希望检查模型结果是否正确。我可以发出验证命令来检查模型，其结果是简单的布尔值。而如果在验证过程中出现了错误，我希望知道更多的细节。特别是，如果有错误出现，我希望了解所有错误消息，而不是让验证过程停在第一条错误消息。

通知是用来收集错误消息的对象。当验证检查失败时，它将会把错误消息添加到通知中。当验证命令完成时，它将会把整个通知返回给调用者。我可以通过通知知道验证结果，如果有错误出现，则可以从通知中获得错误的细节。

16.1 运行机制

通知的基本形式是一个由错误组成的集合。在执行具体通知任务时，我需要能够向通知中加入错误消息——可以是简单的错误消息字符串也可以是更复杂的错误对象。当任务完成时，通知将返回给调用者。调用者可以调用简单的布尔查询方法来了解任务执行的情况。如果有错误出现，可以进一步查询通知来显示错误。

通知通常需要对模型中的多个方法可用。它既可以作为收集性参数（Collecting Parameter）[Beck IP]传入，也可以存储在字段中，该字段属于与当前任务对应的对象，例如验证器对象。

虽然通知的主要目的是收集错误消息，但是有时也可以用它来捕获警告和其他信息性消息。错误表明被请求的命令失败了；而警告虽然不表示任务失败，但仍然是调用者要关注的问题；信息性消息只是一些可能会用到的信息。

从很多方面来看，通知对象的行为都与日志文件类似，所以在日志系统中很多常见的特性对于通知一样有效。

16.2　使用时机

有时候复杂的操作可能会触发多个错误，而你不希望程序在第一个错误出现的时候失败，那么通知就是一种有效的方法。假如你确实希望程序在第一个错误出现的时候失败，那么也可以抛出异常。通知允许存储多个异常，可以让调用者对于该请求导致了什么有更全面的了解。

通知在一种情况下特别有用，那就是在 UI 发出某个较低层级的操作的时候。因为较低层级不允许直接与 UI 进行交互，所以通知就变成了 UI 和较低层级间的一个恰当的信使，负责消息的传递。

16.3　非常简单的通知（C#）

下面是一个很简单的通知的例子，我也在我的其他几本书中作为示例使用过。它会把错误消息当作字符串存储起来。

```
class Notification...
  List<string> errors = new List<string>();
  public void AddError(String s, params object[] args) {
    errors.Add(String.Format(s, args));
  }
```

使用格式化字符串和参数可以更容易用通知来捕获错误消息，因为客户端代码无须构造格式化字符串。

```
calling code......
  note.AddError("No value for {0}", property);
```

我为调用者提供了一些布尔方法用以检查是否有错误出现。

```
class Notification...
  public bool IsOK {get{ return 0 == errors.Count;}}
  public bool HasErrors {get { return !IsOK;}}
```

我还提供了一个方法，当错误出现的时候，这个方法会抛出异常。有时候这个方法比使用布尔方法来检查错误效果好。

```
class Notification...
  public void AssertOK() {
    if (HasErrors) throw new ValidationException(this);
  }
```

16.4　对通知进行语法分析（Java）

这是另外一个通知，我在外来代码（第 27 章）中会用到这个例子。它比上面的 C#代码要复杂一些，同时也更具有针对性，因为它会处理一些特定类型的错误。

由于这是 ANTLR 语法分析的一部分，因此我将通知放置在生成的语法分析器的嵌入助手（第 54 章）中。

```
class AllocationTranslator...
  private Reader input;
  private AllocationLexer lexer;
  private AllocationParser parser;
  private ParsingNotification notification = new ParsingNotification();
  private LeadAllocator result = new LeadAllocator();

  public AllocationTranslator(Reader input) {
    this.input = input;
  }
public void run() {
  try {
    lexer = new AllocationLexer(new ANTLRReaderStream(input));
    parser = new AllocationParser(new CommonTokenStream(lexer));
    parser.helper = this;
    parser.allocationList();
  } catch (Exception e) {
    throw new RuntimeException("Unexpected exception in parse", e);
  }
  if (notification.hasErrors())
    throw new RuntimeException("Parse failed: \n" + notification);
}
```

这个通知可以处理两种特定的错误类型。第一种情况是 ANTLR 系统本身抛出的异常，这表明 ANTLR 无法识别。ANTLR 为这种情况提供了默认的行为，但是我仍然希望可以通过通知来捕获错误。我通过在文法文件的 `members` 部分提供错误报告方法的实现来完成这个功能。

```
grammer file 'Allocation.g'......
  @members {
    AllocationTranslator helper;

    public void reportError(RecognitionException e) {
```

```
      helper.addError(e);
      super.reportError(e);
    }
  }
class AllocationTranslator...
  void addError(RecognitionException e) {
    notification.error(e);
  }
```

第二种情况是在语法分析期间内嵌翻译（第 25 章）代码识别的错误。此时，文法要找的是一个产品列表。

```
grammer file......
  productClause  returns [List<ProductGroup> result]
    : 'handles' p+=ID+ {$result = helper.recognizedProducts($p);}
    ;
class AllocationTranslator...
  List<ProductGroup> recognizedProducts(List<Token> tokens) {
    List<ProductGroup> result = new ArrayList<ProductGroup>();
      for (Token t : tokens) {
        if (!Registry.productRepository().containsId(t.getText())) {
          notification.error(t, "No product for %s", t.getText());
          continue;
        }
        result.add(Registry.productRepository().findById(t.getText()));
      }
      return result;
  }
```

针对第一种情况，我将 ANTLR 识别异常的对象传递给通知；而针对第二种情况，我传递记号和错误消息字符串——跟前面的例子一样，我使用格式化字符串。

在通知的内部，它保有错误的列表——这里我没有使用字符串，而使用了更富有含义的对象。

```
class ParsingNotification...
  private List<ParserMessage> errors = new ArrayList<ParserMessage>();
```

对于这两种情况，我分别使用了不同种类的对象。对于 ANTLR 识别异常的情况，我使用了一个简单的包装类。

```
class ParsingNotification...
  public void error (RecognitionException e) {
    errors.add(new RecognitionParserMessage(e));
  }

class ParserMessage {}

class RecognitionParserMessage extends ParserMessage {
  RecognitionException exception;

  RecognitionParserMessage(RecognitionException exception) {
    this.exception = exception;
  }
  public String toString() {
    return exception.toString();
  }
}
```

正如所见，这个超类仅仅是一个标记类（marker），这样可以使得泛型代码能够工作。我还在里面添加了其他一些东西，不过就目前而言，它仅仅是一个裸标记类。

对于第二种情况，我把输入的数据装配成另一个对象。

```
class ParsingNotification...
  public void error(Token token, String message, Object... args) {
    errors.add(new TranslationMessage(token, message, args));
  }

class TranslationMessage extends ParserMessage {
  Token token;
  String message;

  TranslationMessage(Token token, String message, Object... messageArgs) {
    this.token = token;
    this.message = String.format(message,  messageArgs);
  }
  public String toString() {
    return String.format("%s (near line %d char %d)",
                          message, token.getLine(), token.getCharPositionInLine());
  }
}
```

通过传入记号，我可以提供更有益的诊断信息。

我提供了常规的检测错误是否出现的方法，同时还有输出错误报告的方法。

```
class ParsingNotification...
  public boolean isOk() {return errors.isEmpty();}
  public boolean hasErrors() {return !isOk();}

  public String toString() {
    return (isOk()) ? "OK" : "Errors:\n" + report();
  }
  public String report() {
    StringBuffer result = new StringBuffer("Parse errors:\n");
    for (ParserMessage m : errors) result.append(m).append("\n");
    return result.toString();
  }
```

我认为这里最重要的一点是构建使调用代码尽可能简单且紧凑的通知。因此，我会把所有相关数据都传递给通知，然后让通知从这些数据整理出错误消息。

第三部分　外部 DSL 主题

第17章

分隔符制导翻译（Delimiter-Directed Translation）

通过将源文本分解成块（通常是行）并逐块进行语法分析的方式来翻译源文本。

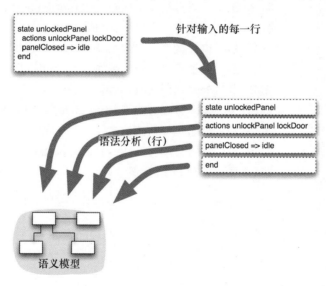

17.1 运行机制

分隔符制导翻译获取输入后，通过某种分隔字符将输入分解成小块。你可以使用你喜欢的任何分隔字符，但最常用的分隔符是行结束符（line ending character），这里就以它进行讨论。

把脚本分解成行通常相当简单，因为大多数编程环境有库函数，一次一行地读取输入流。你可能遇到的难点是，当行很长时，希望在编辑器中以物理的方式将它们分解。在很多环境下，最简单的方式是引用行结束符；在 Unix 中意味着使用反斜杠表示一行的最后一个字符。

然而，引入行结束符看起来很难看，而且容易受到引号和行尾间空白符的影响。结果就是，使用续行符（line continuation character）会更好，其执行过程是，选择某个字符，如果它是一行的最后一个非空白符，就表示下一行还是同一行。读取输入时，需要查找续行符，一旦找到，就把下一行接续到刚才读取的这一行上。这样做的时候请记住，可能有不止一个续行符。

处理行的方式依赖于正在处理的语言的性质。最简单的情况是，每一行都是自治的，并且形式相同。考虑一个简单的规则列表，给酒店住宿的常客积分。

```
score 300 for 3 nights at Bree
score 200 for 2 nights at Dol Amroth
score 150 for 2 nights at Orthanc
```

我把这里的每一行都称作自治的，因为任何一行都不会影响其他行。我可以放心地对它们重新排序甚至移除任何行而不会影响解释其他行。它们的形式相同，因为每一行都编码同种类型的信息。因此处理起来相当简单，对每一行运行相同的行处理函数，该函数会找出我需要的信息（记录的积分、住宿天数，以及酒店名称），并转换为我需要的表达方式。如果使用内嵌翻译（第 25 章），意味着把它放入语义模型。如果使用树构造（第 24 章），意味着创建一棵抽象语法树。我很少见到在分隔符制导翻译时使用树构造的，所以假定这里讨论时使用的是内嵌翻译（内嵌解释（第 26 章）也很常用）。

如何找出你需要的信息依赖于语言中字符串处理的能力，以及需要处理的行的复杂度。在可能的情况下，最简单的方式是使用字符串分隔函数来分解输入。大多数的字符串库有这样的函数，可以通过分隔字符把字符串分隔成多个元素。例如，在这个例子中，你可以使用空白符作为分隔符，把第二个元素提取为积分。

有时字符串不像上面这么容易分隔，此时最好的方式是使用正则表达式。可以在正则表达式中使用分组来提取所需的字符。正则表达式的表达力比分隔字符串强得多，也可以很好地检查行的语法是否正确。然而正则表达式也复杂得多，很多人觉得很难学。我们可以把大的正则表达式分解成子表达式，单独定义每个子表达式，再把它们合并起来（这种技术我称之为复合正则表达式）。

现在，考虑行间形式不同的情况。这段 DSL 用来描述一家本地报纸的主页内容。

```
border grey
headline "Musical Cambridge"
filter by date in this week
show concerts in Cambridge
```

这种情况下每行都是自治的，但是需要不同的处理方式。做法是通过条件表达式检查每一行的种类，并调用相应的处理例程。

```
if      (isBorder())   parseBorder();
else if (isHeadline()) parseHeadline();
else if (isFilter())   parseFilter();
else if (isShow())     parseShow();
else throw new RecognitionException(input);
```

条件检查可以使用正则表达式，或者其他的字符串操作。有人主张在条件语句中直接显示正则表达式，但是我通常更喜欢使用方法。

除了同种形式和不同形式的行，你还可能会遇见混合形式，其中每一行的主要结构相同，可以分成多个子句，但是每个子句的形式不同。这是另一个版本的酒店积分奖励：

```
300 for stay 3 nights at Bree
150 per day for stay 2 nights at Bree
50 for spa treatment at Dol Amroth
60 for stay 1 night at Orthanc or Helm's Deep or Dunharrow
1 per dollar for dinner at Bree
```

这里的主要结构是相同的。总有一个奖励子句，后面跟着"for"，然后是活动子句，后面跟着"at"，最后是位置子句。可以通过一个顶级的处理例程识别 3 个子句，然后为每个子句调用一个处理例程。子句处理例程可以采用不同形式的模式，即使用条件检查和不同的处理例程。

可以把这个与**语法制导翻译**（第 18 章）中使用的文法关联起来。不同形式的行和子句通过文法进行处理，使用各种可供选择的方案，而相同形式的行通过产生式规则进行处理，无须可供选择的方案。使用方法把行分解成子句就像使用子规则一样。

使用分隔符制导翻译处理非自治的语句会更加复杂，因为我们必须追踪有关语法分析的一些状态信息。一个例子是开篇中介绍的状态机，其中分成了事件、命令和状态 3 部分。即使语法形式相同，对行 `unlockPanel PNUL` 的处理，在事件部分中与命令部分中是也不同的。而在状态定义中，这种形式的行则是一种错误。

解决这种问题的好办法是，对于语法分析的每种状态都有一组不同的语法分析器。于是，状态机语法分析器有一个顶级的行语法分析器。而针对命令块、事件块、重置事件块和状态块则有各自的行语法分析器。当顶级的行语法分析器看到了关键词 `events`，就把当前的行语法分析器切换成事件行语法分析器。当然，这只是状态（State）[GoF]设计模式的一个应用。

一个常见的领域会让分隔符制导翻译变得很别扭，那就是处理空白符，尤其是运算符附近的空白符。如果有一行是 `property = value`，你不得不确定=周围的空白符是不是可选的。让它可选会让行处理变得复杂，让它必须有（或者根本不能有）则会让 DSL 很难用。如果需要区分一个和多个空白符，或者区分不同的空白符（如制表符和空格），那么情况会变得更糟糕。

这种处理有一定的规律可循。思路是，递归地检查字符串是否匹配一定的模式，然后调用这个模式的处理规则。这种共性很自然地让人想起可以使用某种框架来处理。可以有一系列对象，每个对象包含被处理行的正则表达式，以及处理该行的代码。于是就可以依次运行所有这些对象。也可以为语法分析器的总体状态添加一些指示。为了更简单地配置这个框架，可以在顶层添加一个 DSL。

当然我不是第一个这样想的人。实际上这种形式的处理正是受 Lex 启发的词法分析器生成器所使用的。使用这种工具有些原因，但是也有顾虑。一旦你更深入地使用了框架，那就离**语法制导翻译**不远了。在这种方式下就会有更多强大的工具可以使用。

17.2 使用时机

分隔符制导翻译的最大优点是技术非常简单易用。它的主要替代方案，语法制导翻译（第 18 章），则需要攀爬一定的学习曲线才能理解如何使用文法。分隔符制导翻译只依赖于大多数程序员熟悉的技术，因此很容易掌握。

通常情况下，这种方法的缺点是难以处理更复杂的语言。分隔符制导翻译对简单语言非常有用，尤其是不需要太多嵌套的上下文环境时。随着复杂度的上升，分隔符制导翻译很快会变得混乱，尤其是不得不考虑如何保持语法分析器的设计简单。

结果就是，只有面对简单的自治语句或者只有一个嵌套上下文时，我才会用分隔符制导翻译。即使这样，我也倾向于使用语法制导翻译，除非我工作的团队没有准备好学习这种技术。

17.3 常客记分（C#）

如果你跟我一样，是一位经常坐飞机旅行的咨询师，你就会知道旅行公司会对那些频繁出行的人进行奖励，因为他们再次出行的可能性非常高。我们想象一家连锁酒店的奖励规则，用 DSL 这样表达：

```
300 for stay 3 nights at Bree
150 per day for stay 2 nights at Bree
50 for spa treatment at Dol Amroth
60 for stay 1 night at Orthanc or Helm's Deep or Dunharrow
1 per dollar for dinner at Bree
```

17.3.1 语义模型

语义模型的类图如图 17-1 所示。

脚本中的每一行定义一项奖励。奖励的主要职责是记录常客活动的积分。活动只是简单的数据表示。

```
class Activity...
  public string Type { get; set; }
  public int Amount { get; set; }
  public int Revenue { get; set; }
  public string Location { get; set; }
```

奖励包括 3 个组件。位置规范（Specification）[Evans DDD]检查活动发生的地址是否符合奖励规则；活动规范检查活动是否应该奖励积分；如果这两个规范都满足，奖励对象负责计算积分。

```
class offer ...
  public int Score(Activity a) {
    return Location.IsSatisfiedBy(a) && Activity,isSatisfiedBy(a)
      ? Reward.Score(a):0;
}
public Reward Reward {get; set; }
public LocationSpecification Location {get; set; }
public ActivitySpecification Activity {get; set; }
```

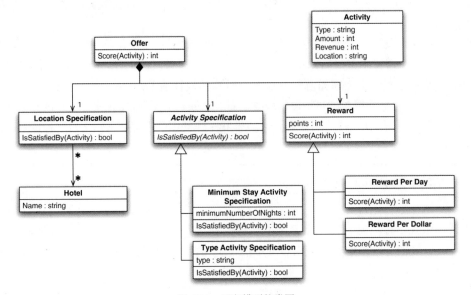

图 17-1　语义模型的类图

这 3 个组件中最简单的是位置规范。只需要检查酒店的名称是否包含在已有的酒店列表中。

```
class LocationSpecification...
  private readonly IList<Hotel> hotels = new List<Hotel>();

  public LocationSpecification(params String[] names) {
    foreach (string n in names)
      hotels.Add(Repository.HotelNamed(n));
  }

  public bool IsSatisfiedBy(Activity a) {
    Hotel hotel = Repository.HotelNamed(a.Location);
    return hotels.Contains(hotel);
  }
```

这里我需要两种活动规范。第一种检查活动停留的时长不能少于规定的时长。

```
abstract class ActivitySpecification {
  public abstract bool isSatisfiedBy(Activity a);
}

class MinimumNightStayActivitySpec : ActivitySpecification {
  private readonly int minimumNumberOfNights;
```

```
public MinimumNightStayActivitySpec(int numberOfNights) {
  this.minimumNumberOfNights = numberOfNights;
}

public override bool isSatisfiedBy(Activity a) {
  return a.Type == "stay"
    ? a.Amount >= minimumNumberOfNights
    : false ;
}
```

第二种检查活动的种类必须正确。

```
class TypeActivitySpec : ActivitySpecification {
  private readonly string type;

  public TypeActivitySpec(string type) {
    this.type = type;
  }

  public override bool isSatisfiedBy(Activity a) {
    return a.Type == type;
  }
```

奖励类根据不同的基准记录积分。

```
class Reward {
  protected int points;

  public Reward(int points) { this.points = points; }
  virtual public int Score (Activity activity) {
    return points;
  }
}

class RewardPerDay : Reward {
  public RewardPerDay(int points) : base(points) {}

  public override int Score(Activity activity) {
    if (activity.Type != "stay")
      throw new ArgumentException("can only use per day scores on stays");
    return activity.Amount * points;
  }
}

class RewardPerDollar : Reward {
  public RewardPerDollar(int points) : base(points) {}

  public override int Score(Activity activity) {
    return activity.Revenue * points;
  }
}
```

17.3.2　语法分析器

语法分析器的基本结构是读取每一行输入并处理。

```
class OfferScriptParser...
  readonly TextReader input;
  readonly List<Offer> result = new List<Offer>();
  public OfferScriptParser(TextReader input) {
    this.input = input;
  }
  public List<Offer> Run() {
    string line;
    while ((line = input.ReadLine()) != null) {
      line = appendContinuingLine(line);
      parseLine(line);
    }
    return result;
  }
```

这个例子中，我支持使用 "&" 作为续行符。一个简单的递归函数就可以工作。

```
class OfferScriptParser...
  private string appendContinuingLine(string line) {
    if (IsContinuingLine(line)) {
      var first = Regex.Replace(line, @"&\s*$", "");
      var next = input.ReadLine();
      if (null == next) throw new RecognitionException(line);
      return first.Trim() + " " + appendContinuingLine(next);
    }
    else return line.Trim();
  }
  private bool IsContinuingLine(string line) {
    return Regex.IsMatch(line, @"&\s*$");
  }
```

这样会把所有续行连接到一行。

对行进行语法分析时，首先去除注释，并忽略空行。完成以后，开始正确的语法分析，我把语法分析工作委托给一个新的对象。

```
class OfferScriptParser...
  private void parseLine(string line) {
    line = removeComment(line);
    if (IsEmpty(line)) return;
    result.Add(new OfferLineParser().Parse(line.Trim()));
  }
  private bool IsEmpty(string line) {
    return Regex.IsMatch(line, @"^\s*$");
  }
  private string removeComment(string line) {
    return Regex.Replace(line, @"#.*", "");
  }
```

我在对每一行进行语法分析的时候使用了*方法对象*（Method Object）[Beck IP]，由于剩余的语法分析行为足够复杂，我宁愿看到语法分析失败。方法对象是无状态的，所以可以复用这个实例，但是我宁愿每次创建一个新的对象，除非有足够的理由不这么做。

基本的语法分析方法把行分解成子句，然后对每个子句调用各自的语法分析方法。（我也可以用一个大的正则表达式来完成这些工作，但是只要想象一下结果代码就让我头晕。）

```
class OfferLineParser...
  public Offer Parse(string line) {
    var result = new Offer();

    const string rewardRegexp = @"(?<reward>.*)";
    const string activityRegexp = @"(?<activity>.*)";
    const string locationRegexp = @"(?<location>.*)";

    var source = rewardRegexp + keywordToken("for") +
      activityRegexp + keywordToken("at") + locationRegexp;

    var m = new Regex(source).Match(line);
    if (!m.Success) throw new RecognitionException(line);

    result.Reward = parseReward(m.Groups["reward"].Value);
    result.Location = parseLocation(m.Groups["location"].Value);
    result.Activity = parseActivity(m.Groups["activity"].Value);
    return result;
  }

  private String keywordToken(String keyword) {
    return @"\s+" + keyword + @"\s+";
  }
```

　　按我的标准，这个方法的代码相当长。我曾设想把它拆开，但是这个方法的核心行为是把正则表达式分解成组，然后将分组语法分析后的结果映射到输出中。在这些组的定义和使用上有很强的语义关联，所以我觉得长一些的方法比拆开更好。由于这个方法的关键是正则表达式，我把正则表达式的组装放在单独一行以吸引注意力。

　　我可以用一个正则表达式完成所有这些功能，而不是用分开的多个正则表达式（rewardRegexp、activityRegexp、locationRegexp）来完成。每当我遇到这样复杂的正则表达式，我就会把它分解成更简单的可以组合在一起块的正则表达式——这种技术我称之为**复合正则表达式**（composed regex）[Fowler-regex]。我认为这样会更容易理解。

　　把一切分解成块，就可以逐一对每一块进行语法分析。我们将从位置规范开始，因为它最简单。这里主要的复杂性在于，我们可能有一个位置或者用"or"分开的多个位置。

```
class OfferLineParser...
  private LocationSpecification parseLocation(string input) {
    if (Regex.IsMatch(input, @"\bor\b"))
      return parseMultipleHotels(input);
    else
      return new LocationSpecification(input);
  }
  private LocationSpecification parseMultipleHotels(string input) {
    String[] hotelNames = Regex.Split(input, @"\s+or\s+");
    return new LocationSpecification(hotelNames);
  }
```

对活动子句，有两种活动需要处理。最简单的是类型活动，只需要抽取出活动的类型。

```
class OfferLineParser...
  private ActivitySpecification parseActivity(string input) {
```

```
    if (input.StartsWith("stay"))
      return parseStayActivity(input);
    else return new TypeActivitySpec(input);
  }
```

对酒店住宿，需要抽取出最少的停留天数，并选择一个不同的活动规范。

```
class OfferLineParser...
  private ActivitySpecification parseStayActivity(string input) {
    const string stayKeyword = @"^stay\s+";
    const string nightsKeyword = @"\s+nights?$";
    const string amount = @"(?<amount>\d+)";
    const string source = stayKeyword + amount + nightsKeyword;

    var m = Regex.Match(input, source);
    if (!m.Success) throw new RecognitionException(input);
    return new MinimumNightStayActivitySpec(Int32.Parse(m.Groups["amount"].Value));
  }
```

最后的子句是奖励子句，只需要识别奖励的根据，并返回奖励类的相应子类。

```
class OfferLineParser...
  private Reward parseReward(string input) {
    if (Regex.IsMatch(input, @"^\d+$"))
      return new Reward(Int32.Parse(input));
    else if (Regex.IsMatch(input, @"^\d+ per day$"))
      return new RewardPerDay(Int32.Parse(extractDigits(input)));
    else if (Regex.IsMatch(input, @"^\d+ per dollar$"))
      return new RewardPerDollar(Int32.Parse(extractDigits(input)));
    else throw new RecognitionException(input);
  }
  private string extractDigits(string input) {
    return Regex.Match(input, @"^\d+").Value;
  }
```

17.4 使用格兰特女士的控制器对非自治语句进行语法分析（Java）

我将使用大家熟悉的状态机作为例子。

```
events
  doorClosed   D1CL
  drawerOpened D2OP
  lightOn      L1ON
  doorOpened   D1OP
  panelClosed  PNCL
end

resetEvents
  doorOpened
end

commands
  unlockPanel PNUL
  lockPanel   PNLK
  lockDoor    D1LK
```

```
    unlockDoor  D1UL
end

state idle
  actions unlockDoor lockPanel
  doorClosed => active
end

state active
  drawerOpened => waitingForLight
  lightOn     => waitingForDrawer
end

state waitingForLight
  lightOn => unlockedPanel
end

state waitingForDrawer
  drawerOpened => unlockedPanel
end

state unlockedPanel
  actions unlockPanel lockDoor
  panelClosed => idle
end
```

　　看看这段代码，它分成了几个不同的块：事件列表、重置事件列表、命令列表和每一个状态。每个块内的语句都有自己的语法，所以你可以想象语法分析器在读取每一块时处在不同的状态。每个语法分析器状态识别一种不同的输入。结果就是我决定使用状态（State）[GoF]模式，主状态机语法分析器使用不同的行语法分析器来对不同种类的行进行语法分析。（你也可以把这个看作策略（Strategy）[GoF]模式，其区别通常很难讲清楚。）

　　开始用静态加载方法来加载文件。

```java
class StateMachineParser...
  public static StateMachine loadFile(String fileName) {
    try {
      StateMachineParser loader = new StateMachineParser(new FileReader(fileName));
      loader.run();
      return loader.machine;
    } catch (FileNotFoundException e) {
      throw new RuntimeException(e);
    }
  }

  public StateMachineParser(Reader reader) {
    input = new BufferedReader(reader);
  }

  private final BufferedReader input;
```

run 方法把输入分解成行，并把行传递给当前的行语法分析器，从顶级开始。

```java
class StateMachineParser...
  void run() {
    String line;
```

```
        setLineParser(new TopLevelLineParser(this));
        try {
          while ((line = input.readLine()) != null)
            lineParser.parse(line);
          input.close();
        } catch (IOException e) {
          throw new RuntimeException(e);
        }
        finishMachine();
      }

    private LineParser lineParser;
    void setLineParser(LineParser lineParser) {
      this.lineParser = lineParser;
    }
```

行语法分析器是一个简单的层级结构。

```
abstract class LineParser {
  protected final StateMachineParser context;

  protected LineParser(StateMachineParser context) {
    this.context = context;
  }

  class TopLevelLineParser extends LineParser {
  TopLevelLineParser(StateMachineParser parser) {
    super(parser);
  }
```

超类行语法分析器对行进行语法分析时，首先去除注释并清理空白符。一旦完成，它就把控制权交给子类。

```
class LineParser...
  void parse(String s) {
    line = s;
    line = removeComment(line);
    line = line.trim();
    if (isBlankLine()) return;
    doParse();
  }

  protected String line;

  private boolean isBlankLine() {
    return line.matches("^\\s*$");
  }
  private String removeComment(String line) {
    return line.replaceFirst("#.*", "");
  }

  abstract void doParse();
```

对行进行语法分析时，我遵循所有行语法分析器中的通用方案。doParse 钩子方法是一个条件语句，每个条件检查当前行是否匹配该行的模式。如果有模式匹配，调用代码处理这一行。

这是顶级的条件句：

```
class TopLevelLineParser...
  void doParse() {
    if
      (hasOnlyWord("commands"))     context.setLineParser(new CommandLineParser(context));
    else if
      (hasOnlyWord("events"))       context.setLineParser(new EventLineParser(context));
    else if
      (hasOnlyWord("resetEvents"))  context.setLineParser(new ResetEventLineParser(context));
    else if
      (hasKeyword("state"))         processState();
    else failToRecognizeLine();
  }
```

条件检查时使用了我放在超类中的一个常见的条件检查方法。

```
class LineParser...
  protected boolean hasOnlyWord(String word) {
    if (words(0).equals(word)) {
      if (words().length != 1) failToRecognizeLine();
      return true;
    }
    else return false;
  }

  protected boolean hasKeyword(String keyword) {
    return keyword.equals(words(0));
  }

  protected String[] words() {
    return line.split("\\s+");
  }

  protected String words(int index) {
    return words()[index];
  }

  protected void failToRecognizeLine() {
    throw new RecognitionException(line);
  }
```

　　大多数情况下，顶级只查找命令开始的块，然后把行语法分析器切换成该块所需的新语法分析器。状态的例子更复杂，稍后我会介绍。

　　我本可以在条件句中使用正则表达式而非调用方法。所以我可以用 line.matches ("commands\\s*")，而不是 hasOnlyWord("commands")。正则表达式是一个强大的工具。这里我喜欢方法是有理由的。首先是容易理解：我发现 hasKeyword 比正则表达式容易理解。与任何其他代码类似，用命名良好的方法封装的正则表达式之后更易于理解。当然，一旦有了 hasKeyword 方法，我可以用正则表达式实现，而不是把输入行分隔成单词后测试第一个单词。由于这个语法分析中涉及的许多测试使用了分隔单词，如果可以使用，则使用单词分隔看上去更简单一些。

　　使用方法可以让我做更多的事情。在这个例子中，可以检查当该行出现"commands"时，其后没有任何其他文本。如果在条件句中使用纯粹的正则表达式，就需要一次额外的正则表达式检查。

下一步，我们看一下命令块中的一行。这里只有两种情况：要么是行定义，要么是 end 关键字。

```
class CommandLineParser...
  void doParse() {
    if (hasOnlyWord("end")) returnToTopLevel();
    else if (words().length == 2)
      context.registerCommand(new Command(words(0), words(1)));
    else failToRecognizeLine();
  }

class LineParser...
  protected void returnToTopLevel() {
    context.setLineParser(new TopLevelLineParser(context));
  }

class StateMachineParser...
  void registerCommand(Command c) {
    commands.put(c.getName(), c);
  }

  private Map<String, Command> commands = new HashMap<String, Command>();
  Command getCommand(String word) {
    return commands.get(word);
  }
```

除了控制整体的语法分析，我也把状态机语法分析器当作符号表（第 12 章）。

处理事件和重置事件的代码非常相似，所以我想转而看看状态的处理。状态处理的第一点不同是，顶级行语法分析器中的代码更复杂，所以我使用方法：

```
class TopLevelLineParser...
  private void processState() {
    State state = context.obtainState(words(1));
    context.primeMachine(state);
    context.setLineParser(new StateLineParser(context, state));
  }

class StateMachineParser...
  State obtainState(String name) {
    if (!states.containsKey(name)) states.put(name, new State(name));
    return states.get(name);
  }
  void primeMachine(State state) {
    if (machine == null) machine = new StateMachine(state);
  }
  private StateMachine machine;
```

第一个提到的状态将成为初始状态，因此使用 primeState 方法。第一次提到状态时我是把它放在符号表中的，因此使用了 obtain 方法（这是我对"存在就获取，不存在就创建"的命名习惯）。

状态块的行语法分析器更加复杂，因为有更多种类的行需要匹配。

```
class StateLineParser...
  void doParse() {
    if (hasOnlyWord("end")) returnToTopLevel();
    else if (isTransition()) processTransition();
```

```
    else if (hasKeyword("actions")) processActions();
    else failToRecognizeLine();
  }
```

对动作来说，我只是把它们全部添加到状态中。

```
class StateLineParser...
  private void processActions() {
    for (String s : wordsStartingWith(1))
      state.addAction(context.getCommand(s));
  }

class LineParser...
  protected String[] wordsStartingWith(int start) {
    return Arrays.copyOfRange(words(), start, words().length);
  }
```

在这种情况下我只需要使用一个下面这样的循环：

```
for (int i = 1; i < words().length; i++)
  state.addAction(context.getCommand(words(i)));
```

但是，我认为在循环中使用初始值 1 而非通常的 0，变化太不显眼以至于不能有效地表达我要做什么。

对于状态迁移的情况，我在条件判断和动作上有更多的代码：

```
class StateLineParser...
  private boolean isTransition() {
    return line.matches(".*=>.*");
  }
  private void processTransition() {
    String[] tokens = line.split("=>");
    Event trigger = context.getEvent(tokens[0].trim());
    State target = context.obtainState(tokens[1].trim());
    state.addTransition(trigger, target);
  }
```

我没有使用之前的分隔单词的方法，因为我想让 drawerOpened=>waitingForLight（运算符两边没有空格）是合法的。

一旦输入文件处理完成，剩下的唯一一件事就是确保重置事件被添加到了状态机中。我最后做这件事因为可以在声明第一个状态之前就指明重置事件。

```
class StateMachineParser...
  private void finishMachine() {
    machine.addResetEvents(resetEvents.toArray(new Event[resetEvents.size()]));
  }
```

这里有一个重要的问题，就是状态机语法分析器和不同的行语法分析器的职责划分。这也是状态模型的一个经典问题：有多少行为应该在整体的上下文对象中，有多少行为应该在不同的状态对象中？在这个例子中我展示了一个去中心化的方法，即尽可能地在不同的行语法分析器中做更多的事情。一个替代方法是把这种行为放在状态机语法分析器中，而行语法分析器只是用来从大量文本中提取正确的信息。

　　我将通过使用两种方法对命令块处理进行比较来说明这个问题。这是上面提到的去中心化的方法：

```
class CommandLineParser...
  void doParse() {
    if (hasOnlyWord("end")) returnToTopLevel();
    else if (words().length == 2)
      context.registerCommand(new Command(words(0), words(1)));
    else failToRecognizeLine();
  }

class LineParser...
  protected void returnToTopLevel() {
    context.setLineParser(new TopLevelLineParser(context));
  }

class StateMachineParser...
  void registerCommand(Command c) {
    commands.put(c.getName(), c);
  }
  private Map<String, Command> commands = new HashMap<String, Command>();
  Command getCommand(String word) {
    return commands.get(word);
  }
```

　　这是中心化的方法，即把行为保留在状态机语法分析器中：

```
class CommandLineParser...
  void doParse() {
    if (hasOnlyWord("end"))
      context.handleEndCommand();
    else if (words().length == 2)
      context.handleCommand(words(0), words(1));
    else failToRecognizeLine();
  }

class StateMachineParser...
  void handleCommand(String name, String code) {
    Command command = new Command(name, code);
    commands.put(command.getName(), command);
  }
  public void handleEndCommand() {
    lineParser = new TopLevelLineParser(this);
  }
```

　　去中心化方法的缺点是，由于状态机语法分析器作为符号表，经常被行语法分析器用于数据访问。从一个对象中反复抽取数据通常是一种坏味道。而使用中心化方法不需要其他的对象知道符号表，所以不需要暴露状态。然而，中心化方法的缺点是，把大量的逻辑放到了状态机语法分析器中，这会使它过于复杂。对更大型的语言来说，这是一个大问题。

　　每种方法都有其自身的问题，我承认我没有强烈地偏好使用哪一种。

第 *18* 章

语法制导翻译（Syntax-
Directed Translation）

通过定义一个文法并使用该文法让翻译过程结构化的方式来翻译源文本。

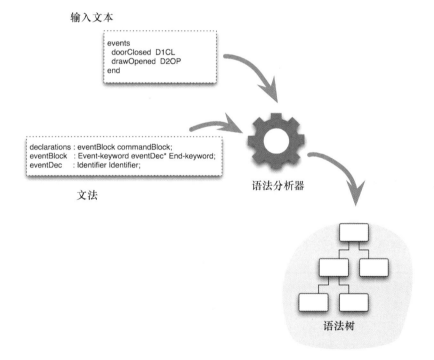

计算机语言天生倾向于遵循一种层级化的结构，具有多级的上下文。通过编写一种文法来描述如何将语言的元素分解为子元素，我们就可以为这种语言定义出合法的语法。

语法制导翻译使用这个文法定义如何创建语法分析器，语法分析器可以将输入文本转换成语法分析树（parse tree），语法分析树具有类似于文法规则的结构。

18.1 运行机制

只要读过关于编程语言的书，我们就会遇到文法（grammar）的概念。文法是定义编程语言的合法语法的一种方式。考虑一下本书开头的状态机的例子，它声明了事件和命令：

```
events
  doorClosed   D1CL
  drawerOpened D2OP
# ...
end

commands
  unlockPanel PNUL
  lockPanel   PNLK
# ...
end
```

这些声明遵循一定的语法形式，该语法形式可以用如下文法来定义：

```
declarations : eventBlock commandBlock;
eventBlock   : Event-keyword eventDec* End-keyword;
eventDec     : Identifier Identifier;
commandBlock : Command-keyword commandDec* End-keyword;
commandDec   : Identifier Identifier;
```

这样的文法为语言提供了一种人类可读的定义。文法通常是以 BNF（第 19 章）编写的。有了文法，人们更容易理解语言的合法语法是什么样的。使用语法制导翻译，我们可以进一步利用文法，并以此为基础设计处理这门语言的程序。

有几种根据文法进行处理的方式。一种方式是把文法当作手写语法分析器的规范和实现指南。常见的做法有递归下降语法分析器（第 21 章）和语法分析器组合子（第 22 章）两种。还有一种方式是把文法当作 DSL，然后用语法分析器生成器（第 23 章）根据文法文件本身自动构建语法分析器。对于这种情况，我们无须自己编写任何语法分析器的核心代码，所有的代码都是根据文法生成的。

文法固然有用，但它只处理了部分问题：如何将输入文本转换为语法分析树这种数据结构。但是，我们几乎总是需要对输入做更多的处理。因此语法分析器生成器也提供了一些方式，以便在语法分析器里嵌入进一步的行为，完成诸如组装语义模型（第 11 章）之类的工作。所以，虽然语法分析器生成器已经做了很多的工作，但我们依然需要编写一些程序，才能创建出真正有用的东西。如同其他许多方式一样，语法分析器生成器是实际运用 DSL 的一个非常好的例子。它没有解决所有问题，但确实让整个工作轻松了许多。此外，它也是一种拥有悠久历史的 DSL。

18.1.1 词法分析器

使用语法制导翻译时，几乎总会将词法分析器和语法分析器分开。词法分析器，也称为

分词器（tokenizer）[①]或**扫描器**（scanner），它是处理输入文本的第一阶段。词法分析器将输入字符分解成记号（token），记号表示对输入进行的更合理的划分块。

记号通常可采用正则表达式来定义。下面的词法规则定义了上面例子里的命令和事件：

```
Event-keyword: 'events';
Command-keyword: 'commands';
End-keyword: 'end';
identifier: [a-zA-Z0-9]*;
```

接下来是一小段输入：

```
events
  doorClosed  D1CL
  drawOpened  D2OP
end
```

词法分析器规则将输入转换成一系列记号。

```
[Event-keyword: "events"]
[Identifier: "doorClosed"]
[Identifier: "D1CL"]
[Identifier: "drawOpened"]
[Identifier:"D2OP"]
[End-keyword: "end"]
```

每个记号都是一个有两个基本属性的对象：类型和内容（payload）。类型是记号的种类，如 Event-keyword 或 Identifier。内容是匹配为部分词法分析器的文本：events 或 doorClosed。对关键字而言，内容是无关紧要的，重要的是类型；而对标识符而言，内容就很关键了，因为它是在后续的语法分析中很重要的数据。

将词法分析分离出来是有原因的。一个原因是，这会让语法分析器更简单，因为这样一来，语法分析器就可以根据记号来编写，而非根据原始字符。另一个原因是效率：需要将字符合并成记号的实现方式与语法分析器的实现方式是不同的。（在自动机理论中，词法分析器通常是一个状态机，而语法分析器是一个下推栈机（push-down stack machine）。）因此，这种分离算是一种传统的方式——虽然一些更现代的开发方式对此屡有挑战。（ANTLR 就采用了下推机实现词法分析器，一些更现代的语法分析器则将词法分析和语法分析整合到一个无扫描器的语法分析器中。）

对词法规则的检查是按顺序进行的，先匹配先算。所以，不能用字符串 events 作为标识符，因为词法分析器会把它识别为关键字。通常来说，这么做是有好处的，因为减少了混淆，避免了出现 PL/1 语言那臭名昭著的 if if = then then then = if;问题。然而，在有些情况下，我们需要用某种形式的可变分词方式（第 28 章）绕过这种做法。

仔细比较记号和输入文本，我们会发现在记号列表中有些东西不见了。是那些无意义的内容不见了，这些内容是空白符：空格、制表符和换行符。在很多语言里，词法分析器会去除

[①] 为避免混淆，后文中的 tokenizer 统一翻译为分词器。——译者注

空白符，语法分析器也就不必处理它们了。这是同分隔符制导翻译（第 17 章）的一个巨大差别，在分隔符制导翻译中，空白符是构成结构的关键角色。

如果空白符在语法上有意义，例如，换行作为语句分隔符，缩进表示块结构，那么词法分析器就不能简单地将其忽略了，而是必须生成某种记号来表达这种意义。例如，用"换行"记号表示换行分隔符（第 30 章）。然而，采用语法制导翻译进行处理的语言通常会忽略空白符。事实上，DSL 可以不采用任何形式的语句分隔符。例如，我们的状态机就可以在词法分析器中安全地丢弃所有空白符。

注释也常常会被词法分析器丢弃。即便对最小的 DSL 而言，注释也总是有用的，而且词法分析器可以轻松地去除这些注释。或许你不想丢弃注释，对调试而言，注释可能会有用，对自动生成的代码尤其如此。在这种情况下，我们就要考虑一下，如何把它们附加在语义模型（第 11 章）的元素上。

我说过，记号有类型和内容两个属性。在实际中，记号往往会有更多属性。通常，这种信息对错误诊断很有用，如行号、字符位置等。

在确定记号时，常常需要面对调整匹配过程的诱惑。在状态控制器的例子里，我说过，事件编码是四字符的序列，包括大写字母和数字。所以，我们可以考虑为此使用一个特定类型的记号，例如：

```
code: [A-Z0-9]{4}
```

这里的问题在于，词法分析器可能会产生错误的记号，像下面这种情况：

```
events
  FAIL FZ17
end
```

以此为输入，FAIL 会被分词成事件编码，而不是标识符。这是因为词法分析器只能看到字符，而看不到表达式的整个上下文。这种事情最好交给语法分析器去处理，因为它有信息来分辨事件的名字和编码。这就意味着，对四字符规则匹配的检查会在稍后的语法分析阶段完成。总体来说，最好尽可能保持词法分析的简单。

在大多数情况下，我会让词法分析器处理 3 种记号。

- 标点符号：关键字、运算符或者其他组织性构造（圆括号、语句分隔符）。对于标点符号，记号的类型是很重要的，而内容则不重要。这些也是语言的固定元素。
- 领域文本：事物的名字、字面值。对于这些，记号类型通常是非常通用的，如"数字"或"标识符"。这些类型多种多样，每种 DSL 脚本都有不同的领域文本。
- 可忽略的标记：通常会被词法分析器丢弃的东西，如空白符和注释。

大多数语法分析器生成器（第 23 章）会提供词法分析器的生成器，用的是正则表达式的规则，如上面所示。然而，许多人倾向于编写自己的词法分析器。采用基于正则表达式表的词法分析器（第 20 章）的话，词法分析器编写起来会相当直白。用手写词法分析器对于语法分析器和词法分析器之间的更多复杂的交互可以提供更多灵活性，有时这会很有用。

　　语法分析器和词法分析器之间有一种特殊的交互可能很有用，就是支持词法分析器的多种方式，同时语法分析器可以在这些支持词法分析器的不同方式间进行切换。这就可以使语法分析器针对语言的不同部分更换分词方式。对可变分词方式来说，这很有用。

18.1.2　语法分析器

　　一旦有了记号流，语法制导翻译的下一部分就是语法分析器本身了。语法分析器的行为可以分为两个主要的部分，我称之为语法分析和动作。语法分析将记号流组织成语法分析树。执行这个工作的代码可以完全由文法本身导出。如果用了语法分析器生成器（第 23 章），代码就可以由工具自动生成。动作部分基于语法树进行进一步的处理，如组装语义模型（第 11 章）。

　　动作部分无法由文法生成，它通常是在语法分析树被构建的过程中执行的。在语法分析器生成器的文法文件里，文法定义和用于指定动作的额外代码常常是组合在一起的。通常，我们会用通用型编程语言编写这些动作，当然，也有一些动作可以由某种 DSL 来表达。

　　目前，我们暂且忽略动作部分，而只关注语法分析。如果我们构建的是只包含文法的语法分析器，从而只做语法分析，那么语法分析的结果就是运行成功或者失败，表示输入文本是否匹配文法。人们常将这种结果描述为语法分析器是否识别了输入。

　　对于目前所采用的文本，有如下文法：

```
declarations : eventBlock commandBlock;
eventBlock   : Event-keyword eventDec* End-keyword;
eventDec     : Identifier Identifier;
commandBlock : Command-keyword commandDec* End-keyword;
commandDec   : Identifier Identifier;
```

下面是输入：

```
events
  doorClosed  D1CL
  drawOpened  D2OP
end
```

前面提到过，词法分析器把输入分解成下面这样的记号流：

```
[Event-keyword: "events"]
[Identifier: "doorClosed"]
[Identifier: "D1CL"]
[Identifier: "drawOpened"]
[Identifier:"D2OP"]
[End-keyword: "end"]
```

语法分析将这些记号和文法组织成图 18-1 所示的树结构。

如图 18-1 所示，为了形成语法分析树，语法分析引入了额外的节点（用矩形表示）。这些节点都是由文法定义的。

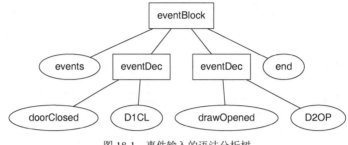

图 18-1　事件输入的语法分析树

还需要了解很重要的一点是，任何给定的语言都可以由多个文法匹配。就这个例子而言，也可以使用下面的文法：

```
eventBlock   : Event-keyword eventList End-keyword;
eventList    : eventDec*
eventDec     : Identifier Identifier;
```

它可以匹配之前的文法所能匹配的所有输入所不同的是，它会产生不同的语法分析树，如图 18-2 所示。

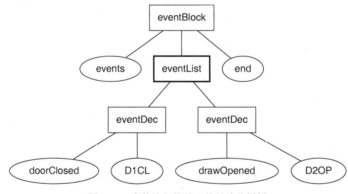

图 18-2　事件输入的另一种语法分析树

因此，使用**语法制导翻译**，文法定义了如何将输入文本转换成语法分析树。我们常常可以选择不同的文法，这取决于我们想如何控制语法分析。此外，**语法分析器生成器工具**的差异，也可能让我们采用不同的文法。

基于目前对语法分析树的讨论，可能会让人觉得语法分析树是语法分析器显式产生的语法分析输出。然而通常并非如此。在多数情况下，我们并不会直接访问语法分析树。语法分析器会构建语法分析树的某些部分，并在语法分析当中执行动作。一旦完成了某一部分语法分析树，就将这部分丢弃（在历史上，这种做法对于减少内存消耗很重要）。如果要实现树构造

（第 24 章），则要生成完整的语法树。然而，在这种情况下，并不会生成完整的语法分析树，而会代之以一个简化版本，称为抽象语法树（abstract syntax tree，AST）。

至此，你可能会遇到有关术语的困惑。这一领域的教科书里，"语法分析"（parse）一词通常只作为语法分析（syntactic analysis）的同义词，而整个处理过程则称为翻译、解释或者编译。而在本书里，"语法分析"的意义要广泛很多，因为据我所见，在这一领域中这种广义的用法更加常见。在语法分析器生成器里，"语法分析"指的是消费记号的活动，因此，词法分析器和语法分析器是两种不同的工具。这种说法相当普遍，本节中采用的就是这种说法。尽管你也可以说，为了与本书的其他章节保持一致，语法分析也应该包含词法分析。

另一个术语使用的混乱之处围绕着"语法分析树"（parse tree）、"语法树"（syntax tree）和"抽象语法树"（abstract syntax tree，AST）这几个术语。在我的用法里，**语法分析树**是一棵树，它会按照文法精确地反映出语法分析，带着所有出现的记号——基本上就是一棵原始树。**抽象语法树**指的是一棵简化过的树，丢弃了不必要的记号，经过重新组织以便于后续处理。当我需要一个术语来表示一棵树可能是抽象语法树和语法分析树之一时，我会用到**语法树**作为这二者的超类型。这些定义基本上是我们可以在文献中找到的。和以往一样，在软件领域，这些术语的含义的变化可能会比我们预期的更为多样。

18.1.3　产生输出

对描述语法分析本身而言，使用文法就足够了。但是对语法分析器来说，文法只能在一定程度上完成对输入的识别。通常，我们不仅需要进行识别，还要产生一定的输出。产生输出的方式，我分成了 3 类：内嵌翻译（第 25 章）、树构造（第 24 章）和内嵌解释（第 26 章）。所有这些方式，都需要一些除文法以外的其他内容，以指定其如何工作。所以，通常我们需要额外编写一些代码来产生输出。

如何把代码织入语法分析器，取决于编写语法分析器的方式。使用递归下降语法分析器（第 21 章），需要在手写代码中添加动作。使用语法分析器组合子（第 22 章），需要通过所采用语言的机制把动作对象传递给组合子；使用语法分析器生成器（第 23 章），则需要用外来代码（第 27 章）把行为代码添加到文法文件的文本里。

18.1.4　语义谓词

无论是手写还是自动生成的语法分析器，都遵循一个核心算法，该算法使它们可以根据文法识别输入。然而在某些情况下，识别规则无法完全以文法表达。这点在语法分析器生成器（第 23 章）中体现得最为显著。

为了处理这个问题，一些语法分析器生成器支持语义谓词。**语义谓词**（semantic predicate）是一块通用代码，它会提供一个布尔响应以表示文法产生的是否被接受，从而有效地覆写了文法规则所表达的内容。这样一来，语法分析器就可以实现比文法所能表达的更强的功能。

一个需要语义谓词的经典例子是，在对 C++进行语法分析时遇到 T(6) 这样的代码。根据上下文，这要么是一个函数调用，要么是一个构造函数风格的类型转换（constructor-style typecast）。为了分辨这二者，我们需要知道 T 是如何定义的。在一个上下文无关的文法里，我们无法确认这一点，因此，就需要语义谓词来明确这种二义性。

对 DSL 而言，不能有用到语义谓词的需求，我们应该在定义语言时避免这种需求。如果确实需要的话，请查阅[parr-LIP]了解更多信息。

18.2 使用时机

语法制导翻译是分隔符制导翻译（第 17 章）的替代方案。语法制导翻译的主要劣势在于需要通过文法驱动语法分析，而通过分隔符进行分隔是一种更常见的方式。然而，熟悉文法并不需要太长时间，一旦熟悉了，我们就拥有了一种技术，从而使 DSL 变得复杂时依然可以轻松应对。

尤其是，文法文件（其本身就是一个 DSL）提供了其处理的 DSL 的一个清晰的语法结构文档。随着时间的推移，它会让 DSL 的语法演进更容易。

18.3 延伸阅读

几十年来，语法制导翻译一直是学院派研究的主要领域。常见的入门参考书是著名的"龙书" [Dragon]，还有一种背离传统教学材料的选择，就是[parr-LIP]。

第**19**章

巴克斯-诺尔范式（BNF）

形式化地定义编程语言的语法。

```
grammarDef : rule+;
rule       : id ':' altList ';';
altList    : element+  ( '|' element+ )*;
element    : id ebnfSuffix?
           | '(' altList ')'
           ;
ebnfSuffix : '?' | '*' | '+' ;
id         : 'a'..'z' ('a'..'z'|'A'..'Z'|'_'|'0'..'9')* ;
```

19.1 运行机制

　　BNF（以及 EBNF）是一种通过编写文法来定义语言的语法的方式。巴克斯-诺尔范式（Backus-Naur Form，BNF）发明于 20 世纪 60 年代，最初被用于描述 Algol 语言。此后，BNF 文法被广泛用于解释和驱动语法制导翻译（第 18 章）。

　　几乎可以肯定的是，在学习某种新语言时，你就已经跟 BNF 打过交道了，或者在某种意义上可以算打过交道了。但具有讽刺意味的是，作为一种用来定义语法的语言，BNF 本身并没有一个标准语法。基本上，不管你看的是哪种 BNF 文法，它必定会和你之前看到过的其他 BNF 文法有些（明显或者不那么明显的）差异。所以，称 "BNF 是一种语言" 似乎不太恰当，而更准确地说，它应该是一个语言族。在谈论 "模式"（pattern）时，人们每次所说的模式的含义总是不太一样——BNF 也是如此。

　　尽管各种 BNF 的语法和语义有着很多差异，但也有一些共同的元素。首先，它们都通过一系列产生式规则来描述一种语言。例如 "联系人信息"（contact）可能用如下语言来描述：

```
contact mfowler {
  email: fowler@acm.org
}
```

对应的文法则可能是下面这样：

```
contact      : 'contact' Identifier '{' 'email:' emailAddress '}' ;
emailAddress : localPart '@' domain ;
```

这里的文法由两条产生式规则组成，每条产生式规则又分别由名称和主体两部分组成。主体部分描述了如何将此规则分解成一系列元素，这些元素可能是别的规则，也可能是终结符，终结符并不是另一条规则，如字面量 contact 和 }。如果在语法制导翻译中使用 BNF 文法，那么终结符通常是来自词法分析器的记号类型。（我没有继续分解这些规则。电子邮件地址对应的规则可能复杂得超出你的想象［RFC 5322］。）

前面已经说过，BNF 有很多不同的语法形式，上面引用的是 ANTLR 语法分析器生成器（第 23 章）所使用的。同样的文法用更接近 Algol BNF 的形式写出来会是这样：

```
<contact>       ::= contact <Identifier> { email: <emailAddress> }
<emailAddress>  ::= <localPart> @ <domain>
```

按照这种形式，规则是用尖括号括起来的，字面量文本则不用括起来。规则以换行符（而非分号）结束；"::="用作规则名称与主体之间的分隔符。这些元素在各种 BNF 中都会有所不同，所以别太纠结于语法。本书中大多使用 ANTLR 的 BNF 语法，因为我也用 ANTLR 来展示语法分析器生成器的相关例子。语法分析器生成器通常使用 ANTLR 风格，而不是 Algol 风格。

现在我要对这个问题加以扩展：一个联系人要么有电子邮件地址，要么有电话号码。所以，除了最初例子中的信息，还可能有这样一条联系人信息：

```
contact rparsons {
  tel: 312-373-1000
}
```

为了识别这条联系人信息，需要在文法中增加一个选择：

```
contact : 'contact' Identifier '{' line '}' ;
line    : email | tel ;
email   : 'email:' emailAddress ;
tel     : 'tel:' TelephoneNumber ;
```

line 规则中的|表示**选择符**，表明 line 可以分为 email 或者 tel 两种情况。

另外，我要把标识符提取为 username 规则：

```
contact : 'contact' username '{' line '}' ;
username : Identifier;
line    : email | tel ;
email   : 'email:' emailAddress ;
tel     : 'tel:' TelephoneNumber ;
```

username 规则只用来解析一个标识符，但为了更清晰地展现文法的这一意图，值得把它提取出来，就好像在命令式代码中提取一个简单的方法一样。

这个例子只展现了选择符相当有限的功能：每个联系人只能有一个电子邮件地址或者一

个电话号码。实际上，选择符具有极其强大的表达力，但我不打算深入探讨这个话题。接下来要介绍的是多重性符号。

19.1.1 多重性符号（克林运算符）

一个正规的联系人管理程序不会只允许我给每个联系人输入一个电子邮件地址或一个电话号码。当然我不打算去讨论一个真正的联系人管理程序应该提供什么，但我还是要说：每条联系人信息必须有一个用户名、可以有全名、必须有至少一个电子邮件地址、可以有多个电话号码。下面就是对应的文法：

```
contact  : 'contact' username '{' fullname? email+ tel* '}';
username : Identifier;
fullname : QuotedString;
email    : 'email:' emailAddress ;
tel      : 'tel:' TelephoneNumber ;
```

多重性符号，也称为**克林运算符**（Kleene Operator），看上去也许并不陌生，因为在正则表达式中也会看到它们的身影。它们让文法变得更容易理解了。

分组构造经常与多重性符号同时出现，这样你就可以把几个元素组合起来，然后对整个分组应用多重性规则。所以我就可以把子规则内联，从而得到下列文法：

```
contact : 'contact' Identifier '{'
  QuotedString?
  ('email:' emailAddress)+
  ('tel:' TelephoneNumber)*
  '}'
  ;
```

我不建议这样做，因为子规则能够捕获文法的意图，从而使文法更可读。但有些时候，子规则会使文法变得混乱，而分组运算符则有助于改善这一情况。

这个例子同时也展示了我们通常如何对较长的 BNF 规则进行格式化。大部分 BNF 会忽略行结束符，所以把规则中的每个逻辑片段单列一行有助于阅读者理解复杂的规则。在这种时候，我们通常会把分号也单列一行，以便阅读者清晰地看到"整个规则的结束"。这是最常见的一种格式化风格，如果一条规则复杂到一行里放不下的程度，我建议你使用这种风格。

多重性符号的加入是 EBNF（扩展的 BNF）与基础 BNF 之间的一大差别。不过这个领域的术语相当混乱。当人们说"BNF"时，可能指基础 BNF（即不是 EBNF），也可能指某种大体而言算是 BNF 风格的东西（包括 EBNF）。在本书中，当提到"没有多重性符号的 BNF 时"，我会用"基础 BNF"；如果我说"BNF"，指的就是任何看起来像 BNF 的语言（包括看起来像 EBNF 的语言）。

前面介绍的多重性符号是最常见的形式，你在使用语法分析器生成器（第 23 章）时很可能已经见过了。除了这种形式，还有用括号来作为多重性符号的形式：

```
contact  : 'contact' username '{' [fullname] email {email} {tel} '}';
username : Identifier;
fullname : QuotedString;
email    : 'email:' emailAddress ;
tel      : 'tel:' TelephoneNumber ;
```

在这段代码中，?被代之以[..]，*被代之以{..}。+没有对应的替代物，因此 foo+被代之以 foo {foo}。在重视可读性的文法中，这种使用括号的风格相当常见，ISO 的 EBNF标准（ISO/IEC 14977）也使用这种风格，但大部分语法分析器生成器还是倾向于使用正则表达式风格。本书的例子将使用正则表达式风格。

19.1.2 其他有用的运算符

还有另外几个运算符值得一提，因为本书中会用到它们，而且你可能会在其他地方见到它们。

由于本书主要用 ANTLR 来展现文法，因此也会用到 ANTLR 的～运算符——我称之为"直到"运算符。"直到"运算符会匹配所有字符，直到跟在～之后的那个元素为止。所以，如果你想要匹配直到（但不包括）右大括号为止的所有字符，就可以使用～'}'模式。如果没有～运算符，等价的正则表达式大致是[^}]*。

语法制导翻译（第 18 章）的大部分实现把词法分析与语法分析分开。词法分析也可以用产生式规则的风格来定义，但在能使用哪类运算符和运算符的组合方面有着一些微妙但重要的区别。词法分析规则大致更接近正则表达式，因为正则表达式背后的有限状态机确实更适合用于词法分析，而语法分析器的背后则是一个下推机（见 5.3.3 节）。

词法分析中一个重要的运算符是范围运算符 "..."，它被用于指定字符范围，如所有小写字母'a'..'z'。一个常用的标识符规则是：

```
Identifier:
  ('a'..'z' | 'A'..'Z')
  ('a'..'z' | 'A'..'Z' | '0'..'9' | '_')*
  ;
```

也就是说，标识符必须以（小写或大写）字母开头，随后的字符可以是字母、数字或下划线。范围运算符只用在词法规则中，在语法规则中则没有意义。另外，范围运算符传统上是以 ASCII 为中心的，因此支持非英语语言的标识符会有困难。

19.1.3 解析表达式文法

大部分 BNF 文法是上下文无关文法（context-free grammar，CFG）。不过，最近有一种叫作解析表达式文法（parsing expression grammar，PEG）的文法风格出现。PEG 和 CFG 之间的最大区别是：PEG 支持有序选择。在 CFG 中，如果写

```
contact : email | tel;
```

就表示每个联系人有一个电子邮件地址或一个电话号码。这两个选择的顺序对解释毫无影响。大多数情况下，这没有问题，但在有些时候，无序选择会造成歧义。

考虑这样一种情况：你希望将符合规则的 10 个数字的序列识别为美国的电话号码，不符合规则的数字序列则被视为未加整理的电话号码。你可能会尝试如下文法：

```
tel : us_number | raw_number ;

raw_number
 : (DIGIT | SEP)+;
us_number
 : (us_area_code | '(' us_area_code ')') SEP? us_local;

us_area_code
 : DIGIT DIGIT DIGIT;

us_local
 : DIGIT DIGIT DIGIT SEP? DIGIT DIGIT DIGIT DIGIT;

DIGIT : '0'..'9';
SEP   : ('-' | ' ' );
```

但这个文法是有歧义的：如果输入 "312-373 1000"，us_number 和 raw_number 两条规则都能匹配。**有序选择**（ordered alternative）则会按照指定顺序依次尝试规则的匹配，哪条规则先匹配就采用哪条规则。常见的有序选择的语法是/，因此 tel 规则就可以这样实现：

```
tel: us_number / raw_number;
```

（需要提醒的是：尽管 ANTLR 使用无序选择，但其行为则更像有序选择。对于前面所举的例子，ANTLR 会警告有歧义存在，同时使用第一条匹配的规则。）

符号	含义	例子
|	选择	`email	tel`
*	0 个或多个（克林星号）	`tel*`
+	1 个或多个（克林加号）	`email+`
?	可选	`fullname?`
~	直到	`~ '}'`
..	范围	`'0'..'9'`
/	有序选择	`us_tel / raw_tel`

19.1.4　将 EBNF 转换为基础 BNF

多重性符号大大提高了 BNF 的可读性，但并没有增加 BNF 的表达力。使用了多重性符号的 EBNF 文法完全可以替换为等价的基础 BNF 文法。很多时候需要进行这种转换，因为有些语法分析器生成器（第 23 章）使用基础 BNF 来描述文法。

下面仍然用"联系人信息"的文法作为例子：

```
contact  : 'contact' username '{' fullname? email+ tel* '}';
username : Identifier;
fullname : QuotedString;
```

```
email    : 'email:' emailAddress ;
tel      : 'tel:' TelephoneNumber ;
```

转换的关键在于使用选择。因此，先从"可选元素"开始：所有 foo? ;都可以替换为 foo | ;（即，foo 或者什么都没有）。

```
contact  : 'contact' username '{' fullname email+ tel* '}';
username : Identifier;
fullname : /* 可选的 */ | QuotedString ;
email    : 'email:' emailAddress ;
tel      : 'tel:' TelephoneNumber ;
```

你会注意到，我添加了一句注释来澄清我正在做什么。当然，不同的工具使用的注释语法也不同，在这里我使用 C 语言风格的注释。只要能用语言本身来表达意图，我就不愿用注释，但如果非写不可，我也不会犹豫（例如在这个例子中）。

如果父子句很简单，也可以把选择直接加入父子句中。因此 a : b? c 可以转换成 a : c | b c。但是如果有多个可选的元素，你很快就会陷入组合爆炸——跟别的爆炸一样，你肯定不想身陷其中。

"重复元素"的转换同样是用选择来实现，不过需要递归。递归规则（即规则在其主体中使用其自身）十分常见。于是 x : y*;就可以替换为 x : y x | ;。把这个方法用在"电话号码"规则上，我们就会得到：

```
contact  : 'contact' username '{' fullname email+ tel '}';
username : Identifier;
fullname : /* 可选的*/ | QuotedString ;
email    : 'email:' emailAddress ;
tel      : /* 多重的 */ | 'tel:' TelephoneNumber tel;
```

这是处理递归的基本方法。要实现一个递归算法，你需要考虑两种情况：结束和非结束——后者包含了递归调用。在本例中，在这两者之间有一个选择符：如果结束则什么也不做；如果非结束则增加一个元素。

在引入类似这样的递归时，你经常需要做出决定：递归部分放在左侧还是右侧，换句话说，x : y*;应该转换成 x : y x |还是 x : x y |。通常语法分析器会说明倾向于哪种形式，这与其使用的算法有关。例如，自顶向下的语法分析器根本不能实现左递归，而 Yacc 则两种都可以实现，但首选右递归。

最后一个多重性标记是+，它与*相似，但结束状态是单个元素，而不是空。因此可以把 x : y+替换成 x : y | x y（或者 x : y | y x，以避免左递归）。在前面的例子中使用这一方法，就会得到如下结果：

```
contact    : 'contact' username '{' fullname email tel '}';
username   : Identifier;
fullname   : /* 可选的 */ | QuotedString ;
email      : singleEmail | email singleEmail;
singleEmail : 'email:' emailAddress ;
tel        : /* 多重的 */ | 'tel:' TelephoneNumber tel;
```

由于"单个电子邮件地址"的表达式在 email 规则中使用了两次，我便把它提取成一个单独的规则。在转换成基础 BNF 的过程中，类似这样的"引入中间规则"经常是必需的。如果文法中有分组逻辑，你也必须这样做。

现在，整个"联系人信息"的文法都用基础 BNF 来描述了。这段文法工作正常，但理解起来就要困难得多：不仅失去了多重性标记，我还不得不引入额外的子规则以便实现递归。所以，如果在同等情况下，我总是倾向于使用 EBNF；同时我仍然保留 "转换成基础 BNF"的技术以备不时之需。

EBNF	x : y?		x: y*		x: y+
basic BNF	x: /* 可选的 */ | y		x: /* 多重的 */ | y x		x: y | y x

19.1.5　行为代码

BNF 提供了一种为语言定义语法结构的方式，**语法分析器生成器**（第 23 章）通常也使用 BNF 来驱动语法分析器的运作。然而只有 BNF 还不够：它能提供生成语法分析树所需的信息，但还不足以得到更有用的抽象语法树，也不足以完成进一步的内嵌翻译（第 25 章）或者内嵌解释（第 26 章）之类的任务。因此，一种常见的做法是在 BNF 中放入行为代码（code action），通过这些代码进行交互。

并非所有语法分析器生成器都使用行为代码。另一种做法是提供一个单独的 DSL 来完成**树构造**（第 24 章）之类的任务。

行为代码背后的基本思想是：在文法中特定的地方放入外来代码（第 27 章）片段。当语法分析器识别到这部分文法时，这些代码片段就会被运行。例如下列文法：

```
contact : 'contact' username '{' email? tel? '}';
username: ID;
email : 'email:' EmailAddress {log("got email");};
tel  : 'tel:' TelephoneNumber;
```

在这个例子中，只要语法分析器识别到 email 子句，"got email"这条消息就会被记录到日志中。如果需要处理电子邮件，类似这样的机制可以用来保留记录。行为代码可以做任何事，因此我们也可以往数据结构中添加信息。

行为代码经常需要引用语法分析过程中识别到的元素：能记录"找到一个电子邮件地址"这一事实固然不错，但我们可能还希望同时记录找到的电子邮件地址，为此我们需要引用语法分析时用到的电子邮件地址记号。不同的**语法分析器生成器**对此有不同的处理方式。经典的 Yacc 采用特殊的变量来引用这些记号，这种变量可以指定元素的位置索引，因此我们可以用 $2 来引用电子邮件地址（$1 则指向 email:这个记号）。文法中的位置引用可能经常变化，因此现代的**语法分析器生成器**更多采用"给元素打标签"的方式。下面就是 ANTLR 的做法：

```
contact : 'contact' username '{' email? tel? '}';
username: ID;
```

```
email: 'email:' e=EmailAddress {log("got email " + $e.text);};
tel  : 'tel:' TelephoneNumber;
```

在 ANTLR 中，$e 会引用文法中用 e=做了标签的元素。由于该元素是一个记号，因此通过 text 属性就能得到匹配的文本。（诸如记号类型、行号等信息也可以得到。）

为了识别这些引用，**语法分析器生成器会借助一个模板系统来运行行为代码**，这个模板系统会把$e 这样的表达式替换成对应的值。但 ANTLR 其实走得更远：text 这样的属性并非直接引用字段或方法，ANTLR 做了进一步的替换以得到正确的信息。

类似于引用一个记号，我也可以引用一条规则。

```
contact  : 'contact' username '{' e=email? tel? '}'
  {log("email " + $e.text);}
  ;
username : ID;
email  : 'email:' EmailAddress ;
tel  : 'tel:' TelephoneNumber;
```

在这里，email 规则匹配的全部文本（"email: fowler@acm.org"）会被记录到日志中。像这样返回规则对象很多时候用处不大，尤其是当规则的规模较大时。因此语法分析器生成器通常会允许你定义规则匹配时返回的内容。在 ANTLR 中，我可以定义规则的返回类型，并在返回规则的一个该类型的变量。

```
contact  : 'contact' username '{' e=email? tel? '}'
  {log("email " + $e.result);}
  ;
username : ID;
email returns [EmailAddress result]
  : 'email:' e=EmailAddress
        {$result = new EmailAddress($e.text);}
  ;
tel  : 'tel:' TelephoneNumber;
```

任何东西都可以从规则中返回，并在父规则引用。（ANTLR 还允许定义多个返回值。）这种能力，再加上行为代码，是非常重要的。很多时候，能提供某个值的最佳信息的规则并不是最适合处理这些信息的规则。将数据沿规则栈向上传递，就可以在低级的语法分析中捕获信息，然后在高级的语法分析中处理这些信息。如果没有这种能力，你就需要大量的上下文变量（第 13 章），这会让你的文法很快变得混乱。

内嵌解释、内嵌翻译和树构造中都可以使用行为代码。但树构造特有的代码风格使得必须使用另一种 DSL（24.3 节）来描述如何构造最终的语法树。

行为代码在文法中的位置将决定其运行的时机。所以，parent : first {log("hello");} second 会在第一条子规则被识别之后并在第二条子规则被识别之前调用 log 方法。大部分情况下，把行为代码放在规则的末尾是最简单的做法，但有时你需要把它们放在规则中间。很多时候，行为代码的运行顺序可能很难理解，因为它依赖于语法分析器的算法。递归下降语法分析器通常比较容易理解，而自底向上的语法分析器则经常令人迷惑。你可能需要深入了解语法分析器系统的细节，才能清楚行为代码运行的确切时机。

行为代码可能带来的一个风险是：你可能一不小心就在文法中放入了太多代码，使文法变得难以阅读，于是你就得不到行为代码带来的"文档化"的好处。因此，我强烈建议在使用行为代码的同时使用嵌入助手（第 54 章）。

19.2 使用时机

只要用到语法分析器生成器（第 23 章），你就会需要 BNF，因为这些工具都借助 BNF 文法来定义语法分析规则。BNF 也是一种很有用的非正式思维工具，有助于描述 DSL 的可视化结构，或者与别人讨论一种语言的语法规则。

第 20 章

基于正则表达式表的词法分析器
（Regex Table Lexer）

——Rebecca Parsons

利用正则表达式列表来实现词法分析器。

模式	记号类型
^events	K_EVENT
^end	K_END
^(\\w)+	IDENTIFIER
^(\\s)+	WHITESPACE

　　语法分析器主要用来处理语言的结构，特别是各种语言构件的组成方式。虽然语法分析器能很清晰地识别最基本的语言构件，如关键字、数字和各种名称，但通常我们会将这些东西交给单独的词法分析器来处理。通过使用这种分离的方式来识别这些终结符（terminal symbol）[①]，我们可以简化语法分析器的构造。

　　直接实现词法分析器（lexical analyzer，也称为 lexer）相对比较简单。词法分析器牢固地建立在正则语言的基础之上，因此可以通过标准的正则表达式 API 来实现。对于基于正则表达式表的词法分析器，我们使用一个正则表达式的列表，每一个正则表达式都关联着特定的终结符。然后就可以扫描输入数据，将输入的每个部分都关联到适当的正则表达式，并生成命名各个终结符的记号流。这个记号流就是语法分析器的输入。

---

① 终结符指语言中不能再分解的基本元素，如名词、动词、形容词等。——译者注

20.1 运行机制

当采用语法制导翻译（第 18 章）时，通常会将词法分析分离出来而作为一个独立的阶段。要了解为什么需要分离词法分析、围绕词法分析的一些概念性问题以及词法分析和语法分析如何适应更宽泛的场景，参见第 18 章。在本章中，我们将关注如何实现简单的词法分析器。

词法分析的基本算法很简单，它对输入字符串进行扫描，从字符串头部开始，逐个匹配记号并消费字符。让我们看一个简单的例子。假如我们想要识别两个语法符号：字符串 Hello 和 Goodbye。这两个符号对应的正则表达式分别为 ^Hello 和 ^Goodbye。^运算符表示这个正则表达式需要从字符串开头进行匹配。为了加以区别，我们将生成的记号分别称为 HOWDY 和 BYEBYE。下面我们来看一下基本算法是如何处理这些输入字符串的：

`HelloGoodbyeHelloHelloGoodbye`

Hello 对应的正则表达式匹配了字符串的开头，生成了 HOWDY 记号，并将字符串指针前移至第一个 G。算法回到正则表达式列表中的第一个表达式（因为表达式是有顺序的），即匹配 Hello 的正则表达式，我们再次使用它来检查以 G 开头的字符串，当然结果是失败的。于是我们匹配列表中的下一个正则表达式——匹配 Goodbye 的正则表达式，这次匹配成功。我们将记号 BYEBYE 添加到输出的记号流中，并将字符串指针重置为指向字符串中的第二个 H，然后继续。最终我们将得到如下顺序的输出流：HOWDY、BYEBYE、HOWDY、HOWDY 和 BYEBYE。

正则表达式的检查顺序是很重要的，因此我们可以利用这个特性来处理关键字。例如，在状态机文法的例子里，关键字也可以匹配标识符的规则。我们将检查关键字的顺序放在检查标识符之前，这样就会出现关键字的记号。词法分析器的一个设计要点是选择恰当的记号。例如，在状态机文法中，我们不会尝试区分编码和名称，而是为它们使用单个标识符记号。这是因为在词法分析器中，它没有足够的上下文信息来知道，如果一个四字符的名字没有出现在编码的位置，就应该匹配标识符记号。通常，词法分析器的记号集中包括关键字、名称、数值、标点符号和运算符之类的东西。

我们通过指定一系列识别器来实例化特定的词法分析器，并通过列表或者表格来为这些识别器排序。每个识别器包含记号类型、识别该记号的正则表达式，以及一个布尔值用来指明输出流中是否应该包含该记号。记号类型用于向语法分析器验明记号类。布尔值用来处理在语义上无意义的空白符和注释。这些字符串存在于输入流中，也会被词法分析器处理，但我们不会将与它们对应的记号传递给语法分析器。对表格进行重复的顺序扫描保证了匹配的顺序，而使用识别器表格让添加新的记号类型变得更容易。

各个记号的匹配方法会逐个运行识别器表格。如果识别器中的布尔标志为真且匹配成功，就从输入字符串中消费相应的输入，并将记号发送到输出流。不管是否需要，我们都会将结果

保存在输出记号的 `tokenValue` 字段中。一般来说，只有标识符、数值和运算符（有时）需要记号值，但这么设计让我们省掉了另一个布尔标志，也简化了代码。主扫描器方法持续调用匹配方法，以确保某些识别成功。当输入字符串消费完毕并且有成功的匹配，记号缓冲区就会被语法分析器发送以进行处理。

为了简化错误诊断，你可能会在记号中添加字符流中该记号的位置信息，如行号和列位置。

20.2　使用时机

虽然有很多词法分析生成器，如 Lex，但我们没必要使用它们，因为正则表达式 API 已经十分普及。一个例外是使用 ANTLR 作为语法分析器生成器（第 23 章），因为它的词法分析和语法分析集成得非常紧密。

这里描述的是词法分析最直接的一种实现方法。它的性能明显取决于所使用的正则表达式 API 的特性。仅有一种情况下我不推荐使用基于正则表达式表的词法分析器，那就是没有合适的正则表达式 API 可供使用的时候。

考虑到很多 DSL 的语法都很简单，这个方法也可以用于识别整个 DSL。只要所处理的语言是正则的，这个方法就能应用于语法分析器。

20.3　对格兰特女士的控制器进行词法分析（Java）

状态机文法的词法分析器是一个很典型的例子。我们所需的记号包括关键字、标点符号、标识符的记号类型。我们还有空白符和注释（仅被词法分析器消费）的记号类型。我们使用 java.util.regex API 来指定模式并进行匹配。词法分析器的输入是要进行分析的 DSL 脚本，输出则是记号缓冲区，包含记号类型及其相关的值。该记号缓冲区将成为语法分析器的输入。

它的实现被分成两部分：指定需要识别的记号和词法分析算法本身。这样做可以简化在词法分析器中添加新记号类型的工作。我们使用枚举类型来指定记号的类型，其属性有相应的正则表达式和用来控制记号输出的布尔值。这么做在 Java 中会使代码变得清晰，你也可以简单地使用传统的对象，不过需要确保记号类型在语法分析器本身中可用。

```
class ScannerPatterns...
  public enum TokenTypes {
    TT_EVENT("^events", true),
    TT_RESET("^resetEvents", true),
    TT_COMMANDS("^commands", true),
    TT_END("^end", true),
    TT_STATE("^state", true),
    TT_ACTIONS("^actions", true),
    TT_LEFT("^\\{", true),
    TT_RIGHT("^\\}", true),
    TT_TRANSITION("^=>", true),
```

```
TT_IDENTIFIER("^(\\w)+", true),
TT_WHITESPACE("^(\\s)+", false),
TT_COMMENT("^\\\\(.)*$", false),
TT_EOF("^EOF", false);

private final String regExPattern;
private final Boolean outputToken;

TokenTypes(String regexPattern, Boolean output) {
  this.regExPattern = regexPattern;
  this.outputToken = output;
}
}
```

在这个词法分析器中，我们实例化了识别对象的一个表格，包含编译好的识别器以及它们的记号类型和布尔值。

```
class ScannerPatterns...
  public static ArrayList<ScanRecognizer> LoadPatterns(){
    Pattern pattern;
    for (TokenTypes t : TokenTypes.values()) {
      pattern = Pattern.compile(t.regExPattern)  ;
      patternMatchers.add(new ScanRecognizer(t, pattern,t.outputToken)) ;
    }
    return(patternMatchers);
  }
```

我们为词法分析器定义了一个类。词法分析器的实例变量包含各识别器、输入字符串和输出记号列表。

```
class StateMachineTokenizer...
  private String scannerBuffer;
  private ArrayList<Token> tokenList;
  private ArrayList<ScanRecognizer> recognizerPatterns;
```

词法分析器的主处理循环是一个 do-while 循环。

```
class StateMachineTokenizer...
  while (parseInProgress) {
    Iterator<ScanRecognizer> patternIterator = recognizerPatterns.iterator();
    parseInProgress = matchToken(patternIterator);
  }
```

这个循环持续地调用记号匹配方法，直到缓冲区的所有记号都匹配完成或者无法在剩余的缓冲区中匹配到相应的记号时结束。

matchToken 方法依次遍历各识别器并尝试匹配单个记号。

```
private boolean matchToken(Iterator<ScanRecognizer> patternIterator) {
  boolean tokenMatch;
  ScanRecognizer recognizer;
  Pattern pattern;
  Matcher matcher;
  boolean result;
  tokenMatch = false;
  result = true;
```

```
do {
  recognizer = patternIterator.next();
  pattern = recognizer.tokenPattern;
  matcher = pattern.matcher(scannerBuffer);
  if (matcher.find()) {
    if (recognizer.outputToken) {
    tokenList.add(new Token(recognizer.token, matcher.group()));
    }
    tokenMatch = true;
    scannerBuffer = scannerBuffer.substring(matcher.end());
  }
} while (patternIterator.hasNext() && (!tokenMatch));

if ((!tokenMatch) || (matcher.end() == scannerBuffer.length())) {
  result = false;
}
return result;
}
```

　　如果匹配成功，我们就将输入缓冲区移向匹配结束的位置，在这段代码里，是通过调用 `matcher.end()` 来获取这个位置的。我们检查匹配的识别器的布尔值，并在必要的时候生成适当的记号。如果没有匹配成功，我们就声明失败。`regex API` 提供的 `find` 方法将会扫描到字符串的末尾来查找匹配。如果在剩余的字符串中无法找到匹配结果，整个词法分析就会失败。

　　只要内层循环能够匹配一个记号，外层循环就能持续进行直到字符串的末尾。为了确保所有的记号模式在每次循环时能够被匹配，迭代器在每次内层循环结束的时候都会被重置。语法分析的结果是一个记号缓冲区，其中每个记号都有相应的记号类型和在词法分析器中匹配的实际字符串值。

第21章

递归下降语法分析器（Recursive Descent Parser）

——Rebecca Parsons

使用控制流实现文法运算符，使用递归函数实现非终结符识别器，
以此实现自顶向下的语法分析器。

```
boolean eventBlock() {
  boolean parseSuccess = false;
  Token t = tokenBuffer.nextToken();
  if (t.isTokenType(ScannerPatterns.TokenTypes.TT_EVENT)) {
    tokenBuffer.popToken();
    parseSuccess = eventDecList();
  }
  if (parseSuccess) {
    t = tokenBuffer.nextToken();
    if (t.isTokenType(ScannerPatterns.TokenTypes.TT_END)) {
      tokenBuffer.popToken();
    }
    else {
      parseSuccess = false;
    }
  }
  return parseSuccess;
}
```

从语言的角度来讲，很多 DSL 是非常简单的。虽然外部 DSL 的灵活性非常有吸引力，但是使用语法分析器生成器（第 23 章）来构建语法分析器在项目中引入了新的工具和语言，使构建过程变得复杂。

递归下降语法分析器可以在不使用语法分析器生成器的情况下支持外部 DSL 的灵活性。它可由任意的通用型语言实现。它使用控制流运算符来实现不同的文法运算符，使用单独的方法或函数来实现文法中各种非终结符的语法分析规则。

21.1　运行机制

和其他的语法分析器一样，我们将分离词法分析和语法分析。递归下降语法分析器接收来自词法分析器（如基于正则表达式表的词法分析器（第 20 章））的记号流。

递归下降语法分析器的基本结构很简单。文法中的每个非终结符都由一个方法来处理。这一方法实现与非终结符相关的各种产生式规则。方法本身返回一个布尔值来表示匹配的结果。任何一级的匹配失败将会沿调用栈向上传递。每个方法都在记号缓冲区上操作，随着匹配句子的不同部分，指针也在记号流中向前移动。

由于文法运算符只有相对有限的几种（顺序、选择和重复），它们的实现方法可以归结为几种模式。我们首先从"选择"运算符的处理开始，它可以通过条件语句来实现。对于下面的文法片段：

```
grammar file...
  C : A | B
```

对应的函数为：

```
boolean C ()
  if (A())
    then true
    else if (B())
          then true
          else false
```

这种实现方法先检查其中一种选择，再检查其他选择。这种行为更像 BNF 中的有序选择（19.1.3 节）。如果确实需要允许无序选择带来的歧义，那么很可能需要使用语法分析器生成器（第 23 章）了。

如果调用 A() 成功，那么记号缓冲区中的指针将会跃过所有已被 A 匹配的记号。而如果调用 A() 失败，那么记号缓冲区保持不变。

文法的"顺序"运算符是用嵌套的 if 语句实现的，因为其中任何一个方法失败就意味着整个过程就没必要继续处理了。因此，文法

```
grammar file...
  C : A B
```

的实现方式为

```
boolean C ()
  if (A())
    then if (B())
          then true
          else false
    else false
```

"可选"运算符稍有不同。

```
grammar file...
  C: A?
```

我们必须尝试识别与非终结符 A 匹配的记号,但是这个匹配永远不会失败。如果与 A 匹配成功,我们就返回 true。如果与 A 匹配失败,我们仍然返回 true,因为 A 是可选的。实现方法如下:

```
boolean C ()
  A()
  true
```

如果与 A 匹配失败,那么记号缓冲区将会保持在入口 C;如果与 A 匹配成功,那么记号缓冲区将会前移。无论哪种情况,对于 C 的调用都会成功。

"重复"运算符有两种形式:零到多("*")和一到多("+")。如下文法所示为一到多运算符:

```
grammar file...
  C: A+
```

可以使用如下代码实现:

```
boolean C ()
  if (A())
    then while (A())
          {}
        true
    else
        false
```

这段代码先检查是否至少可以匹配一次 A。如果是,则继续寻找尽可能多的 A,无论结果如何都会返回 true,因为它已经至少匹配了一次 A。对于零到多的情况只需移除外层的 if 语句,然后总是返回 true。

下表使用伪代码段总结了上面所说的各种不同文法运算的实现。

文法规则	实现方法

A | B	`if (A())`
	`  then true`
	`  else if (B())`
	`        then true`
	`        else false`

A B	`if (A())`
	`  then if (B())`
	`        then true`
	`        else false`
	`  else false`

续表

文法规则	实现方法
A?	A(); true
A*	while A(); true

A+	if (A())
	  then
	    while (A());
	  else false

　　如同在其他章节中所展示的那样，我们使用辅助函数来分离行为和语法分析。树构造（第24 章）和内嵌翻译（第 25 章）在递归下降法中也可以使用。

　　为了使这种方法尽可能地清晰，实现产生式规则的方法必须在行为上保持一致。最重要的规则就是对于输入记号缓冲区的管理。如果方法能够匹配查找的内容，那么缓冲区的当前位置指针前移至匹配内容的下一个记号。例如，对于 event 关键字，记号位置指针应该只移动一个位置。如果匹配失败，那么缓冲区的位置指针应该和方法调用前的位置指针一致。这对于顺序运算是最重要的。我们需要在函数运行开始的地方保存缓冲区的位置指针，这样如果顺序运算的第一部分匹配成功（如前面例子中的 A）而 B 匹配失败，我们仍然可以保持缓冲区中的位置不变。通过这样管理缓冲区，我们可以正确地处理选择运算。

　　另外一个重要的规则与语义模型或语法树的生成相关。每个方法应该尽可能地处理模型中自己所对应的部分或者在语法树中创建自己所负责的元素。自然而然地，所有后续行为都只应该在全部匹配完成后再执行。对顺序运算使用记号缓冲区管理，行为执行就应该递延到整个序列完成之后。

　　对于使用语法分析器生成器常有一种抱怨，即它要求开发人员熟悉语言文法。虽然在递归下降法中文法运算符的语法并没有出现，但是文法仍然存在于那些方法中。修改这些方法实际上就是修改了文法。因此，差别并不在于是否使用文法，而在于如何表达文法。

21.2　使用时机

　　递归下降语法分析器的最大优势就是它很简单。一旦你理解了基本算法以及如何处理各种文法运算符，编写一个递归下降语法分析器就只是一个简单的编程任务。然后你就得到了一个语法分析器，它仅仅是系统中的一个普通的类，你可以按照常规的方式来测试它。而且当被测试的单元是方法时，做单元测试也变得更容易。此外，由于语法分析器本身是一段程序，它的行为更易推断也更便于调试。递归下降语法分析器是语法分析算法的直接实现，它的语法分析过程也更易追踪和理解。

　　递归下降语法分析器的最大不足之处是对文法结构没有直观的表示形式。递归下降语法分析器将文法编码到了递归下降算法中，因此你就无法清晰地看出文法的结构，从而只能依赖于文档或者注释才能理解文法的内容。而语法分析器组合子（第 22 章）和语法分析器生成器（第 23 章）对文法结构都有直观的说明，使文法更容易理解和演进。

递归下降语法分析器的另一个问题是采用自顶向下算法，因此无法处理左递归，这使得嵌套运算符表达式（第 29 章）变得难以处理。同时，它的性能比语法分析器生成器生成的语法分析器也要差一些。不过从实际应用来说，这些对于处理 DSL 都不是什么问题。

只要文法足够简单，递归下降语法分析器就是最直接的实现方式。还有一个让它容易处理的因素是它的有限的超前分析（look ahead）。所谓超前分析指语法分析器需要提前知道多少个记号才能决定下一步做什么。通常，对于需要超过一个符号超前分析的文法，我不会使用递归下降语法分析器，这类文法更适合使用语法分析器生成器处理。

21.3　延伸阅读

如需参考更多信息，[parr-LIP]是很好的材料，它并没有涉及很多编程语言设计的知识。如果需要更多编程语言设计和实现的知识，"龙书" [Dragon]仍然是标准首选。

21.4　递归下降和格兰特女士的控制器（Java）

我们从创建一个语法分析器的类开始，这个类包含几个实例变量，分别表示输入缓冲区、作为输出结果的状态机和一些语法分析数据。当前的实现使用基于正则表达式表的词法分析器（第 20 章），从输入字符串创建输入记号缓冲区。

```
class StateMachineParser...
  private TokenBuffer tokenBuffer;
  private StateMachine machineResult;
  private ArrayList<Event> machineEvents;
  private ArrayList<Command> machineCommands;
  private ArrayList<Event> resetEvents;
  private Map<String, State> machineStates;
  private State partialState;
```

StateMachine 类的构造函数接受输入记号缓冲区并设置相应的数据结构。启动语法分析器很简单，只需调用代表整个状态机的函数就可以了。

```
class StateMachineParser...
  public StateMachine startParser() {
    if (stateMachine()) {/* 产生主要层级 */
      loadResetEvents();
    }
    return machineResult;
  }
```

　　当语法分析成功时，startParser 方法还会负责创建最终的状态机对象。剩余的方法唯一没有涉及的行为是在状态机中组装重置事件。

　　我们这个状态机的文法规则仅仅是不同块（block）的一个序列。

```
grammar file...
  stateMachine: eventBlock optionalResetBlock optionalCommandBlock stateList
```

　　顶层的函数实现了状态机的不同组件的一个序列。

```
class StateMachineParser...
  private boolean stateMachine() {
    boolean parseSuccess = false;
    if (eventBlock()) {
      if (optionalResetBlock()) {
        if (optionalCommandBlock()) {
          if (stateList()) {
            parseSuccess = true;
          }
        }
      }
    }
    return parseSuccess;
  }
```

　　我们将使用事件声明来说明大多数函数是如何在一起工作的。第一个产生式规则构造了事件块，主要由一个序列组成。

```
grammar file...
  eventBlock: eventKeyword eventDecList endKeyword
```

　　这个序列的代码是按照前面介绍的模式来实现的。注意，我们保存了缓冲区中的初始位置信息，以防整个序列无法识别。

```
class StateMachineParser...
  private boolean eventBlock() {
    Token t;
    boolean parseSuccess = false;
    int save = tokenBuffer.getCurrentPosition();
    t = tokenBuffer.nextToken();
    if (t.isTokenType(ScannerPatterns.TokenTypes.TT_EVENT)) {
      tokenBuffer.popToken();
      parseSuccess = eventDecList();
    }
    if (parseSuccess) {
      t = tokenBuffer.nextToken();
      if (t.isTokenType(ScannerPatterns.TokenTypes.TT_END)) {
        tokenBuffer.popToken();
      }
      else {
        parseSuccess=false;
      }
    }
    if (!parseSuccess) {
      tokenBuffer.resetCurrentPosition(save);
    }
    return parseSuccess;
  }
```

事件列表的文法规则非常直观：

```
grammar file...
  eventDecList: eventDec+
```

eventDecList 函数是严格按照前面介绍的模式来实现的。所有的行为都在 eventDec 函数中完成。

```
class StateMachineParser...
  private boolean eventDecList() {
    int save = tokenBuffer.getCurrentPosition();
    boolean parseSuccess = false;

    if (eventDec()) {
      parseSuccess = true;
      while (parseSuccess) {
        parseSuccess = eventDec();
      }
      parseSuccess = true;
    }
    else {
      tokenBuffer.resetCurrentPosition(save);
    }
    return parseSuccess;
  }
```

真正的工作开始于匹配事件声明本身的时候，它的文法很直观：

```
grammar file...
  eventDec: identifier identifier
```

这个序列的代码也保存了缓冲区的初始位置信息，当匹配成功后，它还会组装状态机模型。

```
class StateMachineParser...
  private boolean eventDec() {
    Token t;
    boolean parseSuccess = false;
    int save = tokenBuffer.getCurrentPosition();
    t = tokenBuffer.nextToken();
    String elementLeft = "";
    String elementRight = "";

    if (t.isTokenType(ScannerPatterns.TokenTypes.TT_IDENTIFIER)) {
      elementLeft = consumeIdentifier(t);
      t = tokenBuffer.nextToken();
      if (t.isTokenType(ScannerPatterns.TokenTypes.TT_IDENTIFIER)) {
        elementRight = consumeIdentifier(t);
        parseSuccess = true;
      }
    }

    if (parseSuccess) {
      makeEventDec(elementLeft, elementRight);
    } else {
      tokenBuffer.resetCurrentPosition(save);
    }
    return parseSuccess;
  }
```

这里需要对被调用的两个辅助函数进行进一步的解释。第一个辅助函数是 consumeIdentifier，它将记号缓冲区位置前移，并从缓冲区中返回下一个记号的值，以用它来组装事件声明。

```
class StateMachineParser...
  private String consumeIdentifier(Token t) {
    String identName = t.tokenValue;
    tokenBuffer.popToken();
    return identName;
  }
```

第二个辅助函数是 makeEventDec，它通过事件的名称和编码来真正组装事件声明。

```
class StateMachineParser...
  private void makeEventDec(String left, String right) {
    machineEvents.add(new Event(left, right));
  }
```

从行为的角度来说，唯一的难点是对状态的处理。由于状态迁移对象可能会引用尚不存在的状态，因此我们的辅助函数必须允许对未定义状态的引用。对所有不使用树构造（第 24 章）的实现来说，我们都需要面对这个问题。

最后我们再来看看 optionalResetBlock 函数是如何实现这一文法规则的。

```
grammar file...
  optionalResetBlock: (resetBlock)?
  resetBlock: resetKeyword (resetEvent)* endKeyword
  resetEvent: identifier
```

因为这个文法规则本身太简单了，所以我们把不同的文法运算符模式联合在一起实现。

```
class StateMachineParser...
  private boolean optionalResetBlock() {
    int save = tokenBuffer.getCurrentPosition();
    boolean parseSuccess = true;
    Token t = tokenBuffer.nextToken();
    if (t.isTokenType(ScannerPatterns.TokenTypes.TT_RESET)) {
      tokenBuffer.popToken();
      t = tokenBuffer.nextToken();
      parseSuccess = true;
      while ((!(t.isTokenType(ScannerPatterns.TokenTypes.TT_END))) &
              (parseSuccess)) {
        parseSuccess = resetEvent();
        t = tokenBuffer.nextToken();
      }
      if (parseSuccess) {
        tokenBuffer.popToken();
      } else {
        tokenBuffer.resetCurrentPosition(save);
      }
    }
    return parseSuccess;
  }

  private boolean resetEvent() {
    Token t;
```

```
    boolean parseSuccess = false;

    t = tokenBuffer.nextToken();
    if (t.isTokenType(ScannerPatterns.TokenTypes.TT_IDENTIFIER)) {
      resetEvents.add(findEventFromName(t.tokenValue));
      parseSuccess = true;
      tokenBuffer.popToken();
    }
    return parseSuccess;
  }
```

如果 reset 关键字不出现，这个方法仍然会返回 true，因为整个块都是可选的。如果
reset 关键字出现，那么它必须有 0 次或多次重置事件声明，其后紧跟 end 关键字。如果这
些都不出现，这个块的匹配就会失败，返回值为 false。

第**22**章

语法分析器组合子（Parser Combinator）

——Rebecca Parsons

通过组合语法分析器对象，创建一个自顶向下的语法分析器。

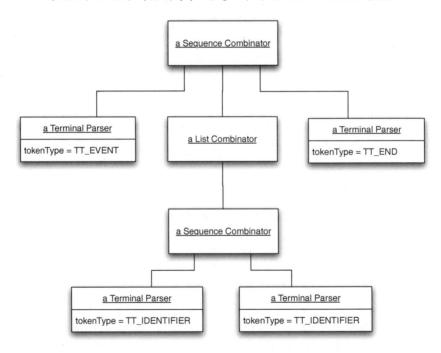

纵然语法分析器生成器（第 23 章）并不像我们所认为的那么难用，我们还是有一些正当的理由在可能的情况下规避它。最显而易见的问题是，构建过程中需要一些额外的步骤，即先生成语法分析器，然后才能构建它。虽然对更复杂的上下文无关文法而言，语法分析器生成器依然是正确的选择,但是如果文法有歧义,或者性能至关重要,直接用通用型语言来实现语法分析器就是一个可行的选择了。

语法分析器组合子采用若干语法分析器对象组成的结构来实现文法。用以识别产生式规则中的符号的识别器是用组合(Composite)[GoF]模式组合起来的,这些识别器称为“组合子”。事实上,语法分析器组合子表示的就是文法的语义模型。

22.1 运行机制

像递归下降语法分析器(第 21 章)一样,我们用词法分析器(如基于正则表达式表的词法分析器(第 20 章))执行对输入字符串的词法分析。接着语法分析器组合子就对结果记号串进行操作。

语法分析器组合子背后的基本思想很简单。“组合子”这一术语源自函数式语言。组合子的设计旨在通过组合来创建更为复杂的与输入类型相同的操作。这样,若干语法分析器组合子就可以组合成更为复杂的语法分析器组合子。在函数式语言中,这些组合子都是一等函数,在面向对象的环境里,我们可以用对象做同样的事。我们首先从基本的例子开始:用于识别文法中终结符的识别器。然后,用组合子实现各种文法运算符(如序列运算符、列表运算符等),以实现文法中的产生式规则。实际上,对于文法中的每个非终结符,都有一个对应的组合子,就像递归下降语法分析器中对于每个非终结符都有一个递归函数一样。

每个组合子负责识别语言的某个部分,如果发现匹配,则消费输入缓冲区中匹配的相关记号,并执行必要的动作。这些操作与递归下降语法分析器里递归函数所需的操作一样。对下面各种文法运算符实现的识别器部分而言,递归下降实现中用到的逻辑同样适用。这里真正发生的是,我们抽取出在自顶向下语法分析过程中用于处理文法运算符的各个逻辑片段,并创建组合子来支持这些逻辑。递归下降语法分析器是通过在内联的代码里调用函数来组合这些逻辑片段的,而语法分析器组合子则是通过在适应性模型(第 47 章)中将对象连接在一起来实现这一点的。

单个的语法分析器组合子接受的输入是目前的匹配状态、当前的记号缓冲区,还可能有累积的动作结果集。语法分析器组合子返回匹配状态、可能修改过的记号缓冲区和行为结果集。为了让描述更清晰,假设此刻记号缓冲区和匹配结果集作为状态保存在后台的某个地方。我们稍后会改变这个假设,但现在它会让组合子逻辑更容易理解。此外,我们先集中在描述识别逻辑上,再回过头来讨论动作处理。

我们先来考虑终结符识别器这个基本的例子。实际上,识别终结符是很容易的,只需将输入记号缓冲区当前位置上的记号与识别器所要识别的终结符直接比较。识别器的终结符也是由记号表示的。如果记号匹配,就将记号缓冲区的当前位置前移。

现在,我们看一下各种文法运算符的组合子背后的基本内容,从选择运算符(alternative operator)开始。

```
grammar file...
   C : A | B
```

C 的选择组合子先尝试用一个组合子来匹配，如 B 组合子。如果组合子的匹配状态是 true，则 C 的返回值就等于 B 的返回值。我们遍历选择项，逐一尝试。如果所有选择项都失败了，则返回值是失败的匹配状态，并且输入记号缓冲区不会改变。如果用伪代码实现，组合子看上去就是这样的：

```
CombinatorResult C ()

 if (A())
   then return true
   else
     if (B())
       then true
       else return false
```

正如所见，这个逻辑看起来就像一个递归下降算法。

序列运算符（sequence operator）有点儿复杂。

```
grammar file...
   C : A B
```

为了实现这个运算符，我们需要逐个遍历序列里的组件。如果任何一个匹配失败，则需要重置记号缓冲区至其输入状态。对于上面的文法规则，其组合子看上去如下：

```
CombinatorResult C ()

   saveTokenBuffer()
   if (A())
     then
       if (B())
         then
           return true
         else
           restoreTokenBuffer
           return false
     else return false
```

上述实现以及后面的其他实现都依赖组合子的特有行为。如果匹配成功，则消费记号缓冲区中与该匹配相关的记号。如果匹配失败，则组合子返回未修改的记号缓冲区。

可选运算符（optional operator）非常直白：

```
grammar file...
   C: A?
```

这个运算符会根据对 A 的匹配结果返回原有的记号缓冲区或者对其进行修改。对于上面的文法规则，其组合子看上去如下：

```
CombinatorResult C ()

   A()
   return true
```

对"一或多列表"进行操作的列表运算符（list operator）是接下来要考虑的运算符。

```
grammar file...
  C: A+
```

这个组合子先检查记号缓冲区，以确保至少有一个 A。如果有，则循环匹配，直至无法再匹配到 A，并返回新的记号缓冲区。如果第一个匹配就失败了，则返回 false 和输入的记号缓冲区。

```
CombinatorResult C ()

  if (A())
    then
      while (A())

      return true
    else
      return false
```

当然，对可选列表而言，总是返回 true，并根据匹配结果对记号缓冲区进行适当的处理。代码大致如下：

```
CombinatorResult C ()

  while (A())
    return true
```

这里展示的组合子的实现是特定规则的直接实现。而**语法分析器组合子**的威力源自这样一个事实：可以将作为组件的组合子组装起来，构造出复合组合子（composite combinator）。因此，实际上，对于下面的序列运算：

```
grammar file...
  C : A B
```

其代码更可能形如下面的声明：

```
C = new SequenceCombinator (A, B)
```

上述实现序列运算的逻辑可以用于所有基于序列运算符的规则。

22.1.1　处理动作

现在，我们了解了识别过程是如何进行的，下面来看动作。此刻，我们再次假设我们得到了在动作中要操作的状态。动作有许多种形式。对于**树构造**（第 24 章），动作将在语法分析过程中构建抽象的语法树。对于**内嵌翻译**（第 25 章），动作则会组装语义模型。显然，匹配值的类型会因各种动作的不同而有所不同。

我们再次从终结符组合子这一基本例子开始。如果匹配成功，就根据匹配结果组装匹配值，然后调用匹配值上的动作。例如，对标识符识别器而言，我们可能会把它记录在符号表

（第 12 章）里。对标识符和数值这样的终结符而言，动作通常只是简单记录特定的记号值，以便后续使用。

讨论序列运算的动作会更为有趣。从概念上说，一旦我们识别了序列的全部组件，就需要根据来自各个组件的匹配值列表调用动作。按照这种方式，我们修改识别器来调用动作。

```
CombinatorResult C ()

  saveTokenBuffer()
  saveActions()
  if (A())
    then
      if (B())
        then
          executeActions (aResult, bResult)
          return true
        else
          restoreTokenBuffer()
          restoreActions()
          return false
    else return false
```

executeActions 内部隐藏了很多东西。例如，需要将 A 和 B 匹配的匹配值保存起来，以便在动作中使用。

为其他运算符织入动作是类似的。选择运算符只对选中的选择项执行动作。类似于序列运算符，列表运算符必须对所有的匹配值执行动作。显然，可选运算符只在匹配时执行动作。

动作的调用相对直接。其挑战在于，获得与组合子关联的合适的动作方法。在有闭包或者其他方式将函数作为参数传递的语言中，只要把动作方法的细节当作函数传递给构造函数即可。在没有闭包的语言（如 Java）中，就需要稍微聪明一点儿。一种做法是用特定于某个产生式规则的类扩展运算符类，覆写动作方法以引入特定行为。

正如上面指出的，动作可以用于构建抽象的语法树。在这种情况下，传递给动作函数的匹配值就是为该复合组合子的不同组件所构建出的各棵语法树。然后，动作将依据当前的文法规则，把这些语法分析树组合起来。例如，对于列表运算符，语法树中通常会有某个节点类型表示列表。列表运算符的动作就是以列表节点为根创建一棵新的子树，各组件中匹配这个根的子节点的将成为子树。

22.1.2　函数式风格的组合子

是时候放宽一下"以状态的形式在后台操作动作结果和记号缓冲区"的假设了。考虑一下函数式风格，组合子就是一个函数，它把输入组合子的结果值映射到输出组合子的结果值上。组合子结果值的组件就是目前记号缓冲区的当前状态、当前匹配状态，以及执行动作累积的当前状态。遵循这种风格，带有动作的序列运算符的实现如下：

```
CombinatorResult C (in)
  aResult = A(in)
```

```
if (aResult.matchSuccess)
  then
    bResult = B(aResult)
    if (bResult.matchSuccess)
      then
        cResult.value = executeActions (aResult.value, bResult.value)
        return (true, bResult.tokens, cResult.value)
      else
        return (false, in.tokens, in.value)
  else return (false, in.tokens, in.value)
```

在这个版本里，不需要为了恢复记号缓冲区而对其进行保存，因为输入参数的值保持有效。这个版本也让记号缓冲区的处理以及动作值的来源更为明晰。

22.2 使用时机

这种方式恰好处于递归下降语法分析器（第 21 章）和使用语法分析器生成器（第 23 章）的中间地带。使用语法分析器生成器的一大益处在于给予语言显式的文法规范。递归下降语法分析器的文法暗含于函数中，但作为文法则难以阅读。采用语法分析器组合子，可以用声明的方式定义组合子，正如上面例子所示。虽然它并没有使用 BNF（第 19 章）语法，但是可以通过组件组合子及运算符的方式清晰地对文法进行描述。所以，使用语法分析器组合子，可以相对明确地将文法展现出来，同时避免了构建语法分析器生成器所带来的复杂性。

不同的语言都有各种库实现不同的文法运算符。函数式语言是实现语法分析器组合子的一个显然的选择，因为它们支持函数作为一等对象，允许动作函数作为参数传递给组合子构造函数。然而，用其他语言实现也是完全可能的。

如同使用递归下降语法分析器一样，语法分析器组合子会产生一个自顶向下的语法分析器，因此存在同样的限制。递归下降语法分析器的许多优势也同样存在，特别是，推断动作何时执行会很容易。即便语法分析器组合子是一个完全不同的语法分析器的实现，使用同样的调试其他程序的工具，也可以跟踪语法分析的控制算法。确实，语法分析器组合子与运算符库或者被测运算符实现存在耦合，这么做让语言实现者关注于动作而非语法分析。

语法分析器组合子的最大的不足之处在于，我们仍然需要自行构建它。另外，我们也无法获得成熟的语法分析器生成器带给我们的开箱即用的精细的语法分析及错误处理特性。

22.3 语法分析器组合子和格兰特女士的控制器（Java）

为了以 Java 通过语法分析器组合子实现状态机语法分析器，先要做一些设计上的决定。就这个例子而言，我们会用更函数式的方法，在语法分析的同时，利用组合子结果对象和内嵌翻译（第 25 章）来组装状态机对象。

首先，让我们重温完整的状态机文法。这里的产生式方法将文法以反序列出，以匹配我们用到的实现策略。

```
grammar file...
   eventDec       : IDENTIFIER IDENTIFIER
   eventDecList   : (eventDec)*
   eventBlock     : EVENTS eventDecList END
   eventList      : (IDENTIFIER)*
   resetBlock     : (RESET eventList END)?
   commandDec     : IDENTIFIER IDENTIFIER
   commandDecList : (commandDec)*
   commandBlock   : (COMMAND commandDecList END)?
   transition     : IDENTIFIER TRANSITION IDENTIFIER
   transitionList : (transition) *
   actionDec      : IDENTIFIER
   actionList     : (actionDec)*
   actionBlock    : (ACTIONS LEFT actionList RIGHT)?
   stateDec       : STATE IDENTIFIER actionBlock transitionList END
   stateList      : (stateDec)*
   stateMachine   : eventBlock resetBlock commandBlock stateList
```

然后，为了为完整的状态机构造语法分析器组合子，我们需要为文法中的每个组件终结符以及非终结符构造语法分析器组合子。这一文法用 Java 实现的整套组合子如下：

```
grammar file...
//终结符
    private Combinator matchEndKeyword
      = new TerminalParser(ScannerPatterns.TokenTypes.TT_END);
    private Combinator matchCommandKeyword
      = new TerminalParser(ScannerPatterns.TokenTypes.TT_COMMANDS);
    private Combinator matchEventsKeyword
      = new TerminalParser(ScannerPatterns.TokenTypes.TT_EVENT);
    private Combinator matchResetKeyword
      = new TerminalParser(ScannerPatterns.TokenTypes.TT_RESET);
    private Combinator matchStateKeyword
      = new TerminalParser(ScannerPatterns.TokenTypes.TT_STATE);
    private Combinator matchActionsKeyword
      = new TerminalParser(ScannerPatterns.TokenTypes.TT_ACTIONS);
    private Combinator matchTransitionOperator
      = new TerminalParser(ScannerPatterns.TokenTypes.TT_TRANSITION);
    private Combinator matchLeftOperator
      = new TerminalParser(ScannerPatterns.TokenTypes.TT_LEFT);
    private Combinator matchRightOperator
      = new TerminalParser(ScannerPatterns.TokenTypes.TT_RIGHT);
    private Combinator matchIdentifier
      = new TerminalParser(ScannerPatterns.TokenTypes.TT_IDENTIFIER);
//非终结符生成式规则
    private Combinator matchEventDec       = new EventDec(matchIdentifier, matchIdentifier);
    private Combinator matchEventDecList   = new ListCombinator(matchEventDec);
    private Combinator matchEventBlock     = new SequenceCombinator(
      matchEventsKeyword, matchEventDecList, matchEndKeyword
    );
    private Combinator matchEventList      = new ResetEventsList(matchIdentifier);


    private Combinator matchResetBlock     = new OptionalSequenceCombinator (
      matchResetKeyword, matchEventList, matchEndKeyword
    );
    private Combinator matchCommandDec     = new CommandDec(matchIdentifier, matchIdentifier);
```

```
private Combinator matchCommandList    = new ListCombinator(matchCommandDec);
private Combinator matchCommandBlock    = new OptionalSequenceCombinator(
  matchCommandKeyword, matchCommandList, matchEndKeyword
);
private Combinator matchTransition      = new TransitionDec(
  matchIdentifier, matchTransitionOperator, matchIdentifier);
private Combinator matchTransitionList = new ListCombinator(matchTransition) ;
private Combinator matchActionDec       = new ActionDec(
  ScannerPatterns.TokenTypes.TT_IDENTIFIER
) ;
private Combinator matchActionList     = new ListCombinator(matchActionDec);
private Combinator matchActionBlock     = new OptionalSequenceCombinator(
  matchActionsKeyword, matchLeftOperator, matchActionList, matchRightOperator);
private Combinator matchStateName       = new StateName(
  ScannerPatterns.TokenTypes.TT_IDENTIFIER
);
private Combinator matchStateDec        =  new StateDec(
  matchStateKeyword, matchStateName, matchActionBlock,
  matchTransitionList, matchEndKeyword
) ;
private Combinator matchStateList      = new ListCombinator(matchStateDec);
private Combinator matchStateMachine    = new StateMachineDec(
  matchEventBlock, matchResetBlock, matchCommandBlock, matchStateList
);
```

终结符组合子在文法文件中没有直接的对应物，因为我们是用词法分析器来发现它们的。经过这个时点，组合子声明使用之前定义的组合子，以及那些实现了不同文法运算符的组合子，来创建组合的组合子。我们逐个浏览一下这些组合子。

为了描述语法分析器组合子的实现，我们先从简单的情形出发，逐步构建出最终的状态机识别器。从最基本的 Combinator 类开始，所有其他的组合子都从它继承。

```
class Combinator...
  public Combinator() {}
  public abstract CombinatorResult recognizer(CombinatorResult inbound);
  public void action(StateMachineMatchValue... results) { /* 钩子 */}
```

所有组合子都有两个函数。第一个函数 recognizer 将输入的 CombinatorResult 映射为同样类型的结果值。

```
class CombinatorResult...
  private TokenBuffer tokens;
  private Boolean matchStatus;
  private StateMachineMatchValue matchValue;
```

组合子结果的 3 个组件是记号缓冲区的状态、识别器成功与否，以及在记号缓冲区中表示结果匹配值的对象。在这个例子里，我们只是用它来持有根据终结符匹配产生的记号值串。

```
class StateMachineMatchValue...
  private String matchString;
  public StateMachineMatchValue (String value) {
    matchString = value;
  }
  public String getMatchString () {
    return matchString;
  }
}
```

组合子的第二个函数完成与匹配相关的动作。动作函数的输入是一些匹配值对象，每个组件组合子对应一个对象。例如，表示如下规则的序列组合子会传递给动作函数两个匹配值：

```
grammar file...
  C : A B
```

让我们从终结符识别器出发。作为例子，我们将使用标识符识别器，其声明如下：

```
class StateMachineCombinatorParser...
  private Combinator matchIdentifier = new TerminalParser(
    ScannerPatterns.TokenTypes.TT_IDENTIFIER
  );
```

终结符组合子类有一个实例变量，表明要匹配的记号符号。

```
class TerminalParser...
  public class TerminalParser extends Combinator {
    private ScannerPatterns.TokenTypes tokenMatch;
    public TerminalParser(ScannerPatterns.TokenTypes match) {
      this.tokenMatch = match;
    }
```

标准的终结符识别函数也相当简单。

```
class TerminalParser...
  public CombinatorResult recognizer(CombinatorResult inbound) {
    if (!inbound.matchSuccess()) return inbound;
    CombinatorResult result;
    TokenBuffer tokens = inbound.getTokenBuffer();
    Token t = tokens.nextToken();
    if (t.isTokenType(tokenMatch)) {
      TokenBuffer outTokens = new TokenBuffer(tokens.makePoppedTokenList());
      result = new CombinatorResult(outTokens, true, new StateMachineMatchValue(t.tokenValue));
      action(result.getMatchValue());
    } else {
      result = new CombinatorResult(tokens, false, new StateMachineMatchValue(""));
    }
    return result;
  }
```

在验证输入匹配状态为 true 后，检查记号缓冲区的当前位置，查看其值是否匹配实例变量的值。如果匹配，构造一个成功的 CombinatorResult，移动记号缓冲区，匹配记号的记号值记录在结果值中。使用这个匹配值调用动作方法，在这个简单的例子中，动作方法什么都没做。

现在，再来看看更有趣的。事件块声明的文法规则如下：

```
grammar file...
  eventBlock: eventKeyword eventDecList endKeyword
```

这个规则的组合子的声明使用了 SequenceCombinator。

```
class StateMachineCombinatorParser...
  private Combinator matchEventBlock = new SequenceCombinator(
    matchEventsKeyword, matchEventDecList, matchEndKeyword
  );
```

在这种情况下，我们再次使用了空动作方法，因为真正的工作实际上在别处完成。
SequenceCombinator 实例的构造函数接受组合子列表作为参数，每一个组合子表示产生
式规则中的一个符号。

```
class SequenceCombinator...
  public class SequenceCombinator extends AbstractSequenceCombinator {
    public SequenceCombinator (Combinator ... productions) {
      super(false, productions);
    }
  }
```

在这个实现中，我们决定为可选序列和必选序列分别实现各自的类，共享实现，而非引入可选运
算符并且给文法添加另一个层级的产生式规则。通过扩展基类 AbstractSequenceCombinator，
创建出类 SequenceCombinator 和 OptionalSequenceCombinator。这个公共类有一
个实例变量，表示序列的组合子的列表，还有一个布尔值，表示这个组合规则是否是可选的。

```
class AbstractSequenceCombinator...
  public abstract class AbstractSequenceCombinator extends Combinator {
    private Combinator[] productions;
    private Boolean isOptional;

    public AbstractSequenceCombinator(Boolean optional, Combinator... productions) {
      this.productions = productions;
      this.isOptional = optional;
    }
```

共享的序列组合子的匹配函数根据布尔值确定在匹配失败的情况下如何做。

```
class AbstractSequenceCombinator...
  public CombinatorResult recognizer(CombinatorResult inbound) {
    if (!inbound.matchSuccess()) return inbound;
    StateMachineMatchValue[] componentResults =
        new StateMachineMatchValue[productions.length];
    CombinatorResult latestResult = inbound;
    int productionIndex = 0;

    while (latestResult.matchSuccess() && productionIndex < productions.length) {
      Combinator p = productions[productionIndex];
      latestResult = p.recognizer(latestResult);
      componentResults[productionIndex] = latestResult.getMatchValue();
      productionIndex++;
    }
    if (latestResult.matchSuccess()) {
      action(componentResults);
    } else if (isOptional) {
      latestResult = new CombinatorResult(inbound.getTokenBuffer(),
          true, new StateMachineMatchValue(""));
    } else {
      latestResult = new CombinatorResult(inbound.getTokenBuffer(),
          false, new StateMachineMatchValue(""));
    }
```

```
    return (latestResult);
  }
```

这里再次用到保卫子句，从而保证了在输入匹配状态是 `false` 的情况下立即返回。匹配函数使用 `while` 循环遍历那些用以定义序列的不同的组合子，当匹配状态是 `false` 或者检查过所有组合子时，循环停止。如果整体匹配成功，就意味着序列里的所有组合子都匹配成功。在这种情况下，就用组件匹配的值所组成的数组调用动作方法。如果输入值是成功的，但循环中发生了失败，则要查看可选标志。如果是可选序列，则匹配成功，而输入值和输入记号缓冲区则要回退到匹配初始时的状态。当然，因为没有发生匹配，所以不会调用动作方法。否则，这个组合子会返回匹配失败，并恢复输入记号缓冲区和输入值。

可选序列的一个例子是重置块：

```
class StateMachineCombinatorParser...
  private Combinator matchResetBlock =
    new OptionalSequenceCombinator (matchResetKeyword, matchEventList, matchEndKeyword);
```

对应文法规则：

```
grammar file...
  optionalResetBlock: (resetBlock)?
  resetBlock: resetKeyword (resetEvent)* endKeyword
  resetEvent: identifier
```

在继续往下展现如何自定义动作之前，先来用列表运算符结束文法运算符的介绍。使用列表运算符的一个产生式规则是事件声明列表，其文法规则如下：

```
grammar file...
  eventDecList: eventDec*
```

语法分析器里的声明如下：

```
class StateMachineCombinatorParser...
  private Combinator matchEventDecList = new ListCombinator(matchEventDec);
```

这里的列表实现是一个可选列表。假设这个实现是把列表运算符应用在一个非终结符上。显然，这个限制很容易放开。假定构造函数只接受一个组合子，那么它也表示类里唯一的实例变量。

```
class ListCombinator...
  public class ListCombinator extends Combinator {
    private Combinator production;
    public ListCombinator(Combinator production) {
      this.production = production;
    }
```

匹配函数很简单：

```
class ListCombinator...
  public CombinatorResult recognizer(CombinatorResult inbound) {
    if (!inbound.matchSuccess()) return inbound;
```

```
CombinatorResult latestResult = inbound;
StateMachineMatchValue returnValues[];
ArrayList<StateMachineMatchValue> results = new ArrayList<StateMachineMatchValue>();

while (latestResult.matchSuccess()) {
  latestResult = production.recognizer(latestResult);
  if (latestResult.matchSuccess()) {
    results.add(latestResult.getMatchValue());
  }
}
if (results.size() > 0) { //成功匹配
  returnValues = results.toArray(new StateMachineMatchValue[results.size()]);
  action(returnValues);
  latestResult = new CombinatorResult(latestResult.getTokenBuffer(),
      true, new StateMachineMatchValue(""));
}
return (latestResult);
}
```

因为我们不能提前知道对这个列表而言，会有多少成功的匹配，所以这里就用到了数组列表来持有匹配值。为了适应 Java 类型系统，必须将其转换为一个同样类型的数组，这样才能与动作方法的可变实参签名一起使用。

正如之前提到的，除标识符方法外，所有组合子的动作都是空操作。组装状态机各个组件的动作实际上与其他非终结符相关。在这个实现里，我们用到了 Java 的内部类来扩展文法运算符的基类并覆写其中的动作方法。我们来考虑一下事件声明的产生式规则：

```
grammar file...
  eventDec: IDENTIFIER IDENTIFIER
```

语法分析器中的声明如下：

```
class StateMachineCombinatorParser...
  private Combinator matchEventDec = new EventDec(matchIdentifier, matchIdentifier);
```

类定义如下：

```
class StateMachineCombinatorParser...
  private class EventDec extends SequenceCombinator {
    public EventDec(Combinator... productions) {
      super(productions);
    }
    public void action(StateMachineMatchValue... results) {
      assert results.length == 2;
      addMachineEvent(new Event(results[0].getMatchString(), results[1].getMatchString()));
    }
  }
```

这个类扩展了 SequenceCombinator 类，覆写了动作方法。同所有动作方法一样，输入只是简单的匹配结果列表，表示事件声明里标识符的名字。正如前面把事件加载到状态机中一样，我们会用到相同的辅助函数以从相关匹配值里提取出名称字符串。其他产生式规则遵循同样的实现模式。

第 *23* 章

语法分析器生成器（Parser Generator）

以文法文件作为 DSL，驱动语法分析器的构建。

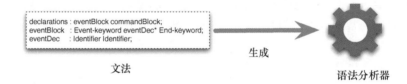

文法文件是一种描述 DSL 语法结构的自然方式。有了文法，把它转成手写的语法分析器却是一件乏味的工作，而乏味的工作应该交由计算机完成。

语法分析器生成器可以根据文法文件生成语法分析器。要更新语法分析器，只能更新文法并重新生成。既然语法分析器是生成的，它就可以使用一些难以手工构建和维护的高效技术。

23.1　运行机制

构建你自己的语法分析器生成器并不是一项简单的任务，对有能力做这种事的人而言，本书可能对他已经没有什么用处了。因此，这里只会讨论如何使用语法分析器生成器。幸运的是，语法分析器生成器是很常见的，大多数编程平台有对应的可用工具，而且通常是开源的。

最为常见的使用语法分析器生成器的方式是编写文法文件。这个文件会用到语法分析器生成器使用的特定形式的 BNF（第 19 章）。不要在这里期待有任何的标准。如果更换语法分析器生成器，则编写全新的文法是必然的。如果要产生输出，大多数语法分析器生成器允许我们使用外来代码（foreign code）（第 27 章）来嵌入行为代码（code action）。

有了文法，常规做法是用语法分析器生成器来生成语法分析器。大多数语法分析器生成器会用到代码生成，这使我们可以用不同的宿主语言生成语法分析器。当然，没有理由不允许语法分析器生成器在运行时读取文法文件并进行解释，也许会通过构建语法分析器组合子（第22 章）来实现这一过程。语法分析器生成器采用代码生成，既有传统上的原因，又有性能方面的考虑，特别是因为其主要目标是通用型语言。

大多数情况下，我们会把生成的代码视为黑箱，不会去深究它。然而，偶尔了解语法分析器做了什么还是有用的——特别是尝试调试文法的时候。在这种情况下，如果语法分析器生成器使用的算法易于跟踪，例如，生成的是一个递归下降语法分析器（第 21 章），这就会成为一种优势。

在本书里，我用 ANTLR 语法分析器生成器阐述了许多模式。ANTLR 是一个容易获得的成熟工具，具有良好的文档支持。所以，我愿意把它推荐给想学习语法分析器生成器的人。它还有一个不错的 IDE 风格的工具（ANTLRWorks），为开发文法提供了便捷易用的 UI。

嵌入动作

语法分析会产生语法分析树。要用这棵树做点什么，就要进一步嵌入代码。我们用外来代码（第 27 章）把代码放到文法中。在文法中放置代码的位置就是运行代码的时点。嵌入的代码放在规则表达式（rule expression）里，只要识别了这条规则，这条规则就会被运行。

下面是一个例子，只要见到事件声明，就会注册事件。

```
eventBlock    : Event-keyword eventDec* End-keyword;
eventDec      : Identifier Identifier {registerEvent($1, $2);}
              ;
```

这段代码告诉我们，在 eventDec 这条规则里，语法分析器识别第二个标识符后会调用 registerEvent 方法。为了将语法分析树的数据传给 registerEvent，我们需要某种方式引用规则中的这些记号。在这个例子里，用 $1 和 $2 分别表示对应位置的标识符——这是 Yacc 语法分析器生成器的风格。

生成语法分析器时，动作就会织入生成的语法分析器里。所以，嵌入的代码与生成的语法分析器通常会使用同一种语言。

对于在规则中嵌入代码以及把动作同规则联系起来，不同的语法分析器生成器工具有不同的处理方式。我并不准备把这些工具的所有不同特性都介绍一遍，但是有两个特性，我觉得值得强调一下。之前我已经谈过了把嵌入的代码同标识符联系在一起。既然语法分析器的本质是创建语法分析树，在这棵树上来回移动数据就很有用。所以，一个常见而有用的做法是，子规则把数据返回给其父规则。为了说明这一点，考虑下面的文法，它用到了 ANTLR 语法分析器生成器：

```
eventBlock
 : K_EVENT (e = eventDec {registerEvent($e.result);})* K_END
 ;
eventDec returns [Event result]
 : name = ID code = ID {$result = createEvent($name, $code);}
 ;
```

这里，eventDec 规则返回一个值，这个值可以在更高层级的规则里访问和使用。（在 ANTLR 里，动作按名字引用文法元素，这种做法通常要比按位置好。）从规则中返回值，这种能力会让语法分析器的编写变得简单——特别是，这么做可以去除大量的上下文变量（第 13 章）。一些语法分析器生成器，包括 ANTLR，还有一种能力，即把数据作为实参下传给子规则，在为子规则提供上下文方面，这种做法就非常灵活了。

这个代码段还说明，动作在文法中的位置决定了动作调用的时机。eventBlock 里的动作在右侧的中间，这表示它应该在每个 eventDec 子规则识别后调用。像这样放置动作是语法分析器生成器的一个常见特性。

使用语法制导翻译（第 18 章）时，我遇到的一个常见问题是，在文法中放了太多宿主语言代码。这么做的话，就很难看出文法的结构，宿主语言代码也难于编辑——需要重新生成才能测试和调试。在这里，关键模式是嵌入助手（第 54 章）——把尽可能多的代码转移到辅助对象里。文法里仅有的代码应该是一个简单的方法调用。

动作定义了我们如何处理 DSL，因此，编写动作的方式取决于整体的 DSL 语法分析方式：树构造（第 24 章）、内嵌解释（第 26 章）还是内嵌翻译（第 25 章）。因为如果不使用这些模式，语法分析器生成器就没有太大意义了，可以去这些模式各自对应的章查看相关的例子。

还有一个与动作类似的机制：**语义谓词**（semantic predicate）。类似于动作，它是一个外来代码块，但是它会返回一个布尔值，表示规则的语法分析成功与否。动作不会影响语法分析，但语义谓词会。如果在文法语言本身中无法正确捕获我们所处理的文法，就轮到语义谓词出场了。语义谓词通常会用在一些比较复杂的语言上，所以，在一些通用型语言中，它就经常可能出现。但如果用文法 DSL 本身编写文法遇到困难时，语义谓词会打开一扇门，以进行更复杂的处理。

23.2　使用时机

对我而言，使用语法分析器生成器最大的优势在于，它提供了一个显式的文法来定义所处理语言的语法结构。当然，这是使用 DSL 的主要优势。既然语法分析器生成器主要的设计目标就是处理复杂语言，它们所能提供的特性和能力，远多于自己编写一个语法分析器所能获得的。这些特性需要花些功夫学习，但我们可以从一个简单的特性集出发，由此开始，逐步学习。语法分析器生成器还能提供良好的错误处理和诊断机制，虽然我不会谈到它们，但它们的确产生了巨大的影响，特别在我们想弄清楚文法为什么没有按照预期的方式工作时。

语法分析器生成器也有一些不好的方面。我们所处的语言环境可能没有语法分析器生成器——它不是应该自己编写的一类东西。即便有，我们也可能不想再为已然纷繁的工具集引入新的工具。语法分析器生成器倾向于使用代码生成，这会让构建过程更复杂，可能会是一个大麻烦。

23.3　Hello World（Java 和 ANTLR）

传统上，无论学习什么编程语言，都要从编写"Hello World"程序开始。这是一个好习惯，因为我们尚不熟悉新的编程环境，即便是运行最简单的程序，依然会有一堆麻烦事要解决。

像 ANTLR 这样的语法分析器生成器也是一样。使非常简单的东西运转起来，以此了解各运转部件有哪些以及它们如何结合起来，这是很重要的。在本书里，我会用 ANLTR 实现几个例子，所以，值得先看看它是如何运转的。在摆弄不同的语法分析器生成器时，了解一些基本步骤也是值得的。

语法分析器生成器的基本操作模型是这样的：编写一个文法文件，基于这个文法运行语法分析器生成器工具，以产生语法分析器的源码。然后，编译语法分析器及其所需的其他代码。此时，就可以对文件进行语法分析了。

23.3.1 编写基本的文法

既然要对文本进行语法分析，我们就准备一些特别简单的文本。下面就是这样一个文件：

```
greetings.txt...
  hello Rebecca
  hello Neal
  hello Ola
```

这个文件就是一个问候列表，每个问候（greeting）都是一个关键字（hello）后跟一个名字。下面的简单文法就可以识别它：

```
Greetings.g...
  grammar Greetings;

@header {
  package helloAntlr;
}

@lexer::header {
  package helloAntlr;
}

script    : greeting* EOF;
greeting  : 'hello' Name;

Name      : ('a'..'z' | 'A'..'Z')+;

WS        : (' ' |'\t' | '\r' | '\n')+ {skip();} ;
COMMENT   : '#'(~'\n')* {skip();} ;
ILLEGAL   : .;
```

文法文件虽然很简单，但还没简单到我希望的程度。

第一行声明了文法的名字。

```
grammar Greetings;
```

除非打算把所有东西都放到默认（空）包里，否则就要确保生成的语法分析器放到合适的包里，在这个例子里是 `helloAntlr`。为了做到这一点，在文法里，我用了 `@header` 注解，这样，在生成的语法分析器的头部就能织入一些 Java 代码。在这里放的是 `package` 语句。如果要添加 `import`，也可以放在这。

```
@header {
  package helloAntlr;
}
```

对于词法分析器，我做了同样的事情。

```
@lexer::header {
  package helloAntlr;
}
```

现在来看规则，它们是这个文件的血肉。类似于大多数语法分析器生成器，ANTLR 把词法分析器和语法分析器分开，但这二者可以从同一个文件生成。头两行表示，脚本有多个问候，其后是文件结尾（end-of-file），问候是一个关键字记号 hello，后跟一个记号 Name。

```
script   : greeting* EOF;
greeting : 'hello' Name;
```

只要是大写字母开头，ANTLR 就会识别为记号。名字只是一个字母串。

```
Name    : ('a'..'z' | 'A'..'Z')+;
```

我常常发现，去除空白符并声明注释会很有用。当陷入绝境时，注释是一个简陋却可靠的调试助手。

```
WS       : (' ' |'\t' | '\r' | '\n')+ {skip();} ;
COMMENT  : '#'(~'\n')* {skip();} ;
ILLEGAL  : .;
```

如果词法分析器遇到一个无法匹配其任何规则的记号，最后一个记号规则（ILLEGAL）就会让它报错（否则，这种记号会被无声无息地忽略）。

至此，如果我们用的是 ANTLRWorks IDE，就可以运行 ANTLR 的解释器，读入文本进行验证。下一步是生成和运行基本的语法分析器。

（有一件小事困惑了我一段时间。如果顶层规则的结尾不加上 EOF，ANTLR 不会报错。它会在第一次遇到问题的地方停止语法分析，却不会认为任何地方出错。这特别难处理，因为发生这种情况时，ANTLRWorks 只会在其解释器里显示一个错误——很容易让人困惑、泄气。）

23.3.2　构建语法分析器

下一步是运行 ANTLR 代码生成器以生成 ANTLR 源文件。这时候就该构建系统了。Java 的标准构建系统是 Ant，所以，我会用它来实现这个例子（虽然在家里，我更喜欢用 Rake）。

要生成源文件需要运行 ANTLR 工具，这个工具包含在库的 JAR 文件里。

```
build.xml...
  <property name="dir.src" value="src"/>
  <property name="dir.gen" value="gen"/>
  <property name="dir.lib" value="lib"/>
  <path id="path.antlr">
    <fileset dir="${dir.lib}">
```

```
      <include name="antlr*.jar"/>
      <include name="stringtemplate*.jar"/>
    </fileset>
  </path>
  <target name="gen">
    <mkdir dir="${dir.gen}/helloAntlr"/>
    <java classname="org.antlr.Tool" classpathref="path.antlr" fork="true" failonerror="true">
      <arg value="-fo"/>
      <arg value="${dir.gen}/helloAntlr"/>
      <arg value="${dir.src}/helloAntlr/Greetings.g"/>
    </java>
  </target>
```

这段脚本会在 gen 目录下生成几个 ANTLR 源文件。这里将 gen 目录同核心源文件分开，因为它们是生成的文件，源码控制系统应该忽略它们。

代码生成器会产生一些源文件。就这里的使用而言，关键的文件是词法分析器（GreetingsLexer.java）和语法分析器（GreetingsParser.java）的 Java 源文件。

这些文件都是生成的文件。下一步就是使用它们了，我会编写一个自己的类做这件事。我称之为问候加载器（greetings loader），因为 ANTLR 已经使用了"parser"这个词。我会通过一个输入读取器（input reader）来设置这个类。

```
class GreetingsLoader...
  private Reader input;
  public GreetingsLoader(Reader input) {
    this.input = input;
  }
```

然后，编写一个 run 方法，实际上，这个方法就是排列一下 ANTLR 生成的文件完成其工作。

```
class GreetingsLoader...
  public List<String> run() {
    try {
      GreetingsLexer lexer = new GreetingsLexer(new ANTLRReaderStream(input));
      GreetingsParser parser = new GreetingsParser(new CommonTokenStream(lexer));
      parser.script();
      return guests;
    } catch (IOException e) {
      throw new RuntimeException(e);
    } catch (RecognitionException e) {
      throw new RuntimeException(e);
    }
  }
  private List<String> guests = new ArrayList<String>();
```

这里基本的思路是，先根据输入创建一个词法分析器，根据这个词法分析器再创建语法分析器。然后，调用语法分析器里一个与顶层文法规则同名的方法。它就会运行语法分析器处理输入文本。

我们可以在一个简单的测试里运行这段代码。

```
@Test
public void readsValidFile() throws Exception {
```

```
    Reader input = new FileReader("src/helloAntlr/greetings.txt");
    GreetingsLoader loader = new GreetingsLoader(input);
    loader.run();
  }
```

这样运行起来很简洁，但并不是很有用。这段代码所能表示的也就是，ANTLR 语法分析器在读文件时不会崩溃，它甚至不能说明读文件毫无问题。所以，可以试着用一些无效输入来测试语法分析器。

```
invalid.txt...
  hello Rebecca
  XXhello Neal
  hello Ola

test...
  @Test
  public void errorWhenKeywordIsMangled() throws Exception {
    Reader input = new FileReader("src/helloAntlr/invalid.txt");
    GreetingsLoader loader = new GreetingsLoader(input);
    try {
      loader.run();
      fail();
    } catch (Exception expected) {}
  }
```

如果代码就是目前这个样子的话，测试会失败。ANTLR 会输出一个警告，告诉我们它有麻烦了，不过，ANTLR 会坚决地继续进行语法分析，并尽可能地从错误中恢复。总体来说，这是件好事，但是，ANTLR 的宽容和坚决令人沮丧，尤其是在开发早期。

所以，这里有问题。首先，语法分析器所做的一切就是读文件，而不产生任何输出。其次，很难分辨什么时候出错了。为了解决这些问题，我们可以在文法文件中引入更多的代码。

23.3.3 为文法添加行为代码

使用语法制导翻译（第 18 章），可以有 3 种策略产生输出：树构造（第 24 章）、内嵌解释（第 26 章）和内嵌翻译（第 25 章）。处理现在这种情况，我会用内嵌翻译。用这种简单的方式容易弄清楚发生了什么。

用到行为代码时，我喜欢使用嵌入助手（第 54 章）。在 ANTLR 里使用嵌入助手的最简单的方式是，在文法文件里添加一个已有的加载器作为助手。这样的话，发生错误时，就可以做一些事来更好地通知用户。

这个处理的第一阶段是修改文法文件，在生成的语法分析器中注入一些 Java 代码。用 @members 注解声明嵌入助手，并覆写缺省的错误处理函数以报告错误。

```
Greetings.g...
  @members {
    GreetingsLoader helper;
     public void reportError(RecognitionException e) {
      helper.reportError(e);
    }
  }
```

在这个加载器中，我现在只实现了一个简单的错误报告以记录错误。

```
class GreetingsLoader...
  private List errors = new ArrayList();
  void reportError(RecognitionException e) {
    errors.add(e);
  }
  public boolean hasErrors() {return !isOk();}
  public boolean isOk() {return errors.isEmpty();}
  private String errorReport() {
    if (isOk()) return "OK";
    StringBuffer result = new StringBuffer("");
    for (Object e : errors) result.append(e.toString()).append("\n");
    return result.toString();
  }
```

接下来，在 run 方法里添加几行代码来设置助手，如果语法分析器报错，就抛出异常。

```
class GreetingsLoader...
  public void run() {
    try {
      GreetingsLexer lexer = new GreetingsLexer(new ANTLRReaderStream(input));
      GreetingsParser parser = new GreetingsParser(new CommonTokenStream(lexer));
      parser.helper = this;
      parser.script();
      if (hasErrors()) throw new RuntimeException("it all went pear-shaped\n" + errorReport());
    } catch (IOException e) {
      throw new RuntimeException(e);
    } catch (RecognitionException e) {
      throw new RuntimeException(e);
    }
  }
```

有了助手，还可以轻松地添加一些行为代码来报告所问候的人的名字。

```
Greetings.g...
  greeting  : 'hello' n=Name {helper.recordGuest($n);};

class GreetingsLoader...
  void recordGuest(Token t) {guests.add(t.getText());}
  List<String> getGuests() {return guests;}
  private List<String> guests = new ArrayList<String>();

test...
  @Test
  public void greetedCorrectPeople() throws Exception {
    Reader input = new FileReader("src/helloAntlr/greetings.txt");
    GreetingsLoader loader = new GreetingsLoader(input);
    loader.run();
    List<String> expectedPeople = Arrays.asList("Rebecca", "Neal", "Ola");
    assertEquals(expectedPeople, loader.getGuests());
  }
```

这个实现非常粗略，但足以确保语法分析器生成器生成的代码能够对文件进行语法分析、发现错误以及产生输出了。一旦这个傻里傻气的小例子工作起来，就可以添加更多有用的功能了。

23.3.4　使用代沟

另一种为语法分析器织入助手和错误处理方法的方式是使用代沟（第 57 章）。采用这种方式，要为 ANTLR 生成的语法分析器手写一个超类。这样，生成的语法分析器就可以把助手的方法当作裸方法调用。

这种做法需要设置文法文件里的一个选项。整个的文法文件看上去是这样的：

```
Greetings.g...
  grammar Greetings;
  options {superClass = BaseGreetingsParser;}

  @header {
  package subclass;
  }
  @lexer::header {
  package subclass;
  }

  script    : greeting * EOF;
  greeting  : 'hello' n=Name {recordGuest($n);};

  Name     : ('a'..'z' | 'A'..'Z')+;
  WS       : (' ' |'\t' | '\r' | '\n')+ {skip();} ;
  COMMENT  : '#'(~'\n')* {skip();} ;
  ILLEGAL  : .;
```

无须覆写 reportError 了，因为手写的超类里会做这件事。超类如下：

```
abstract public class BaseGreetingsParser extends Parser {
  public BaseGreetingsParser(TokenStream input) {
    super(input);
  }

  //---- 助手
  void recordGuest(Token t) {guests.add(t.getText());}
  List<String> getGuests() { return guests; }
  private List<String> guests = new ArrayList<String>();

  //-------- 错误处理 -----------------------------
  private List errors = new ArrayList();

  public void reportError(RecognitionException e) {
    errors.add(e);
  }

  public boolean hasErrors() {return !isOk();}

  public boolean isOk() {return errors.isEmpty();}
```

这个类是 ANTLR 语法分析器类的子类，所以，它把自己引入层次结构中，该结构在生成的语法分析器类之上。手写类包含了助手和错误处理代码，以前这些代码在单独的加载器类里。不过，有个封装类来协调语法分析器的运行依然是有价值的。

```
class GreetingsLoader...
  private Reader input;
  private GreetingsParser parser;

  public GreetingsLoader(Reader input) {
    this.input = input;
  }
```

```
public void run() {
  try {
    GreetingsLexer lexer = new GreetingsLexer(new ANTLRReaderStream(input));
    parser = new GreetingsParser(new CommonTokenStream(lexer));
    parser.script();
    if (parser.hasErrors()) throw new RuntimeException("it all went pear-shaped");
  } catch (IOException e) {
    throw new RuntimeException(e);
  } catch (RecognitionException e) {
    throw new RuntimeException(e);
  }
}

public List<String> getGuests() { return parser.getGuests();}
```

对嵌入助手（第 54 章）而言，继承和委托各擅胜场。究竟用那个，我并没有强烈的偏好，在本书的例子里，二者都使用过。

现实中要做的工作要多得多，但是我认为，简单的例子是一个很好的起点。在这个部分的剩余模式里，我们会看到更多使用语法分析器生成器的例子，包括古堡安全状态机。

第 *24* 章

树构造（Tree Construction）

语法分析器会创建并返回源文本的语法树，用以在后续的树遍历代码中进行操作。

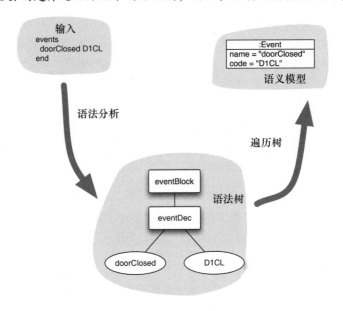

24.1 运行机制

使用语法制导翻译（第 18 章）的语法分析器都会在语法分析的同时构建出一棵语法树。它会基于栈进行构建，在处理时修剪分支。使用树构造，将在语法分析过程中，通过语法分析器动作在内存中构建语法树。一旦完成语法分析，我们就得到了这个 DSL 脚本的语法树。然后基于这棵语法树，我们可以执行进一步的操作。如果使用语义模型，进一步的操作就会运行代码遍历语法树并组装语义模型。

　　在内存中构建的语法树不必直接对应于语法分析器运行过程中实际创建的语法分析树——事实上一般都不对应。相反，构建出的是**抽象语法树**。抽象语法树（abstract syntax tree，AST）是语法分析树的一种简化形式，为输入语言提供了一种更好的树表示。

　　我们来看一个短小的例子。这里会用到状态机例子中的事件声明。

```
events
  doorClosed  D1CL
  drawOpened  D2OP
end
```

　　用下面的文法进行语法分析：

```
declarations : eventBlock commandBlock;
eventBlock   : Event-keyword eventDec* End-keyword;
eventDec     : Identifier Identifier;
commandBlock : Command-keyword commandDec* End-keyword;
commandDec   : Identifier Identifier;
```

产生图 24-1 所示的语法分析树。

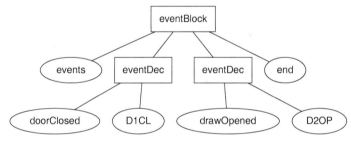

图 24-1　事件输入的语法分析树

　　如果看一下这棵树，我们应该意识到节点 events 和 end 都是不必要的。在输入文本中，为了标记事件声明的边界，这些单词是必要的，但一旦把它们解析成树结构，它们就再无作用了——它们就只是树结构中的噪声。取而代之的是，我们可以用图 24-2 中的语法树表示输入。

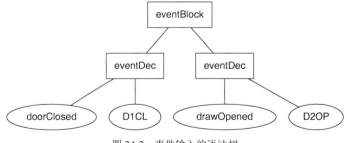

图 24-2　事件输入的语法树

　　这棵树并非输入的忠实体现，但它是我们处理事件所需要的。它是输入的抽象，可以更好地适用于我们的目的。显然，不同的场景需要不同的 AST。如果只是要列出事件编码，可以同时去掉名字和 eventDec 节点，仅保留事件编码——这将是一个用于不同目的的另一个 AST。

此时需要澄清一下术语的差别。我用**语法树**（syntax tree）这一术语描述通过对某输入进行语法分析就可形成的一种分层数据结构。我将"语法树"用作一个通用的术语：语法分析树和 AST 是语法树的两种特殊种类。语法分析树是一棵直接对应于输入文本的语法树，而 AST 基于用途对输入做了一些简化。

要构建语法树，可以在 BNF（第 19 章）中使用动作代码。尤其是，动作代码返回节点值的能力对于这种方式是非常方便的——每个行为代码都会装配其在结果语法树上的节点的表示。

一些语法分析器生成器（第 23 章）在这方面走得更远，其提供 DSL 以指定语法树。例如，在 ANTLR 里，可以使用下面的规则创建上面的 AST：

```
eventDec :   name=ID code=ID -> ^(EVENT_DEC $name $code);
```

->运算符引入了树构造规则。这一规则的主体是一个列表，其第一个元素是节点类型（EVENT_DEC），后面跟着子节点，在这个例子里就是事件名字和编码的记号。

使用树构造的 DSL，可以极大地简化 AST 的构建。通常，支持这种做法的语法分析器生成器会在不提供任何树构造规则的情况下给出一棵语法分析树，不过，这棵语法分析树几乎用不着。通常会使用这些规则把它简化成 AST。

以此方式构建出的 AST 会由一组持有树上数据的通用对象组成。在上面的例子里，eventDec 是一个通用的树节点，有名字和编码作为其子节点。名字和编码都是通用的记号。如果采用行为代码自行构建树，在这里就可以创建出真正有具体意义的对象，例如，真正的事件对象，以名字和编码作为其字段。我倾向于首先创建一个通用的 AST，然后对其进行二次处理，以将其转换为语义模型。我宁愿执行两个简单的转换，而非一个复杂的转换。

24.2　使用时机

树构造和内嵌翻译（第 25 章）都是语法分析时组装语义模型（第 11 章）的有用方式。内嵌翻译用一步完成了转换，而树构造用了两步，其采用 AST 作为中间模型。采用树构造的争议是，其将一个转换分解成两个更简单的转换。花力气处理中间模型是否值得，在很大程度上依赖于转换的复杂度。转换越复杂，中间模型越有用。

上述复杂性的一个特殊的驱动因素是需要对 DSL 脚本进行多次遍历。如果把所有的处理放在一步中完成，则前向引用这种事就会难以处理。采用树构造很容易多次遍历树作为后续处理的一部分。

另一个鼓励人们使用树构造的因素在于，语法分析器生成器（第 23 章）能否提供工具，从而允许我们很容易地构建出 AST。一些语法分析器生成器让人别无选择——必须使用树构造。大多数语法分析器生成器支持内嵌翻译，但是如果语法分析器生成器真的很容易构建出 AST，那么创建树构造就是一个更具吸引力的选择。

树构造可能比其替代做法消耗更多的内存空间，因为它需要存储 AST。然而，大多数情况下，这不会有什么显著影响。（虽然，在早年间，这曾经是一个很大的影响因素。）

对于同样的 AST，如果需要的话，可以有几种不同的处理方式组装不同的语义模型，并复用语法分析器。这也许会很顺手，但是如果语法分析器的树构造很容易，那么为不同的目的使用不同的 AST 也许会更简单。也许，转换为单一的语义模型会更好，然后，把它当作转换为其他表示形式的基础。

24.3 使用 ANTLR 的树构造语法（**Java 和 ANTLR**）

这里会用开篇里用到的状态机 DSL，特别是格兰特女士的控制器。下面就是一个为该例子使用的文本。

```
events
  doorClosed   D1CL
  drawerOpened D2OP
  lightOn      L1ON
  doorOpened   D1OP
  panelClosed  PNCL
end

resetEvents
  doorOpened
end

commands
  unlockPanel PNUL
  lockPanel   PNLK
  lockDoor    D1LK
  unlockDoor  D1UL
end

state idle
  actions {unlockDoor lockPanel}
  doorClosed => active
end

state active
  drawerOpened => waitingForLight
  lightOn      => waitingForDrawer
end

state waitingForLight
  lightOn => unlockedPanel
end

state waitingForDrawer
  drawerOpened => unlockedPanel
end

state unlockedPanel
  actions {unlockPanel lockDoor}
  panelClosed => idle
end
```

24.3.1 分词

这里的分词非常简单。有几个关键字（events、end 等）和一堆标识符。ANTLR 允许我们把关键字当作文法规则的字面量文本，其通常会更易读。这样，对标识符而言，只需词法分析规则。

```
fragment LETTER : ('a'..'z' | 'A'..'Z' | '_');
fragment DIGIT : ('0'..'9');

ID    : LETTER (LETTER | DIGIT)* ;
```

严格来说，名字和编码的词法分析规则不尽相同——名字可以是任意长度，而编码必须是 4 个大写字母。这样就可以为它们定义不同的词法分析规则。然而，在这个例子里，有些特别。字符串 ABC1 是一个有效的编码，也是一个有效的名字。如果我们在 DSL 程序里看到 ABC1，可以根据其上下文分辨出来：state ABC1 不同于 event unlockDoor ABC1。语法分析器也能够根据上下文识别出差异，但词法分析器不能。因此，这里的最好选择是，对它们使用相同的记号，让语法分析器去整理。这意味着，对于五字母的编码，语法分析器不会产生错误——我们不得不在语义处理中进行整理。

我们还需要词法分析规则来剥离空白符。

```
WHITE_SPACE  : (' ' |'\t' | '\r' | '\n')+ {skip();} ;
COMMENT   : '#' ~'\n'* '\n' {skip();};
```

在这种情况下，空白符包括换行符。我这样对 DSL 排版，用一些有意义的行结束符结束语句。但是，正如所见，并不是这样。所有的空白符，包括行结束符都被移除了。这样，我就可以用任何我喜欢的格式去格式化 DSL 代码。与之形成鲜明对比的是分隔符制导翻译（第 17 章）。确实，值得注意的是，与大多数通用型语言需要换行符或者分号来结束语句不同的是，根本没有语句分隔符。通常，纵然没有分隔符，DSL 依然可以侥幸成功，因为语句数非常有限。类似于中缀表达式（infix expression）这样的东西会迫使我们使用语句分隔符，但是对许多 DSL 而言，没有分隔符依然可行。对于大多数情况，直到确实需要语句分隔符时再考虑加上。

对于这个例子，我跳过了空白符，这意味着，对语法分析器而言，空白符完全丢掉了。这是合理的，因为语法分析器根本不需要空白符，而需要有意义的记号。然而，在有些情况下空白符也是很方便的，如出错的时候。为了给出好的错误报告，我们需要行号和列号。为了提供这些信息，就需要保留空白符。ANTLR 可以在不同的通道发送空白符记号来做到这一点，语法为 WS : ('\r' | '\n' | ' ' | '\t')+ {$channel=HIDDEN}。这会把空白符发送到一个隐藏的通道中，这样就可以用在错误处理中，而不会影响语法分析规则。

24.3.2 语法分析

无论使用树构造与否，在 ANTLR 里，词法分析规则都是一样的——只是语法分析器操作的内容不同而已。要使用树构造，则要告诉 ANTLR 产生 AST。

```
options {
  output=AST;
  ASTLabelType = MfTree;
}
```

这里，告诉 ANTLR 产生 AST，还告诉它用具有特定类型 MfTree 的节点组装这个 AST。MfTree 是 ANTLR 里通用的 CommonTree 类的子类，这样，就可以为树节点添加我想要的行为。这里的命名有些混淆。这个类表示节点及其子节点，所以，可以把它看作一个节点，也可以看作一棵（子）树。ANTLR 为其命名为树，所以，在我的代码里遵循了这一点，虽然我认为它是树上的节点。

下面再来看看文法规则。从顶层规则开始，它定义了整个 DSL 文件的结构。

```
machine : eventList resetEventList? commandList? state*;
```

这个规则依次列出了主要的子句。如果不给 ANTLR 任何树构造规则，它将只是依次返回右侧每项的节点。通常这不是我们想要的，但是这里它确实起作用。

各项按顺序来看，第一项是事件

```
eventList
 : 'events' event* 'end' -> ^(EVENT_LIST event*);

event  : n=ID c=ID -> ^(EVENT $n $c);
```

关于这两个规则还有几件事。一个是这些规则引入了 ANTLR 的树构造语法，在每个规则中，代码遵循->的格式。

eventList 用到了两个字符串常量——我们直接把关键字记号放到了语法分析器规则里，这样，就不用为它们创建单独的词法分析规则。

树构造规则允许我们指定 AST 中的内容。在这里的两种情况下，我们都用^(list...)在 AST 里创建和返回一个新节点。括号里的第一项是节点的记号类型。在这种情况下，我们已经创建了新的记号类型。这一记号类型之后的所有项都是树中的其他节点。对事件列表而言，只要把所有的事件当作列表里的各项即可（图 24-3）。对事件而言，在 BNF 中给记号命名，并在树构造中引用它们以表示如何放置这些记号。

图 24-3　格兰特女士的事件列表的 AST

作为语法分析的一部分，我创建了 EVENT_LIST 和 EVENT 这两个特殊的记号——它们并不是词法分析器产生的记号。要创建这样的记号，需要在文法文件中声明它们。

```
tokens { EVENT_LIST; EVENT; COMMAND_LIST; COMMAND;
         STATE; TRANSITION_LIST; TRANSITION; ACTION_LIST;
         RESET_EVENT_LIST;
}
```

命令以同样方式被对待，而重置事件是一个简单的列表。

```
commandList : 'commands' command* 'end' -> ^(COMMAND_LIST command*);
command : ID ID -> ^(COMMAND ID+);

resetEventList : 'resetEvents' ID* 'end' -> ^(RESET_EVENT_LIST ID*);
```

状态有些复杂，但是它们用的是相同的基本方式。

```
state
  : 'state' ID actionList? transition* 'end'
    -> ^(STATE ID ^(ACTION_LIST actionList?) ^(TRANSITION_LIST transition*) )
  ;
transition : ID '=>' ID -> ^(TRANSITION ID+);
actionList : 'actions' '{' ID* '}' -> ID*;
```

每次，我所做的就是把适当的 DSL 块收集到一起，并把它们放到一个节点下，这个节点描述了这个 DSL 块表示什么。其结果是，AST 同语法分析树非常类似，但是并不完全相同。我的目标就是保持树构造规则非常简单，并且语法树易于遍历。

24.3.3　组装语义模型

一旦语法分析器构成了树，下一步就是遍历这棵树，并组装语义模型（第 11 章）。语义模型就是在入门示例中用到的状态机模型。构建用的接口相当简单，因此这里就不深入介绍了。

这里创建了一个加载器类来组装语义模型。

```
class StateMachineLoader...
  private Reader input;
  private MfTree ast;
  private StateMachine machine;

  public StateMachineLoader(Reader input) {
    this.input = input;
  }
```

这里用加载器作为一个命令类。下面是其 run 方法，表示用于执行翻译的一系列步骤：

```
class StateMachineLoader...
  public void run() {
    loadAST();
    loadSymbols();
    createMachine();
  }
```

用文字解释就是，我先用 ANTLR 生成的语法分析器对输入流进行语法分析并创建 AST。然后遍历 AST 以构建符号表（第 12 章）。最后，把各对象装配为状态机。

第一步只是一条"咒语"，让 ANTLR 构建 AST。

```
class StateMachineLoader...
  private void loadAST() {
    try {
      StateMachineLexer lexer = new StateMachineLexer(new ANTLRReaderStream(input));
      StateMachineParser parser = new StateMachineParser(new CommonTokenStream(lexer));
      parser.helper = this;
      parser.setTreeAdaptor(new MyNodeAdaptor());
      ast = (MfTree) parser.machine().getTree();
    } catch (IOException e) {
      throw new RuntimeException(e);
    } catch (RecognitionException e) {
      throw new RuntimeException(e);
    }
  }

  class MyNodeAdaptor extends CommonTreeAdaptor {
    public Object create(Token token) {
      return new MfTree(token);
    }
  }
```

MyNodeAdaptor 是第二步，告诉 ANTLR 用 MfTree 创建 AST，而不是用 CommonTree。

第三步是构建符号表。这包括遍历 AST 以发现所有事件、命令和状态，并把它们加载到映射里，这样在创建状态机时就可以很容易查找它们以建立连接。

```
class StateMachineLoader...
  private void loadSymbols() {
    loadEvents();
    loadCommands();
    loadStateNames();
  }
```

下面是事件代码：

```
class StateMachineLoader...
  private Map<String, Event> events = new HashMap<String, Event>();

  private void loadEvents() {
    MfTree eventList = ast.getSoleChild(EVENT_LIST);
    for (MfTree eventNode : eventList.getChildren()) {
      String name = eventNode.getText(0);
      String code = eventNode.getText(1);
      events.put(name, new Event(name, code));
    }
  }

class MfTree...
  List<MfTree> getChildren() {
    List<MfTree> result = new ArrayList<MfTree>();
    for (int i = 0; i < getChildCount(); i++)
      result.add((MfTree) getChild(i));
    return result;
  }

  MfTree getSoleChild(int nodeType) {
    List<MfTree> matchingChildren = getChildren(nodeType);
    assert 1 == matchingChildren.size();
```

```
      return matchingChildren.get(0);
    }

  List<MfTree> getChildren(int nodeType) {
    List<MfTree> result = new ArrayList<MfTree>();
    for (int i = 0; i < getChildCount(); i++)
      if (getChild(i).getType() == nodeType)
        result.add((MfTree) getChild(i));
    return result;
  }

  String getText(int i) {
    return getChild(i).getText();
  }
```

节点类型的定义在语法分析器中生成的代码里。在加载器里使用它们时，可以用静态导入，这样引用它们时更容易。

命令以类似的方式加载——我确定，你可以猜出这段代码是什么样的。以类似的方式还可以加载状态，但此时只有状态对象的名字。

```
class StateMachineLoader...
  private void loadStateNames() {
    for (MfTree node : ast.getChildren(STATE))
      states.put(stateName(node), new State(stateName(node)));
  }
```

还要做一些类似的事情，因为状态要用于前向引用。在 DSL 里，可以在声明状态之前就在状态迁移中提及该状态。这就是树构造可以起很好作用的地方——在把东西连接起来的过程中，可以任意多次遍历 AST，这没有任何问题。

最后一步是实际创建状态机。

```
class StateMachineLoader...
  private void createMachine() {
    machine = new StateMachine(getStartState());
    for (MfTree node : ast.getChildren(StateMachineParser.STATE)) loadState(node);
    loadResetEvents();
  }
```

起始状态是第一个声明的状态。

```
class StateMachineLoader...
  private State getStartState() {
    return states.get(getStartStateName());
  }

  private String getStartStateName() {
    return stateName((MfTree) ast.getFirstChildWithType(STATE));
  }
```

再把对所有状态的状态迁移和动作连接起来。

```
class StateMachineLoader...
  private void loadState(MfTree stateNode) {
    for (MfTree t : stateNode.getSoleChild(TRANSITION_LIST).getChildren()) {
```

```
      getState(stateNode).addTransition(events.get(t.getText(0)), states.get(t.getText(1)));
    }
    for (MfTree t : stateNode.getSoleChild(ACTION_LIST).getChildren())
      getState(stateNode).addAction(commands.get(t.getText()));
  }

  private State getState(MfTree stateNode) {
    return states.get(stateName(stateNode));
  }
```

最后，我们把重置事件添加进来，状态机 API 期待我们最后做这件事。

```
class StateMachineLoader...
  private void loadResetEvents() {
    if (!ast.hasChild(RESET_EVENT_LIST))  return;
    MfTree resetEvents = ast.getSoleChild(RESET_EVENT_LIST);
    for (MfTree e : resetEvents.getChildren())
      machine.addResetEvents(events.get(e.getText()));
  }

class MfTree...
  boolean hasChild(int nodeType) {
    List<MfTree> matchingChildren = getChildren(nodeType);
    return matchingChildren.size() != 0;
  }
```

24.4　使用行为代码进行树构造（Java 和 ANTLR）

　　ANTLR 的树构造语法是最简单的，但是许多语法分析器生成器（第 23 章）缺乏类似的特性。在这种情况下，也是可以进行树构造的，但是不得不用行为代码来自行构建树。在这个例子里，我会演示如何做到这一点。这个例子中还是会用到 ANTLR，这样可以省却引入另一个语法分析器生成器，但是还要强调的是，我不会在 ANTLR 本身中用到这种技术，因为有特殊的语法使得做到这一点更简单。

　　第一件要确定的事是如何表示这棵树。我会用一个简单的节点类。

```
class Node...
  private Token content;
  private Enum type;
  private List<Node> children = new ArrayList<Node>();

  public Node(Enum type, Token content) {
    this.content = content;
    this.type = type;
  }
  public Node(Enum type) {
    this(type, null);
  }
```

　　这里的节点并不是静态类型的——我会为状态节点和事件节点使用同样的类。另一种方案是为不同种类的节点使用不同的类。

　　我有一个小的树构造类，其封装了 ANTLR 的生成的语法分析器来生成 AST。

```
class TreeConstructor...
  private Reader input;

  public TreeConstructor(Reader input) {
    this.input = input;
  }
  public Node run() {
    try {
      StateMachineLexer lexer = new StateMachineLexer(new ANTLRReaderStream(input));
      StateMachineParser parser = new StateMachineParser(new CommonTokenStream(lexer));
      parser.helper = this;
      return parser.machine();
    } catch (IOException e) {
      throw new RuntimeException(e);
    } catch (RecognitionException e) {
      throw new RuntimeException(e);
    }
  }
}
```

我还需要一个枚举来声明节点类型。我把它放在树构造器里，如果需要，其他类可以静态地导入它。

```
class TreeConstructor...
  public enum NodeType {STATE_MACHINE,
    EVENT_LIST, EVENT, RESET_EVENT_LIST,
    COMMAND_LIST, COMMAND,
    NAME, CODE,
    STATE, TRANSITION, TRIGGER, TARGET,
    ACTION_LIST, ACTION
  }
```

语法分析器中的文法规则全部采用相同的基本格式。事件的规则很好、很简单地说明了这一点。

```
grammar file...
  event returns [Node result]
    : {$result = new Node(EVENT);}
      name=ID {$result.add(NAME, $name);}
      code=ID {$result.add(CODE, $code);}
    ;
```

每个规则都声明了一个节点作为其返回类型。规则的第一行创建这个结果节点。随着识别出作为规则一部分的每个记号，只要将其添加为子节点即可。

更高层级的规则会重复这个模式。

```
grammar file...
  eventList returns [Node result]
    : {$result = new Node(EVENT_LIST);}
      'events'
      (e=event {$result.add($e.result);} )*  //添加事件
      'end'
    ;
```

唯一的差别在于，用$e.result 添加了来自子规则的节点，以便 ANTLR 恰当地分辨出规则的返回类型。

标记为 add event 的行中有一个特殊的用法。注意，这里把事件子句和行为代码放到括号里，然后对括号中的部分应用了克林星号运算符。这样确保了对于每个事件，行为代码只运行一次。

我在节点上添加了方法，这样用简单的代码就可以添加子节点。

```
class Node...
  public void add(Node child) {
    children.add(child);
  }
  public void add(Enum nodeType, Token t) {
    add(new Node(nodeType, t));
  }
```

正常情况下，我在文法文件中使用嵌入助手（第 54 章）。但这种情况是一个例外，因为构建 AST 的代码已经如此简单，以至于调用助手并不会让工作更容易。

顶层的状态机规则继续使用这种基本结构。

```
grammar file...
  machine returns [Node result]
    : {$result = new Node(STATE_MACHINE);}
      e=eventList {$result.add($e.result);}
      (r=resetEventList {$result.add($r.result);} )?
      (c=commandList {$result.add($c.result);}) ?
      (s=state {$result.add($s.result);} )*
    ;
```

命令和重置事件的加载方式与事件的加载方式一样。

```
grammar file...
  commandList returns [Node result]
    : {$result = new Node(COMMAND_LIST);}
      'commands'
      (c=command {$result.add($c.result);})*
      'end'
    ;
  command returns [Node result]
    : {$result = new Node(COMMAND);}
      name=ID {$result.add(NAME, $name);}
      code=ID {$result.add(CODE, $code);}
    ;
  resetEventList returns [Node result]
    : {$result = new Node(RESET_EVENT_LIST);}
      'resetEvents'
      (e=ID {$result.add(NAME, $e);} )*
      'end'
    ;
```

采用特定语法的文法的另一个区别是，要为名字和编码使用特殊的节点类型，这样会让后续的树遍历代码更加清晰。

最后要展示的代码是对状态的语法分析。

```
grammar file...
  state returns [Node result]
    : {$result = new Node(STATE);}
```

```
                'state' name = ID {$result.add(NAME, $name);}
                (a=actionList {$result.add($a.result);} )?
                (t=transition {$result.add($t.result);} )*
                  'end'
             ;

      transition returns [Node result]
        : {$result = new Node(TRANSITION);}
           trigger=ID {$result.add(TRIGGER, $trigger);}
           '=>'
           target=ID {$result.add(TARGET, $target);}
        ;
      actionList returns [Node result]
        : {$result =  new Node(ACTION_LIST);}
           'actions' '{'
           (action=ID {$result.add(ACTION, $action);}) *
           '}'
        ;
```

文法文件的代码很常规——确实，也很烦琐的代码通常意味着需要另外的抽象，这正是特殊的树构造语法所提供的。

代码的第二部分就是遍历树和创建状态机。这段代码与前面例子的代码几乎一样，唯一的区别源自一个事实——已有的节点与前面例子中的节点稍有不同。

```
class StateMachineLoader...
  private Node ast;
  private StateMachine machine;

  public StateMachineLoader(Node ast) {
    this.ast = ast;
  }
  public StateMachine run() {
    loadSymbolTables();
    createMachine();
    return machine;
  }
```

现在开始加载符号表。

```
class StateMachineLoader...
  private void loadSymbolTables() {
    loadStateNames();
    loadCommands();
    loadEvents();
  }
  private void loadEvents() {
    for (Node n : ast.getDescendents(EVENT)) {
      String name = n.getText(NAME);
      String code = n.getText(CODE);
      events.put(name, new Event(name, code));
    }
  }

class Node...
  public List<Node> getDescendents(Enum requiredType) {
    List<Node> result = new ArrayList<Node>();
    collectDescendents(result, requiredType);
    return result;
```

```
  }
  private void collectDescendents(List<Node> result, Enum requiredType) {
    if (this.type == requiredType) result.add(this);
    for (Node n : children) n.collectDescendents(result, requiredType);
  }
```

加载事件的代码前面已经展示了，其他类也类似。

```
class StateMachineLoader...
  private void loadCommands() {
    for (Node n : ast.getDescendents(COMMAND)) {
      String name = n.getText(NAME);
      String code = n.getText(CODE);
      commands.put(name, new Command(name, code));
    }
  }
  private void loadStateNames() {
    for (Node n : ast.getDescendents(STATE)) {
      String name = n.getText(NAME);
      states.put(name, new State(name));
    }
  }
```

给节点类添加了一个方法，以获取某类型的子节点的文本。这感觉像一个字典查询，但是使用了相同的树数据结构。

```
class Node...
  public String getText(Enum nodeType) {
    return getSoleChild(nodeType).getText();
  }
  public String getText() {
    return content.getText();
  }
  public Node getSoleChild(Enum requiredType) {
    List<Node> children = getChildren(requiredType);
    assert children.size() == 1;
    return children.get(0);
  }
  public List<Node> getChildren(Enum requiredType) {
   List<Node> result = new ArrayList<Node>();
   for (Node n : children)
     if (n.getType() == requiredType) result.add(n);
   return result;
  }
```

有了组织良好的符号，就可以创建状态机了。

```
class StateMachineLoader...
  private void loadState(Node stateNode) {
    loadActions(stateNode);
    loadTransitions(stateNode);
  }
  private void loadActions(Node stateNode) {
    for (Node action : stateNode.getDescendents(ACTION))
      states.get(stateNode.getText(NAME)).addAction(commands.get(action.getText()));
  }
  private void loadTransitions(Node stateNode) {
    for (Node transition : stateNode.getDescendents(TRANSITION)) {
```

```
      State source = states.get(stateNode.getText(NAME));
      Event trigger = events.get(transition.getText(TRIGGER));
      State target = states.get(transition.getText(TARGET));
      source.addTransition(trigger, target);
    }
  }
```

最后一步就是加载重置事件。

```
class StateMachineLoader...
  private void loadResetEvents() {
    if (! ast.hasChild(RESET_EVENT_LIST)) return;
    for (Node n : ast.getSoleDescendent(RESET_EVENT_LIST).getChildren(NAME))
      machine.addResetEvents(events.get(n.getText()));
  }

class Node...
  public boolean hasChild(Enum nodeType) {
    return ! getChildren(nodeType).isEmpty();
  }
```

第25章

内嵌翻译（Embedded Translation）

将生成输出的代码嵌入语法分析器，以便在语法分析的过程中逐步产生输出。

使用语法制导翻译（第18章）时，纯语法分析器只创建内部语法分析树，因而需多做一些工作才能组装语义模型。

通过将代码嵌入语法分析器，内嵌翻译可以用于组装语义模型。语义分析器在语义分析中的恰当时点组装语义模型。

25.1 运行机制

语法分析器主要关乎语法结构的识别。我们使用内嵌翻译将组装语义模型（第11章）的代码放置在语法分析器中，因而随着语法分析的进行，我们可以逐步组装语义模型。大多数情况下，我们需要在输入语言的子句被识别出来的地方放置模型组装代码，不过在实际中也可以在其他地方放置它们。

当结合语法分析器生成器（第23章）使用内嵌翻译时，你通常会发现组装代码会以外来代码（第27章）的形式出现。大部分语法分析器生成器支持使用外来代码——我用过的工具中只有一个例外，因为它被设计为必须结合树构造（第24章）才能使用。

带有副作用（side effect）[1]的动作会给内嵌翻译的使用带来问题，这些动作经常会在非预期的地方被执行，而具体的执行位置则取决于语法分析算法如何识别规则。使用树构造则不会有这个问题，因为它只会产生某个子树作为返回值。如果你被内嵌翻译的副作用搅得很纠结，那么这表明你应该转为使用树构造。

25.2　使用时机

内嵌翻译最有吸引力的地方在于，它提供一种简单的方式，可以在一次遍历中同时处理语法分析和模型的组装。而使用树构造（第 24 章）则需要你同时提供构建 AST 的代码，以及编写遍历树的组装器。对简单的情况而言（如大多数 DSL）并不值得使用两阶段处理。

你所使用的语法分析器生成器（第 23 章）对你的选择有很大的影响，它对构建树特性的支持越好，使用树构造就越具吸引力。

而内嵌翻译最大的问题在于，它会使文法文件变得很复杂，这通常是由于外来代码（第 27 章）使用不当。当你能够遵守原则很好地使用外来代码时，它不太可能成为问题——然而树构造有助于确保这个原则不被破坏。

内嵌翻译很好地符合了单次遍历语法分析的要求，所有工作都可以在语法分析阶段完成。但这也意味着某些工作在单次遍历以及内嵌翻译中会变得很困难，如前向引用。为了解决这些问题，你通常需要上下文变量（第 13 章），但这会让语法分析变得更加复杂。

总结起来就是，语言和语法分析器越简单，内嵌翻译就越有吸引力。

25.3　格兰特女士的控制器（Java 和 ANTLR）

我将使用与第 24 章相同的例子和工具（Java 和 ANTLR），但是这次会用内嵌翻译来处理语法分析。首先说明，只有语法分析部分会发生变化——分词部分没有任何差别。因此我不会再次讨论分词，如果你需要了解分词部分，可以参考 24.3.1 节。

这两个例子里另一个相似的地方是核心的 BNF 文法。大多数时候，当你变换不同的语法分析模式时，BNF 规则不会有什么变化，而支持 BNF 的代码可能会有所不同。树构造使用 ANTLR 的方式来声明 AST 树，而内嵌翻译则使用外来代码（第 27 章），通过放入 Java 代码直接组装语义模型。

内嵌翻译会将任意通用型语言的代码放置在文法文件中，对于这样的情况（有必要将一种语言嵌入另一种语言中），我通常会使用嵌入助手（第 54 章）。我读过很多文法文件，发现这种模式可以让文法更清晰——不会让文法淹没在翻译代码中。我通过在文法文件中声明助手

---

[1] 指会引起上下文中其他变量变化的代码。——译者注

来实现这一点。

```
@members {
  StateMachineLoader helper;
//...
```

顶层的文法规则定义了状态机。

```
machine : eventList resetEventList commandList state*;
```

它展示了同样顺序的声明。

要了解真正的翻译代码，让我们看一下对事件列表的处理：

```
eventList : 'events' event* 'end';

event : name=ID code=ID {helper.addEvent($name, $code);};
```

这里我们能看到使用内嵌翻译的典型特征。文法文件大部分保持不变，但在一些地方我们会引入通用型语言代码来完成翻译工作。因为我使用了嵌入助手，所以我只需调用助手上的单个方法。

```
class StateMachineLoader...
  void addEvent(Token name, Token code) {
    events.put(name.getText(), new Event(name.getText(), code.getText()));
  }

private Map<String, Event> events = new HashMap<String, Event>();
private Map<String, Command> commands = new HashMap<String, Command>();
private Map<String, State> states = new HashMap<String, State>();
private List<Event> resetEvents = new ArrayList<Event>();
```

这个调用会创建一个新的事件对象，并将它放置在符号表中，符号表是加载器上定义的一系列字典。调用这个助手时传入事件的名字和编码的记号。ANTLR 使用赋值语法来标记文法中的元素，因此嵌入的代码可以引用它们。嵌入代码的位置决定了代码将在何时运行，在这个例子中，代码将在两个子节点被识别出来后运行。

状态机命令的实现方式也是完全一样的。状态机状态则引入了几个有趣的问题：分层上下文（hierarchic context）和前向引用。

我先从分层上下文开始，它带来的问题是，状态相关的各种元素（动作和状态迁移）出现在状态的定义中，因此当我们处理这些元素时，必须知道它们是在哪个状态中定义的。

之前我曾把内嵌翻译比作通过 SAX 来处理 XML。从某种程度来说这是对的，因为嵌入的代码每次对应一条规则。但是这个说法也是具有误导性的，因为**语法分析器生成器（第 23 章）**可以在代码运行的阶段为你提供更多的上下文，你并不需要花太多的精力来处理它。

为了在 ANTLR 中向下推送这些上下文，你可以向规则中传递参数。

```
state : 'state' name=ID {helper.addState($name);}
        actionList[$name]?
        transition[$name]*
        'end';

actionList [Token state]
  : 'actions' '{' actions+=ID* '}' {helper.addAction($state, $actions);}
  ;
```

这里的状态记号被传入规则中用于识别某个行为。使用这种方式，我们可以向内嵌的翻译代码传入状态记号和命令记号（＊表明它们是列表）。这将为助手提供正确的上下文。

```
class StateMachineLoader...
  public void addAction(Token state, List actions) {
    for (Token action : (Iterable<Token>) actions)
      getState(state).addAction(getCommand(action));
  }
  private State getState(Token token) {
    return states.get(token.getText());
  }
```

第二个问题是，状态迁移的声明中包含前向引用，也就是引用尚未定义的状态。对很多 DSL 而言，你可以重新组织代码，从而保证所有引用的标识符都已经被声明了，但是对于状态模型我们却不能这么做，这会导致前向引用。树构造允许我们在多次遍历中处理 AST，因而我们可以用一次遍历来获得所有的声明，再用另一次遍历来真正地组装状态。由于采用多次遍历，我们可以在后续遍历中解决引用问题，因而前向引用并不是什么问题。但是对于内嵌翻译，我们无法采用这种做法。

在此，我们的解决方案是对引用和声明使用“获取”（obtain，这里表示查找或创建）操作。从根本上说就是，当我们引用一个状态的时候，如果它不存在，我们会隐式地声明它。

```
stateMachine.g...
  transition [Token sourceState]
    : trigger = ID '=>' target = ID {helper.addTransition($sourceState, $trigger, $target);};

class StateMachineLoader...
  public void addTransition(Token state, Token trigger, Token target) {
    getState(state).addTransition(getEvent(trigger), obtainState(target));
  }
  private State obtainState(Token token) {
    String name = token.getText();
    if (!states.containsKey(name))
      states.put(name, new State(name));
    return states.get(name);
  }
```

这么做的一个后果是，如果我们在状态迁移中拼写错了状态名，那么我们将获得一个空白状态作为状态迁移的目标。如果这没关系，我们也可以放着不管。不过常见的情况是，我们需要根据使用情况来检查相应声明是否存在，所以我们需要跟踪所有以这种方式创建的状态，然后确保它们全部被声明过。

我们的语言将程序中引用的第一个状态作为起始状态，语法分析器生成器通常不能很好地处理这类上下文，因此我们需要使用上下文变量来解决这个问题。

```
class StateMachineLoader...
  public void addState(Token n) {
    obtainState(n);
    if (null == machine)
      machine = new StateMachine(getState(n));
  }
```

处理重置事件很简单，我们只需将它们添加到单独的列表中。

```
stateMachine.g...
  resetEventList : 'resetEvents' resetEvent* 'end' ;
  resetEvent     : name=ID {helper.addResetEvent($name);};

class StateMachineLoader...
  public void addResetEvent(Token name) {
    resetEvents.add(getEvent(name));
  }
```

语法分析器单次遍历的特质也让实现重置事件变得复杂了：它们可能定义在第一个状态之前，甚至在状态机之前。因此我使用一个字段来保存它们，并在最后添加它们。

这个加载器的 run 方法展示了任务的总体顺序：词法分析、运行生成的语法分析器、组装模型并设置重置事件。

```
class StateMachineLoader...
  public StateMachine run() {
    try {
      StateMachineLexer lexer = new StateMachineLexer(new ANTLRReaderStream(input));
      StateMachineParser parser = new StateMachineParser(new CommonTokenStream(lexer));
      parser.helper = this;
      parser.machine();
      machine.addResetEvents(resetEvents.toArray(new Event[0]));
      return machine;
    } catch (IOException e) {
      throw new RuntimeException(e);
    } catch (RecognitionException e) {
      throw new RuntimeException(e);
    }
  }
```

在语法分析之后使用这样的代码并不少见，语义分析的代码也可能出现在这里。

第 *26* 章

内嵌解释（Embedded Interpretation）

将解释器动作嵌入文法，以便在执行语法分析的时候可以对文本直接进行解释以产生响应。

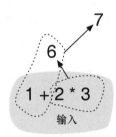

很多时候，你希望可以运行一段 DSL 脚本并立即获得结果，例如执行计算或者运行查询。内嵌解释在语法分析的过程中解释 DSL 脚本，因而使得语法分析的结果就是脚本本身的运行结果。

26.1　运行机制

内嵌解释尽可能早地对 DSL 表达式求值，对结果进行整理，并返回整体结果。内嵌解释不使用语义模型（第 11 章），而是直接根据 DSL 的输入完成解释。随着语法分析器识别出 DSL 脚本的各个片段，解释器会对这些片段进行解释。

26.2　使用时机

作为一个语义模型的坚决拥护者，我并不太喜欢内嵌解释。当你只需要对相对小型的表达式进行求值和运行的时候，它会非常有用。有时候你会觉得，不值得为简单的问题构建语义模型，但是我觉得通常不是这样的。哪怕是很小的一个 DSL，通过创建一个语义模型并解释它，也会比直接在语法分析器里完成所有事情容易得多。而且，如果 DSL 要想发展，语义模型也是一个非常坚实的基础。

26.3 计算器（ANTLR 和 Java）

计算器可能是用以阐明内嵌解释的最好的例子，它的每一个表达式都很容易解释，结果也容易被组合在一起。此外，算术表达式的语法树本身就是一个很好的语义模型，不必为它再单独创建一个语义模型。

使用 ANTLR 来实现计算器有些不太方便，因为算术表达式是嵌套运算符表达式（第 29 章），而 ANTLR 是一个自顶向下的语法分析器。所以需要在文法上下一些功夫。

我从顶层规则开始，因为算术表达式是递归的，所以 ANTLR 需要一条顶层规则作为语法分析的起始点。

```
grammar "Arith.g" ......
  prog returns [double result] : e=expression {$result = $e.result;};
```

我从一个包装 ANTLR 生成的语法分析器的 Java 类中调用这条顶层规则。

```
class Calculator...
  public static double evaluate(String expression) {
    try {
      Lexer lexer = new ArithLexer(new ANTLRReaderStream(new StringReader(expression)));
      ArithParser parser = new ArithParser(new CommonTokenStream(lexer));
      return parser.prog();
    } catch (IOException e) {
      throw new RuntimeException(e);
    } catch (RecognitionException e) {
      throw new RuntimeException(e);
    }
  }
```

由于嵌套运算符表达式的特性，我需要从最低优先级的运算符开始，在这个例子里是加法和减法。

```
grammar "Arith.g" ......
  expression returns [double result]
   : a=mult_exp {$result = $a.result;}
     ( '+' b=mult_exp {$result += $b.result;}
     | '-' b=mult_exp {$result -= $b.result;}
     )*
   ;
```

这段代码展示了计算器的基本模式。每一条文法规则识别一个运算符，然后嵌入的 Java 代码基于输入完成算术运算。文法的其余部分和这个模式类似。

```
grammar "Arith.g" ......
  power_exp returns [double result]
  : a=unary_exp {$result = $a.result;}
    ( '**' b=power_exp {$result = Math.pow($result,$b.result);}
    | '//' b=power_exp {$result = Math.pow($result, (1.0 / $b.result));}
    )?
  ;

  unary_exp returns [double result]
  : '-' a= unary_exp {$result = -$a.result;}
  | a=factor_exp {$result = $a.result;}
  ;

  factor_exp returns [double result]
   : n=NUMBER {$result = Double.parseDouble($n.text);}
  | a=par_exp {$result = $a.result;}
  ;

  par_exp returns [double result]
  : '(' a=expression ')' {$result = $a.result;}
  ;

  mult_exp returns [double result]
  :a=power_exp{$result = $a.result;}
  ('*' b = power_exp{$result *= $b.result;}
  {'/' b = power_exp{$result /= $b.result;}
  )*
  ;
```

实际上，这个计算器非常简单且非常符合语法树的结构，因此我甚至不需要使用嵌入助手（第 54 章）。

虽然算术表达式是说明语法分析器用法的常见例子，有非常多的文章和论文使用某种形式的计算器例子，但是我认为这个例子不能代表使用 DSL 时必须要处理的内容。这主要是因为使用算术表达式作为例子，它会迫使你处理一类在 DSL 中很少见的问题（嵌套运算符表达式），而避开了 DSL 相关的常见问题，也就是鼓励使用语义模型和嵌入助手。

第27章

外来代码（Foreign Code）

在外部 DSL 中嵌入一些外来代码，以提供比在 DSL 中能够指定的更复杂的行为。

DSL

```
scott handles floor_wax in MA RI CT when {/^Baker/.test(lead.name)};
```

JavaScript

DSL 从定义上讲是仅能完成一些功能的有限语言。但是，有时候我们需要在 DSL 脚本中描述一些超越其表达力的东西。一种解决方案是扩展 DSL，使其具有处理这些复杂任务的能力，但是这么做可能会让 DSL 变得非常复杂，从而丧失了大部分使其具有吸引力的简单性。

外来代码则将不同语言（通常是通用型语言）嵌入 DSL 的某些位置。

27.1 运行机制

在 DSL 中放置另一种语言的一些片段会带来两个问题：第一，我们如何识别这些外来代码并在文法中织入它们；第二，我们如何运行这些代码以完成它们的功能。

外来代码仅在 DSL 脚本的某些部分出现，因此 DSL 的文法需要标记它们出现的位置。处理外来代码的一个问题是，文法将无法识别外来代码的内部结构。因此，我们通常需要结合可变分词方式（第 28 章）使用外来代码，将外来代码作为一个长字符串读入语法分析器内。然后你可以选择是把这个字符串的原始形式嵌入语义模型（第 11 章），还是把它传给单独的语法分析器从而把相应的结果直接织入语义模型。后一种方式更加费时费力，只有在外来代码是另一种 DSL 的时候才应该考虑。通常，外来代码是通用型语言，作为纯字符串保存就够了。

一旦外来代码存在于语义模型中，我们必须抉择如何处理它。最大的问题就在于它是否可以被解释，还是需要经过编译。

如果有一种机制可以使解释器与宿主语言进行交互，那么解释外来代码通常是最简单的。如果系统的宿主语言也是解释型的，那么为外来代码使用宿主语言本身会很容易。如果宿主语言是编译型的，那么你需要使用一种解释型语言，它可以从宿主语言中被调用，这样就可以实现数据转移。近来，我们看到越来越多的静态语言环境具备了与解释型语言交互的能力。这种做法有点儿复杂，尤其是需要移动数据的时候。这也可能会在项目中引入另一种语言，有时候这会是一个问题。

　　另一种做法是嵌入宿主语言本身，哪怕宿主语言是编译型语言。这种做法的复杂性是在构建过程中引入额外的编译步骤，其情形和使用代码生成类似。当然，如果你已经在使用代码生成，那么你不得不执行这种额外的编译步骤，再增加编译型外来代码也不会让构建变得更复杂。而如果你在解释语义模型的同时还要编译代码，那么这种复杂性就会很麻烦了。

　　只要使用通用型语言的外来代码，你就应该郑重考虑使用嵌入助手（第 54 章）。这样，DSL内部的上下文所需的 DSL 脚本中只需要最少的外来代码，其他通用的处理调用对应的嵌入助手就可以完成。外来代码存在的一个问题是，太多的外来代码可能会淹没 DSL 脚本，这将丧失DSL 在可读性上的大部分优势。而嵌入助手是一种简单的技术，除个别情况外都值得投入使用。

　　有时候外来代码需要引用 DSL 脚本中定义的符号，这仅仅发生在 DSL 脚本中存在创建间接构造的变量或其他方式的情况下。虽然这些特性在通用型语言中广泛地存在，但是 DSL 通常并不需要这种表达力，因此，这在实际中并不常见。但我们对这种情况仍然是非常熟悉的，因为它们会出现在文法定义中——这正是使用外来代码的一个常见的场景。如下例所示：

```
allocationRule
  : salesman=ID  pc=productClause lc=locationClause ('when' predicate=ACTION)? SEP
      {helper.recognizedAllocationRule(salesman, pc, lc, predicate);}
  ;
```

这个例子中外来代码是 Java。Java 代码会引用文法文件中定义的符号 salesman、pc、lc 和predicate。当处理外来代码的时候，语法分析器生成器（第 23 章）需要解析这些引用。

27.2　使用时机

　　当你考虑使用外来代码时，通常还可以选择扩展 DSL 来实现外来代码的功能。引入外来代码有明显的不足之处，它将会破坏 DSL 所提供的抽象。阅读 DSL 的人需要同时理解外来代码和 DSL 本身，至少在某种程度上是这样的。而且使用外来代码将会使语法分析过程变得复杂，很可能也会使语义模型（第 11 章）变得复杂。

　　需要将这些额外的复杂度与为了支持所需的功能而在 DSL 中引入的复杂度进行权衡。DSL 的功能越强就越难理解和使用。

　　那么，到底在什么情况下才倾向于使用外来代码呢？一种情况是你真的需要使用通用型语言。你当然不希望把你的 DSL 变成通用型语言，因此使用外来代码就成了一个选择。

　　另外一种情况是，你所需要的唯一功能在 DSL 脚本中极少用到。一个极少用到的功能或许不值得专门为它扩展 DSL。

　　DSL 的使用者身份也是一个重要的决策因素。如果使用 DSL 的只有程序员，那么外来代码不是什么问题，因为他们可以像理解 DSL 一样理解外来代码。而如果不是程序员来使用 DSL 的话，那么外来代码可能不易理解和使用。而如果外来代码仅在极少的情况下被用到，那么可能不是什么大问题。

27.3　嵌入动态代码（ANTLR、Java 和 JavaScript）

　　为了售出货物，你需要销售人员。如果你有很多销售人员，那么你需要一种方式来分配潜在客户。通常的方式是通过管区，所谓管区其实就是一组为销售人员分配潜在客户的规则。管区由很多因素决定，例如，下面的代码通过美国各州和货物种类进行分配：

```
scott handles floor_wax in WA;
helen handles floor_wax desert_topping in AZ NM;
brian handles desert_topping in WA OR ID MT;
otherwise scott
```

　　这是一个简单的 DSL，每一条分配规则按顺序执行，如果任何一笔交易匹配了条件，那么这个潜在客户就会被分配给那个销售人员。

　　现在让我们假想一下，Scott 和位于新英格兰南部的 Baker Industries 公司的主管相处甚欢，我们希望这将这家位于新英格兰南部的公司与地板蜡有关的业务都分配给 Scott。为了让情况再复杂一点，Baker Industries 有很多不同的名字：Baker Industrial Holdings、Baker Floor Toppings 等。因此，我们决定将新英格兰所有名字以 “Baker” 开头的潜在客户都分配给 Scott。

　　为了实现这个功能，我们可以扩展 DSL，但是由于它仅仅是众多特例之一，这会让语言变得很复杂。因此我们将使用外来代码，如下所示：

```
scott handles floor_wax in MA RI CT when {/^Baker/.test(lead.name)};
```

　　这里的外来代码是 JavaScript，我之所以选择 JavaScript 是因为它很容易与 Java 集成，也易于在运行时被求值，这可以避免因为分配规则被修改而引起的重新编译。这段 JavaScript 代码并不那么易读——我想我必须要跟销售经理说 “相信我” ——但是它却能够完成这项任务。这里我并没有使用嵌入助手，因为谓词很短小。

27.3.1　语义模型

　　在图 27-1 所示的简单模型中包含了潜在客户，每一个潜在客户都包含一个对应的产品组和一个州的信息。

```
class Lead...
  private String name;
  private State state;
  private ProductGroup product;
```

```
public Lead(String name, State state, ProductGroup product) {
  this.name = name;
  this.state = state;
  this.product = product;
}

public State getState() {return state;}
public ProductGroup getProduct() {return product;}
public String getName() {return name;}
```

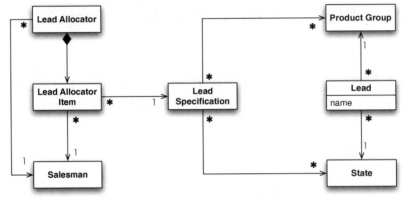

图 27-1　潜在客户分配的模型

　　为了给销售人员分配这些潜在客户，我们需要一个 `LeadAllocator` 类，它包含一个列表，这个列表将销售人员和潜在客户规范关联起来。

```
class LeadAllocator...
  private List<LeadAllocatorItem> allocationList = new ArrayList<LeadAllocatorItem>();
  private Salesman defaultSalesman;

  public void appendAllocation(Salesman salesman, LeadSpecification spec) {
    allocationList.add(new LeadAllocatorItem(salesman, spec));
  }

  public void setDefaultSalesman(Salesman defaultSalesman) {
    this.defaultSalesman = defaultSalesman;
  }

  private class LeadAllocatorItem {
    Salesman salesman;
    LeadSpecification spec;

    private LeadAllocatorItem(Salesman salesman, LeadSpecification spec) {
      this.salesman = salesman;
      this.spec = spec;
    }
  }
```

　　潜在客户规范采用规范[Evans DDD]模式，如果某个潜在客户的属性包含在规范列表中，那么这个潜在客户就被视为匹配。

```
class LeadSpecification...
  private List<State> states = new ArrayList<State>();
  private List<ProductGroup> products = new ArrayList<ProductGroup>();
```

```
private String predicate;

public void addStates(State... args) {states.addAll(Arrays.asList(args));}
public void addProducts(ProductGroup... args) {products.addAll(Arrays.asList(args));}
public void setPredicate(String code) {predicate = code;}

public boolean isSatisfiedBy(Lead candidate) {
  return statesMatch(candidate)
      && productsMatch(candidate)
      && predicateMatches(candidate)
  ;
}
private boolean productsMatch(Lead candidate) {
  return products.isEmpty() || products.contains(candidate.getProduct());
}
private boolean statesMatch(Lead candidate) {
  return states.isEmpty() || states.contains(candidate.getState());
}
private boolean predicateMatches(Lead candidate) {
  if (null == predicate) return true;
  return evaluatePredicate(candidate);
}
```

规范也包含一个谓词（predicate），它由一些嵌入的 JavaScript 代码组成。规范使用 Java 的 Rhino JavaScript 引擎来求值。

```
class LeadSpecification...
  boolean evaluatePredicate(Lead candidate) {
    try {
      ScriptContext newContext = new SimpleScriptContext();
      Bindings engineScope = newContext.getBindings(ScriptContext.ENGINE_SCOPE);
      engineScope.put("lead", candidate);
      return (Boolean) javascriptEngine().eval(predicate, engineScope);
    } catch (ScriptException e) {
      throw new RuntimeException(e);
    }
  }
  private  ScriptEngine javascriptEngine() {
    ScriptEngineManager factory = new ScriptEngineManager();
    ScriptEngine result = factory.getEngineByName("JavaScript");
    assert result != null : "Unable to find javascript engine";
    return result;
  }
```

我将正在被求值的潜在客户放入 JavaScript 的求值范围中，这样嵌入的 JavaScript 代码就能够访问潜在客户的属性了。

潜在客户分配对象按列表项检查规则，并返回第一个匹配规范的销售人员。

```
class LeadAllocator...
  public Salesman determineSalesman(Lead lead) {
    for (LeadAllocatorItem i : allocationList)
      if (i.spec.isSatisfiedBy(lead)) return i.salesman;
    return defaultSalesman;
  }
```

27.3.2 语法分析器

AllocationTranslator 类构建一个 LeadAllocator 对象作为其结果。

```
class AllocationTranslator...
  private Reader input;
  private AllocationLexer lexer;
  private AllocationParser parser;
  private ParsingNotification notification = new ParsingNotification();
  private LeadAllocator result = new LeadAllocator();

  public AllocationTranslator(Reader input) {
    this.input = input;
  }

  public void run() {
    try {
      lexer = new AllocationLexer(new ANTLRReaderStream(input));
      parser = new AllocationParser(new CommonTokenStream(lexer));
      parser.helper = this;
      parser.allocationList();
    } catch (Exception e) {
      throw new RuntimeException("Unexpected exception in parse", e);
    }
    if (notification.hasErrors())
      throw new RuntimeException("Parse failed: \n" + notification);

  }
```

AllocationTranslator 同时还在文法文件中扮演嵌入助手（第 54 章）的角色。

```
grammar...
  @members {
    AllocationTranslator helper;

    public void reportError(RecognitionException e) {
      helper.addError(e);
      super.reportError(e);
    }
  }
```

下面我将自上而下解释这个文法文件，我在其中使用了内嵌翻译（第 25 章）。

下面是我将使用的一些核心记号：

```
grammar...
  ID  : ('a'..'z' | 'A'..'Z' | '0'..'9' | '_' )+;
  WS  : (' ' |'\t' | '\r' | '\n')+ {skip();} ;
  SEP : ';';
```

这里我们定义了通常的空白符、标识符记号和显式的分号语句分隔符。

下面是顶级文法规则：

```
grammar...
  allocationList
    : allocationRule* 'otherwise' ID {helper.recognizedDefault($ID);}
    ;

class AllocationTranslator...
  void recognizedDefault(Token token) {
  if (!Registry.salesmenRepository().containsId(token.getText())) {
      notification.error(token, "Unknown salesman: %s", token.getText());
      return;
    }
  Salesman salesman = Registry.salesmenRepository().findById(token.getText());
```

```
    result.setDefaultSalesman(salesman);
  }
```

我假设销售人员、产品和州的信息在我们解释分配规则之前都已经存在，例如，在数据库中，我就可以通过资源库（Repositories）[Fowler PoEAA]模式来访问这些数据了。

虽然可能会陷入递归，但是你可能会喜欢这样的一个事实：这个文法文件本身也使用外来代码——文法中的行为代码就是外来代码的绝好的例子。在 ANTLR 中，外来代码会在代码生成阶段被织入生成的语法分析器——这与之前的 JavaScript 分配规则不同，但仍然是基本的外来代码模式，我同样使用嵌入助手以使外来代码的代码量减到最少。

下面让我们来看看分配规则。

```
grammar...
  allocationRule
    : salesman=ID  pc=productClause lc=locationClause ('when' predicate=ACTION)? SEP
        {helper.recognizedAllocationRule(salesman, pc, lc, predicate);}
    ;
```

规则非常直接，它包含销售人员的名字、产品和地理位置子句（子规则），以及一个可选的谓词记号和分隔符。谓词是一个记号，而不是子规则，这一点很重要，因为我们想将 JavaScript 整体作为一个字符串，而不想进一步对它进行语法分析。

我调用助手来记录识别出来的内容，这将在后面产品和位置子句返回的内容中具体介绍。对于销售人员和谓词的标号，我遵循名称全拼规则，因为记号不够清楚。对于子规则的标号，我会采用缩写形式，因为子规则名字已经足够清楚了，全拼只会重复这些子规则的名字，因而增加噪声。

下面来看一下子规则，特别是产品子句。

```
grammar...
  productClause  returns [List<ProductGroup> result]
    : 'handles' p+=ID+ {$result = helper.recognizedProducts($p);}
    ;
```

我让这个子句本身返回产品组的列表。因此它并不会直接组装语义模型（第 11 章），而是返回父子句的对象来组装语义模型。之所以这么做，是因为如果不这样做，我就需要在产品规则的动作中访问当前的分配规则。这样通常会需要引入上下文变量（第 13 章），而我恰恰想避免它。ANTLR 可以传入对象作为规则参数，因此我还是可以让子句组装语义模型的，但是我倾向于在一个地方处理全部语义模型。

我还需要一个动作来将产品记号转换为实际的产品对象。这可以通过一个简单的查询实现。

```
class AllocationTranslator...
  List<ProductGroup> recognizedProducts(List<Token> tokens) {
    List<ProductGroup> result = new ArrayList<ProductGroup>();
    for (Token t : tokens) {
      if (!Registry.productRepository().containsId(t.getText())) {
        notification.error(t, "No product for %s", t.getText());
        continue;
      }
      result.add(Registry.productRepository().findById(t.getText()));
    }
```

```
        return result;
    }
```

地理位置子句的处理也差不多，因此我就不再赘述了，下面我们进入这个例子的重点——抓取 JavaScript 代码。正如我在上面说到的，我通过词法分析器来实现。毕竟我并不关注 JavaScript 的内容，我只需要将整个字符串放入潜在客户规范中，因此无须构建或使用 JavaScript 语法分析器，除非我想在语法分析的过程中检查 JavaScript 在语法上的正确性。但又由于语法分析只能检测出语法错误，而无法检测出语义错误，因此我觉得这么做得不偿失。

我通过可变分词方式（第 28 章）来抓取这些文本，最简单的方法是选择一对不会在其他地方出现的分隔符，然后像下面一样来定义记号的规则：

```
ACTION : '{' .* '}' ;
```

这个规则在很多情况下能正常工作，但是对于我们的例子却有一个潜在的问题，那就是如果在 JavaScript 代码中也使用了花括号的话，就会出错。我可以通过使用更特殊的分隔符来避免出现这个问题，例如一对这样的字符：

```
ACTION : '{:' .* ':}' ;
```

当然在 ANLTR 中，我可以使用它本身提供的功能来处理嵌套的记号。

```
grammar...
  ACTION : NESTED_ACTION;

  fragment NESTED_ACTION
    : '{' (ACTION_CHAR | NESTED_ACTION)* '}'
    ;
  fragment ACTION_CHAR
    : ~('{'|'}')
    ;
```

但是这也不是完美的解决方案，碰上像 badThing = "}";这样的 JavaScript 代码段我仍然束手无策，但对大多数情况来说都能够应对。

得到子句集合和 JavaScript 谓词之后，我就可以更新语义模型了。

```
class AllocationTranslator...
  void recognizedAllocationRule(Token salesmanName, List<ProductGroup> products,
                                List<State> states, Token predicate)
  {
    if (!Registry.salesmenRepository().containsId(salesmanName.getText())) {
      notification.error(salesmanName, "Unknown salesman: %s", salesmanName.getText());
      return;
    }
    Salesman salesman = Registry.salesmenRepository().findById(salesmanName.getText());
    LeadSpecification spec = new LeadSpecification();
    spec.addStates((State[]) states.toArray(new State[states.size()]));
    spec.addProducts((ProductGroup[]) products.toArray(new ProductGroup[products.size()]));
    if (null != predicate) spec.setPredicate(predicate.getText());
    result.appendAllocation(salesman, spec);
  }
```

第 *28* 章

可变分词方式（Alternative Tokenization）

在语法分析器中改变词法分析行为。

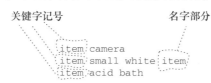

28.1　运行机制

在前面对语法分析器生成器（第 23 章）的简要介绍中，我说过词法分析器向语法分析器提供记号流，然后语法分析器把这些记号组装成语法分析树。这似乎隐含着它们之间是单向交互：词法分析器是源，语法分析器则消费这些源。实际上并不总是这样，有时候词法分析器需要根据当前在语法分析树中所处的位置改变分词的方式，这就意味着语法分析器需要控制词法分析器分词的方式。

下面来看一个关于这个问题的简单的例子。例如，如下条目可能会出现在产品目录中。

```
item camera;
item small_power_plant;
item acid_bath;
```

对我们这样的极客而言，使用下划线或者骆驼拼写法是习以为常的事情。但是对一般人而言，可能更习惯于使用空格。那么上面的脚本可能变成这样：

```
item camera;
item small power plant;
item acid bath;
```

你可能会想，这很难做到吗？实际上如果你使用的是文法驱动的语法分析器，这么做出乎意料地困难。这也是我需要专门用一章的篇幅来讨论它的原因。（你可能会注意到，我使用分号来分隔不同的条目声明，当然你也可以使用换行符——我个人也倾向于这么做。不过这样将引入另一个问题，就是如何处理换行分隔符（第 30 章），我想我们每次最好只讨论一个问题，因此在本章中，我将使用分号。）

识别 item 关键字之后任意多个词的最简文法如下所示：

```
catalog : item*;
item : 'item' ID* ';';
```

这样的文法无法处理名称含有 item 的条目，如 item small white item;。

关键在于词法分析器将 item 识别为关键字而不是普通的词。因此，它将会返回关键字记号而不是 ID 记号。我们真正想实现的是，将关键字 item 与分号之间的所有内容都识别为 ID，也就是说，在语法分析中对于这一点修改分词规则。

对于这种情况，另一个常见的例子是外来代码（第 27 章）。它可能会在 DSL 脚本中包含有意义的各种记号，但是我们希望忽略所有这些，而只把外来代码当作一个大字符串嵌入语义模型（第 11 章）中。

这个问题有很多种解决方案，但并不是对于所有种类的语法分析器生成器都适用。

28.1.1 引用

处理这个问题的最简单的方式是把文本引用起来，这样词法分析器就可以把它们识别为特殊情况来处理。对上述例子而言，我们至少可以在使用词 item 的时候，把它放入某种引用字符内，例如下面这个样子：

```
item camera
item small power plant;
item "small white item";
```

这将用以下的文法来进行语法分析：

```
catalog : item*;
item : 'item' item_name ';';

item_name    : (ID | QUOTED_STRING)* ;
QUOTED_STRING : '"' (options{greedy = false;} : .)* '"';
```

引用会把分隔符间的所有文本吸收掉，因此这些文本不会被其他词法规则所触及。我可以从中取出被引用的文本以进行处理。

引用根本不会涉及语法分析器，因此在整个语言中必须使用某种统一的引用机制。在该语言中，你无法为引用某些特殊的元素指定专门的规则。但是对于很多情况，这已经足够好了。

引用有个难以处理的地方，就是在引用的字符串中出现分隔符，如 Active "Marauders" Map。对于这个例子，你需要处理引用的字符串中的引号。借鉴常规的编程技巧，可以发现一些方法来处理这种情况。

第一种方法是提供转义机制，例如，Unix 热衷的反斜杠和双写分隔符。item Active "Marauders" Map 可以通过以下规则进行处理：

```
QUOTED_STRING : STRING_DELIM (STRING_ESCAPE | ~(STRING_DELIM))* STRING_DELIM;
fragment STRING_ESCAPE: STRING_DELIM STRING_DELIM;
fragment STRING_DELIM : '"';
```

基本的技巧是，用分隔符包围一个重复的组，这个组中有一个元素是不属于分隔符的其他文本（基本上等同于非贪婪匹配），其他分支则包含所有你需要的转义组合。

你可能希望使用更紧凑的形式表达。

```
QUOTED_STRING : '"' ('""' | ~('"'))* '"';
```

这个长表达式清晰地表达了意图，我很喜欢这一点，对于正则表达式这也是非常难得的。

转义可以解决上面的问题，但是对非程序员来说可能会让人感到困惑。

另一个技巧是选择不常出现在被引用的文本中的符号组合来作为分隔符，如 Java CUP 语法分析器生成器。绝大多数语法分析器生成器（第 23 章）会使用花括号来标识行为代码，这虽然容易理解，但是花括号经常出现在基于 C 语言的语言中。因此 CUP 选择使用{:和:}作为分隔符——一种在大多数语言（包括 Java）中不会出现的组合。

使用不常见的分隔符的效果取决于不可能使用这种分隔符的概率。对于 DSL 这可能不是什么问题，因为通常你在引用的文本中可能使用的元素数量是有限的。

第三种技巧是使用多种分隔符，因此当你需要嵌入某个分隔符字符时，你可以通过切换到另一种引用方式中来完成。例如，很多脚本语言允许你使用单引号，也可以使用双引号来引用，这样就可以避免只使用一种分隔符所带来的困惑（通常使用不同的分隔符时也会对应不同的转义规则）。在上述例子中允许使用单引号或双引号，可如下例所示实现：

```
catalog : item*;
item : 'item' item_name ';';

item_name    : (ID | QUOTED_STRING)* ;
QUOTED_STRING : DOUBLE_QUOTED_STRING | SINGLE_QUOTED_STRING ;
fragment DOUBLE_QUOTED_STRING : '"' (options{greedy = false;} : .)* '"';
fragment SINGLE_QUOTED_STRING : '\'' (options{greedy = false;} : .)* '\'';
```

还有一种并不常见的选择，有时也很有用。有些语法分析器生成器（包括 ANTLR）使用下推机而不是状态机来实现词法分析。这为处理匹配对形式的引用字符（如"{...}"）提供了另一种选择。这需要对例子进行一些微调，假设我希望在条目列表中嵌入一些 JavaScript 代码，这样我可以通过条件控制这些条目是否应该出现在产品目录中。例如：

```
item lyncanthropic gerbil {!isFullMoon()};
```

这里的问题是，在 JavaScript 代码中也可以包含花括号。但是，只有当花括号匹配时才允许它们出现，引用规则如下：

```
catalog : item*;
item : 'item' item_name  CONDITION?';';

CONDITION : NESTED_CONDITION;
fragment NESTED_CONDITION  : '{' (CONDITION_CHAR | NESTED_CONDITION)* '}';
fragment CONDITION_CHAR    : ~('{'|'}') ;
```

这并不能处理所有嵌入的花括号的情况，例如，对于`{System.out.print("tokenize this:}}}");}`就无法处理。为了处理这种情况，我需要编写额外的词法规则来覆盖所有可能被嵌入包含花括号的条件中的元素。然而对于这种情况，通常简单的方案已经足以应对。这种方案最大的不足是，只有词法分析器是下推机时才能使用，但这种情况相对比较少见。

28.1.2 词法状态

对于这个问题，至少是对于条目名称这个例子，也许最合乎逻辑的做法是在分析条目名称时完全替换词法分析器。也就是当我们发现关键字 item 时，我们将所使用的词法分析器换成另外一个，直到这个替换的词法分析器找到分号为止，此时我们再把词法分析器换回之前使用的那个。

Flex（开源版的 lex）支持这种特性，Flex 把它叫作**起始条件**（start condition），也叫**词法状态**（lexical state）。虽然它仍然使用同一个词法分析器，但是它允许文法控制词法分析器切换到不同的模式。这可以达到和切换词法分析器同样的效果，而且对于这个例子，确实已经足够了。

我将使用 Java CUP 作为例子，因为 ANTRL 目前尚不支持切换词法状态这个功能（实际上它无法支持，因为词法分析器目前在语法分析器开始工作之前将整个输入流分词完毕）。如下所示是处理条目的 CUP 文法：

```
<YYINITIAL> "item"      {return symbol(K_ITEM);}
<YYINITIAL> {Word}      {return symbol(WORD);}

<gettingName> {Word} {return symbol(WORD);}

";"         {return symbol(SEMI);}
{WS}        {/* 忽略 */}
{Comment}   { /* 忽略 */}
```

在这个例子里，我使用两种不同的词法状态：YYINITIAL 和 gettingName。YYINITIAL 是词法分析器启动时使用的默认词法状态。我可以使用这些词法状态来注解词法规则。这时，item 仅在 YYINITIAL 状态下才被识别为关键字记号。没有词法状态的词法规则（如";"）对于所有状态都适用。（严格来说，对于{Word}我并不需要两条状态规则，因为它们完全一样，把它们放在这里只是为了演示语法。）

然后我就可以在文法中的不同的词法状态之间切换。其规则和 ANTRL 中的类似，但因为 CUP 使用了不同版本的 BNF，所以有少许不同。我们先来看几个不涉及词法状态切换的规则。第一个是顶级的产品目录规则，它是 ANTLR 规则的基本 BNF 形式。

```
catalog  ::= item | catalog item ;
```

在另一侧，有规则说明如何组装条目名称。

```
item_name ::=
  WORD:w {: RESULT = w; :}
  | item_name:n WORD:w {: RESULT = n + " " + w; :}
  ;
```

涉及词法规则切换的规则就是识别条目的规则。

```
item  ::= K_ITEM
  {: parser.helper.startingItemName(); :}
  item_name:n
  {: parser.helper.recognizedItem(n); :}
  SEMI
  ;
class ParsingHelper...
  void recognizedItem(String name) {
      items.add(name);
      setLexicalState(Lexer.YYINITIAL);
  }
  public void startingItemName() {
      setLexicalState(Lexer.gettingName);
  }
  private void setLexicalState(int newState) {
      getLexer().yybegin(newState);
  }
```

基本的机制很明了。一旦语法分析器识别出关键字 item，它就切换词法状态以接收后续的词。一旦接收完成，再切换回原来的词法状态。

虽然看起来很简单，但是这里仍然隐含着麻烦。为了解析这些规则，语法分析器需要对记号流进行预读。ANTLR 支持预读任意多个记号，这也是在语法分析器开始工作之前，它需要对整个输入流进行分词的部分原因。CUP 类似于 Yacc，只能预读一个记号。但是这一个记号就足以带来问题了。例如，对于 item item the troublesome 这样的条目声明，条目名称的第一个词在词法状态切换前就已经被解析了，所以它将被解析为关键字 item，这将破坏整个语法分析器的语法分析过程。

这还很可能会带来更严重的问题。你可能会注意到我在识别语句分隔符之前重置了词法状态（recognizedItem），这样它将可以在切换回初始状态之前，在预读时识别出关键字 item。

使用词法状态时，还有一件事需要注意。如果你使用通用的边界记号（如引号），你可以避免由于只有一个预读记号而带来的问题。否则你就需要谨慎处理语法分析器的预读记号和词法分析器的词法状态间的交互。因此组合使用语法分析和词法状态很容易变得非常混乱。

28.1.3　修改记号类型

语法分析器规则根据记号的类型而不是记号的完整内容进行回应。如果我们可以在记号到达语法分析器之前修改它的类型，那么我们就能将关键字 item 变成词 item。

这种方法和词法状态正好相反。对于词法状态，你需要让词法分析器向语法分析器提供记号，每次提供一个记号。而使用这种方法，你需要在记号流中进行预读。因此这种方法更适合 ANTLR 而不是 Yacc 就不稀奇了，在下面的例子中我将回到 ANTLR。

```
catalog : item*;
item :
  'item' {helper.adjustItemNameTokens();}
  ID*
  SEP
  ;
SEP : ';';
```

在这个文法中并没有展示什么，所有的动作都在辅助函数中。

```
void adjustItemNameTokens() {
  for (int i = 1; !isEndOfItemName(parser.getTokenStream().LA(i)); i++) {
    assert i < 100 : "This many tokens must mean something's wrong";
    parser.getTokenStream().LT(i).setType(parser.ID);
  }
}
private boolean isEndOfItemName(int arg) {
  return (arg == parser.SEP);
```

这段代码将在记号流中将所有记号类型变成 ID，直到遇到分隔符。（我声明了分隔符的记号类型，从而使我们能够在辅助函数中使用它。）

这个方法并不能捕获原始文本中的确切内容，因为所有被词法分析器跳过的内容都无法到达语法分析器。例如，空白符就无法被保留。如果这是一个问题，就不应该使用这个方法。

我们来看看这个方法在更复杂的上下文中的应用，下面来看看语法分析器是如何解析 Hibernate 查询语言（Hibernate Query Language，HQL）的。HQL 必须处理作为关键字的 order（order by）或作为列名或表名的 order。词法分析器默认将 order 作为关键字，但是语法分析器动作将预读 order 之后是否是 by，如果不是就将它的类型变成标识符。

28.1.4 忽略记号类型

如果记号不重要而你希望获得全部文本内容，那么你可以完全忽略记号类型，然后直接抓取所有记号，直到遇到某个哨兵的记号为止（这里是分隔符）。

```
catalog : item*;
item : 'item' item_name SEP;
item_name : ~SEP* ;
SEP : ';';
```

基本的做法是编写一条条目名称（item_name）的规则，它可以接受除分隔符外的所有记号。通过使用非运算符（~）在 ANTLR 中可以很容易地实现，但是其他语法分析器生成器（第 23 章）可能不具有这种功能。如果确实如此，那么你可能需要这样做：

```
item : (ID | 'item')* SEP;
```

你需要在这条规则中列出所有的关键字，比起只使用一个非运算符，这看起来非常不方便。

记号仍然会具有正确的类型，但是在这个上下文中你并不需要使用它。带有动作的文法看起来是这样的：

```
catalog returns [Catalog catalog = new Catalog()]:
  (i=item {$catalog.addItem(i.itemName);})*
  ;
item returns [String itemName] :
  'item' name=item_name SEP
  {$itemName = $name.result;}
  ;
item_name returns [String result = ""] :
  (n=~SEP {$result += $n.text + " ";})*
  {$result = $result.trim();}
  ;
SEP : ';';
```

在这里记号的类型被忽略了，而仅提取了记号中的文本。使用树构造（第 24 章）时也是类似于这样的情况，你将所有的条目名称记号放入一个列表中，而在处理的过程中你会忽略这些记号的类型。

28.2　使用时机

如果你使用**语法制导翻译**（第 18 章）并且将分词从语法分析中分离出来时（通常而言是这样的），可变分词方式会是一种有意义的技术。当你有一段特殊文本不应该使用常规形式进行分词的时候，你可能会需要使用它。

可变分词方式的常用场景包括：在特定上下文中不应该被识别为关键字的关键字、允许任意形式的文本（典型的如文章描述）以及外来代码（第 27 章）。

第 *29* 章

嵌套运算符表达式（Nested Operator Expression）

可以递归地包含相同形式的表达式的运算符表达式（如算术表达式或布尔表达式）。

$$2 * (4 + 5)$$

将嵌套运算符表达式称为一种模式有点儿牵强，因为它并不是一个解决方案，而只是语法分析中的一个常见问题，尤其是在自底向上的语法分析器中需要避免左递归的时候。

29.1 运行机制

嵌套运算符表达式有两个方面让它变得比较难处理：其递归的本质（规则出现在其自身中）以及运算符优先级。虽然具体如何来处理这些问题部分取决于你所使用的语法分析器生成器（第 23 章），但是仍然有些通用的原则可以采用。这里最大的差异是自底向上和自顶向下的语法分析器分别处理它们的方式。

我给出的是一个计算器的例子，它可以处理 4 种常见的算术运算（+ - * /）、括号、乘方（**）以及开方（//）。它还支持一元减运算——带负号的负数。

我们选择了这些运算符，意味着我们需要不同的运算符优先级。负号的优先级最高，其次是乘方和开方，然后是乘和除，最后是加和减。我在这里引入了乘方和开方，它们是右结合运算符，而其他二元运算符都是左结合的。

29.1.1 自底向上的语法分析器

我将从自底向上的语法分析器开始，因为它们是最容易描述的。用以处理四则运算的算术表达式的基本文法是下面这样的：

```
expr ::=
    NUMBER:n {: RESULT = new Double(n); :}
  | expr:a PLUS expr:b   {: RESULT = a + b; :}
  | expr:a MINUS expr:b  {: RESULT = a - b; :}
  | expr:a TIMES expr:b  {: RESULT = a * b; :}
  | expr:a DIVIDE expr:b {: RESULT = a / b; :}
  | expr:a POWER expr:b  {: RESULT = Math.pow(a,b); :}
  | expr:a ROOT expr:b   {: RESULT = Math.pow(a,(1.0/b)); :}
  | MINUS expr:e         {: RESULT = - e; :}  %prec UMINUS
  | LPAREN expr:e RPAREN {: RESULT = e; :}
  ;
```

这个文法使用 Java CUP（经典的 Yacc 的 Java 版）作为语法分析器生成器（第 23 章）。在这个文法里，表达式语法的结构通过单条产生式规则来表示，这个产生式规则的每个分支都表达一种运算符，其基本情况是只有数字的情况。

与本书中其他例子所用的 ANTLR 不同，你无法在文法文件中放入字面量记号，因此我命名了像 PLUS 这样的记号，而不是直接使用+。有一个单独的词法分析器将会将运算符和数字转化为语法分析器所需的格式。

这里我使用了内嵌解释（第 26 章）来完成计算，你可以在每个分支定义后面看到结果计算的行为代码（行为代码通过{:和:}分隔，以区分行为代码中的花括号）。特殊变量 RESULT 用来存放返回值；规则中的元素通过:label 的方式标识出来。

这个基本文法规则可以直接地处理递归结构，但是它们不能处理运算符优先级：我们希望 1 + 2 * 3 被解释成 1 + (2 * 3)。为了达成这点，我们可以使用一组运算符的优先级声明。

```
precedence left PLUS, MINUS;
precedence left TIMES, DIVIDE;
precedence right POWER, ROOT;
precedence left UMINUS;
```

每条优先级语句列出相同优先级的运算符，然后声明它们的结合方式（左结合或者右结合）。优先级按从低到高的顺序声明。

优先级也可以在文法规则中声明，例如，负号就是通过%prec UMINUS 来声明的。UMINUS 并不是真的记号，而是用于调整优先级的记号引用。通过使用这个与上下文相关的优先级，我可以通知语法分析器生成器，这条规则并不使用运算符"-"的默认优先级，而使用为运算符 UMINUS 声明的优先级。

在编程语言中运算符优先级解决了表达式有歧义的问题。如果不使用优先级规则，语法分析器可以将 1 + 2 * 3 解析为(1 + 2) * 3 或 1 + (2 * 3)，这就会引起歧义。对于 1 + 2 + 3 也是如此，虽然我们人类知道在这种情况下并无区别。这也是我们需要说明运算符的结合方向的原因，哪怕对于+和*而言没有什么不同。

通过结合简单的递归文法规则和优先级声明，在自底向上的语法分析器中，可以很容易地处理嵌套表达式。

29.1.2 自顶向下的语法分析器

当处理嵌套运算符表达式时，自顶向下语法分析器的情况比较复杂。你不能使用简单的递归文法，因为这将引入左递归。因此，你必须使用一系列不同的文法规则，通过它们来同时处理左递归和优先级的问题。因此，最终的文法就变得不那么清晰了，这也是很多人喜欢使用自底向上语法分析器的原因。

下面让我们看看如何通过 ANTLR 来定义这些规则，我将从两条顶级规则开始，这两条规则定义了最低优先级的两个运算符。对于纯语法分析，它们看起来是这样的：

```
expression : mult_exp ( ('+' | '-') mult_exp )* ;

mult_exp : power_exp ( ('*' | '/') power_exp )* ;
```

这里看到的是左结合运算符的模式。规则体先引用了下一个最低优先级规则，然后是由运算符和右侧元素组成的重复组。在整个规则体中，我只引用了下一个最低优先级规则，而不会引用规则本身。

乘方运算符和开方运算符则给出了右结合运算符的模式。

```
power_exp : unary_exp ( ('**' | '//') power_exp )? ;
```

可以看出右结合运算符的模式和上面模式的差别。首先，右侧规则是对规则本身的递归引用，而不是对下一个较低优先级规则的引用。其次，它是一个可选组而不是重复组。递归可以让多个乘方表达式组合在一起，这样的右递归天生是右结合的。

一元表达式需要支持一个可选的负号。

```
unary_exp
  : '-' unary_exp
  | factor_exp
  ;
```

注意，在当前表达式存在符号（sign）（允许在同一表达式里存在多个负号（minus sign）），而下一个较低优先级表达式中不存在符号（避免左递归）的时候，我是如何使用递归的。

现在我们来看最低级规则，语言中的原子（这个例子里是数字）和括号。

```
factor_exp : NUMBER | par_exp ;

par_exp : '(' expression ')' ;
```

括号表达式引入了深层的递归，因为它又引用了顶级的 expression。

（ANTLR 有一个特别需要注意的地方：如果文法只有这些规则，而没有未被其他规则调用的顶级规则，那么 ANTLR 将抛出错误消息"no start rule"。所以你必须添加像 prog : expression;这样的部分）。

正如所见，这个文法比自底向上的例子要复杂得多。你花费了很多时间来处理语法分析器生成器（第 23 章）的问题，而不是表达意图。最终产生的文法很扭曲，这也是很多人倾向使用自底向上的语法分析器生成器的原因。自顶向下的语法分析支持者则会说，只有对于嵌套表达式，才会有如此扭曲的文法，而与自底向上的语法分析器带来的问题相比，这是值得的。

而由这样扭曲的文法带来的另一个问题是生成的语法分析树也会变得很复杂。你可能希望 1 + 2 的语法分析树看起来是这个样子：

```
+
  1
  2
```

但其实它的结果是：

```
+
  mult_exp
    power_exp
      unary_exp
        factor_exp
          1
  mult_exp
    power_exp
      unary_exp
        factor_exp
          2
```

运算符优先级的所有文法规则为语法分析树增添了很多混乱的节点。当然，实践上这并不是什么大问题，如果这些节点有用，那么你可以编写代码来处理它们，但是有时它们很恼人。

我刚刚展示的文法仅仅是纯文法，并不包含任何输出。在语法分析中产生输出会使文法产生更多的扭曲。为了重现计算器的内嵌解释（第 26 章），顶级文法规则是这个样子的：

```
expression returns [double result]
  : a=mult_exp {$result = $a.result;}
    ( '+' b=mult_exp {$result += $b.result;}
    | '-' b=mult_exp {$result -= $b.result;}
    )*
  ;
```

这个例子里行为代码和文法的交互更加复杂，我通常不喜欢这么复杂的交互。由于文法规则中可以有任意多项（如 1 + 2 + 3 + 4），因此我需要在表达式的起始处声明一个累积变量，并在重复组内计算累积值。此外，我需要根据加号或减号分别做一些不同的事情，所以我要把规则分支展开，也就是将 ('+'|'-') mult_exp 变为 ('+' mult_exp | '-' mult_exp)。这引入了一些重复，但是实际上一旦对文法进行一些处理时都会如此。树构造（第 24 章）可以缓解这个问题，不过即便如此，你可能还是会需要展开规则分支，例如，你希望为加号和减号返回不同类型的节点。

上面的例子都是用 ANTLR 来实现的，因为这是你最有可能使用的自顶向下语法分析器。不同的自顶向下语法分析器可能会带来不同的问题和解决方案。通常它们会有相关文档来描述左递归问题。

29.2　使用时机

　　正如我之前所说的，嵌套运算符表达式并不像我通常所描述的模式，如果我是一个更优秀的作者，我可能会写一些更合适的东西而不是仅此一章。因此，本节只是为了和其他章节保持一致，这不太符合我的风格。

第 *30* 章

换行分隔符（Newline Separator）

使用换行符作为语句的分隔符。

```
first statement
second statement
third statement
```

30.1　运行机制

使用换行符来标记语句的结束是编程语言共有的特性。这与分隔符制导翻译（第 17 章）也结合得很好，因为换行符主要用来分隔输入。所以我不需要做更多的说明了。

但是在使用语法制导翻译（第 18 章）时，换行分隔符会引入许多小陷阱而使人犯错。在本节中我将讨论其中的一部分。

（当然，换行符也可以具有语法上的意义，而不仅仅是作为语句分隔符——但是我还没有讲到这点。）

换行分隔符和语法制导翻译结合得不那么顺畅，是因为换行符作为分隔符来使用的时候通常扮演两个角色。除语法上的角色外，它还因能提供垂直方向上的空间而扮演着格式化的角色。因此，它可以出现在你不希望出现语句分隔符的空白处。

下面是一个使用行结束符作为分隔符的典型文法：

```
catalog   : statement*;
statement : 'item' ID EOL;

EOL : '\r'? '\n';
ID  : ('a'..'z' | 'A'..'Z' | '0'..'9' | '_' )+;
WS  : ( ' ' |'\t' )+ {$channel = HIDDEN;} ;
```

　　这个文法捕获了一个简单的条目列表，其中每一行是一个条目，其由关键字 item 开始，后跟这个条目的标识符。这是一个非常简单的文法，我用它作为语法分析的入门示例。虽然这个文法简单明了（只有关键字、标识符和换行符），但是仍然有很多常见的陷阱：

- 语句间的空行；
- 第一条语句前的空行；
- 最后一条语句后的空行；
- 最后一行的最后一条语句没有行结束符。

　　前 3 点都是由空行引起的，但是在文法中它们可能需要以不同的方式进行处理，所以都应该进行测试。虽然我在下面会给出这些问题的解决方案，但是编写良好的测试来确保覆盖这些场景仍然是十分重要的。

　　对于处理空行有一个有效的办法，就是使用"语句结束规则"（end-of-statement rule）来匹配多个换行。这个规则的逻辑位置在词法分析器里，因为它是一条正则的规则（这里我用的是"正则"这个术语在语言理论中的含义，意味着我可以用正则表达式与其匹配）。而最后一种情况（文件最后一行的语句缺少行结束符）更复杂。为了解决这个问题，需要在词法分析器里匹配文件结束符（end-of-file character，EOF），但对于一些语法分析器生成器（第 23 章），这是做不到的。因此，在 ANTLR 中，我需要在语法分析器的文法中引入一条"语句结束规则"。

```
catalog     : verticalSpace statement*;
statement   : 'item' ID eos;
verticalSpace : EOL*;
eos : EOL+ | EOF;
```

　　最后一行缺少行结束符通常难以处理，究竟有多难处理取决于语法分析器生成器处理文件结束符的方式。ANTLR 将它作为一个记号传递给语法分析器，所以我可以在语法分析器规则（而不是词法分析器规则）中匹配它。而用其他工具匹配文件结束符是很难的，甚至是不可能的。有一种办法是强制必须有行结束符（end-of-line）。这可以通过词法分析器（如果可能的话）或词法分析前的预处理（prelexing）来完成。强制要求最后必须有行结束符有助于避免那些难以处理的例外情况。

　　另一种处理语句终止符的办法是将它们看作分隔符而不是终止符。这同样可以避免最后缺少终止符的问题。采用这种方法，规则将变成以下形式：

```
catalog : verticalSpace statement (separator statement)* verticalSpace;
statement : 'item' ID;
separator : EOL+;
verticalSpace : EOL*;
```

　　我倾向于以上这种方法。如果不想定义额外的 verticalSpace 规则，可以使用"separator?"来替代。

　　第三种办法是将语句体作为目录中每一行的可选元素。

```
catalog : line* ;
line : EOL | statement EOF | statement EOL;
statement : 'item' ID;
```

这条规则需要通过显式地匹配文件结束符来处理最后缺少行结束符的情况。如果无法匹配文件结束符，就需要下面这样的规则：

```
catalog : line* statement?;
line : statement? EOL;
statement : 'item' ID;
```

虽然读起来不够清晰，但是它不需要匹配文件结束符。

与换行分隔符相关的另一种可能会带来麻烦的情况是注释。能够匹配行结束符的注释是很有用的。忽略换行符时，很容易通过这种方法匹配注释，因为这样可以将换行符吞没（尽管当最后一行是注释并且没有行结束符时，仍然可能出现问题）。不过，在使用换行分隔符的时候，吞没换行符可能会成为问题，因为注释常常出现在语句末尾：

```
item laser # 注释
```

如果注释匹配吞没了换行符，那么也会丢失语句终止符。

对于这类问题，通过使用下面这样的表达式通常很容易避免：

```
COMMENT : '#' ~'\n'* {skip();};
```

对应的正则表达式是这样的：

```
Comment = #[^\n]*
```

最后一个需要考虑的问题是，在行过长的时候应该提供某种形式的续行符。这个问题通过下面这样的词法分析器规则很容易处理：

```
CONTINUATION : '&' WS* EOL {skip();};
```

30.2 使用时机

当决定使用换行分隔符时，其实决定了两件事：决定语句具有分隔符，并决定使用换行符作为分隔符。

由于 DSL 的结构通常比较简单，即使你不使用语句分隔符，语法分析器通常也可以根据你使用的各种关键词分析出语法分析的上下文信息。例如，在格兰特女士的控制器的入门示例中所使用的文法就没有使用任何分隔符，但是仍然可以很容易地进行语法分析。

语句分隔符可以使定位和查找错误变得更容易。为了定位错误，语法分析器通常需要一些检查点标记来指明错误可能在哪里。如果没有检查点，语法分析器就可能直到错过好几行后才发现脚本的某一行中的错误，从而使错误消息变得混乱。语句分隔符可以很好地扮演检查点这个角色（这并不是检查点的唯一实现方法，关键词通常也可以）。

如果决定使用语句分隔符，可以在两种方式间进行选择：可见的字符（如分号）和换行符。使用换行符的好处是，在大多数情况下，每行只有一条语句，因此使用换行符不会给 DSL 带来语法上的噪声。这对于非程序员是非常有价值的，当然，很多程序员（包括我自己）也倾向于使用换行分隔符。使用换行分隔符的缺点是，使语法制导翻译（第 18 章）变得更困难，你必须使用本章讨论过的那些技术加以解决。还需要确保测试已覆盖那些常见的问题。但总体而言，我仍然倾向于使用换行符而不是可见的语句分隔符。

第*31*章

外部 DSL 拾遗

在撰写本章的时候，我非常清楚自己在本书上花了多少时间。正如编写软件一样，在某个时点你需要缩减需求范围以交付软件，写书也是如此，虽然所涉及的范围存在某些差别。

在撰写外部 DSL 的时候，这种权衡尤其明显。有太多的主题值得进一步研究和大书特书，而且是有趣的主题，对于本书的读者可能很有用。但是每个主题都需要投入时间去研究，因此可能延误本书的出版，所以我觉得我应该先把它们放到一边。尽管如此，我还是要把一些虽不完整，但有望有用的观点收入本章。（拾遗，毕竟只是给大杂烩赋予的一个好听的名字而已。）

记住，我这里的观点与本书的其他大多数材料相比较为初步。顾名思义，这都是一些我没有做好充分准备但值得郑重其事介绍的主题。

31.1 语法缩进

很多语言中的元素存在很明显的层级结构。这种结构通常编码为某种嵌套的块。所以我们也许可以用下面的语法来描述一个自行车分类结构示例：

```
bicycle{
  track bicycle
  mountain bike
  road bicycle {
    touring bicycle
    off-road bicycle
    #...
  }
  #...
}
```

这个例子展示了各类程序员演示他们所编写的程序的结构层级的通用方法。关于结构的语法信息包含在分隔符（在上面的例子中是大括号）之间。然而，当读取这个结构的时候，你会在格式上面投入更高的关注度。我们读到的主要结构形式是缩进，而不是花括号。假设我像下面这样格式化上面的代码：

```
bicycle {
  track bicycle
  mountain bike
road bicycle {
  touring bicycle
  off-road bicycle
  }
}
```

这里的缩进就存在误导性，因为它与花括号所表示的实际结构并不吻合。因为我们中的大多数人是基于缩进来读结构的，所以有一个论点是，我们应该使用缩进来真正地展示结构。在这种情形下，我可以像下面这样描述自行车分类结构：

```
bicycle
  track bicycle
  mountain bike
  road bicycle
    touring bicycle
    off-road bicycle
```

在这种方式下，缩进所定义的结构和我们看到的是一样的。这种方式在 Python 编程语言里的应用最为人熟知，它也被 YAML 所采用，YAML 是一种描述数据结构的语言。

从实用性的角度出发，语法缩进的最大优势在于其定义与所见总是保持一致的——你不会因为修改了格式却没有修改真正的结构而让自己迷惑不解。（提供了自动格式化的文本编辑器失去了这个优势，但是 DSL 很可能没有提供这种支持。）

如果使用语法缩进，要小心制表符（tab）与空格（space）之间的相互影响。因为制表符的宽度因文本编辑器的设置不同而不同，在一个文件里面混用制表符与空格可能会导致无穷无尽的混乱。我推荐在所有有语法缩进的语言里遵循 YAML 的方式，杜绝使用制表符。因为不能使用制表符所带来的不便之处将会比你所避免的混乱少很多。

语法缩进用起来非常方便，但是给语法分析带来了一些实际的困难。我曾经读过 Python 与 YAML 的语法分析器实现，看到了语法缩进所导致的大量复杂性。

我看到的语法分析器是在词法分析器里处理语法缩进，因为词法分析器是处理字符的**语法制导翻译**（第 18 章）系统的一部分。（分隔符制导翻译（第 17 章）可能不是一个好的处理语法缩进的模式，因为语法缩进都是关于块结构的，而分隔符制导翻译在这方面有问题。）

一个通用（而且我认为有效）的策略是，使用词法分析器在检测到缩进有变化时输出特殊的"缩进"和"顶格"记号给语法分析器。使用这些虚构的记号让你可以使用处理块的普通技巧来编写语法分析器——只需使用"缩进"与"顶格"，而不是{和}。然而，在传统的词法分析器里这样做比较难，甚至不可能。检测缩进的变化不是设计词法分析器的出发点，它们通常也不是设计用来输出虚构的、不与输入文本中的特定字符相对应的记号。这样做的结果是，你可能最终不得不编写一个特定的词法分析器。（尽管 ANTLR 可以做到这些，但是可以去看看 Parr 对处理 Python 的建议[parr-antlr]。）

另一个似乎合理的方式（我肯定倾向于尝试）是在输入文本遇到词法分析器之前进行预处理。这个预处理只关注识别缩进的变化，当发现缩进有变化的时候就向文本中插入特殊的文本标记。这些文本标记接下来可以被词法分析器用通常的方式识别出来。你需要选择不会与语言中的其他东西相冲突的标记。你也必须考虑这会如何妨碍诊断器告诉你行号与列号。但是这种方式会极大地简化语法缩进的词法分析。

31.2 模块化文法

对 DSL 的限制越多，它们就会越好。有限的表达性使它们易于理解、使用和处理。DSL 的最大的风险之一是意欲添加过多的表达性——导致落入语言的陷阱，在不经意间就变成了通用型语言。

为了避免落入这个陷阱，能够将独立的 DSL 组合在一起是非常有用的。要做到这一点，需要对不同的部分独立地进行语法分析。如果你使用语法制导翻译（第 18 章），这意味着为不同的 DSL 使用单独的文法，但又能够将这些文法织入一个单一的整体语法分析器。你希望能够从文法中引用其他文法，因此如果被引用的文法修改了，你不需要修改你自己的文法。模块化文法可以让你使用可复用的文法，就像我们当前使用可复用的库一样。

模块化文法虽然对 DSL 很有用，但在语言世界中并不属于很好理解的领域。一些人正在深入研究这个主题，但在我撰写本书的时候，尚无成熟的结果。

大多数语法分析器生成器（第 23 章）使用了单独的词法分析器，进一步让模块化文法的使用变得复杂，因为不同的文法通常需要与其父文法不同的词法分析器。你可以通过使用可变分词方式（第 28 章）避开这个问题，但那样会给子文法适配其父文法增加约束。目前，一个越来越广泛的趋势是无扫描器的语法分析器——不将词法分析与语法分析分离——或许更适合于模块化文法。

目前，最简单的处理单独语言的方式是将它们视为外来代码（第 27 章），将子语言的文本抽离到缓冲区中，然后单独对缓冲区进行语法分析。

第四部分　内部 DSL 主题

第**32**章

表达式构建器（Expression Builder）

基于通常的命令查询 API 提供连贯接口的一个或者一组对象。

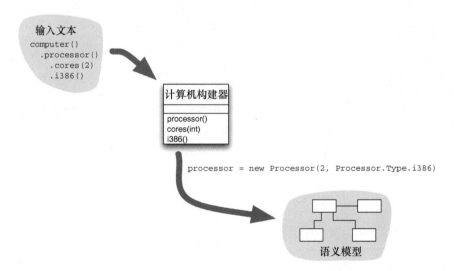

API 通常被设计为对象上的一组独立的方法，理想情况下你不需要了解其他方法就可以理解每一个方法。我把这种风格的 API 称为**命令查询 API**（command-query API），它们是如此常见，以至于没有通用的名称。而 DSL 需要另一种风格的 API，我称其为**连贯接口**（fluent interface）。连贯接口的设计目的是追求整个表达式的可读性。连贯接口使每个方法不再具有各自的含义，而这恰恰违反了命令查询 API 的规则。

表达式构建器在常规 API 之上提供一个单独的连贯接口层，这种方法让我们可以将命令查询 API 和连贯接口清晰地隔离开，使它们更容易被理解。

32.1　运行机制

　　表达式构建器是一个对象，它提供一个连贯接口，并将对连贯接口的调用翻译为对底层命令查询 API 的调用。可以把它想象成一个从连贯接口到命令查询 API 的翻译层。表达式构建器通常使用组合[GoF]模式，即通过一组子表达式构建器在整个子句内构建子表达式。

　　如何组织表达式构建器很大程度上取决于你需要处理的子句的种类。如果采用方法级联（第 35 章），那么其表现形式就是一系列返回表达式构建器的方法调用；如果采用嵌套函数（第 34 章），那么可以用超类或者一组全局函数作为表达式构建器。因此，我无法在这里给出关于表达式构建器的通用规则，读者需要参考其他内部 DSL 模式中所展示的不同种类的表达式构建器。在这里我只简要介绍一些我认为可以帮助读者更好地组织表达式构建器层的通用指南。

　　一个最值得注意的问题是：应该为整个 DSL 提供单个表达式构建器对象，还是为 DSL 的不同部分提供多个不同的表达式构建器。多个表达式构建器通常会形成一个树结构，它实际上就是 DSL 的语法树。DSL 越复杂，表达式构建器树的价值就越高。

　　要获得一组分离得比较清晰的表达式构建器，最有用的技巧之一就是确保你有一个定义良好的语义模型（第 11 章）。语义模型应该包含一组定义有命令查询接口的对象，你可以不借助任何连贯构造对它们进行操作。你可以通过是否可以在不使用任何 DSL 的情况下，为你的语义模型编写测试来验证这一点。但是也不要过分拘泥于这个规则，毕竟内部 DSL 的整体目标就是简化对这些对象的访问。因此，通常情况下，在测试中操作这些对象时使用 DSL 比使用命令查询接口要容易得多。但是我通常仍然会保留一些只使用命令查询接口的测试。

　　然后表达式构建器就可以用在这些模型对象上了。你可以通过直接调用语义模型的命令查询 API 来对比表达式构建器操作语义模型对象后的结果的方式，对表达式构建器进行测试。

32.2　使用时机

　　我将表达式构建器视作一种默认模式，总是尽可能多地使用它，除非有很好的理由不这么做。

　　这当然会引发这样一个问题：什么时候不应该使用表达式构建器？

　　使用表达式构建器的另一种方案是，将连贯方法定义在语义模型（第 11 章）上。但是我不喜欢这么做，因为这会使构建语义模型的 API 和运行语义模型的方法混合在一起，而通常这两者不该有什么关联。要理解语义模型的执行逻辑通常并不容易，特别是如果它用于表示一个备选计算模型的话。而连贯接口则有它自身的逻辑来保持连贯性。所以我倾向于使用表达式构建器的理由就是不想将不同的关注点混杂在一起。如果我们将构建逻辑和执行逻辑分离开来，就会使它们更容易被理解。

另一个将它们分离的原因是连贯接口并不常见。如果将连贯方法和命令查询方法放在同一个类中，那么同一个 API 就会出现两种不同的表示方式。但事实上，连贯接口很少见，因此开发人员并不太熟悉它们，这就使情况变得更糟。

在我看到的不使用表达式构建器的最有力的论据是，如果语义模型上的执行逻辑足够简单，那么将执行逻辑混入构建逻辑并不会增加复杂度。

然而，把这两者混在一起的情况非常常见。对于出现这种情况的原因，一方面是有些人对表达式构建器并不了解，另一方面是大家觉得不值得为表达式构建器专门添加一些额外的类。与使用一个大的类相比，我个人倾向于使用多个拆分得更小的类，所以我的软件设计哲学促使我使用表达式构建器。

32.3　用构建器和不用构建器的连贯接口日程表（Java）

为了展示表达式构建器的工作方式，我将通过用构建器和不用构建器这两种方式来构建日程表。实质上，我是想通过下面的 DSL 向日程表中添加事件：

```
cal = new Calendar();
cal.add("DSL tutorial")
  .on(2009, 11, 8)
  .from("09:00")
  .to("16:00")
  .at ("Aarhus Music Hall")
  ;

cal.add("Making use of Patterns")
  .on(2009, 10, 5)
  .from("14:15")
  .to("15:45")
  .at("Aarhus Music Hall")
  ;
```

为此，我为日程表类和事件类创建了连贯接口。

```
class Calendar...
  private List<Event> events = new ArrayList<Event>();
  public Event add(String name) {
    Event newEvent = new Event(name);
    events.add(newEvent);
    return newEvent;
  }

class Event...
  private String name, location;
  private LocalDate date;
  private LocalTime startTime, endTime;

  public Event(String name) {
    this.name = name;
  }
  public Event on(int year, int month, int day) {
    this.date = new LocalDate(year, month, day);
```

```
      return this;
    }
    public Event from (String startTime) {
      this.startTime =parseTime(startTime);
      return this;
    }
    public Event to (String endTime) {
      this.endTime = parseTime(endTime);
      return this;
    }
    private LocalTime parseTime(String time) {
      final DateTimeFormatter fmt = ISODateTimeFormat.hourMinute();
      return new LocalTime(fmt.parseDateTime(time));
    }
    public Event at(String location) {
      this.location = location;
      return this;
    }
```

（Java 中内置的处理日期和时间的类糟糕透了，所以我使用了可用性更好的 JodaTime。）

对创建这些对象而言这个接口还不错，但是这种接口风格与大多数人所期待的对象的接口风格有所不同。这些方法和 getStartTime() 或 contains(LocalDateTime) 方法放在一起看起来就显得有些奇怪。特别是当你希望别人能在 DSL 上下文之外修改事件的时候，情况会变得更糟。所以在这种情况下，你需要提供常规的命令查询式的修改方法，如 setStartTime。（显然，在连贯接口的上下文之外使用连贯接口会让代码变得难以阅读。）

使用表达式构建器的基本思路是，把这些连贯方法移到一个单独的构建器类中，这个类使用领域类上的常规命令查询方法。

```
class CalendarBuilder...
  private Calendar content = new Calendar();

  public CalendarBuilder add(String name) {
    content.addEvent(new Event());
    getCurrentEvent().setName(name);
    return this;
  }
  private Event getCurrentEvent() {
    return content.getEvents().get(content.getEvents().size() - 1);
  }
  public CalendarBuilder on(int year, int month, int day) {
    getCurrentEvent().setDate(new LocalDate(year, month, day));
    return this;
  }
  public CalendarBuilder from(String startTime) {
    getCurrentEvent().setStartTime(parseTime(startTime));
    return this;
  }
  public CalendarBuilder to(String startTime) {
    getCurrentEvent().setEndTime(parseTime(startTime));
    return this;
  }
  private LocalTime parseTime(String startTime) {
    final DateTimeFormatter fmt = ISODateTimeFormat.hourMinute();
    return new LocalTime(fmt.parseDateTime(startTime));
  }
  public CalendarBuilder at (String location) {
```

```
      getCurrentEvent().setLocation(location);
      return this;
   }
```

这让 DSL 的用法变得有些不同了。

```
CalendarBuilder builder = new CalendarBuilder();
builder
  .add("DSL tutorial")
    .on  (2009, 11, 8)
    .from("09:00")
    .to  ("16:00")
    .at  ("Aarhus Music Hall")
  .add("Making use of Patterns")
    .on  (2009, 10, 5)
    .from("14:15")
    .to  ("15:45")
    .at  ("Aarhus Music Hall")
  ;
calendar = builder.getContent();

class CalendarBuilder...
  public Calendar getContent() {
     return content;
  }
```

32.4 对日程表使用多个构建器 (Java)

对上面的日程表例子使用多个构建器之后，我们就得到了下面这个极其简单的版本，这里我们假设日程表中的事件是不可变的，它的所有数据都必须在构造函数中创建。这个限制条件虽然有些牵强，但是可以使我不用再花时间来编写另一个例子了。

这样一来，我需要在构建连贯表达式的过程中捕获事件所需的数据。虽然我可以在日程表的构建器中用一些字段来保存这些数据（如 `currentEventStartTime`），但是用一个事件构建器来完成这件事会更好，特别是使用构造型构建器（第 14 章）。

DSL 脚本看起来跟使用单个对象构建器的时候并没有什么区别。

```
CalendarBuilder builder = new CalendarBuilder();
builder
  .add("DSL tutorial")
    .on  (2009, 11, 8)
    .from("09:00")
    .to  ("16:00")
    .at  ("Aarhus Music Hall")
  .add("Making use of Patterns")
    .on  (2009, 10, 5)
    .from("14:15")
    .to  ("15:45")
    .at  ("Aarhus Music Hall")
    ;
calendar = builder.getContent();
```

日程表构建器跟之前却不太一样了，因为它现在保存了一组事件构建器，而 add 方法则会返回一个新的事件构建器。

```
class CalendarBuilder...
  private List<EventBuilder> events = new ArrayList<EventBuilder>();

  public EventBuilder add(String name) {
    EventBuilder child = new EventBuilder(this);
    events.add(child);
    child.setName(name);
    return child;
  }
```

事件构建器通过连贯接口捕获与事件有关的数据，并保存在其自身的字段中。

```
class EventBuilder...
  private CalendarBuilder parent;

  private String name, location;
  private LocalDate date;
  private LocalTime startTime, endTime;

  public EventBuilder(CalendarBuilder parent) {
    this.parent = parent;
  }
  public void setName(String arg) {
    name = arg;
  }
  public EventBuilder on(int year, int month, int day) {
    date = new LocalDate(year, month, day);
    return this;
  }
  public EventBuilder from(String startTime) {
    this.startTime = parseTime(startTime);
    return this;
  }
  public EventBuilder to(String endTime) {
    this.endTime = parseTime(endTime);
    return this;
  }
  private LocalTime parseTime(String startTime) {
    final DateTimeFormatter fmt = ISODateTimeFormat.hourMinute();
    return new LocalTime(fmt.parseDateTime(startTime));
  }
  public EventBuilder at (String location) {
    this.location = location;
    return this;
  }
```

add 方法指明了下一个事件的标点符号。因为事件构建器将会接收这个调用，所以它需要一个方法，将其委托给它的父构建器以创建新的事件构建器。

```
class EventBuilder...
  public EventBuilder add(String name) {
    return parent.add(name);
  }
```

当我们尝试从构建器对象中获取其内容时，构建器将创建一个结构完整的语义模型（第11 章）对象。

```
class CalendarBuilder...
  public Calendar getContent() {
    Calendar result = new Calendar();
    for (EventBuilder e : events)
      result.addEvent(e.getContent());
    return result;
  }
class EventBuilder...
  public Event getContent() {
    return new Event(name, location, date, startTime, endTime);
  }
```

　　如果使用 Java，我们可以将子构建器定义成父构建器的内部类，这样就不需要在子构建器中保留父构建器字段了。（在本书的例子中，我没有使用这种做法，因为我觉得对一本使用多语言的书来说，这样做有点儿过于深入 Java 的特性了。）

第 33 章

函数序列（Function Sequence）

将函数调用组合成语句的序列。

```
computer();
  processor();
    cores(2);
    speed(2500);
    i386();
  disk();
    size(150);
  disk();
    size(75);
    speed(7200);
    sata();
```

33.1　运行机制

　　函数序列将产生一系列的函数调用。除了按照时间顺序排列，这些调用之间没有任何关联，最重要的是它们没有数据上的关联。因此，需要通过传递正在进行语法分析的数据来实现调用间的关系。所以，在大量使用函数序列时，通常意味着还会使用很多上下文变量（第 13 章）。

　　为了使函数序列更易读，你通常希望使用裸函数调用。如果所用的语言允许，最显而易见的做法是使用全局函数调用。但是这样做有两个缺点：对数据进行静态的语法分析以及这些函数必须是全局的。

　　全局函数的问题在于它在任何地方都是可见的。如果你所用的语言支持某种命名空间构造，那么你可以（也应该）使用它，从而将这些函数调用的作用域缩小到仅为表达式构建器（第 32 章）可见。Java 中的静态导入就是这样一种机制。而如果你的语言完全不支持全局函数机制（例如，C#和 1.5 版本前的 Java），那么就需要使用显式的类方法来处理这些调用。这通常会给 DSL 添加一些噪声。

　　虽然全局函数的最明显的问题是全局可见性，但是最恼人的问题在于它会强迫你使用静态数据。静态数据常常是一个问题，因为无法完全确定谁在使用它，特别是在多线程的环境中。

这个问题对函数序列尤其不利，因为需要很多上下文变量才能使其正常工作。

能够同时解决全局可见函数和对数据进行静态语法分析的一个不错的方案是使用对象作用域（第 36 章）。通过这种方式，可以自然地以面向对象的方式将各函数放到类中，并将对数据的语法分析置于其对象中。因此，除少数非常简单的情况之外，我建议结合对象作用域来使用函数序列。

33.2　使用时机

总体而言，函数序列是 DSL 中用处最少的组合使用函数调用的方式。使用上下文变量（第 13 章）来追踪在语法分析中的位置总是很麻烦的，这将导致代码难以理解且容易出错。

尽管如此，有些时候你还是需要使用函数序列的。例如，DSL 包含多条顶层语句，而你仅仅需要最终结果的列表和一个上下文变量来对数据进行追踪，那么将这些语句组合成函数序列就是一个可行的方案。在语言的顶层或者嵌套闭包（第 38 章）的顶层中使用函数序列是一个合理的选择。当然，如果在顶层语句的下层，那么你可能需要嵌套函数（第 34 章）和方法级联（第 35 章）来生成表达式。

也许使用函数序列的最主要的原因是，你的 DSL 总可以从函数序列开始，哪怕序列中只有一个调用。这是因为其他所有的函数调用技术都需要某种上下文，而函数序列则不用。当然你可以质疑，难道只有一个调用的时候也能被称作序列吗？但是我觉得这么考虑它非常符合我的思维框架。

简单的函数序列可以是一个由不同元素组成的列表，因此也可以使用字面量列表（第 39 章）作为它的一个替代方案。

33.3　简单的计算机配置范例（Java）

下面是一个使用函数序列的计算机配置 DSL 范例：

```
computer();
  processor();
    cores(2);
    speed(2500);
    i386();
  disk();
    size(150);
  disk();
    size(75);
    speed(7200);
    sata();
```

虽然我在代码中使用了缩进来展示配置的结构，不过对空白符的使用是任意的。这段脚本只是函数调用序列,调用之间没有更深层的关系。所有深层关系都是完全通过上下文变量(第 13 章)来实现的。

函数序列使用顶级函数调用,我必须用某种方式去解析。我可以使用静态方法和全局状态,但是我觉得这会冒犯你的设计品位,所以我使用了对象作用域(第 36 章),这意味着整个 DSL 脚本必须保存在 `ComputerBuilder` 的子类中,但我觉得,为了避免使用全局状态,这样做还是值得的。

构建器包含两种类型的数据,即正在构建的处理器和磁盘的内容,以及指示当前工作内容的上下文变量。

```
class ComputerBuilder...
  private ProcessorBuilder processor;
  private List<DiskBuilder> disks = new ArrayList<DiskBuilder>();

  private ProcessorBuilder currentProcessor;
  private DiskBuilder currentDisk;
```

这里我使用了构造型构建器(第 14 章)来捕获数据,并通过它来构建(不可变的)语义模型(第 11 章)对象。

调用 `computer()` 方法将清除上下文变量。

```
class ComputerBuilder...
  void computer() {
    currentDisk = null;
    currentProcessor = null;
  }
```

调用 `processor()` 和 `disk()` 可以创建收集数据的子构建器,并设置上下文变量来追踪目前构建器构建的对象。

```
class ComputerBuilder...
  void processor() {
    currentProcessor = new ProcessorBuilder();
    processor = currentProcessor;
    currentDisk = null;
  }
  void disk() {
    currentDisk = new DiskBuilder();
    disks.add(currentDisk);
    currentProcessor = null;
  }
```

然后我可以捕获数据并放入合适的源。

```
class ComputerBuilder...
  void cores(int arg) {
    currentProcessor.cores = arg;
  }
  void i386() {
    currentProcessor.type = Processor.Type.i386;
  }
  void size(int arg) {
```

```
      currentDisk.size = arg;
    }
    void sata() {
      currentDisk.iface = Disk.Interface.SATA;
    }
```

设置速度的方法有一点复杂，因为它既可能是处理器速度也可能是硬盘速度，需要根据上下文来判断。

```
class ComputerBuilder...
  void speed(int arg) {
    if (currentProcessor != null)
      currentProcessor.speed = arg;
    else if (currentDisk != null)
      currentDisk.speed = arg;
    else throw new IllegalStateException();
  }
```

当构建器完成了构建，它将返回语义模型。

```
class ComputerBuilder...
  Computer getValue() {
    return new Computer(processor.getValue(), getDiskValues());
  }
  private Disk[] getDiskValues() {
    Disk[] result = new Disk[disks.size()];
    for(int i = 0; i < disks.size(); i++)
      result[i] = disks.get(i).getValue();
    return result;
  }
```

为了将所有这些与脚本连接起来，我需要将脚本包装进 `ComputerBuilder` 的一个子类。

```
class ComputerBuilder...
  public Computer run() {
    build();
    return getValue();
  }
  abstract protected void build();

public class Script extends ComputerBuilder {
  protected void build() {
    computer();
      processor();
        cores(2);
        speed(2500);
        i386();
      disk();
        size(150);
      disk();
        size(75);
        speed(7200);
        sata();
  }
}
```

第 *34* 章

嵌套函数（Nested Function）

通过将函数调用嵌套为其他调用的参数来组合函数。

```
computer(
  processor(
    cores(2),
    speed(2500),
    i386
  ),
  disk(
    size(150)
  ),
  disk(
    size(75),
    speed(7200),
    SATA
  )
);
```

34.1 运行机制

通过将一条 DSL 子句表示成一个嵌套函数，可以以一种与宿主语言镜像的方式，反映该 DSL 的层级性质，而不仅仅是一种格式化约定。

嵌套函数的一个显著特征是其会影响其参数的求值顺序。函数序列（第 33 章）和方法级联（第 35 章）都是以从左到右的顺序对函数求值。而嵌套函数会在对外围函数本身求值之前，首先对该函数的参数求值。我发现这一点在 "Old MacDonald" 例子里表现得尤为突出：为了合唱，你输入 o(i(e(i(e())))) 这样的函数嵌套。这种求值顺序既会影响到如何使用嵌套函数，也会影响到何时选择它而不是其他选项。

最后对外围函数求值时就会很方便，因为它提供了一个内置的上下文来处理参数。考虑一个计算机处理器配置的定义：

```
processor(cores(2), speed(2500),i386())
```

这样 `processor` 函数就可以把作为参数的函数返回的完整值组装到它的返回值里。因为 `processor` 函数是最后才求值的，所以我们不需要担心方法级联的停止问题，也不需要函数序列所必需的上下文变量（第 13 章）。

如果文法中的元素是强制性的，那么对于 `parent ::= first second` 这样的代码，嵌套函数工作得尤其好。父函数可以用子函数准确地定义所需的参数，而且通过静态类型语言，还可以定义返回类型，这样就可以让 IDE 支持自动补全功能。

函数参数的问题之一是如何对其进行标记，以使其可读。考虑显示磁盘的大小和速度。按照自然的方式，可以这样编程：`disk(150, 7200)`。但这并不容易读懂，因为没有指明数字代表什么意思，除非用的是带有关键字参数的语言。解决这个问题的办法是使用一个包装函数，它的作用仅仅是为参数提供一个名字：`disk(size(150),speed(7200))`。包装函数的最简单形式是，仅将参数值原样返回，这是一种纯语法糖。这也意味着这些函数的含义并没有得到保证，像 `disk(speed(7200),size(150))` 这样的错误调用很可能导致磁盘的运行速度非常慢。你可以通过让嵌套函数返回中间数据来避免这种问题的发生，这些中间数据如构建器或记号——尽管这意味着需要更多的工作量。

可选参数也可能产生问题。如果基础语言支持函数的缺省参数，可以把它们用作可选参数。如果没有这样的支持，方法之一就是为可选参数的每个组合定义不同的函数。如果你只需要处理几种情况，这样的工作很乏味但还算合理。随着可选参数的数量增加，乏味感也会增加（但合理性不会）。解决这个问题的办法是再次使用中间数据——记号可能是一个特别有效的选择。

如果你的语言支持，字面量映射（第 40 章）通常是一个帮你脱离这些困境的好办法。在这种情况下，你将获得正确的数据结构来处理这个问题。唯一的问题在于，类 C 的语言通常不支持字面量映射。

对于同一调用中有多个参数的情况，如果宿主语言能支持，可变参数是最好的选择。你也可以把它看作嵌套的字面量列表（第 39 章）。不同种类的多个参数最终会像可选参数那样产生同样的复杂性。

最糟糕的情况是像 `parent::= (this | that)*` 这样的文法。这里的问题在于，除非你有关键字参数，否则识别参数的唯一办法就是通过它们的位置和类型。这就使我们很难分辨出参数是哪个参数，而且如果 `this` 和 `that` 的类型相同，这种识别方法简直就是不可能的。一旦这种情况发生，将迫使你要么返回中间结果，要么使用上下文变量。在这里使用上下文变量尤其困难，因为父函数是在最后才执行求值的，你不得不使用语言中更大范围的上下文来正确设置上下文变量。

为了保持 DSL 的可读性，你通常会希望嵌套函数是裸函数调用。这意味着，你要么需要把它们变成全局函数，要么使用对象作用域（第 36 章）。因为全局函数会产生问题，所以如果可以，我通常会使用对象作用域。然而，在嵌套函数中全局函数的问题通常要小得多，因为全局函数的最大问题出在使用全局语法分析状态的时候。如果一个全局函数只是返回一个值，如 `DayOfWeek.MONDAY` 这样的静态方法，它就是一个不错的选择。

34.2　使用时机

嵌套函数的最大的优点也是缺点之一是求值的顺序。通过嵌套函数，参数的求值会在父函数之前进行（除非参数使用闭包（第 37 章））。这对于构建值的层级很有帮助，因为你可以从参数创建出由父函数组装的完整的模型对象。这样可以避免很多你在使用函数序列（第 33 章）和方法级联（第 35 章）时涉及的有关替换和中间数据的工作。

而另一方面，这样的求值顺序会引发关于命令序列的问题，从而导致 Old MacDonald 问题：o(i(e(i(e()))))这样的函数嵌套。因此，如果你想从左向右读取一个序列，那么使用函数序列或者方法级联通常是更好的选择。如果想精确控制对多个参数求值的时机，可以使用嵌套闭包（第 38 章）。

嵌套函数中的可选参数和多个不同的参数通常很棘手。嵌套函数非常期望你明确表示出你想要的，以及你期望的准确顺序，因此如果你需要更大的灵活性，你需要尝试方法级联或者字面量映射（第 40 章）。字面量映射通常是一个不错的选择，因为它一方面允许我们在调用父函数之前对参数进行排序，另一方面提供了参数的排序和可选性上的灵活性，尤其是对于哈希参数。

嵌套函数（第 34 章）的另一个缺点是它的标点符号，它通常依赖于括号的匹配以及把逗号放在正确位置。最糟糕的情况下，它看起来就像一个变形的 Lisp，带着所有的圆括号及其缺点。这对受众是程序员的 DSL 来说不是大问题，因为程序员对这些缺点都很熟悉。

命名冲突与函数序列相比也不是什么大麻烦，因为父函数提供了上下文来解释嵌套的函数调用。因此，你可以愉快地使用"speed"表示处理器速度和磁盘速度，只要类型兼容，就可以使用相同的函数。

34.3　简单的计算机配置示例（Java）

这个是描述简单的计算机配置的示例：

```
computer(
  processor(
    cores(2),
    speed(2500),
    i386
  ),
  disk(
    size(150)
  ),
  disk(
    size(75),
    speed(7200),
```

```
      SATA
    )
  );
```

在这个例子里，脚本中的每个子句返回一个语义模型（第 11 章）对象，所以我可以不需要上下文变量（第 13 章）而用嵌套的求值顺序来构建整个表达式。我们从底部开始，来看一下 processor 子句。

```
class Builder...
  static Processor processor(int cores, int speed, Processor.Type type) {
    return new Processor(cores, speed, type);
  }
  static int cores(int value) {
    return value;
  }
  static final Processor.Type i386 = Processor.Type.i386;
```

我把构建器的元素定义成构建器类上的静态方法和常量。通过 Java 的静态导入特性，我可以在脚本中通过裸调用来使用它们。（我们称它们为"静态导入"（static import），但必须用 import static 声明它们，对此是不是只有我一个人感到困惑？）

cores 方法和 speed 方法是纯语法糖——其存在只是为了提高可读性（特别是，如果你跳过了甜点）。我会开玩笑地把纯语法糖叫作"sucratic"[①]函数，尽管我有我创造新词的习惯，但这个称呼可能有点儿夸张了。在这个例子里，语法糖同时对表示磁盘速度也有帮助，当然如果它们需要不同的返回类型，这可能是一个问题，但在这个例子里不是。

disk 子句有两个可选参数。因为只有几个函数，所以我会在编写函数组合的时候打个盹儿。

```
class Builder...
  static Disk disk(int size, int speed, Disk.Interface iface) {
    return new Disk(size, speed, iface);
  }
  static Disk disk(int size) {
    return disk(size, Disk.UNKNOWN_SPEED, null);
  }
  static Disk disk(int size, int speed) {
    return disk(size, speed, null);
  }
  static Disk disk(int size, Disk.Interface iface) {
    return disk(size, Disk.UNKNOWN_SPEED, iface);
  }
```

对于顶层的 computer 子句，我用可变参数来处理多个磁盘。

```
class Builder...
  static Computer computer(Processor p, Disk... d) {
    return new Computer(p, d);
  }
```

通常我很喜欢用对象作用域（第 36 章）来避免在代码中到处乱用全局函数和上下文变量。然而，通过静态导入和嵌套函数，我可以使用静态元素而无须引入全局范围的垃圾。

[①] "sucratic"是作者自造的单词，为"sugar"（糖）和"socratic"（苏格拉底）组成的混合词（blend word）。——译者注

34.4 用记号处理多个不同的参数（C#）

使用嵌套函数的棘手之处之一是在当你有多个不同种类的参数时。假设有这样的语言来定义一个屏幕框的属性：

```
box(
  topBorder(2),
  bottomBorder(2),
  leftMargin(3),
  transparent
);
box(
  leftMargin(2),
  rightMargin(5)
);
```

在这种情况下，我们可以设置任意数量的各种各样的属性（property）。在声明属性时没有强制的顺序，所以 C#中（使用位置）识别参数的通用样式起不到什么作用。对于这个例子，我会尝试用记号来识别参数，以便将它们组合到结构中。

下面是目标模型对象：

```
class Box {
  public bool IsTransparent = false;
  public int[] Borders = { 1, 1, 1, 1 }; //TRouBLe - top right bottom left
  public int[] Margins = { 0, 0, 0, 0 }; //TRouBLe - top right bottom left
```

所包含的各种函数都返回记号数据类型，看起来像下面这样：

```
class BoxToken {
  public enum Types { TopBorder, BottomBorder, LeftMargin, RightMargin, Transparent }
  public readonly Types Type;
  public readonly Object Value;
  public BoxToken(Types type, Object value) {
    Type = type;
    Value = value;
  }
```

我正在使用对象作用域（第 36 章），并将 DSL 的子句定义为构建器超类型上的函数。

```
class Builder...
  protected BoxToken topBorder(int arg) {
    return new BoxToken(BoxToken.Types.TopBorder, arg);
  }
  protected BoxToken transparent {
    get {
      return new BoxToken(BoxToken.Types.Transparent, true);
    }
  }
```

这里我只演示了几个例子，但我确信你能够推演出剩下的会是什么样子。

现在父函数只是遍历参数结果，并最终组装出一个屏幕框。

```
class Builder...
  protected void box(params BoxToken[] args) {
    Box newBox = new Box();
    foreach (BoxToken t in args) updateAttribute(newBox, t);
    boxes.Add(newBox);
  }

  List<Box> boxes = new List<Box>();

  private void updateAttribute(Box box, BoxToken token) {
    switch (token.Type) {
      case BoxToken.Types.TopBorder:
        box.Borders[0] = (int)token.Value;
        break;
      case BoxToken.Types.BottomBorder:
        box.Borders[2] = (int)token.Value;
        break;
      case BoxToken.Types.LeftMargin:
        box.Margins[3] = (int)token.Value;
        break;
      case BoxToken.Types.RightMargin:
        box.Margins[1] = (int)token.Value;
        break;
      case BoxToken.Types.Transparent:
        box.IsTransparent = (bool)token.Value;
        break;
      default:
        throw new InvalidOperationException("Unreachable");
    }
  }
```

34.5 针对 IDE 支持使用子类型记号（Java）

大多数语言是通过参数位置来区分函数参数的，所以，在上面的例子中，我们可以用 disk(150,7200) 这样的函数来设置磁盘的大小和速度。这个裸函数的可读性不是很好，所以在上面的例子里，我使用简单的函数对数值进行了包装，从而得到 disk(size(150), speed(7200))。在更早的代码例子里，函数只返回它们的参数，这样做的目的在于可读性，但是不能防止有人错误输入 disk(speed(7200), size(150))。

就像屏幕框例子里那样，使用简单的记号提供了一种错误检查机制。通过返回[size, 150]这样的记号，你可以用记号类型来检查正确的参数是否出现在正确的位置上，或者使参数以任意顺序起作用。

错误检查是很棒，但在现代 IDE 支持的静态类型语言中，你会想要更多。你想要有自动补全弹出框，从而强制在磁盘速度前输入磁盘大小。通过使用子类型，你就可以做到这一点。

在上面的记号中，记号类型是记号的一个属性。另一种办法是为每个记号创建一个不同的子类型，然后我就可以在父函数定义中使用子类型。

下面是我打算支持的短脚本：

```
disk(
  size(150),
  speed(7200)
);
```

下面是目标模型对象：

```
public class Disk {
  private int size, speed;
  public Disk(int size, int speed) {
    this.size = size;
    this.speed = speed;
  }
  public int getSize() {
    return size;
  }
  public int getSpeed() {
    return speed;
  }
}
```

为了处理磁盘大小和磁盘速度，我创建一个通用的整数记号，它有针对两种子句的子类。

```
public class IntegerToken {
  private final int value;
  public IntegerToken(int value) {
    this.value = value;
  }
  public int getValue() {
    return value;
  }
}

public class SpeedToken extends IntegerToken {
  public SpeedToken(int value) {
    super(value);
  }
}

public class SizeToken extends IntegerToken {
  public SizeToken(int value) {
    super(value);
  }
}
```

然后我就可以通过正确的参数在构建器中定义静态函数。

```
class Builder...
  public static Disk disk(SizeToken size, SpeedToken speed){
    return new Disk(size.getValue(), speed.getValue());
  }
  public static SizeToken size (int arg) {
    return new SizeToken(arg);
  }
  public static SpeedToken speed (int arg) {
    return new SpeedToken(arg);
  }
```

这样设置完成后，IDE 就会在正确的位置提示输入正确的函数，如果有任何粗心大意的错误输入，我就会看见令人欣慰的红色波浪线标记。

（另一个添加静态类型的办法是使用泛型，但我希望将它作为练习留给读者。）

34.6　使用对象初始化器（C#）

如果你用的是 C#，那么处理纯数据层级结构的最自然方式是使用对象初始化器。

```
new Computer() {
  Processor = new Processor() {
    Cores = 2,
    Speed = 2500,
    Type = ProcessorType.i386
  },
  Disks = new List<Disk>() {
    new Disk() {
      Size = 150
    },
    new Disk() {
      Size = 75,
      Speed = 7200,
      Type = DiskType.SATA
    }
  }
};
```

这可以通过一组简单的模型类来实现。

```
class Computer {
  public Processor Processor { get; set; }
  public List<Disk> Disks { get; set; }
}

class Processor {
  public int Cores { get; set; }
  public int Speed { get; set; }
  public ProcessorType Type { get; set; }
}
public enum ProcessorType {i386, amd64}

class Disk {
  public int Speed { get; set; }
  public int Size { get; set; }
  public DiskType Type { get; set; }
}
public enum DiskType {SATA, IDE}
```

你可以把对象初始化器看作嵌套函数，它可以接受关键字参数（就像字面量映射（第 40章）一样），这些参数仅限于对象构造。你不能将它们用于所有情况，但它们在这种情况下用起来很方便。

34.7　重复事件（C#）

我曾经住在波士顿的南端。住在市中心有很多好玩的地方，离餐馆很近，还有其他打发时间和花钱的方式。但是还是存在一些烦恼之事，其中一件便是清扫街道。在 4 月到 10 月间每个月的第一个和第三个周一，都会有人清扫我的公寓附近的街道，我必须确认我当时没把车停在街道上。我经常忘记这件事，然后就会收到一张罚单。

我所在街道的规则是，在 4 月到 10 月间每个月的第一个和第三个周一清扫。我可以为此编写一个 DSL 表达式。

```
Schedule.First(DayOfWeek.Monday)
  .And(Schedule.Third(DayOfWeek.Monday))
  .From(Month.April)
  .Till(Month.October);
```

这个例子将方法级联（第 35 章）与嵌套函数相结合。通常，在使用嵌套函数时，我喜欢将其与对象作用域（第 36 章）相结合，但在这个例子里，我试图嵌套的函数只是返回一个值，所以我并不是很需要使用对象作用域。

34.7.1　语义模型

重复事件是软件系统中重复发生的事件。你通常会基于特定的日期组合来安排日程。近来我对它们的看法是，它们是日期的规范[Evans DDD]。我们希望代码能够告诉我们某个日期是否包含在日程安排中。我们通过定义一个通用的规范接口来实现——我们可以把它做成泛型，因为规范在各种情况下都适用。

```
internal interface Specification<T> {
  bool Includes(T arg);
}
```

在为特定类型构建规范模型时，我喜欢先确认一些小的可以组合在一起的构建块。一个小的构建块是一年中某个特定期间的概念，例如，在 4 月和 10 月间。

```
internal class PeriodInYear : Specification<DateTime>
{
  private readonly int startMonth;
  private readonly int endMonth;

  public PeriodInYear(int startMonth, int endMonth) {
    this.startMonth = startMonth;
    this.endMonth = endMonth;
  }
  public  bool Includes(DateTime arg) {
    return arg.Month >= startMonth && arg.Month <= endMonth;
  }
}
```

另一个元素是当月的第一个周一这个概念。这个类要微妙得多，因为我不得不遍历这个月的样本日期，才能确认哪天是第一个周一。

```
internal class DayInMonth : Specification<DateTime> {
  private readonly int index;
  private readonly DayOfWeek dayOfWeek;

  public DayInMonth(int index, DayOfWeek dayOfWeek) {
    this.index = index;
    this.dayOfWeek = dayOfWeek;
    if (index <= 0) throw new NotSupportedException("index must be positive");
  }

  public bool Includes(DateTime arg) {
    int currentMatch = 0;
    foreach (DateTime d in new MonthEnumerator(arg.Month, arg.Year)) {
      if (d > arg) return false;
      if (d.DayOfWeek == dayOfWeek) {
        currentMatch++;
        if (currentMatch == index) return (d == arg);
      }
    }
    return false;
  }
}
```

为了遍历一个月的每一天，这个规范使用了一个特殊的枚举器。我为这个枚举器设定了特别的月份和年份。

```
internal class MonthEnumerator : IEnumerator<DateTime>, IEnumerable<DateTime> {
  private int year;
  private Month month;

  public MonthEnumerator(int month, int year) {
    this.month = new Month(month);
    this.year = year;
    Reset();
  }
```

它实现了 IEnumerator 方法。

```
class MonthEnumerator...
  private DateTime current;
  DateTime IEnumerator<DateTime>.Current { get { return current; } }
  public object Current { get { return current; } }

  public void Reset() {
    current = new DateTime(year, month.Number, 1).AddDays(-1);
  }

  public void Dispose() {}

  public bool MoveNext() {
    current = current.AddDays(1);
    return month.Includes(current);
  }
```

而且实现了 `IEnumerable`，以使它用在 `foreach` 循环中。

```
class MonthEnumerator...
  IEnumerator<DateTime> IEnumerable<DateTime>.GetEnumerator() {
    return this;
  }
  public IEnumerator GetEnumerator() {
    return this;
  }
```

最后，我们有了一个非常简单的 `Month` 类，它也作为一个规范。

```
class Month...
  private readonly int number;
  public int Number { get { return number; } }
  public Month(int number) {
    this.number = number;
  }
  public bool Includes(DateTime arg) {
    return number == arg.Month;
  }
```

这些都是有用的构建块，但它们自身做不了很多事情。为了使它们充分地发挥作用，我需要能够把它们组合成逻辑表达式，这样我就需要更多的规范。

```
abstract class CompositeSpecification<T> : Specification<T> {
  protected IList<Specification<T>> elements = new List<Specification<T>>();
  public CompositeSpecification(params Specification<T>[] elements) {
    this.elements = elements;
  }
  public abstract bool Includes(T arg);
}

internal class AndSpecification<T> : CompositeSpecification<T> {
  public AndSpecification(params Specification<T>[] elements)
    : base(elements) {}
  public override bool Includes(T arg) {
    foreach (Specification<T> s in elements)
      if (! s.Includes(arg)) return false;
    return true;
  }
}

internal class OrSpecification<T> : CompositeSpecification<T> {
  public OrSpecification(params Specification<T>[] elements)
    : base(elements) {}
  public override bool Includes(T arg) {
    foreach (Specification<T> s in elements)
      if (s.Includes(arg)) return true;
    return false;
  }
}
```

我相信你能弄清楚如何实现 `NotSpecfication`。

我不喜欢这个模型的一点是 `DateTime` 类的用法。问题在于 `DateTime` 具有次秒级的精度，但我只需要精确到天。使用精度过高的时间数据类型很常见，因为类库一般会让我们这么用。但是，在你想要比较你关心的精度级别之下两个不同的 DateTime 时，它们就会很容易引发一些棘手的 bug。如果是在一个真实项目上，我会创建一个具有正确精度的 Date 类。

34.7.2　DSL

下面是针对我的街道清扫日程安排的 DSL 文本：

```
Schedule.First(DayOfWeek.Monday)
  .And(Schedule.Third(DayOfWeek.Monday))
  .From(Month.April)
  .Till(Month.October);
```

就像大多数真实的 DSL 一样，它使用了一些内部 DSL 技术的组合，即方法级联（第 35 章）和嵌套函数的混合体。在这里我不太担心方法级联，而更关注嵌套函数的使用方式。因为每个嵌套函数都返回一个简单的值，而且它们不需要任何上下文变量（第 13 章），所以我不需要用对象作用域（第 36 章）。因此，我会使用静态方法。因为我用的是 C#，所以所有的静态方法都需要以它们的类名作为前缀。虽然与对象作用域的方式相比，这样确实添加了一些噪声，但读起来很容易理解。

其中两个嵌套函数被调用以返回一个简单的值。DayOfWeek.Monday 实际上是内置在.NET 库中的。我自己又添加了 Month.April 及友元函数：

```
class Month...
  public static readonly Month January = new Month(1);
  public static readonly Month February = new Month(2);
  // 我不需要展示更多内容了，对吗
```

对 Schedule 的调用有一点不同。Schedule.First 的使用是这些语言中常见特性的一个例子——用裸函数来创建对象链的起始对象。这里的 Schedule 则是一个表达式构建器（第 32 章）。这里并不称它为“构建器”，因为我觉得称它为“调度”（schedule）更贴切。

```
class Schedule...
  public static Schedule First(DayOfWeek dayOfWeek) {
    return new Schedule(new DayInMonth(1, dayOfWeek));
  }
```

像大多数表达式构建器一样，schedule 会创建一项内容（content），在这里就是规范。

```
class Schedule...
  private Specification<DateTime> content;
  public Specification<DateTime> Content { get { return content; } }
  public Schedule(Specification<DateTime> content) {
    this.content = content;
  }
```

注意初始的调用是如何返回一个包装了规范中第一个元素的 schedule 的。接下来对 Third 的调用亦然（除参数不同外）。有人认为比起一个方法使用不同的参数，更好的方式是编写不同的方法，我通常不同意这一点，但是当你使用表达式构建器时，你可以拥有另一套良好的编程规则，情况就另当别论了。

实际上是方法级联构建了复合结构。下面是很有意思的名为 And 的方法：

```
class Schedule...
  public Schedule And(Schedule arg) {
    content = new OrSpecification<DateTime>(content, arg.content);
    return this;
  }
```

在我们的语言中我们说"第一个和第三个周一"，但就规范而言，是第一个或者第三个周一符合布尔条件。这是一个有意思的例子，为了让二者读起来都自然一些，DSL 和模型恰好相反。

结尾的期间（period）也是用方法级联调用来组装的。

```
class Schedule...
  public Schedule From(Month m) {
    Debug.Assert(null == periodStart);
    periodStart = m;
    return this;
  }
  public Schedule Till(Month m) {
    Debug.Assert(null != periodStart);
    PeriodInYear period = new PeriodInYear(periodStart.Number, m.Number);
    content = new AndSpecification<DateTime>(content, period);
    return this;
  }
  private Month periodStart;
```

在这我用了上下文变量来正确地构建期间。

这个例子对于嵌套函数使用了简单的静态方法。去掉类名会有什么好处？我觉得 Monday 读起来要比 DayOfWeek.Monday 好得多。对象作用域可以提供这样的好处，但代价是需要建立继承关系。在 Java 中，我可以使用静态导入。收益没那么大，但或许是值得的。

第 *35* 章

方法级联（Method Chaining）

让修饰符方法返回宿主语言对象，这样就可以在单个表达式中调用多个修饰符。

```
computer()
  .processor()
    .cores(2)
    .speed(2500)
    .i386()
  .disk()
    .size(150)
  .disk()
    .size(75)
    .speed(7200)
    .sata()
  .end();
```

35.1 运行机制

方法级联作为内部 DSL 的一个典型示例很快流行起来。它是如此流行，以至于很多人甚至以为方法级联与连贯接口和内部 DSL 是等同的。我的观点是，**方法级联**只是众多实现技术之一，但它仍然有自己的价值，值得关注。

它的通常形式是表达式构建器（第 32 章）。想象一下示例中的硬盘驱动器。我可以使用常规的命令查询 API 创建它，就像下面这样：

```
//java...
  HardDrive hd = new HardDrive();
  hd.setCapacity(150);
  hd.setExternal(true);
  hd.setSpeed(7200);
```

我创建了一个对象，把它放到变量里，然后使用一些 setter 来操作它的属性。对于只有这样的 3 个属性，我一般更喜欢使用构造函数，但暂时让我假设有很多这样的属性。DSL 经常是关于构建对象的配置的，如果通过构造函数来实现往往会比较麻烦，而且可读性也不好，因为构造函数要求传入的参数位置正确。

如果使用*方法级联*，我会编写出这样的代码：

```
new HardDrive().capacity(150).external().speed(7200);
```

为了让*方法级联*起作用，设计用于链条中的方法的实现方式不同于传统的 setter 方法。在 Java 中，我们通常这样实现 setter 方法：

```
public void setSpeed(int arg) {
  this.speed = arg;
}
```

但被设计用于*方法级联*中的方法需要返回一个对象，才能继续*方法级联*的行为。对于这样的构建器，它需要能返回自身。

```
public HardDrive speed(int arg) {
  speed = arg;
  return this;
}
```

从修改方法返回值违反了命令查询分离原则（4.1 节）。大多数时候我遵循这条原则，它帮了我不少忙。而连贯接口是一个我们需要违反这个原则的例外。

像这样使用*方法级联*还有第二个后果——方法的命名。在很多命令规范里，像 sata() 这样的方法看起来更像查询，而不是修改器。这样的命名很有问题，因为它会让原本期望是命令查询 API 的人感觉非常困惑。总之，*方法级联*违反了很多通用（命令查询）API 设计的一般规则。

*方法级联*不仅改变了 API 设计的规则，还隐含着对格式规范的改变。通常，我们会试图把多个方法调用放在同一行，但这样的话长长的*方法级联*看起来不甚美观，尤其在我们想体现一定的层级结构的时候。因此，在格式化*方法级联*时最好把每个方法调用单独放在一行。

```
new HardDrive()
    .capacity(150)
    .external()
    .speed(7200);
```

Java 和 C#会忽略大多数换行符，这样给了我们很多格式化的灵活性。通常人们喜欢把句点放在每行的行首，这样可以让它们更加明显以强调这里使用了*方法级联*。其他使用换行符作为语句分隔符的语言在这方面的灵活性就会弱些。例如 Ruby，它也可以做到这一点，但你需要把句点放到行尾而不是行首。把方法放到单独的行也会让调试变得更容易，因为错误消息和调试器控制通常是逐行工作的。因此，在每行中尽量少写代码，这样更明智一些。

35.1.1　使用构建器还是值

在上面的例子中，我展示了一个表达式构建器（第 32 章）上的*方法级联*。我倾向于在表达式构建器之上使用方法级联和其他连贯 API，因为这样可以减少连贯 API 和命令查询 API 规范之间的混淆。

但是，在某些情况下，在表达式构建器之外使用方法级联可能很有用。例如，在 `42.grams.flour` 中。在这种情况下，我们是通过一个值对象（Value Object）[Fowler PoEAA] 的序列来构建表达式的。`grams` 方法定义在整数上（使用字面量扩展（第 46 章）），并返回一个拥有 `flour` 方法的数量对象，`flour` 方法则返回某种成分。我们有的是常规对象的一个序列，而不是单个表达式构建器。通常，这样的对象都是值对象。

在表达式中的每一步，我们都看到一种新类型的变化，我的同事 Neal Ford 把这种现象称为**类型变形**。（我必须在这里提到这个名词，否则他会伤心，而我再也别指望他能给我带好茶了。）

有大量的优秀程序员对像这样在领域类型上使用方法级联已经得心应手了，因此我对反对它的观点持谨慎态度。但是，我倾向于尽可能多地使用表达式构建器，因为这样可以清晰地分离命令查询 API 和连贯 API。

35.1.2　收尾问题

收尾问题是方法级联中常见的问题。问题归结于方法级联缺少明确的终点。假设有如下的一个 Appointment 的构建器的表达式：

```
//C#...
  var dentist = new AppointmentBuilder()
    .From(1300)
    .To(1400)
    .For("dentist")
    ;
  var dinner = new AppointmentBuilder()
    .From(1900)
    .To(2100)
    .For("dinner")
    .At("Turners")
    ;
```

我希望返回值是一个 Appointment 对象，因为这会是最自然的用法。然而，为了使方法级联继续链接下去，每个方法必须返回一个 Appointment 的构建器。在方法级联中没有什么能告诉我什么时候结束，所以我不得不在最后使用某种标记方法。

```
Appointment dentist = new AppointmentBuilder()
  .From(1300)
  .To(1400)
  .For("dentist")
  .End
  ;
```

它并不糟糕，但 End 的使用仍然会产生一些语法上的噪声。这就是嵌套函数（第 34 章）或者嵌套闭包（第 38 章）成为有价值的替代方案的时候了。在 C#中，你可以使用隐式的转换运算符来避免这个问题，即使这确实意味着对于显式类型你将要放弃使用 var。

35.1.3 分层结构

与收尾问题密切相关的，是*方法级联*无法自然地适应分层结构的问题。分层结构在各种语言中很常见，这也是考虑分层结构时语法树很有价值的原因。让我们再次考虑一下计算机配置的例子：

```
computer()
  .processor()
    .cores(2)
    .speed(2500)
    .i386()
  .disk()
    .size(150)
  .disk()
    .size(75)
    .speed(7200)
    .sata()
  .end();
```

这里存在明确的层级关系，但这种关系是通过缩进而非代码结构自身所展示出来的。因此，我们必须自己管理这个结构。这个问题也发生在*函数序列*（第 33 章）中。

我们必须进行这种管理的一个很好例子是，当我们使用 size 之类的方法时，我们检查操作的是否是正确的磁盘。这里有几种方法。一种是使用上下文变量，如 currentDisk。每当我们看到 disk 方法，我们就可以更新上下文变量（第 13 章）。我们可以维护一份磁盘的列表，然后每次更新列表中的最后一个磁盘。

通常，一个有用的办法是针对磁盘提供一个新的子构建器。单独的构建器可以让我们将可用的方法限制在只对那些需要提供磁盘信息或者收尾方法的地方。

35.1.4 渐进式接口

基本的*方法级联*方式有一个有价值的变体，即用多个接口按照固定顺序来驱动*方法级联*调用。让我们考虑一下如何构建一则电子邮件消息。我们希望程序员首先指定目的地地址、抄送人、主题，然后是正文。我们可以通过提供一个*表达式构建器*（第 32 章）的接口序列来实现。第一个接口只有 to 方法。to 方法返回一个接口，此接口只有合法的后续方法：to、cc 和 subject。cc 方法返回一个只有 cc 和 subject 的接口。subject 方法返回一个只有 body 方法的接口。

这可以在支持 IDE 的静态类型语言中工作得很好。IDE 中的自动补全功能会只提示*方法级联*中当前点有效的方法，从而可以让你逐步遍历 DSL 中的每个子句。

这种能力可以控制哪些上下文中的哪些方法合法，这与使用*子构建器*而获得的相应能力是类似的。实际上，你也可以使用*子构建器*来实现与渐进式接口一样的效果，但如果没有其他理由来创建*子构建器*的话，渐进式接口会更容易。

渐进式接口可以用来在方法级联中强制必选元素，为此，你可以定义一个只接受单个必选元素的接口。

35.2 使用时机

方法级联可以极大地增强内部 DSL 的可读性，因此，它在一些人心目中已经成为内部 DSL 的同义词。然而，方法级联和其他函数组合联合使用是最理想的。

方法级联在使用语言中的可选子句时效果最好。方法级联让 DSL 脚本的编写者很容易挑选出特定情况下所需的子句。很难在语言中指定某些子句必须存在。使用渐进式接口可以给子句排序，但最后子句总是会被省略。对于强制性子句，嵌套函数（第 34 章）是更好的选择。

收尾问题时不时地会出现。虽然有一些应变方法，但如果遇到这种情况，最好使用嵌套函数或者嵌套闭包（第 38 章）。这两个替代方案也是在你陷入上下文变量（第 13 章）混乱的困境时更好的选择。

35.3 简单的计算机配置示例（Java）

下面是合理使用方法级联创建的基本的计算机配置示例：

```
computer()
  .processor()
    .cores(2)
    .speed(2500)
    .i386()
  .disk()
    .size(150)
  .disk()
    .size(75)
    .speed(7200)
    .sata()
  .end();
```

为了使用方法级联开启一个表达式，你需要一个方法调用来启动方法级联。在这个例子里，我使用了一个通过静态导入可以在 DSL 脚本中引用的静态方法。

```
public static ComputerBuilder computer() {
  return new ComputerBuilder();
}
```

我用计算机构建器来定义方法级联所需的不同的方法。这个构建器也包含语法分析数据。

对于处理器，我为当前的处理器在上下文变量（第 13 章）中存储了一个构造型构建器（第 14 章）。

```
class ComputerBuilder...
  public ComputerBuilder processor() {
    currentProcessor = new ProcessorBuilder();
    return this;
  }
  private ProcessorBuilder currentProcessor;

  public ComputerBuilder cores(int arg) {
    currentProcessor.cores = arg;
    return this;
  }
  public ComputerBuilder i386() {
    currentProcessor.type = Processor.Type.i386;
    return this;
  }
class ProcessorBuilder {
  private static final int DEFAULT_CORES = 1;
  private static final int DEFAULT_SPEED = -1;

  int cores = DEFAULT_CORES;
  int speed = DEFAULT_SPEED;
  Processor.Type type;
  Processor getValue() {
    return new Processor(cores, speed, type);
  }
}
```

根据方法级联的特征，构建器的各个方法调用返回的是构建器自身，以便能继续方法级联。

指定磁盘稍微复杂一些，因为每个磁盘都有它自己的数据。我可以在计算机构建器上定义更多的上下文变量，就像我为处理器做的那样，但在这种情况下，我会使用单独的构建器来为磁盘获取其属性。

```
class DiskBuilder...
  public DiskBuilder size(int arg) {
    size = arg;
    return this;
  }
  public DiskBuilder speed(int arg) {
    speed = arg;
    return this;
  }
  public DiskBuilder sata() {
    iface =  Disk.Interface.SATA;
    return this;
  }
```

这里的微妙之处在于在计算机构建器和磁盘构建器之间的变换，并保持上下文变量一致。disk子句引入了一个新的磁盘，因此计算机构建器把一个新的磁盘构建器放到上下文变量中，然后把调用传递给它。

```
class ComputerBuilder...
  public DiskBuilder disk() {
    if (currentDisk != null) loadedDisks.add(currentDisk.getValue());
    currentDisk = new DiskBuilder(this);
    return currentDisk;
  }
  private DiskBuilder currentDisk;
```

```
      private List<Disk> loadedDisks = new ArrayList<Disk>();

  class DiskBuilder...
    public DiskBuilder(ComputerBuilder parent) {
      this.parent = parent;
    }
    private int size = Disk.UNKNOWN_SIZE;
    private int speed = Disk.UNKNOWN_SPEED;
    private Disk.Interface iface;
    private ComputerBuilder parent;
```

disk 子句同样发生在磁盘之间。因此，在创建新的构建器之前，我把当前磁盘添加到一个已加载的磁盘列表中。在我创建新磁盘时，磁盘构建器会得到磁盘调用，因此我只需要把调用转发给计算机构建器。

```
  class DiskBuilder...
    public DiskBuilder disk() {
      return parent.disk();
    }
```

在这个例子里，我必须处理收尾问题。这里提供了一个最简单的应变之计：end 方法。对于 disk 子句，end 方法可以作为对磁盘构建器的调用，因此我在需要收尾时把它转发给计算机构建器。

```
  class DiskBuilder...
    public Computer end() {
      return parent.end();
    }
```

在计算机构建器中，我用 end 方法来创建和返回配置好的计算机。

```
  class ComputerBuilder...
    public Computer end() {
      return getValue();
    }

    public Computer getValue() {
      return new Computer(currentProcessor.getValue(), disks());
    }

    private Disk[] disks() {
      List<Disk> result = new ArrayList<Disk>();
      result.addAll(loadedDisks);
      if (currentDisk != null) result.add(currentDisk.getValue());
      return result.toArray(new Disk[result.size()]);
    }

    public ComputerBuilder speed(int arg) {
      currentProcessor.speed = arg;
      return this;
    }
```

这样我就可以以这样的风格使用构建器了：

```
Computer c = ComputerBuilder
  .computer()
    .processor()
```

```
      .cores(2)
      .speed(2500)
      .i386()
    .disk()
      .size(150)
    .disk()
      .size(75)
      .speed(7200)
      .sata()
  .end();
```

否则，我需要像下面这样来实现：

```
ComputerBuilder builder = new ComputerBuilder();
builder
  .processor()
    .cores(2)
    .speed(2500)
    .i386()
  .disk()
    .size(150)
  .disk()
    .size(75)
    .speed(7200)
    .sata();
Computer c = builder.getValue();
```

在这个例子里，我对于处理器和磁盘的辅助构建器的用法并不一致。处理器构建器是一个简单的构造型构建器，只是用来存储中间值。而对于磁盘构建器，我把连贯方法委托给它。对于简单的情况，简单的构造型构建器工作得更好，而完全委托则在更复杂的情况下工作得更好。出于教学演示的原因，我在这里展示了这两种方法，尽管我个人倾向于完全委托。

这个例子很好地说明了在使用方法级联时会遇到的很多问题，尤其是跟嵌套函数（第 34 章）对比时。方法级联读起来非常清楚，不会有那么多充斥于嵌套函数的语法噪声。然而，为了实现它，我不得不用上下文变量来摆弄出很多技巧，此外还得处理收尾问题。

35.4 带有属性的方法级联（C#）

C#和 Java 是类似的语言，因此许多对于 Java 的评论也适用于 C#。它们之间的最大区别在于 C#有一种特别的属性语法，而 Java 只有笨拙的 getter 和 setter。因此，常规的例子看起来会是这样：

```
HardDrive hd = new HardDrive() {
  Size = 150,
  Type = HardDriveType.SATA,
  Speed = 7200
};
```

方法级联的例子看起来几乎一样。

```
new HardDriveBuilder()
  .Size(150)
```

```
  .SATA
  .Speed(7200);
```

对于速度和容量的方法级联修饰符是一样的（大小写规范除外）。但是，在处理外部属性时，存在一个有趣的变化。通过对外部属性使用属性 getter，我可以去除不必要又恼人的圆括号。我像这样实现属性 getter：

```
public HardDriveBuilder SATA {
  get {
    type = HardDriveType.SATA;
    return this;
  }
}
```

这段代码应该会让你感觉明显不安：它是一个属性 getter，但实际上像一个 setter，直接返回了对象本身而不是属性值。这使我们对属性 getter 应该如何工作的所有期望都破灭了。几乎在所有情况下，我都会认为这是极其糟糕的代码。只有把它明确地放在连贯上下文中，才是可以接受的——不过再强调一次，我愿意将把这一令人反感的特性限制在一个带安全防护的表达式构建器（第 32 章）中。

35.5　渐进式接口（C#）

自动补全功能是现代 IDE 带来的乐趣之一。我不再需要记住某个特定的类上有哪些可调用的方法——我只需要一个组合键就可以得到一个选择菜单。因为我的头脑空间在大约 15 年前就被填满了，我很高兴我不需要再记住更多的东西。

许多 DSL 对于构建过程有确定的顺序。我们可以使用自动补全来帮助提示我们是否使用渐进式接口。假设我们想要构建一则电子邮件消息：

```
message = MessageBuilder.Build()
  .To("fowler@acm.org")
  .Cc("editor@publisher.com")
  .Subject("error in book")
  .Body("Sally Shipton should read Sally Sparrow");
```

我们想要确保以特定的顺序构建消息的元素：先是目的地地址，然后是抄送人，再后是主题，最后是正文。通过普通的方法级联，是没办法确保特定的顺序的。

这种情况下的解决方案是使用基于表达式构建器（第 32 章）的多个接口。我从 Build 开始。

```
public static IMessageBuilderPostBuild Build() {
  return new MessageBuilder();
}

interface IMessageBuilderPostBuild {
  IMessageBuilderPostTo To(String arg);
}
```

就像往常一样，我返回的是表达式构建器，但返回类型是一个特殊的接口，它只允许出现序列中合法的下一步。表达式构建器实现了这个接口，所以现在我接下来只能调用它。作为额外的收获，我的自动补全功能的菜单只会为我显示接下来的合法步骤（虽然这还不够完美，因为从 Object 继承的方法也显示出来了）。这样自动补全可以引导我完成整个过程。

接下来就是按部就班的步骤了。

```
public IMessageBuilderPostTo To(String arg) {
  Content.To.Add(new Email(arg));
  return this;
}

interface IMessageBuilderPostTo : IMessageBuilderPostBuild {
  IMessageBuilderPostCc Cc(String arg);
  IMessageBuilderPostSubject Subject(String arg);
}
```

有个新问题是 To 之后接下来的合法步骤包含 Build 之后的步骤。我可以用接口间的继承，而不用复制 IMessageBuilderPostBuild，来把它们展示出来。虽然在这个例子里不是非常值得这么做，但这的确是一项有用的技术。

接下来发生的如你所想。

```
public IMessageBuilderPostCc Cc(String arg) {
  Content.Cc.Add(new Email(arg));
  return this;
}
public IMessageBuilderPostSubject Subject(String arg) {
  Content.Subject = arg;
  return this;
}
public Message Body(String arg) {
  Content.Body = arg;
  return Content;
}

interface IMessageBuilderPostCc
{
  IMessageBuilderPostCc Cc(String arg);
  IMessageBuilderPostSubject Subject(String arg);
}
interface IMessageBuilderPostSubject {
  Message Body(String arg);
}
```

我在 Body 上有一个自然的停止方法，这样我可以让它返回消息。

第**36**章

对象作用域（Object Scoping）

将 DSL 脚本置于对象中，从而使对各裸函数的引用转化为对单个对象的引用。

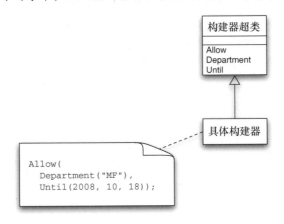

嵌套函数和函数序列（某种程度上说）可以提供一种还不错的 DSL 语法。但是，如果按照它们的基本形式来使用的话，会带来很高的代价：全局函数甚至全局状态。

对象作用域把对所有裸函数的引用转化为对单个对象的引用，从而缓解了这一问题。这样就避免了全局函数给全局命名空间造成的混乱，同时可以在宿主对象中存储任何语法分析数据。最常见的实现方式是在定义这些函数的构建器的子类中编写 DSL 脚本。这使得在这个子类的对象中可以捕获语法分析数据。

36.1　运行机制

对象有很多有用的属性。例如，每个对象为函数和数据提供作用域，而通过继承可以分离作用域的使用和定义。DSL 可以利用这些特性，在基类中定义 DSL 函数，然后在子类中使用这些函数编写 DSL 程序。在基类中还可以定义字段，用以保存所需的语法分析数据。

对表达式构建器（第 32 章）而言，这样使用基类是一个很好的选择。DSL 的使用者可以在这个表达式构建器的子类中编写 DSL 程序。使用继承让 DSL 的使用者可以在子类中添加其他 DSL 函数，还可以根据需要覆写 DSL 对象中的基类中定义的函数。

虽然继承是这类工作中最常用的使用机制，但是有些语言还提供了不同的做法来使用对象作用域。例如，Ruby 的实例求值（instance evaluation）可以在某个对象的作用域内获取任何程序代码并运行（使用 instance_eval 方法）。这就让 DSL 的编写者无须声明与定义语言的基类的任何连接，就可以编写 DSL 文本了。

Java 中还有一个可以使用的技术，那就是实例初化始器（instance initializer）。虽然这个技术并不广为人知，也不经常使用，但是对于对象作用域很适用。

36.2 使用时机

由于对象作用域基本解决了嵌套函数（第 34 章）和函数序列（第 33 章）中存在的全局性问题，因此这个方法总是值得考虑的。使用对象作用域可以使 DSL 中的裸函数调用都转化为某个对象上的实例方法，这不仅避免了对于全局命名空间的干扰，还能使你可以在表达式构建器（第 32 章）中存储语法分析数据。我觉得这些特性非常有用，因此我始终建议在可能的情况下尽量采用对象作用域。

然而有时你却无法使用它，例如，你需要使用面向对象的语言才行。这对我自然不是什么问题，因为我总是倾向于使用面向对象的语言。

更常见的问题是，对象作用域会限制 DSL 脚本的使用范围。对于最常见的继承的情况，你必须将 DSL 脚本放在表达式构建器的子类的一个方法中。对于自包含的 DSL 脚本这不是什么问题，这样的脚本通常有其独立的文件，并且与其他代码有较好的分隔，在这种情况下，会有一些语法上的噪声，因为要设置继承结构，但是这并不是什么突出的问题（使用 Ruby 的 instance_eval 等技术甚至可以避免这种语法噪声）。真正的问题在于片段 DSL，对于这种情况，使用对象作用域将迫使你陷入一种继承关系，这可能非常别扭，甚至是无法实现的。

对象作用域在极大程度上是全局函数的解药，因此我们必须记住，全局函数的最大问题来自修改全局数据。而在一种常见的情况下，即全局函数仅创建并返回新的对象(如 Date.today())使用全局函数并不存在这个问题。静态方法——实际上就是全局函数——可以有效地返回常规对象或者表达式构建器对象。如果可以把裸函数都像这样组织起来，就不太需要对象作用域了。

如果 DSL 框架设置为允许 DSL 的用户用自己的作用域类的子类替代对象作用域（第 36 章）的话，那么 DSL 就会更具可扩展性。用户的子类可以为 DSL 添加更多的方法以实现扩展。如果某个方法只在某个脚本里使用，那么用户可以在这个脚本的子类中直接定义这个方法。

36.3 安全代码（C#）

现在有一栋大楼，其中有各种秘密项目。因此大楼被划分为不同的区域，哪类员工能够进出某个区域都由该区域对应的安全策略控制。当某个员工靠近区域中的某个门，系统将根据区域的策略，确定是否允许该员工进入。

我们将要构建的 DSL 支持使用如下方式来表达规则：

```csharp
class MyZone : ZoneBuilder {
  protected override void doBuild() {
    Allow(
      Department("MF"),
      Until(2008, 10, 18));
    Refuse(Department("Finance"));
    Refuse(Department("Audit"));
    Allow(
      GradeAtLeast(Grade.Director),
      During(1100, 1500),
      Until(2008, 5, 1));
  }
}
```

36.3.1 语义模型

语义模型（第 11 章）包含带有多条准入规则（admission rule）的区域类，每条准入规则要么是允许规则（指定哪些人可以进入的规则），要么是拒绝规则（指定哪些人不可以进入的规则）。准入规则包含检查员工是否准入的规则体（我们稍候说明）和方法。

```csharp
abstract class AdmissionRule {
  protected RuleElement body;
  protected AdmissionRule(RuleElement body) {
    this.body = body;
  }
  public abstract AdmissionRuleResult CanAdmit(Employee e);
}
enum AdmissionRuleResult {ADMIT, REFUSE, NO_OPINION};
```

我通过继承处理这两类准入规则，每一类都提供了 CanAdmit 函数的实现。

```csharp
class AllowRule : AdmissionRule {
  public AllowRule(RuleElement body) : base(body) {}
  public override AdmissionRuleResult CanAdmit(Employee e) {
    if (body.eval(e)) return AdmissionRuleResult.ADMIT;
    else return AdmissionRuleResult.NO_OPINION;
  }
}

class RefusalRule : AdmissionRule {
  public RefusalRule(RuleElement body) : base(body) {}
  public override AdmissionRuleResult CanAdmit(Employee e) {
    if (body.eval(e)) return AdmissionRuleResult.REFUSE;
    else return AdmissionRuleResult.NO_OPINION;
  }
}
```

当需要授权员工准入时，区域类就会通过依次执行这些准入规则，来查看规则如何
响应。

```csharp
class Zone...
  private IList<AdmissionRule> rules = new List<AdmissionRule>();
  public void AddRule(AdmissionRule arg) {
    rules.Add(arg);
  }
  public bool WillAdmit(Employee e) {
    foreach (AdmissionRule rule in rules) {
      switch(rule.CanAdmit(e)) {
        case AdmissionRuleResult.ADMIT:
          return true;
        case AdmissionRuleResult.NO_OPINION:
          break;
        case AdmissionRuleResult.REFUSE:
          return false;
        default:
          throw new InvalidOperationException();
      }
    }
    return false;
  }
```

如果没有规则给出意见，方法就默认拒绝准入（false）。

准入规则的规则体是规则元素的复合结构，其本质上是一种规范[Evans DDD]，其声明的
类型是一个接口。

```csharp
internal interface RuleElement {
  bool eval(Employee emp);
}
```

规则检查员工的对应信息。例如，级别和所属部门：

```csharp
internal class MinimumGradeExpr : RuleElement {
  private readonly Grade minimum;
  public MinimumGradeExpr(Grade minimum) {
    this.minimum = minimum;
  }
  public bool eval(Employee emp) {
    if (null == emp.Grade) return false;
    return emp.Grade.IsHigherOrEqualTo(minimum);
  }
}

internal class DepartmentExpr : RuleElement {
  private readonly string dept;
  public DepartmentExpr(string dept) {
    this.dept = dept;
  }
  public bool eval(Employee emp) {
    return emp.Department == dept;
  }
}
```

我有一个复合元素，所以我可以将它们组合成逻辑结构。

```
class AndExpr : RuleElement {
  private readonly List<RuleElement> elements;
  public AndExpr(params RuleElement[] elements) {
    this.elements = new List<RuleElement>(elements);
  }
  public bool eval(Employee emp) {
    return elements.TrueForAll(element => element.eval(emp));
  }
}
```

如果我希望授权 K9 部门的某个高级程序员准入，我可以这样来设置对应的区域：

```
zone.AddRule(new AllowRule(
               new AndExpr(
                 new MinimumGradeExpr(Grade.SeniorProgrammer),
                 new DepartmentExpr("K9"))));
```

36.3.2　DSL

为了使用对象作用域，我创建了构建器的超类，我可以继承它而形成 DSL。下面是一个示例子类，展示了我所支持的 DSL 种类::

```
class MyZone : ZoneBuilder {
  protected override void doBuild() {
    Allow(
      Department("MF"),
      Until(2008, 10, 18));
    Refuse(Department("Finance"));
    Refuse(Department("Audit"));
    Allow(
      GradeAtLeast(Grade.Director),
      During(1100, 1500),
      Until(2008, 5, 1));
  }
}
```

这条规则首先允许 MF 部门的所有员工在指定日期前准入，然后它拒绝所有财务和审计部门的员工准入（通过两条不同的拒绝子句），最后允许任何主管级的员工在另一个指定日期内的固定时段内准入。

虽然底层模型允许任意布尔表达式，但是这个 DSL 更简单。每条准入规则都是其子句的合取（"与"）。这也是我需要为这两个部门分别定义拒绝语句的原因，如果我把它们放在同一个子句中，那么只有同时隶属于这两个部门的员工才会被拒绝。

布尔表达式虽然功能强大，但是对没有技术背景的人来说还是很难掌握，因此还是某种形式的简化结构在 DSL 中使用起来更方便。

DSL 由在构建器基类上定义的多个方法组成，这使我无须认证就可以在子类中调用这些方法。Allow 方法为区域添加新的允许规则，其规则体是方法的参数的合取。

```
class ZoneBuilder...
  private Zone zone;
  public ZoneBuilder Allow(params RuleElement[] rules) {
```

```
  var expr = new AndExpr(rules);
  zone.AddRule(new AllowRule(expr));
  return this;
}
```

这里我将可变参数的方法用作字面量列表（第 39 章）。（如果仅有一个子表达式，那么包装表达式就是不必要的，我可以解决这个问题，但是 and 表达式已经够用了，所以我并没有再花力气去这么做。）

每个参数都是通过基本构建器上的函数来构建的。

```
class ZoneBuilder...
  internal RuleElement GradeAtLeast(Grade grade) {
    return new MinimumGradeExpr(grade);
  }
  internal RuleElement Department(String name) {
    return new DepartmentExpr(name);
  }
```

为了在这个系统中添加新元素，我为模型定义了新的表达式并在构建器上添加了函数。

```
class ZoneBuilder...
  internal RuleElement Until(int year, int month, int day) {
    return new EndDateExpr(year, month, day);
  }

  internal class EndDateExpr : RuleElement {
    private readonly DateTime date;
    public EndDateExpr(int year, int month, int day) {
      date = new DateTime(year, month, day);
    }
    public bool eval(Employee emp) {
      return Clock.Date < date;
    }
  }
```

除了为所有 DSL 的使用者添加规则，我还可以为特定的 DSL 程序扩展 DSL。假想一下，如果只有我所在的部门希望被限制在一定的时段内准入，我就可以在子类中直接添加代码。

```
class MyZone...
  private RuleElement During(int begin, int end) {
    return new TimeOfDayExpr(begin, end);
  }

  private class TimeOfDayExpr : RuleElement {
    private readonly int begin, end;
    public TimeOfDayExpr(int begin, int end) {
      this.begin = begin;
      this.end = end;
    }
    public bool eval(Employee emp) {
      return (Clock.Time >= begin) && (Clock.Time <= end);
    }
  }
```

如果还有其他脚本类也想使用这个特性，而我无法修改库，那么我可以创建自己的区域构建器类（这个类是库区域构建器的子类），并让这些脚本子类化我的区域构建器类。然后我就可以将任何有用的方法放入我自己的抽象区域构建器中。

对象作用域的确有助于降低 DSL 中的噪声，但是它也会在声明 DSL 类的代码中引入噪声。例如，以下这个类的前两行（包括花括号）就是难以处理的噪声。还有更糟糕的情况。使用这个类的最自然的方式是把区域对象在构造函数中传入构建器，但是这样会迫使我向子类添加一个构造函数声明。为了避免这种情况，我通过单独的方法传入区域对象。

```
class ZoneBuilder...
  internal void Build(Zone zone) {
    this.zone = zone;
    doBuild();
  }
  protected abstract void doBuild();
```

我这样来调用它：

```
class DslTest...
  new MyZone().Build(zone);
```

这虽然是一个细节，但是它能避免 DSL 文本中的一些噪声，而这些细节累积起来也是不可小视的。

36.4 使用实例求值（Ruby）

对象作用域是一种很有价值的模式，因为它在提供名称时无须涉及全局性，但是使用子类型还是会带来一些限制。对于独立 DSL，脚本文件在设置上下文时会在文件的头部和尾部引入一些噪声。对于片段 DSL，要在 DSL 构建器的子类中编写 DSL 表达式。

Ruby 提供了一种良好的机制来避开这些问题，这种机制就是实例求值。所谓实例求值，就是你可以在某个特定的 Ruby 对象实例的上下文中取一些文本并对其进行求值。脚本中所有裸方法调用，都像在类本身的实例方法内一样被解析（resolve）到这个实例。这样就可以用对象作用域编写 DSL，而不需要使用任何子类。

对于上述的区域例子，我可以使用如下的脚本文件：

```
allow {
   department:mf
   ends 2008, 10, 18
 }

refuse department :finance

refuse department :audit

allow {
  gradeAtLeast :director
```

```
  during 1100, 1500
  ends 2008, 5, 1
}
```

构建器通过这样的调用来运行它。

```
class Builder...
  def load_file aFilename
    self.load(File.readlines(aFilename).join("\n"))
  end
```

所有裸函数调用都被解析为构建器上的方法。

```
class Builder...
  def allow anExpr = nil, &block
    @zone << AllowRule.new(form_expression(anExpr, &block))
  end
```

这就是通过实例求值处理对象作用域的基本做法。在编写这个例子的过程中，有几个有意思的地方，我忍不住想要讲解一下。虽然我知道涉足我通常尽力避免谈及的某种语言的特定用法属越界行为，但是结束了漫长的一天，请允许我放松一下吧。

在这个例子中，我试图遵从 C# 例子的结构，但是我觉得对于多条子句的条件句，*嵌套闭包*（第 38 章）读起来可能比*嵌套函数*（第 34 章）更好，但这会带来了另外的复杂度。如果在允许规则或者拒绝规则语句中只有一个子句，我就需要返回这个子句的值；而如果是嵌套块的话，我就需要返回所有子句的值的 and 表达式。

```
class Builder...
  def form_expression anExpr = nil, &block
    if block_given?
      AndExprBuilder.interpret(&block)
    else
      anExpr
    end
  end
```

对于简单的情况，我让构建器的方法只返回规则元素，这样这个规则元素就被包装在父允许规则中了。

```
class Builder...
  def gradeAtLeast gradeSymbol
    return RuleElementBuilder.new.gradeAtLeast gradeSymbol
  end

class RuleElementBuilder
  def gradeAtLeast gradeSymbol
    return MinimumGradeExpr.new gradeSymbol
  end
```

如果是嵌套闭包的情况，那么我就对这个表达式使用子构建器，并且在这个构建器上，我也会使用实例求值，因而 DSL 中的这个表达式就会被绑定到子构建器而不是父构建器中。

```
class AndExprBuilder...
  def initialize &block
    @rules = []
    @block = block
```

```
    end

    def self.interpret &block
      return self.new(&block).value
    end

    def value
      instance_eval(&@block)
      return AndExpr.new(*@rules)
    end

    def gradeAtLeast gradeSymbol
      @rules << RuleElementBuilder.new.gradeAtLeast(gradeSymbol)
    end
```

这种机制让我可以在 DSL 的不同部分对 `gradeAtLeast` 这样的方法调用采用不同的处理。对于 Ruby 语言，在嵌套闭包中使用函数序列（第 33 章）是一个不错的选择，这样我们就可以通过换行符而不是逗号来分离内容了。

36.5　使用实例初始化程序（Java）

实例初始化程序是使用对象作用域的一种相对低调的内联方式。这项技术是由 JMock 推广的。我必须承认在看到它的应用之前，我一直不知道有这样一个语法特性。它在 DSL 脚本中看起来是这个样子的：

```
ZoneBuilder builder = new ZoneBuilder() {{
  allow(department(MF));
  refuse(department(FINANCE));
  refuse(department(AUDIT));
  allow(
    gradeAtLeast(DIRECTOR),
    department(K9));
}};
zone = builder.getValue();
```

构建器和 C# 中的版本差不多。

```
class ZoneBuilder...
  private Zone value = new Zone();
  public Zone getValue() {
    return value;
  }
  public ZoneBuilder refuse(RuleElement... rules) {
    value.addRule(new RefusalRule(new AndExpr(rules)));
    return this;
  }
  public ZoneBuilder allow(RuleElement... rules) {
    value.addRule(new AllowRule(new AndExpr(rules)));
    return this;
  }
  public RuleElement gradeAtLeast(Grade g) {
    return new MinimumGradeExpr(g);
  }
```

```
public RuleElement department(Department d) {
  return new DepartmentExpr(d);
}
```

　　这里的技巧是在 DSL 脚本中使用双花括号。这并不是创建了 ZoneBuilder 的一个实例，而是一个内部类的实例，这个内部类是 ZoneBuilder 的子类。这个子类会把一对花括号内的代码织入构造函数中。你始终都可以在 Java 里使用这个技巧，虽然它并不常用。由于双花括号内的代码实际上在 ZoneBuilder 的子类中，因此我们可以用它来实现所需的对象作用域。

第**37**章

闭包（Closure）

可表示为对象（或一级数据结构）的代码块，通过允许引用其词法作用域，
可被无缝放入代码流。

```
var threshold = ComputeThreshold();
var heavyTravellers = employeeList.FindAll(e => e.MilesOfCommute > threshold);
```

也称为 lambda、代码块或者匿名函数。

假设你有一组对象，希望可以通过不同的方法筛选这些对象。如果为每个筛选条件都编写一个方法，那么可能会在设置和处理这些筛选时引入重复的代码。

通过使用闭包，可以在筛选的设置和处理过程中分解出筛选条件，并将每个筛选条件以代码块的形式进行传递。

37.1 运行机制

尽管闭包作为一种语言特性已经存在很久了，但直到最近它才开始引起很多软件开发人员的关注。这可能是因为拥有和使用这个特性的语言（如 Lisp 和 Smalltalk）并不属于 C 语言文化，但驱动当今主流语言发展的恰恰是 C 语言文化。

尽管在本书里我将这个语言元素称为闭包，但它其实并没有一个标准的术语。常见的名字有 λ（lambda）表达式、匿名函数和代码块。使用它的每种语言都对它冠以自己的叫法，例如，Lisp 程序员称其为 λ 表达式，Smalltalk 和 Ruby 程序员称其为代码块。虽然基于 C 的语言通常也使用代码块这个名字，但其所指的并不是 Smalltalk 和 Ruby 中所称的代码块语言特性。

虽然在命名上有些困难，但是我可以描述它是什么：闭包是可以被当作对象的代码片段。为了说明清楚，我们可以来看一个例子。

假设我们希望从一个数据集中找出某个子集。例如，从员工列表中找出所有经常出差的员工。

```
int threshold = ComputeThreshold();
var heavyTravellers = new List<Employee>();
foreach (Employee e in employeeList)
  if (e.MilesOfCommute > threshold) heavyTravellers.Add(e);
```

在代码的另一处，我们希望找出是经理的员工列表。

```
var managerList = new List<Employee>();
foreach (Employee e in employeeList)
  if (e.IsManager) managerList.Add(e);
```

这两个代码片段有很多重复之处。在两种情况下，我们都需要一个来自原始列表中的员工所形成的列表，对该列表中的每个元素运行布尔函数，把返回值为真的元素收集起来，形成结果列表。消除这些重复的方法并不难想到，但在很多语言中很难实现。这是因为这两个代码片段所不同的是一组行为——这通常很难实现参数化。

对类似于这样的行为实现参数化的最显而易见的一种方法是将其变成对象。我需要的是一个列表上的方法，这个方法可以使我根据我传入的对象从该列表中选择相应的元素。

```
class MyList<T> {
  private List<T> contents;
  public MyList(List<T> contents) {
    this.contents = contents;
  }
  public List<T> Select(FilterFunction<T> p) {
    var result = new List<T>();
    foreach (T candidate in contents)
      if (p.Passes(candidate)) result.Add(candidate);
    return result;
  }
}
interface FilterFunction<T> {
  Boolean Passes(T arg);
}
```

然后我就可以用这个方法来选择所有经理：

```
var managers = new MyList<Employee>(employeeList).Select(new ManagersPredicate());
class ManagersPredicate : FilterFunction<Employee> {
  public Boolean Passes(Employee e) {
    return e.IsManager;
  }
```

从编程角度来说这么做看起来还不错，但需要如此多的代码来设置谓词对象（predicate object），以至于重构之后的代码甚至不如重构之前。对于寻找经常出差的员工的情况则更糟。我需要向谓词对象传入一个参数，这意味着我的谓词对象中需要有一个构造函数：

```
var threshold = ComputeThreshold();
var heavyTravellers = new MyList<Employee>(employeeList)
                          .Select(new HeavyTravellerPredicate(threshold));

class HeavyTravellerPredicate : FilterFunction<Employee> {
  private int threshold;
  public HeavyTravellerPredicate(int threshold) {
    this.threshold = threshold;
```

```
    }
    public Boolean Passes(Employee e) {
      return e.MilesOfCommute > threshold;
    }
  }
```

从本质上讲，闭包对于此类问题是一种更优雅的解决方案，它可以更容易地创建一个代码片段，然后把它作为对象进行传递。

你可能已经注意到了，我的例子是用 C#编写的。在过去的几年中，C#逐渐稳步地增加了对闭包的支持，使用闭包变得更方便了。C# 2.0 中引入了匿名委托的概念，这是在这一方向上的一大进步。下面是使用匿名委托来实现查找经常出差员工的例子：

```
var threshold = ComputeThreshold();
var heavyTravellers =  employeeList.FindAll(
  delegate(Employee e) { return e.MilesOfCommute > threshold; });
```

要注意的第一点是，这里所涉及的代码量大大地减少了，这个表达式与相似的查找经理的表达式的重复代码大幅度地减少了。第二点是，我使用 C#列表类上的库函数代替了为我自己手写的谓词所编写的选择函数。C# 2 在库中引入了很多变化以便更好地利用委托（delegate）。如果想让闭包在语言中真正被用起来，在编写库时必须考虑闭包，这一点非常重要。

第三点是，这个代码片段展示了使用阈值参数有多容易——直接在布尔表达式中使用就可以了。我可以把作用域中的任何局部变量都放入布尔表达式，而无须像使用谓词对象那样，花费很多功夫在参数上。

对作用域内变量的引用使得这个表达式正式成为一个闭包。也就是说，委托将其自身所定义处的词法作用域“包”了起来。即便我们把这个委托存储在某个地方用于后续执行，其作用域中的那些变量对于委托仍然是可见的和可用的。本质上，系统需要持有这个栈帧的副本，才能使闭包依然可以访问它应该见到的任何东西。虽然这么做无论从理论上还是实现上都有些棘手，却让闭包用起来非常自然。

（有些人仅把“闭包”定义为一段包围词法范围内某些变量的实例化的代码。所以说，“闭包”这个词通常没有统一的用法。）

C# 3 则更近一步。下面仍是选出经常出差员工的表达式：

```
var threshold = ComputeThreshold();
var heavyTravellers = employeeList.FindAll(e => e.MilesOfCommute > threshold);
```

你会发现这与之前的代码相比并没有什么太大的变化——仅仅是语法变得更加紧凑。这看起来变化很小，却至关重要。因为语法越简单易用，闭包的用处就越大。而且这个语法使代码的可读性变得好得多。

还有一个不同——这也是语法变得简单的重要原因，在之前的委托的例子里，我需要指定参数的类型 Employee e，而在 C# 3.0 中则不需要，这是因为 C# 3.0 有类型推断能力，这意味着它可以推断出赋值表达式右侧部分的结果的类型，因此你无须在左侧再指定一次。

所有这些的结果在于我能够创建闭包对象并将它们与其他对象同等对待，我可以将它们存储在变量里，在我希望执行它们的时候执行它们。为了说明这一点，我创建了一个 Club 类，它有一个 selector 字段：

```
class Club...
  Predicate<Employee> selector;
  internal Club(Predicate<Employee> selector) {
    this.selector = selector;
  }
  internal Boolean IsEligable(Employee arg) {
    return selector(arg);
  }
```

并通过以下方式使用它：

```
public void clubRecognizesMember() {
  var rebecca = new Employee { MilesOfCommute = 5000 };
  var club = createHeavyTravellersClub(1000);
  Assert.IsTrue(club.IsEligable(rebecca));
}

private Club createHeavyTravellersClub(int threshold) {
  return new Club(e => e.MilesOfCommute > threshold);
}
```

这段代码通过一个函数创建了 Club 对象，并使用参数来设置阈值。这个对象含有闭包，这个闭包包含对目前的外部作用域参数的连接，然后我可以使用这个对象在未来的任何时候运行这个闭包。

在这个例子中，选择器闭包实际上并不是在它被创建的时候被求值的，而是我们创建它，并存储它，之后再求值（可能多次求值）。这种为以后的运行创建代码块的能力使得闭包对实现适应性模型（第 47 章）非常有用。

Ruby 是另一种本书中以大量使用闭包为特性的语言。Ruby 很早以前就是使用闭包构建的，所以大多数 Ruby 程序和库广泛地使用闭包。在 Ruby 中可以像下面这样定义 Club 类：

```
class Club...
  def initialize &selector
    @selector = selector
  end
  def eligible? anEmployee
    @selector.call anEmployee
  end
```

之后我们可以像下面这样使用它：

```
def test_club
  rebecca = Employee.new(5000)
  club = create_heavy_travellers_club
  assert club.eligible?(rebecca)
end
def create_heavy_travellers_club
  threshold = 1000
  return Club.new {|e| e.miles_of_commute > threshold}
end
```

在 Ruby 里，我们可以像上面那样使用花括号定义闭包，也可以使用 do...end 对定义闭包。

```
threshold = 1000
return Club.new do |e|
  e.miles_of_commute > threshold
end
```

这两种语法几乎完全等同。在实际中，人们对于单行使用花括号，对于多行的块则使用 do...end。

Ruby 语法的问题是，只能向函数传递单个闭包。想要传递多个闭包，就必须使用不甚优雅的语法。

37.2 使用时机

和许多习惯了使用带有闭包支持的语言的程序员一样，当我所用的语言不支持闭包时，我会非常想念这个特性。对用逻辑块来消除重复以及支持自定义控制结构而言，闭包是非常有用的工具。

闭包在 DSL 中扮演多种有用的角色。最明显的是，它是嵌套闭包（第 38 章）的基本元素。它也可以简化适应性模型（第 47 章）的定义。

第**38**章

嵌套闭包（Nested Closure）

通过将函数调用的语句的子元素放入参数的闭包中来表达这些元素。

```
computer do
  processor do
    cores 2
    i386
    speed 2.2
  end
  disk do
    size 150
  end
  disk do
    size 75
    speed 7200
    sata
  end
end
```

38.1 运行机制

嵌套闭包的基本思想与嵌套函数（第 34 章）类似，只是其函数调用的子表达式被包装在一个闭包中。下面有一个用 Ruby 编写的调用嵌套函数来创建新处理器的示例：

```
processor(
  cores 2,
  i386
)
```

现在改用嵌套闭包：

```
processor do
  cores 2
  i386
end
```

上面的例子中，不同于传递两个嵌套函数作为参数，我传递了单个嵌套闭包作为参数，其中包含了两个嵌套函数。（这里以 Ruby 为例只是因为它在语法中提供了闭包，适合这里的讨论。）

把子元素放在嵌套闭包中给实现带来了一个直接的影响——我必须加入对闭包求值的代码。用嵌套函数则不需要这么做，因为语言本身会在调用 processor 函数前自动对 cores 和 i386 函数求值。而使用闭包作为参数时，processor 函数先被调用，闭包只有在显式使用的时候才会被求值。因此，通常我会在 processor 函数体中对闭包进行求值。processor 函数有时也会在对闭包求值前后执行一些其他任务，例如，设置上下文变量（第 13 章）。

在上面的例子中，闭包的内容是一个函数序列（第 33 章）。函数序列的一个问题是，多个函数之间通过隐藏的上下文变量来通信。虽然在嵌套闭包中仍然需要这么做，但是 processor 函数可以在对闭包求值前创建上下文变量，然后在求值之后销毁它。这样可以极大地减少上下文变量散落在各处的问题。

另一种方式是使用方法级联（第 35 章）。这里有一项额外的好处：父函数可以设置调用链的头部，然后以参数形式传入闭包。

```
processor do |p|
  p.cores(2).i386
end
```

通常，也可以传入一个上下文变量作为参数。

```
processor do |p|
  p.cores 2
  p.i386
end
```

在这个例子里，我们使用了一个函数序列，并显式地呈现了其中的上下文变量，这样很容易理解，也不会添加太多混乱。

嵌套闭包内的裸函数会在定义它们的作用域中被求值，所以，通常也应该采用对象作用域（第 36 章）。传递显式的上下文变量或者使用方法级联可以避免这种情况，还可以将构建器代码组织到不同的构建器中。

有些语言允许操作闭包所执行的上下文，这样一来就可以使用裸函数，同时依然使用多个构建器。Ruby 的 instance_eval 的例子（38.7 节）展示了这一点是如何做到的。

在上面的例子中，我把父函数的所有子元素都放入了单个闭包中。当然也可以用多个闭包，这么做的好处是可以独立地对每个子闭包求值。什么情况下这种特性有用呢？一个适合的例子是当你遇到条件表达式时，就像下面这个 Smalltalk 的例子：

```
aRoom
  ifDark: [aLight on]
  ifLight: [aLight off]
```

38.2　使用时机

嵌套闭包是一种很有用的技术，因为它既有嵌套函数（第 34 章）带来的清晰的层级结构，又能任意控制何时对参数进行求值。对求值的控制带来了极大的灵活性，能帮你避免嵌套函数的许多局限性。

嵌套闭包最大的局限性在于宿主语言对闭包的支持方式。许多语言根本就不提供闭包，还有很多语言虽然提供，但其语法对 DSL 并不友好，例如，要求你使用拗口的关键词。

通常我们可以把嵌套闭包视为对嵌套函数、函数序列（第 33 章）和方法级联（第 35 章）的增强。有了对参数求值的控制能力，这些技术各自拥有了不同的优势。但归根结底，不外乎你可以在闭包调用前后执行一些特定的设置和清理操作。对函数序列来说，这意味着你能在上下文变量被闭包使用之前预先准备好（第 13 章）；而对方法级联来说，则意味着你可以在调用闭包前设置调用链的头部。

38.3　用嵌套闭包来包装函数序列（Ruby）

为简单起见，我选了一个最直接的例子：将嵌套闭包与函数序列（第 33 章）结合使用。下面是 DSL 脚本：

```
class BasicComputerBuilder < ComputerBuilder
  def doBuild
    computer do
      processor do
        cores 2
        i386
        processorSpeed 2.2
      end
      disk do
        size 150
      end
      disk do
        size 75
        diskSpeed 7200
        sata
      end
    end
  end
end
```

在讨论之前，我们先比较一下与单独使用函数序列之间的不同：

```
class BasicComputerBuilder < ComputerBuilder
  def doBuild
    computer
      processor
        cores 2
        i386
        processorSpeed 2.2
      disk
        size 150
      disk
        size 75
        diskSpeed 7200
```

```
        sata
      end
    end
```

从脚本的角度看，唯一的不同是嵌套闭包多了闭包所需的 do...end 分隔符。通过添加分隔符，我引入了一个显式的层级结构，之前它只是一种带有格式约定的线性序列。这些增加的语法没有让我觉得麻烦，因为它使结构对读者来说更分明，看着也更合理。

现在我们来看看实现代码。和之前一样，我用了对象作用域（第 36 章），这样我就可以在表达式构建器（第 32 章）中使用裸函数解析。（注意：这里使用子类型只是为了讲起来更简单，实际中我通常会用 Ruby 的 instance_eval。）以下 computer 的子句展示了使用嵌套闭包的基本结构。

```
class ComputerBuilder...
  def computer &block
    @result = Computer.new
    block.call
  end
```

我传递一个闭包（Ruby 中通常称闭包为“块”）作为参数，设置一些上下文，然后调用传入的闭包。之后 processor 函数可以使用这些上下文，并在它的子结构中重复这个过程。

```
class ComputerBuilder...
  def processor &block
    @result.processor = Processor.new
    block.call
  end
  def cores arg
    @result.processor.cores = arg
  end
  def i386
    @result.processor.type = :i386
  end
  def processorSpeed arg
    @result.processor.speed = arg
  end
```

我对创建磁盘采用了同样的做法。唯一的不同是，这次用了 Ruby 中惯用的 yield 关键字来调用隐式传入的块。（这是 Ruby 中使用单一块参数的简化用法。）

```
class ComputerBuilder...
  def disk
    @result.disks << Disk.new
    yield
  end
  def size arg
    @result.disks.last.size = arg
  end
  def sata
    @result.disks.last.interface = :sata
  end
  def diskSpeed arg
    @result.disks.last.speed = arg
  end
```

38.4　简单的 C#范例（C#）

作为对比，下面是一份用 C#实现的版本：

```
class Script : Builder {
  protected override void doBuild() {
    computer(() => {
      processor(() => {
        cores(2);
        i386();
        processorSpeed(2.2);
      });
      disk(() => {
        size(150);
      });
      disk(() => {
        size(75);
        diskSpeed(7200);
        sata();
      });
    });
  }
}
```

你能看到，结构与上面的 Ruby 例子完全相同。最大的区别在于脚本中大量的标点符号。构建器代码也明显类似。

```
class Builder...
  protected void computer(BuilderElement child) {
    result = new Computer();
    child.Invoke();
  }
  public delegate void BuilderElement();
  private Computer result;
```

computer 函数看起来与 Ruby 中的做法类似：传入闭包参数、做一些设置、调用闭包，然后进行清理。与 Ruby 相比，C#的最大区别在于我们必须通过委托子句定义我们传递的闭包的类型。上面的例子中用了一种既无参数又无返回类型的闭包，但遇到复杂的情况时，我们可能就需要不同的类型了。

剩余的代码与 Ruby 类似，我就不浪费笔墨了。

在我看来，嵌套闭包在 C#中使用的效果要远逊于在 Ruby 中。Ruby 中用 do...end 分隔符闭包的方式比 C#的() => {...}看起来更自然。特别是当你还不能省略圆括号时，看起来更别扭。（在 Ruby 中你也可以用{...}作为闭包分隔符。）不过，你对 C#的表示法越熟悉，就越能适应这种写法。而且，这个例子中的闭包不需要传递参数；如果有参数，Ruby 的写法会增加一些标点符号，而 C#的写法就会更易读一些，因为圆括号中有内容了。

38.5　使用方法级联（Ruby）

嵌套闭包可与多种代码风格搭配使用。下面是一个使用方法级联（第 35 章）的例子：

```
ComputerBuilder.build do |c|
  c.
    processor do |p|
      p.cores(2).
        i386.
        speed(2.2)
    end.
    disk do |d|
      d.size 150
    end.
    disk do |d|
      d.size(75).
        speed(7200).
        sata
    end
end
```

这里的不同是：每个调用都将一个对象传递给调用链的头部使用的闭包。使用闭包参数可能会给 DSL 脚本添加一些噪声（例如给方法传递参数时需要圆括号），但带来的好处是不再需要对象作用域（第 36 章）了，这样就可以很容易地使用代码的任何片段。

对 build 方法的调用创建了构建器的一个实例，并将其作为参数传递到闭包中。

```
class ComputerBuilder...
  attr_reader :content
  def initialize
    @content = Computer.new
  end
  def self.build &block
    builder = self.new
    block.call(builder)
    return builder.content
  end
```

这种方法的另一种有用之处是，它使将不同构建器方法纳入一组短小且内聚的表达式构建器（第 32 章）变得很容易。例如，使用 processor 子句引入了一个新的构建器（其中使用了更紧凑的 yield 关键字）。

```
class ComputerBuilder...
  def processor
    p = ProcessorBuilder.new
    yield p
    @content.processor = p.content
    return self
  end

class ProcessorBuilder
  attr_reader :content
```

```
  def initialize
    @content = Processor.new
  end
  def cores arg
    @content.cores = arg
    self
  end
  def i386
    @content.type = :i386
    self
  end
  def speed arg
    @content.speed = arg
    self
  end
end
```

同样地，磁盘也由相应的磁盘构建器处理。

```
class ComputerBuilder...
  def disk
    currentDisk = DiskBuilder.new
    yield currentDisk
    @content.disks << currentDisk.content
    return self
  end

class DiskBuilder
  attr_reader :content
  def initialize
    @content = Disk.new
  end
  def size arg
    @content.size = arg
    self
  end
  def sata
    @content.interface = :sata
    self
  end
  def speed arg
    @content.speed = arg
    self
  end
end
```

除了能使我更好地组织各种构建器方法，这种方式还让我能够在处理器构建器和磁盘构建器中无条件使用 speed 方法，而不会产生歧义。

38.6　带有显式闭包参数的函数序列（Ruby）

从上例中我们可以看到把语言层分散到多个表达式构建器（第 32 章）中的各种好处。使用这种方法，每个构建器类相对短小且内聚，而且，不同部分的子句可以使用同样的名字，例如，我们看到的处理器构建器和磁盘构建器都有 speed 这个方法。使用显式的闭包参数还可以让我们在片段上下文中方便使用 DSL。

虽然方法级联（第 35 章）有这些好处，但写出来的 DSL 脚本看起来有点儿笨拙。嵌套闭包和方法级联之间的相互作用并不协调。当然，我见过的大多数 Ruby 的 DSL 并不采用这种风格。

实际上，它们会在每个闭包中使用函数序列（第 33 章），通过传递一个显式的闭包参数来允许使用多个构建器。采用这种风格时，我们的计算机配置脚本看起来像下面这样：

```
ComputerBuilder.build do |c|
  c.processor do |p|
    p.cores 2
    p.i386
    p.speed 2.2
  end
  c.disk do |d|
    d.size 150
  end
  c.disk do |d|
    d.size 75
    d.speed 7200
    d.sata
  end
end
```

这段 DSL 脚本的最大不同是，我们让每个语句都对应 DSL 中的一个子句。我们必须在每个语句中明确指定传入的对象作为方法调用的接收者。虽然这样会在语句中增加更多的文本，但也让代码风格更规整。对许多 Ruby 程序员而言，这种风格也更易于理解。

具体实现与方法级联很类似。同样地，我们在顶层有一个计算机构建器，它通过一个类方法创建一个实例并将其传递给闭包。

```
class ComputerBuilder...
  attr_reader :content
  def initialize
    @content = Computer.new
  end
  def self.build
    builder = self.new
    yield builder
    return builder.content
  end
```

`processor` 子句引入了一个新的构建器。

```
class ComputerBuilder...
  def processor &block
    p = ProcessorBuilder.new
    yield p
    @content.processor = p.content
  end
class ProcessorBuilder
  attr_reader :content
  def initialize
    @content = Processor.new
  end
```

```
    def cores arg
      @content.cores = arg
    end
    def i386
      @content.type = :i386
    end
    def speed arg
      @content.speed = arg
    end
end
```

磁盘的实现没什么挑战性，我在这里就不给出具体代码了。

38.7 使用实例求值（Ruby）

传递显式闭包参数有许多好处，但其代价是要不断提及参数的名字。Ruby 中提供了一项特别实用的技术，即实例求值（使用 instance_eval 方法），来辅助解决这个问题。

调用 Ruby 代码块时，该代码块在定义它的上下文中被求值。特别是，任何裸函数（或字段）会被解析到其被定义时的对象。不过，使用 instance_eval 可以改变这一点，方法是让另一个对象在其自身的上下文中运行一个代码块，这意味着所有裸方法都会被解析到这个新的对象。下面的代码展示了这一点：

```
class StaticContext < Test::Unit::TestCase
  def identify
    return "in static context"
  end
  def test_demo
    o = OtherObject.new
    assert_equal "in static context", o.use_call {identify}
    assert_equal "in other object", o.use_instance_eval {identify}
  end
end

class OtherObject
  def identify
    return "in other object"
  end
  def use_call &arg
    arg.call
  end
  def use_instance_eval &arg
    instance_eval &arg
  end
end
```

实际上，用了 instance_eval 以后，改变了所传入的代码块中 self 所引用的对象。我们可以利用这个功能，实现在 DSL 脚本中通过多个裸方法来使用多个构建器的目的。

```
ComputerBuilder.build do
  processor do
    cores 2
```

```
      i386
      speed 2.2
    end
    disk do
      size 150
    end
    disk do
      size 75
      speed 7200
      sata
    end
end
```

下面的构建器获取代码块的方式与以前一样，但是使用的是 `instance_eval` 而不是调用：

```
class ComputerBuilder...
  def self.build &block
    builder = self.new
    builder.instance_eval &block
    return builder.content
  end
  def initialize
    @content = Computer.new
  end
```

对处理器构建器的处理同样使用 `instance_eval`：

```
class ComputerBuilder...
  def processor &block
    @content.processor = ProcessorBuilder.new.build(block)
  end
class ProcessorBuilder
  def build block
    @content = Processor.new
    instance_eval(&block)
    return @content
  end
  def cores arg
    @content.cores = arg
  end
  def i386
    @content.type = :i386
  end
  def speed arg
    @content.speed = arg
  end
end
```

对于磁盘构建器也一样：

```
class ComputerBuilder...
  def disk &block
    @content.disks << DiskBuilder.new.build(block)
  end
class DiskBuilder
  def build block
    @content = Disk.new
    instance_eval(&block)
    return @content
  end
  def size arg
    @content.size = arg
  end
  def sata
```

```
    @content.interface = :sata
  end
  def speed arg
    @content.speed = arg
  end
```

上面我展示的使用 instance_eval 的 DSL 脚本是一种片段上下文的使用风格，其中我把一小段 DSL 脚本放在一个常规的 Ruby 程序中。但在自包含的上下文中，我会把 DSL 脚本放在其自己的文件中，通过使用 instance_eval 我消除了设置对象作用域时（第 36 章）的所有头部和尾部的噪声。整个 DSL 脚本文件是这样的：

```
computer do
  processor do
    cores 2
    i386
    speed 2.2
  end
  disk do
    size 150
  end
  disk do
    size 75
    speed 7200
    sata
  end
end
```

然后构建器就可以通过 instance_eval 处理整个 DSL 脚本文件了：

```
class ComputerBuilder...
  def load_file aFileName
    load(File.readlines(aFileName).join("\n"))
  end
  def load aStream
    instance_eval aStream
  end
  def computer
    yield
  end
```

看起来使用 instance_eval 是一种很好的技巧，你可能会问，还有必要传递显式闭包参数吗？实际上，有这样一种情况，你会面临这种选择。这是我从 Jim Weirich 做构建器库而得出的经验中总结出来的。那是一个很棒的构建器库，其中使用了嵌套闭包和动态接收（第 41 章）来帮助用户创建 XML 文档。在这个库的第 1 版中，Jim 用了 instance_eval，但在后来的版本中换成了显式参数。其原因是程序员已经习惯了闭包的调用行为（在其定义的上下文中求值），重新定义 self 会造成很多混乱，而且使引用静态上下文中的元素变得很困难。

对我来说，这种选择依赖于你对 DSL 脚本使用环境的选择。在使用片段上下文的环境中，你需要遵守使用闭包的惯例，不要随便使用 instance_eval 重新定义 self。而在一个自包含的 DSL 脚本中，代码风格不同于常规的 Ruby 代码，这时重新定义 self 就不至于造成混乱了，因而值得使用这个技巧来去除有噪声的引用。

第 *39* 章

字面量列表（Literal List）

用字面量列表表示表达式。

```
martin.follows("WardCunningham", "bigballofmud", "KentBeck", "neal4d");
```

39.1 运行机制

字面量列表是用列表形成数据结构的语言构造。许多语言为字面量列表提供了直接的语法支持。其中最明显的就是 Lisp 的`(first second third)`；Ruby 也有类似的`[first, second, third]`，虽然不如 Lisp 的优雅。这些结构通常允许列表嵌套；事实上，整个 Lisp 程序就可以看作一个嵌套列表。

字面量列表经常用于函数调用。父函数从列表中提取一些元素，然后以某种方式处理它们。

主流的基于 C 的语言没有提供有用的嵌套列表语法。虽然可以定义`{1, 2, 3}`这样的字面量数组，但是数组中通常只允许存放常量或字面量，而不像通用语法所允许的任意符号或表达式。

有一个办法可以避免这个问题，就是使用可变参数函数，如 `companions(jo, saraJane, leela)`。在强类型语言中，调用可变参数时所有元素都必须具有相同的类型。

39.2 使用时机

通过使用如 `(parent ::= child*)`这样的逻辑文法，字面量列表可以作为其他元素（通常是函数调用）中被嵌套的部分采使用。通常列表中的元素就是函数调用本身，所以可以通过字面量列表来实现嵌套函数（第 34 章）。如果你看看嵌套函数中提到的例子，你将会发现字面量列表通常被用来表示可变参数函数（在那些例子里，我们还讨论了在强类型语言中使用这种组合时的一些问题）。

即便你所使用的宿主语言对字面量列表的本地语法支持，在该列表用于函数调用时，你最好还是使用可变参数函数。也就是，我倾向于使用 companions(jo, saraJane, leela) 而不是 companions([jo, saraJane, leela])。

基本上通过模仿 Lisp，就可以仅使用字面量列表来构建任何 DSL。这在 Lisp 里是一种很自然的方式，但在其他语言中将列表与其他形式的表达式组合起来使用更自然一些。

第*40*章

字面量映射（Literal Map）

用字面量映射表示表达式。

```
computer(processor(:cores => 2, :type => :i386),
         disk(:size => 150),
         disk(:size => 75, :speed => 7200, :interface => :sata))
```

40.1 运行机制

　　字面量映射是存在于很多语言中的一种语言构造，可以用于形成映射数据结构（这种数据结构也称为字典、哈希映射、哈希或者关联数组）。它通常用在函数调用中，函数接收映射并对其进行处理。

　　在动态类型语言中，使用字面量映射时面临的最大问题就是无法保证键名的合法性。于是，我们不得不自己编写代码来处理那些陌生的键，而且没有相应机制来向 DSL 脚本的编写者表明哪些键是正确的。在静态类型语言中，则可以通过将键定义为特定类型的枚举避免这个问题。

　　在动态类型语言中，字面量映射的键通常是符号数据类型（或者字符串）。符号是最自然的选择，也易于使用。符号键是如此常见，以至于很多语言为了使符号键更容易使用而提供了简化的语法。例如，在 Ruby 1.9 版本中可以使用{cores: 2}代替{:cores => 2}。

　　正如我将可变参数函数调用视为字面量列表（第 39 章）的一种形式一样，我将带有关键字参数的函数调用视为字面量映射的一种形式。其实关键字参数更好，因为它们通常允许我们定义合法的关键字。遗憾的是，关键字参数是比字面量映射语法更少见的语法形式。

　　如果你使用的语言只提供对字面量列表，而不提供对字面量映射的语法支持，你可以使用字面量列表来表示映射。例如，在 Lisp 中，可以通过(processor (cores 2) (type i386))这样的表达式来表示字面量映射。在其他语言中，你可以使用类似于 processor("cores", 2, "type" "i386")这样的构造，将参数视为交替的键和值来实现这一目的。

　　有些语言（如 Ruby），当在特定的上下文中只需要一个字面量映射时，可以省略字面量映射的分隔符。因此可以不写 `processor({:cores => 2, :type => :i386})`，而是将其简写为 `processor(:cores => 2, :type => :i386)`。

40.2　使用时机

如果你需要一个包含不同元素的列表，其中每个元素都只应该最多出现一次，那么字面量映射就是一个非常不错的选择。虽然无法验证键的合法性很令人恼火，但是总体而言，对于这种情况，这种语法还是最好的选择。但有一点需要讲清楚，字面量映射中的每个元素最多只出现一次，而且映射数据结构对于要处理它的被调用函数是最理想的选择。

如果你所使用的语言不支持字面量映射，你可以使用字面量列表（第 39 章）、嵌套函数（第 34 章）或方法级联（第 35 章）。

40.3　使用列表和映射表达计算机的配置信息（Ruby）

遵循脚本语言的传统，Ruby 语言为列表和映射提供了很好的字面量语法支持。下面我将展示如何使用这些语法来完成计算机配置信息的例子：

```
computer(processor(:cores => 2, :type => :i386),
         disk(:size => 150),
         disk(:size => 75, :speed => 7200, :interface => :sata))
```

这个例子里我不仅仅使用了字面量映射，与以往一样，将字面量映射与其他技术结合起来使用是一个不错的选择。这个例子里有 3 个函数 `computer`、`processor` 和 `disk`，每个函数都使用一个集合作为参数：`computer` 使用字面量列表（第 39 章），另外两个函数使用字面量映射。我还在构建器类中使用了对象作用域（第 36 章），用以实现这些函数。因为是 Ruby，我可以使用 `instance_eval` 在构建器对象实例的上下文内对 DSL 脚本求值，而无须再创建子类。

我先从 `processor` 开始。

```
class MixedLiteralBuilder...
  def processor map
    check_keys map, [:cores, :type]
    return Processor.new(map[:cores], map[:type])
  end
```

要使用字面量映射很容易，我只需利用键从映射中取出相应的内容。使用映射的一个风险是，调用者可能会意外引入不正确的键，因此这里需要一些检查。

```
class MixedLiteralBuilder...
  def check_keys map, validKeys
```

```
    bad_keys = map.keys - validKeys
    raise IncorrectKeyException.new(bad_keys) unless bad_keys.empty?
  end

class IncorrectKeyException < Exception
  def initialize bad_keys
    @bad_keys = bad_keys
  end
  def to_s
    "unrecognized keys: #{@bad_keys.join(', ')}"
  end
end
```

对 disk 我使用相同的方法。

```
class MixedLiteralBuilder...
  def disk map
    check_keys map, [:size, :speed, :interface]
    return Disk.new(map[:size], map[:speed], map[:interface])
  end
```

因为是简单值，所以我可以创建领域对象，并在每个嵌套函数（第 34 章）中返回它。computer 函数可以使用可变参数传入多个磁盘信息来创建计算机对象。

```
class MixedLiteralBuilder...
  def computer proc, *disks
    @result = Computer.new(proc, *disks)
  end
```

（Ruby 语言在参数列表中使用*将参数标识为可变参数，例如，在参数列表中*disks 说明它是一个可变参数。然后我就可以引用所有被传入为数组的名为 disks 的磁盘，当我使用 *disks 调用其他函数时，disks 的元素将被当作独立的参数传入。）

为了处理 DSL 脚本，我让构建器使用 instance_eval 对脚本求值：

```
class MixedLiteralBuilder...
  def load aStream
    instance_eval aStream
  end
```

40.4　演化为格林斯潘式[①]（Ruby）

就像内部 DSL 中的其他元素一样，优秀的 DSL 通常结合使用多种技术。在之前的例子里，我使用了嵌套函数（第 34 章）、字面量列表（第 39 章）和字面量映射。但有时把单个技术用到极致以了解它的全部能力也很有意思。我们可以仅使用字面量列表和字面量映射来编写相当复杂的 DSL 表达式。下面让我们来看一下它是什么样子的：

① 列表的列表。——译者注

```
[:computer,
  [:processor, {:cores => 2, :type => :i386}],
  [:disk, {:size => 150}],
  [:disk, {:size => 75, :speed => 7200, :interface => :sata}]
]
```

在这个版本里，我用字面量列表替代了所有函数调用，列表中的第一个元素是待处理的项的名字，列表的其余部分则包含参数。处理这个数组的方法是先对 Ruby 代码求值，并将它传入能够理解计算机表达式的方法中。

```
class LiteralOnlyBuilder...
  def load aStream
    @result = handle_computer(eval(aStream))
  end
```

我通过检查数组中的第一个元素而后再处理其他元素来处理每个表达式。

```
class LiteralOnlyBuilder...
  def handle_computer anArray
    check_head :computer, anArray
    processor = handle_processor(anArray[1])
    disks = anArray[2..-1].map{|e| handle_disk e}
    return Computer.new(processor, *disks)
  end
  def check_head expected, array
    raise "error: expected #{expected}, got #{array.first}" unless
      array.first == expected
  end
```

从本质上说，此处遵循了递归下降语法分析器（第 21 章）的形式。计算机子句中包含一个处理器和多个磁盘，我调用方法来处理它们，返回一个新创建的计算机对象。

处理器的处理方式很直接——只需从所提供的映射中提取出参数。

```
class LiteralOnlyBuilder...
  def handle_processor anArray
    check_head :processor, anArray
    check_arg_keys anArray, [:cores, :type]
    args = anArray[1]
    return Processor.new(args[:cores], args[:type])
  end
  def check_arg_keys array, validKeys
    bad_keys = array[1].keys - validKeys
    raise IncorrectKeyException.new(bad_keys) unless bad_keys.empty?
  end
```

对于磁盘也可以这样处理。

```
class LiteralOnlyBuilder...
  def handle_disk anArray
    check_head :disk, anArray
    check_arg_keys anArray, [:size, :speed, :interface]
    args = anArray[1]
    return Disk.new(args[:size], args[:speed], args[:interface])
  end
```

值得注意的一点是，这种方法让我可以完全控制语言的各元素的求值顺序。在这个例子里，我先对处理器和磁盘的表达式求值，再创建计算机对象，但我可以以任何我希望的顺序来完成。从某种意义上讲，这段 DSL 脚本更像一个通过内部字面量集合的语法（而不是字符串）编码的外部 DSL。

这里我混合使用了列表和映射，但也可以只使用字面量列表完成，也就是格林斯潘式（Greenspun form）。

```
[:computer,
  [:processor,
    [:cores, 2,],
    [:type, :i386]],
  [:disk,
    [:size, 150]],
  [:disk,
    [:size, 75],
    [:speed, 7200],
    [:interface, :sata]]]
```

（至于为什么我会将这种编程方式称为"格林斯潘式"，作为练习留给读者自行研究。）

我所做的是，将每个映射替换为一个包含两个元素的子列表的列表，每个子列表都是一对键和值。

代码的主体部分并没有什么变化，依旧是从计算机的符号表达式（sexp）中分解出一个处理器和多个磁盘。

```
class ListOnlyBuilder...
  def load aStream
    @result = handle_computer(eval(aStream))
  end
  def handle_computer sexp
    check_head :computer, sexp
    processor = handle_processor(sexp[1])
    disks = sexp[2..-1].map{|e| handle_disk e}
    return Computer.new(processor, *disks)
  end
```

不同之处源于对子句的处理，这需要一些额外的代码，就像在映射中查找某种对应的东西一样。

```
class ListOnlyBuilder...
  def handle_processor sexp
    check_head :processor, sexp
    check_arg_keys sexp, [:cores, :type]
    return Processor.new(select_arg(:cores, sexp),
                         select_arg(:type, sexp))
  end
  def handle_disk sexp
    check_head :disk, sexp
    check_arg_keys sexp, [:size, :speed, :interface]
    return Disk.new(select_arg(:size, sexp),
                    select_arg(:speed, sexp),
                    select_arg(:interface, sexp))
  end
  def select_arg key, list
    assoc = list.tail.assoc(key)
```

```
    return assoc ? assoc[1] : nil
  end
```

　　只使用列表使 DSL 脚本变得更规整，但使用键值对列表来代替映射并不太符合 Ruby 的风格，这两种方式都不如之前那个混合使用函数调用和字面量集合的例子。

　　然而，使用嵌套列表确实将我们带入了另一个世界，在这个世界中，这种风格看起来非常自然。正如很多读者早已意识到的，这基本上就是 Lisp 程序的样子。在 Lisp 中，这段 DSL 脚本将会是如下的样子：

```
(computer
  (processor
    (cores 2)
    (type i386))
  (disk
    (size 150))
  (disk
    (size 75)
    (speed 7200)
    (interface sata)))
```

　　Lisp 中的列表结构要清晰得多，各单词默认是符号，并且，因为表达式只有原子或列表两种形式，所以无须逗号分隔。

第 *41* 章

动态接收（Dynamic Reception）

处理消息时不需要在接收类中定义这些消息。

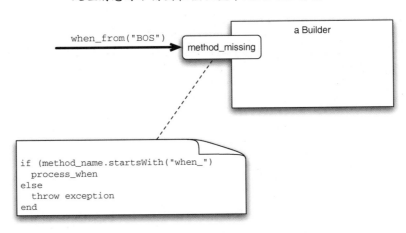

也称为覆写 method_missing 或 doesNotUnderstand。

任何对象都是用有限的方法集来定义的。对象的调用方可能会尝试调用一个没有在接收方定义过的方法。静态类型语言会在编译时发现这个问题，并报出编译错误。于是你便知道运行时不会再出现这种问题（除非你聪明地骗过了类型系统）。对于动态类型语言，你可以在运行时调用一个不存在的方法，这往往会在运行时报错。

动态接收使我们能够调整这种行为，这意味着我们可以对未知消息做出不同的响应。

41.1 运行机制

许多动态类型语言对于未知方法调用的响应方式是调用一个位于对象层级结构顶端的专用错误处理方法。这个方法没有标准名称：在 Smalltalk 里是 doesNotUnderstand，在 Ruby

里是 method_missing。你可以在自己的类里面子类化这个方法,从而引入自己的处理未知方法的方式。在这样做的时候,你就从根本上动态地改变了接受方法调用的规则。

在日常编程中动态接收是很有用处的。支持对另一个对象的自动委派就是一个很好的例子。实现这一点的方式是,在原接收方对象中定义要实现的方法,并用**动态接收机制**把未知的消息发送给委派对象。

动态接收在 DSL 上的用途也很多。常见的一个用法是把方法参数转变成方法名。Rails 的 Active Record 动态查找器就是一个很好的例子。例如,有一个类叫作 Person,它有 firstname 和 lastname 两个属性。定义好这些以后,就可以调用 find_by_firstname("martin") 或者 find_by_firstname_and_lastname("martin", "fowler"),而这些方法是不需要定义的。Active Record 超类中的代码覆写了 Ruby 的 method_missing,检查方法调用是否以 find_by 开头。如果是,就对方法名进行语法分析,以找出对应属性名,并用属性名构造出一个查询。当然你也可以通过传递多个参数来完成同样的功能,例如 find_by("firstname", "martin", "lastname", "fowler"),但是把属性名放到方法名里会让代码更具可读性,因为它模拟了显式定义方法时的实际操作。

像 find_by_name 这样的方法,是通过获取并对单个方法名进行语法分析来工作的。究其本质,是把外部 DSL 嵌入方法名中。另一种方法是用一系列的动态接收,就像 find_by.firstname ("martin").and.lastname("fowler") 或者 find_by.firstname.martin.and.lastname.fowler。在这种方式下,find_by 方法会返回一个表达式构建器(第 32 章),你可以用它结合方法级联(第 35 章)和动态接收来构造一个查询。

这样做的好处是可以避免使用参数两侧的引号(我们用的是 martin 而不是"martin"),从而减少噪声。如果你在使用对象作用域(第 36 章),在这种方式下用作参数的符号也可以去掉冒号,例如用 state idle 而不是 state :idle。为此,你可以在超类中实现动态接收,这样一旦子类对象调用了 state 方法,它就会覆写下一个未知方法(无论下一个方法是什么),以使其捕获 state 的名字。你还可以更进一步地使用**文本打磨**(第 45 章)来去除各种会引起噪声的标点符号。

41.2 使用时机

通过动态接收把参数移到方法名中还是挺有吸引力的。首先,它模仿的就是你正常定义方法时要做的事情,但是减少了工作量。Person 类有一个 find_by_firstname_and_lastname 方法是合理的,而用了**动态接收**以后,我们就可以不用实际编写程序而自动得到这个方法了。这可以节省大量的时间,尤其是要使用大量组合的时候。当然还有其他方式可以达到同样的效果,例如,可以像 find(:firstname, "martin", :lastname, "fowler")这样把属性名放入参数,也可以像 find {|p| p.firstname == "martin" and p.lastname == "fowler"}这样使用闭包,甚至还可以像 find("firstname == martin lastname == fowler")这样把外部 DSL 的一个片段嵌入字符串中。但很多人发现，把字段名嵌入方法名里是表达该调用的最连贯的方式。

用方法名替代参数的另一个好处是，它可以为你提供标点符号的更好的一致性。像 find.by.firstname.martin.and.lastname.fowler 这样的表达式就只用句点（.）作为唯一的标点符号形式，人们就不用费心思考什么时候用句点，什么时候用圆括号对或者引号对了。不过，对很多人来说，这种一致性的好处并不大，我更喜欢把模式和数据分开，所以我更喜欢用 find_by.firstname("martin").and.lastname("fowler")这种方式把字段名放到方法调用中，把数据放到参数中。

把数据放入方法名会带来的一个问题是，编程语言本身所使用的编码方式跟字符串数据常常不一样。很多语言只支持 ASCII 编码，于是在遇到非 ASCII 编码的人名时就会出问题。同样，方法名的语言文法规则也可能会把有效的人名排除在外。

最重要的是，我们得牢牢记住，只有在你通常可以用**动态接收**构建这些结构，而不处理任何特殊情况的时候，**动态接收**才会发挥应有的作用。换句话说，如果你可以把动态方法清晰地转换成用于其他目的的方法，动态接收才值得一用。条件判断是一个很好的例子，因为它一般会调用领域模型对象上的属性。我有一个 Person 类，这个类有 firstname 和 lastname 属性，于是 find_by_firstname_and_lastname 方法也很合适。但是如果你需要编写一些特殊方法来专门处理**动态接收**的一些特殊情况，那么通常这意味着你不该用它。

动态接收存在很多问题，也有不少限制。最大的问题当然是你完全无法在静态类型语言中使用它。但即便是在动态类型语言中，你使用时也要谨慎一些。只要你覆写了处理未知方法调用的处理程序，你犯的任何错误就有可能让你陷入调试深渊。堆栈信息往往令人费解。

下面说明一下它的限制。我们往往无法构造 find_by.age.greater_than.2 这样的语句，因为大多数动态类型语言是不允许在方法名中出现"2"的。你当然可以避开这一点，如使用 find_by.age. greater_than.n2，可是这就大大破坏了你想达成的连贯效果。

既然一直在关注布尔表达式，我就有必要说明一下，像这种方法调用的组合在处理复杂布尔条件的时候并不是很合适。对于像 find_by.firstname("martin").and.lastname ("fowler")这种简单的语句还可以应对，但如果要构建 find_by.firstname.like("m*"). and.age.greater_than(40).and.not. employer.like("thought*")这样的语句，你就会被迫去实现一个复杂的语法分析器，而在当前的环境下，这是很麻烦的。

当然，**动态接收**不适用于复杂的条件判断句，并不意味着连简单的情况都不能用。**Active Record** 用动态接收为简单的情况提供了动态查找功能，但它并没有支持复杂的表达式，你需要用另一种机制来实现。有些人不喜欢这样，觉得处理机制应该只有一个。但我觉得我们有必要意识到，不同的解决方案适用于不同的复杂度，所以所提供的选择应该多一些。

41.3 积分——使用经过语法分析的方法名（Ruby）

在这个例子中，我们考虑为旅行行程分配不同的积分。我们建立这样的领域模型：一个行程会包括多个条目，条目可能是航班、住宿、租车等。我们希望有一种灵活的方式计算旅行积分，例如，从波士顿飞往其他地方可以积 300 分。

下面我将展示如何使用**动态接收**支持下面的场景。首先是积分规则的一个简单示例。

```
@builder = PromotionBuilder.new
@builder.score(300).when_from("BOS")
```

在另一个例子中，我们会针对不同种类的元素设置不同的积分规则。例如在一个行程中，从某个特定的机场飞离，在某个特定品牌的酒店住宿：

```
@builder = PromotionBuilder.new
@builder.score(350).when_from("BOS")
@builder.score(100).when_brand("hyatt")
```

最后，我们还有一个组合航班规则，针对的是在飞离波士顿的时候搭乘某个特定航班的情况。

```
@builder = PromotionBuilder.new
@builder.score(140).when_from_and_airline("BOS","NW")
```

41.3.1 模型

模型分成两部分：行程和积分。行程就是条目的集合，而条目可以是任意的。在上面这个简单例子中，只有航班和住宿。

```
class Itinerary
  def initialize
    @items = []
  end
  def << arg
    @items << arg
  end
  def items
    return @items.dup
  end
end

class Flight
  attr_reader :from, :to, :airline
  def initialize airline, from, to
    @from, @to, @airline = from, to, airline
  end
end
```

```
class Hotel
  attr_accessor :nights, :brand
  def initialize  brand, nights
    @nights, @brand = nights, brand
  end
end
```

积分由积分规则组成，每条规则有一个积分值和一些条件判断。

```
class Promotion...
  def initialize rules
    @rules = rules
  end

class PromotionRule...
  def initialize anInteger
    @score = anInteger
    @conditions = []
  end
  def add_condition aPromotionCondition
    @conditions << aPromotionCondition
  end
```

计算积分的方式就是把积分规则应用到行程上，程序会针对行程遍历所有积分规则，对每一条规则进行条件判断，然后计算总分。

```
class Promotion...
  def score_of anItinerary
    return @rules.inject(0) {|sum, r| sum += r.score_of(anItinerary)}
  end
```

如果一条规则中的所有条件判断全都匹配某个行程，那么该行程就能够得到这条规则的积分。

```
class PromotionRule...
  def score_of anItinerary
    return (@conditions.all?{|c| c.match(anItinerary)}) ? @score : 0
  end
```

DSL 中的每一行 score 都是一条独立的规则。所以

```
@builder = PromotionBuilder.new
@builder.score(350).when_from("BOS")
@builder.score(100).when_brand("hyatt")
```

是两条积分规则，它们可以分别或共同与给定的行程进行匹配。与之形成对比的是，

```
@builder = PromotionBuilder.new
@builder.score(140).when_from_and_airline("BOS","NW")
```

是一条积分规则，但是有两个条件判断。这两个条件判断需要同时匹配才能得到积分。

为了处理这种情况，我编写了一个 EqualityCondition 对象，对该对象可以设置名称和值。

```
class EqualityCondition
  def initialize aSymbol, value
    @attribute, @value = aSymbol, value
```

```
    end
    def match anItinerary
      return anItinerary.items.any?{|i| match_item i}
    end
    def match_item anItem
      return false unless anItem.respond_to?(@attribute)
      return @value == anItem.send(@attribute)
    end
  end
```

以这种方式使用方法名中的相等判断非常有局限性。然而，底层的模型可以支持我使用任何种类的条件判断，只要它知道如何与行程匹配就可以。有些条件判断可以通过 DSL 添加，有些则可以通过其他方式来处理，如闭包。

```
example......
  rule = PromotionRule.newWithBlock(520) do |itinerary|
    flights = itinerary.items.select{|i| i.kind_of? Flight}
    flights.any? {|f| f.from == "LAX"} and
      flights.any? {|f| f.to == "LAX"} and
      flights.all? {|f| %w[NW CO DL].include?(f.airline)}
  end
  promotion = Promotion.new([rule])

class BlockCondition
  def initialize aBlock
    @block = aBlock
  end
  def match anItinerary
    @block.call(anItinerary)
  end
end
```

这种灵活性是相当重要的，它使我们既可以用 DSL 很容易地处理简单场景，又多了一种备选机制来处理更复杂的情况。

41.3.2　构建器

基本的构建器包装了一组它构建的积分规则，根据需要返回新的积分对象。

```
class PromotionBuilder...
  def initialize
    @rules = []
  end
  def content
    return Promotion.new(@rules)
  end
```

score 方法会创建出其中的一条规则来，这条规则是在上下文变量（第 13 章）中保存的。这个方法还为条件判断创建了一个特殊的构建器。

```
class PromotionBuilder...
  def score anInteger
    @rules << PromotionRule.new(anInteger)
    return PromotionConditionBuilder.new(self)
  end
```

条件判断构建器是使用动态接收的类。在 Ruby 中，我们通过覆写 method_missing 使用动态接收。

```
class PromotionConditionBuilder...
  def initialize parent
    @parent = parent
  end
  def method_missing(method_id, *args)
    if match = /^when_(\w*)/.match(method_id.to_s)
      process_when match.captures.last, *args
    else
      super
    end
  end
```

method_missing 这个钩子方法会检查调用方是否以 when_开头，如果不是，它就转发给超类，超类会抛出异常。假设我们的方法以 when_开头，那么它就会从方法调用中把属性名提取出来，检查它们是否与参数匹配，然后组建相应的规则。

```
class PromotionConditionBuilder...
  def process_when method_tail, *args
    attribute_names = method_tail.split('_and_')
    check_number_of_attributes(attribute_names, args)
    populate_rules(attribute_names, args)
  end
  def check_number_of_attributes(names, values)
    unless names.size == values.size
      throw "There are %d attribute names but %d arguments" %
        [names.size, values.size]
    end
  end
  def populate_rules names, args
    names.zip(args).each do |name, value|
      @parent.add_condition(EqualityCondition.new(name, value))
    end
  end

class PromotionBuilder...
  def add_condition arg
    @rules.last.add_condition arg
  end
```

意料之中的是，这种方式跟 Active Record 的动态查找器很相似。如果你对它感兴趣的话，可以看一下 Jamis Buck 的介绍。

41.4　积分——使用方法级联（Ruby）

接下来我会用方法级联实现上面的例子，使用的模型和大多数条件判断基本不变。因为 DSL 不一样了，所以形成的条件判断会相应变化。下面是飞离波士顿的例子：

```
@builder.score(300).when.from.equals.BOS
```

我把所有的实参作为方法（而不是形参）传给了条件判断（我把分值还是保留为形参，

只是为了表示差异）。条件判断的运算符也用方法来表示。

下面是两个不同积分的例子：

```
@builder.score(350).when.from.equals.BOS
@builder.score(100).when.brand.equals.hyatt
```

最后有一个复合条件判断：

```
@builder.score(170).when.from.equals.BOS.and.nights.at.least._3
```

这个复合条件判断比上一个例子中用到的更棘手一些。我这里既利用了可以使用其他多个运算符的功能，又展示了传递一个数值形参作为方法名（这会让代码被污染）。

41.4.1　模型

这里的模型跟上面的例子几乎毫无二致。唯一的区别是我增加了一个条件判断。

```
class AtLeastCondition...
  def initialize aSymbol, value
    @attribute, @value = aSymbol, value
  end
  def match anItinerary
    return anItinerary.items.any?{|i| match_item i}
  end
  def match_item anItem
    return false unless anItem.respond_to?(@attribute)
    return @value <= anItem.send(@attribute)
  end
```

41.4.2　构建器

前后两个例子的主要差异就在于构建器。跟前面一样，我有一个 `PromotionBuilder` 对象，它持有一组规则，并在需要时可以生成积分对象。

```
class PromotionBuilder...
  def initialize
    @rules = []
  end
  def content
    return Promotion.new(@rules)
  end
```

`score` 方法向规则列表中增加一条规则。

```
class PromotionBuilder...
  def score anInteger
    @rules << PromotionRule.new(anInteger)
    return self
  end
```

`when` 方法返回一个更专属的构建器，用来捕获属性名。

```
class PromotionBuilder...
  def when
    return ConditionAtributeNameBuilder.new(self)
  end

class ConditionAtributeNameBuilder < Builder
  def initialize parent
    @parent = PromotionConditionBuilder.new(parent)
    @parent.name = self
  end

class Builder
  attr_accessor :content, :parent
  def initialize parentBuilder = nil
    @parent = parentBuilder
  end
end

class PromotionConditionBuilder < Builder
  attr_accessor :name, :operator, :value
```

为了构建条件判断，我创建了一棵小型语法分析树。表达式中的每个条件判断都由 3 部分组成：名称、运算符和值。每一部分都有一个构建器，还有一个父构建器把这些条件判断组合起来。于是当我创建名称生成器的时候，我同时创建了父条件判断构建器来为语法分析树做准备。

属性名构建器会为我们测试的属性寻找适合的名称，因为这个名称会根据模型类的属性不同而发生变化。这里我用了*动态接收*。

```
class ConditionAtributeNameBuilder...
  def method_missing method_id, *args
    @content = method_id.to_s
    return ConditionOperatorBuilder.new(@parent)
  end
```

属性名构建器捕获了属性名，然后返回运算符构建器以捕获运算符。

运算符构建器只支持固定的运算符集，所以不需要使用*动态接收*。

```
class ConditionOperatorBuilder < Builder
  def initialize parent
    super
    @parent.operator = self
  end
  def equals
    @content = EqualityCondition
    return next_builder
  end
  def at
    return self
  end
  def least
    @content = AtLeastCondition
    return next_builder
  end
  def next_builder
    return ConditionValueBuilder.new(@parent)
  end
```

运算符构建器的基本行为跟属性名构建器很相似：捕获运算符并为最后一部分（值）返回一个新的构建器。这里有两个有意思的地方。第一，构建器的 content 是模型中相应的条件判断类。第二，at 方法只返回其自身，因为它是纯语法糖——只是为了让表达式更具可读性。

最后一个构建器是值构建器，其用动态接收捕获值。

```
class ConditionValueBuilder < Builder
  def initialize parent
    super
    @parent.value = self
  end
  def method_missing method_id, *args
    @content = method_id.to_s
    @content = @content.to_i if @content =~ /^_\d+$/
    @parent.end_condition
  end
end
```

如果值是数字，我就得玩点小花招，所以用下划线开头，在 DSL 脚本中以"_3"来表示"3"。(在 Ruby 语言中，"_3".to_i 会把字符串解析成整数，下划线会被忽略，返回的是 3。)这个方法还表示这部分表达式的结束，所以它告诉它的父类去组装模型。

```
class PromotionConditionBuilder...
  def end_condition
    content = @operator.build_content(@name.content, @value.content)
    @parent.add_condition content
    return @parent
  end

class ConditionOperatorBuilder...
  def build_content name, value
    return @content.new(name, value)
  end

class PromotionBuilder...
  def add_condition cond
    current_rule.add_condition cond
  end
  def current_rule
    @rules.last
  end
```

到现在，我已经消费了这棵小型语法分析树，创建出了模型中的条件判断对象。如果是复合条件，我会重复这个过程。

```
class PromotionBuilder...
  def and
    return ConditionAtributeNameBuilder.new(self)
  end
```

以这种方式创建一棵小型语法分析树并不是内部 DSL 的常见方式。一般来说，一边解析一边构建模型反而更容易一些。不过对于这种条件表达式，用语法分析树还是有道理的。

但是总的来说，我并不热衷于用这种方式构建表达式。我认为，一旦你开始对这种一长串的方法调用进行语法分析，那么还不如换成外部 DSL 更为灵活。如果你有了构建语法分析树的想法，这就是一种坏味道，它意味着内部 DSL 做的事情太多了。

41.5 去除密室控制器中的引用（JRuby）

我曾在入门示例中展示过如何把 Ruby 当作内部 DSL 用于密室控制器。代码如下：

```
event :doorClosed, "D1CL"
event :drawerOpened,  "D2OP"
event :lightOn, "L1ON"
event :doorOpened,  "D1OP"
event :panelClosed, "PNCL"

command  :unlockPanel, "PNUL"
command :lockPanel,    "PNLK"
command :lockDoor,     "D1LK"
command :unlockDoor,   "D1UL"

resetEvents :doorOpened

state :idle do
  actions :unlockDoor, :lockPanel
  transitions :doorClosed => :active
end

state :active do
  transitions :drawerOpened => :waitingForLight,
              :lightOn => :waitingForDrawer
end

state :waitingForLight do
  transitions :lightOn => :unlockedPanel
end

state :waitingForDrawer do
  transitions :drawerOpened => :unlockedPanel
end

state :unlockedPanel do
  actions :unlockPanel, :lockDoor
  transitions :panelClosed => :idle
end
```

在这段代码里我没有使用动态接收，而只是基于简单的函数调用。这个脚本有一个不好的地方，就是引用太多了，特别是对标识符的每处引用都需要 Ruby 的符号标记（即名称开头的 "："）。与外部 DSL 相比，这让人感觉就是噪声。如果我使用了动态接收，所有的符号引用就都可以被去除，那么脚本会变成这样：

```
events do
  doorClosed   "D1CL"
  drawerOpened "D2OP"
```

```
  lightOn      "L1ON"
  doorOpened   "D1OP"
  panelClosed  "PNCL"
end

commands do
  unlockPanel "PNUL"
  lockPanel   "PNLK"
  lockDoor    "D1LK"
  unlockDoor  "D1UL"
end

reset_events do
  doorOpened
end

state.idle do
  actions.unlockDoor.lockPanel
  doorClosed.to.active
end

state.active do
  drawerOpened.to.waitingForLight
  lightOn.to.waitingForDrawer
end

state.waitingForLight do
  lightOn.to.unlockedPanel
end

state.waitingForDrawer do
  drawerOpened.to.unlockedPanel
end

state.unlockedPanel do
  panelClosed.to.idle
  actions.unlockPanel.lockDoor
end
```

我们从一个状态机构建器类为起点开始实现。这个类通过 `instance_eval` 使用对象作用域（第 36 章）。构建过程分为两个阶段，先对脚本求值，然后做后处理。

```
class StateMachineBuilder...
  attr_reader :machine
  def initialize
    @states = {}
    @events = {}
    @commands = {}
    @state_blocks = {}
    @reset_events = []
  end
  def load aString
    instance_eval aString
    build_machine
    return self
  end
```

为了对脚本求值，构建器中需要有与 DSL 脚本中的主要子句相对应的方法。我在这里用的是与入门示例同样的语义模型（第 11 章），JRuby 构建器会组装 Java 对象。

第一子句先来看一下事件声明，为此我在状态机构建器上调用了 events 方法，传入一个 block，其中包含每一个事件声明。

```
class StateMachineBuilder...
  def events &block
    EventBuilder.new(self).instance_eval(&block)
    self
  end

  def add_event name, code
    @events[name] = Event.new(name.to_s, code)
  end
class EventBuilder < Builder
  def method_missing name, *args
    @parent.add_event(name, args[0])
  end
end

class Builder
  def initialize parent
    @parent = parent
  end
end
```

events 方法会在一个单独的构建器的上下文中文即对 block 求值，这个构建器使用动态接收来把每一个方法调用都当作事件声明处理。对于每个事件声明，我都会从语义模型创建一个事件，并把它放到符号表（第 12 章）中。

对于 commands 和 reset_events，我采用了同样的技术。对每种方法都使用一个不同的构建器，每个构建器就可以保持简单，而且每个构建器的识别范围也可以保持清晰。

状态声明更有趣一些。我虽然还是使用闭包来捕获声明体，但会有些许差别。从脚本上看，最明显的差别在于表示状态名用的是动态接收。

```
class StateMachineBuilder...
  def state
    return StateNameBuilder.new(self)
  end

  def addState name, block
    @states[name] = State.new(name.to_s)
    @state_blocks[name] = block
    @start_state ||= @states[name]
  end
class StateNameBuilder < Builder
  def method_missing name, *args, &block
    @parent.addState(name, block)
    return @parent
  end
end
```

第二处差别是实现方式的不同。我没有立刻对嵌套闭包（第 38 章）求值，而是把它放到一个映射里保存起来。通过延迟求值，我可以避免对状态之间前向引用的担忧。我可以等到完成声明所有状态并用它们把符号表组装完整之后再来处理状态体。

最后一点差别是第一个被命名的状态会被当作初始状态，其实现方法是用一个额外的变量，只有当它为 `nil` 的时候才会进行组装。

组装完这个变量以后，脚本的求值也就结束了。下面要进入第二个阶段——后处理。

```
class StateMachineBuilder...
  def build_machine
    @state_blocks.each do |key, value|
      if value
        sb = StateBodyBuilder.new(self, @states[key])
        sb.instance_eval(&value)
      end
    end
    @machine =  StateMachine.new(@start_state)
    @machine.addResetEvents(
            @reset_events.
            collect{|e| @events[e]}.
            to_java("gothic.model.Event"))
  end

class StateBodyBuilder < Builder
  def initialize parent, state
    super parent
    @state = state
  end
```

后处理的第一步是对状态声明体求值。同样也要创建一个专用的构建器，并用 `instance_eval` 使用状态声明所在的 `block`。

状态声明体包括两种语句：声明要执行的动作；声明状态迁移。动作是由一个特定的方法处理的。

```
class StateBodyBuilder...
  def actions
    return ActionListBuilder.new(self)
  end
  def add_action name
    @state.addAction(@parent.command_at(name))
  end

class ActionListBuilder < Builder
  def method_missing name, *args
    @parent.add_action name
    return self
  end
end

class StateMachineBuilder...
  def command_at name
    return @commands[name]
  end
```

`actions` 方法创建了另一个构建器，它把所有的方法调用都纳入命令名。这样就可以在单行语句中通过级联的方式指定多个动作。

虽然动作用了一个特定的方法，与外部 DSL 的关键字有些类似，但状态迁移用的是动态接收。

```
class StateBodyBuilder...
  def method_missing name, *args
    return TransitionBuilder.new(self, name)
  end
  def add_transition event, target
    @state.addTransition(@parent.event_at(event), @parent.state_at(target))
  end

class TransitionBuilder < Builder
  def initialize parent, event
    super parent
    @event = event
  end
  def to
    return self
  end
  def method_missing name, *args
    @target = name
    @parent.add_transition @event, @target
    return @parent
  end
end

class StateMachineBuilder...
  def event_at name
    return @events[name]
  end
  def state_at name
    return @states[name]
  end
```

这里我用了一个未知的方法来启动一个专用的生成器，用它来捕获目标状态，这进一步使用了**动态接收**。这里的 to 也允许作为语法糖。

完成这一切以后，符号上所有的“:”就都被去除了。当然，人们会有疑问，这样做到底值不值得？我个人比较喜欢事件和命令列表的结果，而对于状态部分我倒是无所谓。当然也可以用混合的方式，在我喜欢的地方用**动态接收**，在动态接收没太大作用的地方用符号引用。混合的方式往往效果更好。

把符号上的“:”都去除感觉很不错，不过命令和事件编码那里仍然有引号，我也可以用类似的方法来处理它们。

第 *42* 章

注解（Annotation）

与程序元素（如类、方法等）相关的数据，可以在编译或运行时进行处理。

```
@ValidRange(lower = 1, upper = 1000, units = Units.LB)
private Quantity weight;
@ValidRange(lower = 1, upper = 120, units = Units.IN)
private Quantity height;
```

我们都习惯于在程序中对数据分类，并制定其运行规则。例如，顾客可以按区域进行分组，并执行不同的付款规则。通常，对程序本身的元素制定这种规则是很有用的。语言一般会为此提供一些内置的机制，例如，我们可以给类和方法标记访问限制（public 或者 private）。

但是，有很多我们想标记的事物超出了语言所支持的范围，甚至超出了应该支持的范围。我们可能想限制某个整型字段的取值范围，把方法标记为部分测试来运行，或者指明一个类可以被安全地序列化。

注解是关于程序元素的一段信息。我们可以在运行时获取这段信息并对其进行处理，如果环境支持的话，实际上也可以在编译时处理。注解通过这种方式提供了扩展编程语言的机制。

我在这里使用了注解（annotation）这一术语，这也是 Java 语言中所使用的术语。.NET 里早就有类似的语法，但是它所用的术语"属性"（attribute）的意思的涵盖范围实在是太广了，所以我还是沿用了 Java 的术语。不过，本章中这个概念的含义要比上述语法宽泛得多，而且即便是没有这种特定的语法，我们也能获得同样的收益。

42.1 运行机制

使用注解要考虑两点：定义与处理。虽然二者所依赖的技术都会因语言的不同而有差异，但定义和处理之间是相对独立的，例如，同一种处理技术可以用于以不同方式定义的注解。

为了和 DSL 的通用模型保持一致，下面的定义语法表示的是注解如何作为内部 DSL 来工作的。在每个例子中，它们都通过把数据附加到程序的运行时模型来创建语义模型（第 11 章），这个运行时模型是语言本身内置的。后续的处理步骤也都对应于语义模型的运行。跟任何 DSL 一样，它们可以包括模型运行和代码生成。

42.1.1　定义注解

说到定义注解的方式，人们最先想到的就是用语言为此而专门设计的语法。在 Java 中，我们可以这样标明一个测试方法：

```
@test public void softwareAlwaysWorks()
```

在 C#里就是这样：

```
[Test] public void SoftwareAlwaysWorks()
```

这两种语言都允许在其注解中放入参数，所以你还可以这样做：

```
class PatientVisit...
  @ValidRange(lower = 1, upper = 1000, units = Units.LB)
  private Quantity weight;
  @ValidRange(lower = 1, upper = 120, units = Units.IN)
  private Quantity height;
```

使用专门设计的语法来组装注解是显而易见的方式，也往往是最容易的。但我们还有其他的选择。

指定注解有一些很自然的方式，其中之一是使用类方法。假如我们要添加一个注解，用来指定字段的取值范围，例如，病人的身高范围是 1 ～ 120 英寸，体重范围是 1 ～ 1000 磅（一般我们会为此定义一个 Quantity，为简单起见，这里用的是整型）。在 Ruby 里，我们会这样指定取值范围：

```
valid_range :height, 1..120
valid_range :weight, 1..1000
```

为了让这段代码能够运行，要定义一个类方法，名为 valid_range。这个方法接收两个参数，其中一个是字段名，另一个是字段的取值范围。这个类方法可以对数据进行任何处理。它可以跟内置的语法一样把裸数据添加到一个结构中，或者直接创建验证器对象并进行保存。

使用这种类方法与使用专门设计的语法一样简单。其最大的问题在于调用类方法的时候需要被注解的程序元素的名称。这可能会让程序显得有些冗余，但这可以使程序员将注解和被注解的声明分离开。假如一种语言为这种机制提供了便利，它将获得巨大的回报——无须再提供专门的注解语法了。

使用这种类方法时要注意一些问题。这些需要存储的注解需要被运行。在上面的 Ruby 示例中，代码在被加载的时候就会被运行。有些语言需要额外的机制来确保这一点。存储注解数据的最简单的方式是使用类变量，但有很多语言会在类和其子类之间共享类变量，虽然这对于这个例子不会有影响，但在其他情况下可能就会出问题。

我在上面用面向对象的术语描述了这项技术，不过任何一种语言都可以基本获得同样的效果，只要它可以方便地表示语言元素。因此，你可以定义一个 Lisp 的结构，它可以用数据来标记函数名。这个结构可以存在于任何地方①，只要在后续处理中能够被找到。

在静态类型语言中，还有一项常用的技术是标记接口。它包括定义一个无任何方法的接口，然后实现这个接口。接口实际上就给类打了标签以用于后续处理。这项技术只能用在类上，不能用于方法和字段。

命名约定提供了注解的一种简单形式。很多 xUnit 实现是这样做的——依照约定，测试方法的方法名以 test 开头。它可以用于简单的注解，但很难支持多重注解，也几乎不可能传入参数了。

在上面的所有这些情况下，注解会由内置的语言构造来处理，以构建语义模型（第 11 章）。除了通常的内部 DSL 限制（DSL 的语法受到宿主语言语法的限制），这里对注解还有进一步的限制。使用注解的时候，语义模型只能基于程序本身的基本表示方式。面向对象程序的基本表示方式是类、字段和方法。注解的语义模型是对这种结构的一种装饰——我们基本上无法构建一个完全单独和独立的语义模型。

42.1.2 处理注解

注解是在源码中定义的，但可以在随后的阶段中进行处理——通常是在编译、程序加载或常规的运行时操作期间。

在常规操作期间处理注解可能是最常见的做法了。其中包括用注解来控制对象行为的某些方面，例如运行 xUnit 风格的测试框架中的测试方法。这些工具都允许把测试定义成测试类中的方法。但并非所有的方法都是测试方法，所以就用注解来识别哪些才是真正的测试方法。测试运行程序会找到这些测试方法并运行它们。

数据库映射也可以以类似的方式工作。数据库映射程序会查询属性，以找出程序中的字段和持久化存储结构之间的映射关系。然后它用这些信息来建立映射数据。

这种处理方式可以在执行处理时或程序加载时完成。像上面例子提到的验证注解，可以在程序启动时得到部分处理以创建验证器对象，并把这些验证器对象附加在类上。然后这些验证器又会在程序运行期间用于验证对象。

注解的运行时的用法对应于 DSL 模型运行的通用方式。当然，跟任何 DSL 一样，代码生成也有不同方式。在动态类型语言中，代码生成可以在运行时完成——通常是在程序加载的时候，可以生成新类，或者向已有类中添加方法。

编译型语言在运行时生成代码就要复杂多了。虽然也可以在运行时运行编译器并动态链接模块，但是配置工作相当棘手。如果语言的编译器提供了钩子，那么可以用来处理注解——Java 正是这样做的。

---

① 因为 Lisp 中没有专门的注解概念，所以注解数据的存储需要自行处理。——译者注

当然，代码可以在编译前生成。对验证的例子而言，我们可以在宿主类里生成一个验证方法，或者把验证方法作为一个单独的对象。这段代码会跟程序一起编译。但这种把编写的代码和生成的代码混杂在一起的做法会让人感到困惑。

字节码后处理是编译型语言的另一条出路。我们可以让编译器先编译程序，编译之后我们再操作字节码来添加生成的代码。

对注解的处理可以在多处进行，可以对处理进行多次定义。如果我们构建一个 Web 应用并需要定义字段的验证规则，我们会希望在多处运行这些验证。用 JavaScript 在浏览器中运行验证的响应速度最快，但我们不能依靠于此，因为用户总是可以避开验证。于是在服务器上也需要运行验证。用了注解之后，我们可以在服务器端进行运行时检查，同时生成 JavaScript 代码以在浏览器中验证，这样就不会有重复的代码。这些检查都完全源于单个注解。

42.2　使用时机

主流编程语言中注解仍未得到广泛应用，我们仍在探索使用它的最佳时机。

注解的核心特性在于它允许你把定义和处理分离。验证示例就能够很好地说明这一点。如果我们要约束字段的取值范围，最直观的做法是将其作为 setting 方法的一部分来处理。但这种方式就把约束的定义和约束的运行时机组合在了一起——这里的运行时机是在修改字段值的时候强制验证。

在其他时点检查约束的例子也有很多，例如，只在用户提交表单的时候进行验证，填写表单的时候并不验证。为了支持这种提交时验证的行为，你可能要在对象上增加一个完整验证的方法，但你还是把约束的定义和检查放到了一起。

把约束的定义和检查分离以后，你就可以在不同的时点检查约束，甚至还可以在不同时点检查约束的不同子集。使约束的定义独立出来以后，代码更清晰了，这样程序员就可以只关注约束定义本身，而不被检查机制所干扰了。

注解的优势在于它可以将定义和处理分离开来。如果你希望在独立于定义的情况下修改处理，或者让定义独立从而更易于理解，就可以使用注解。

使用注解的负面作用在于同时需要定义和处理时会更为困难。如果你需要同时理解定义和处理，那么注解会迫使你到两个不相关的地方去查找。处理代码也是通用的，于是就更让人难以查找。

综上所述，我们可以得出结论：注解的定义应当是声明式的，不应该涉及任何逻辑。而且它也不应该和处理逻辑的运行时机以及与相同或不同的程序元素相关的注解的处理顺序有任何关联。

42.3　用于运行时处理的自定义语法（Java）

在第一个注解的代码示例中，我将使用最普通的场景：有一种语言，它有用于注解的自定义语法——这里指的是 Java，它在 1.5 版本中引入了注解。

下面是如何为整型值设定取值范围：

```
class PatientVisit...
  @ValidRange(lower = 1, upper = 1000, units = Units.LB)
  private Quantity weight;
  @ValidRange(lower = 1, upper = 120, units = Units.IN)
  private Quantity height;
```

为了让这段代码可以工作，我需要定义一个如下的注解类型：

```
@Target(ElementType.FIELD)
@Retention(RetentionPolicy.RUNTIME)
public @interface ValidRange {
  int lower() default Integer.MIN_VALUE;
  int upper() default Integer.MAX_VALUE;
  Units units() default Units.MISSING;
}
```

在 Java 的注解系统中，注解类型本身实际上是一个只有字段的对象，字段必须是字面量（literal）或者其他注解。

于是，对注解的全部处理都在其他地方完成。下面我会通过使对象自我验证来触发验证过程。

（这段话有点儿跑题了，但我觉得必须指出来，让对象用这种方式自我验证并不总是正确的策略。当你验证的时候一定会有对应的上下文，而这个上下文通常就是涉及这个对象的某些动作。我这里用的验证方式意味着，无论你在哪个上下文中使用这段代码，这个验证规则总是正确的。这种情况一般很少见。）

```
class DomainObject...
  boolean isValid() {
    return new ValidationProcessor().isValid(this);
  }
public class PatientVisit extends DomainObject
```

这个领域对象方法只做了一件事情，就是把它要做的事情委派给了 `ValidatorProcessor`。

```
class ValidationProcessor...
  public boolean isValid(Object arg) {
    for (Field f : arg.getClass().getDeclaredFields())
      for (Annotation a : f.getAnnotations())
        if (doesAnnotationValidationFail(arg, f, a)) return false;
    return true;
  }
  public boolean doesAnnotationValidationFail(Object obj, Field f, Annotation a) {
    FieldValidator validator = validatorMap().get(a.annotationType());
    if (null == validator) return false;
    return !validator.isValid(obj, f);
  }
  private Map<Class, FieldValidator> validatorMap() {
    Map<Class, FieldValidator> result = new HashMap<Class, FieldValidator>();
    result.put(ValidRange.class, new ValidRangeFieldValidator());
    return result;
  }
```

　　ValidatorProcessor 扫描目标对象类中的注解，把其中的验证找出来，为每个注解分配一个特定的 validator 对象，然后运行 validator 上的方法。

　　因为注解在运行时不会改变，所以这里的绝大部分代码只需要运行一次。我留给读者自行完成寻找一个更有效的方式来运行这段设置代码，当然你必须确认这里有性能瓶颈的时候才这样做。

　　注解和对应的处理类的连接是在 validatorMap() 中构建的字典中建立的。如果你使用的注解可以包含代码，这个注解就可以自己实现 isValid 方法。我还可以把 validator 的类名也放到注解中作为其中的一个字段。我没有这样做的原因是，我一般倾向于使注解独立于处理机制，至少在 Java 里如此。

　　然后 validator 对象对取值范围进行检查。

```
class ValidRangeFieldValidator implements FieldValidator...
  public boolean isValid(Object obj, Field field) {
    ValidRange r = field.getAnnotation(ValidRange.class);
    field.setAccessible(true);
    Quantity value;
    try {
      value = (Quantity)field.get(obj);
    } catch (IllegalAccessException e) {
      throw new RuntimeException(e);
    }
    return (r.units() == value.getUnits())
      && (r.lower() <= value.getAmount())
      && (value.getAmount() <= r.upper());
  }
```

42.4　使用类方法（Ruby）

　　Ruby 是一种没有自定义注解语法的语言，然而注解在 Ruby 中得到了广泛使用。在 Ruby 中，我们用类方法定义注解，这个类方法会在类体中直接调用。

```
class PatientVisit < DomainObject...
  valid_range :height, 1..120
  valid_range :weight, 1..1000
```

　　（对这个 Ruby 例子而言，我用了整型而不是 Quantity，这是为了让例子更简洁。如果你发现我在产品代码中也这样用的话，可以过来踢我一脚。）

　　这种直接放在类体中的代码会在类被加载的时候运行，所以下面这种初始化的方式是没问题的：

```
class DomainObject...
  @@validations = {}

  def self.valid_range name, range
    @@validations[self] ||= []
    v = lambda do |obj|
```

```
        range.include?(obj.instance_variable_get("@" + name.to_s))
      end
      @@validations[self] << v
  end
```

这里的实现很简单，就是用类变量来存储 validator。我需要使这个类变量是一个由实际类索引的哈希，因为类变量的值会在所有的子类中共享。

只要 valid_range 被调用，它就会在必要的情况下把哈希值初始化成一个空数组，然后它创建一个闭包，用于接收一个参数并运行验证，最后把闭包加到数组中。

下面为每个对象添加一个自我验证的方法。

```
class DomainObject...
  def valid?
    return @@validations[self.class].all? {|v| v.call(self)}
  end
```

使用带哈希的类变量，根据类的不同来存储不同的值，这实际上就是实现类实例变量的一种方式。我可以在 Ruby 中直接这样做：

```
class DomainObject...
  class << self; attr_accessor :validations; end

  def self.valid_range name, range
    @validations ||= []
    v = lambda do |obj|
      range.include?(obj.instance_variable_get(name))
    end
    @validations << v
  end

class DomainObject...
  def valid?
    return self.class.validations.all? {|v| v.call(self)}
  end
```

42.5 动态代码生成（Ruby）

使用动态语言的妙处之一就是可以在运行时向代码中添加东西。我可以用这种方式来展示一下处理注解的增强用法，它不仅能够提供一个整体的方法来验证一个对象，还提供了多个方法来验证各个字段。在下面的例子中，我不仅想要在 PatientVisit 类中有一个 valid?方法，还想要专门用于字段的 PatientVisit 类上的方法 valid_height? 和 valid_weight?。我希望这些方法都是自动生成的，这样任何有验证注解的字段都会自动得到一个字段专用的验证方法。

我很高兴不用修改 PatientVisit 类中的注解调用，它们可以跟上面的例子一样简单。

```
class PatientVisit...
  not_nil :height, :weight
  valid_range :height, 1..120
  valid_range :weight, 1..1000
```

我用类实例变量的方式来存储 validator。与上面不同的是，我存储的不是简单的闭包，而是 FieldValidator 类，这些类接收字段名和闭包作为参数。

```
class DomainObject...
  class << self; attr_accessor :validations; end

  def valid?
    return self.class.validations.all? {|v| v.call(self)}
    end

class FieldValidator
  attr_reader :field_name
  def initialize field_name, &code
    @field_name = field_name
    @code = code
  end
  def call target
    @code.call target
  end
end
```

如果我使用对象上的验证方法的话，所有的 validator 都会跟以前一样运行。
额外的步骤如下：

```
class DomainObject...
  def self.define_field_validation_method field_name
    method_name = "valid_#{field_name}?"
    return if self.respond_to? method_name
    self.class_eval do
      define_method(method_name) do
        return self.class.validations.
          select{|v| v.field_name == field_name}.
          all? {|v| v.call(self)}
      end
    end
  end
```

这个方法先测试是否已经被定义了，如果没有，就用 define_method 为 PatientVisit 类增加一个新的方法。这个方法会选择应用于给定字段的验证规则执行。（我不得不在 class_eval 内部包装对 define_method 的调用，因为实际上 define_method 是一个私有方法。我也可以用 class_eval 加字符串来避免这一点。）

第 *43* 章

语法分析树操作（Parse Tree Manipulation）

捕获代码片段的语法分析树，从而可以使用 DSL 处理代码对其进行操作。

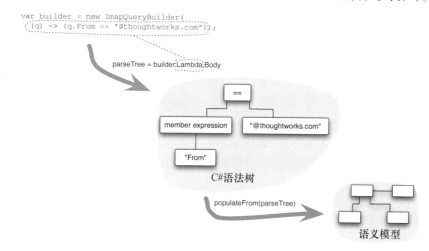

在闭包中编写代码时，该代码会在未来某个时间运行。语法分析树操作使我们不仅可以运行代码，还可以检查、修改其语法分析树。

43.1 运行机制

为了使用语法分析树操作，需要一个支持接受代码片段，并将其转换成可以操作的语法分析树的编程环境。这是一种比较少见的编程语言特性——很少有语言支持这个特性，而且即使支持，它也很少被用到。虽然我还没有对支持这种特性的工具做过详细的调研，但是我可以用我拥有的工具来大致描述如何使用这种特性。我将讨论的 3 个例子是 C#（3.0 版本以后）、Ruby 的 ParseTree 库以及 Lisp。

C# 与 ParseTree 的操作非常类似。你在源码片段上调用库，库返回该代码片段的语法分析树的数据结构。在 C# 中，你只能在 lambda 内部的表达式上这样做。这种对表达式的限制意味着你不能获取多条语句的代码。ParseTree 允许你获取 Ruby 的类、方法，甚至包含 Ruby 代码的字符串。

在 C# 中，返回的数据结构是表达式对象的层级结构。这些对象是专门为表示语法分析树而构建的，其中包括针对不同种类运算符的继承层级关系。ParseTree 则返回嵌套的 Ruby 数组，包括简单的内置类型作为叶节点，如符号和字符串。

在 C# 与 Ruby 中，你都可以编写一个树遍历器来遍历语法分析树并检查它。在 C# 中，语法分析树是不可变的（immutable），但是你可以通过复制与修改其副本来对其进行转换。两者都提供了将子树转换回可执行代码的机制。

Lisp 的方式则有所不同。Lisp 源码本质上就是一棵序列化后的嵌套列表的语法分析树。Lisp 提供了允许你检查和操作任意 Lisp 表达式的语法宏。这种使用宏的编程风格与前两者迥然不同，但可以获得几乎同样的效果。

虽然语法分析树操作允许以宿主语言编写表达式，但你通常无法任意使用你喜欢的表达式。在表达式中你能处理的内容通常是有限的。在这种情况下，如果遇到无法处理的表达式，快速失败（fail fast）是很重要的。通常，在遍历语法分析树时，你知道树上的节点与你所期望的将是一致的。但在使用语法分析树操作时，你的语法分析树可以包含宿主语言中任何合法的构造，所以在遍历的时候你必须自己做一些检查。

通常你不需要或不希望遍历表达式的整棵语法分析树。大多数的情形是遍历树的某些部分，对剩余的大量子树只是进行求值。这样就不需要构建完整的语法分析器，而只需要解析组装语义模型（第 11 章）所需的那部分。一旦发现不需要往下遍历子树了，就立刻对其求值。

43.2　使用时机

语法分析树操作允许你在宿主编程语言中表达逻辑，然后以比其他方式更为灵活的方式操作表达式。有了这些，在 DSL 中使用语法分析树操作的一个驱动因素就是希望在表达式中使用宿主语言的更多特性，而不是使用通常的内部 DSL 构造。

能够利用宿主语言并不是使用语法分析树操作的全部意义。毕竟，内部 DSL 的优势之一是你可以尽你所想地将完整的宿主语言与 DSL 风格的构造混合在一起。关键的区别在于，通常你只能操作宿主语言的执行结果——你无法深入宿主语言的表达式，并操作它们的结构。

即便如此，必须在 DSL 中使用语法分析树操作的例子也不多见。（就像大多数东西一样，语法分析树操作在 DSL 上下文之外有很多用处，这里就不展开论述了。）最典型的一个例子就是 .NET 对语法分析树操作支持的背后的驱动力——Linq。

Linq 允许使用标准的.NET 语言表达查询条件——本质上就是布尔表达式。这些查询条件可以在.NET 数据结构上进行求值——这些是不足为奇的。有趣的地方在于将 C#条件转换为 SQL 查询——这允许你在不了解 SQL 的情况下编写数据库查询，或者编写将针对不同数据源执行的查询。为了实现这一点，你需要获取 C#条件，将它们转换为语法分析树，然后遍历语法分析树，并生成等效的 SQL。本质上，你所进行的是从 C#到 SQL（或者其他目标格式）的源到源的转换。语法分析树操作对于这些情形很适合，因为它允许你在目标语言不为人所熟知或者你希望应用于多个目标语言时针对条件使用自己熟悉的语法。

使用语法分析树操作的另一个方法是修改语法分析树以执行一些有用的操作。一个例子是修改针对特定对象上的所有方法调用，使之重定向到另一个对象。但是，在 DSL 上下文中做这种"外科手术"到底有多大用处还不清楚（这也是本书所关注的）。

我对语法分析树操作还有另外一个担心，因为这项技巧的错综复杂对很多程序员来说可能会过于有吸引力，导致他们反而会意外地错过其他一些更简单的方法来实现同样目的。

43.3 由 C#条件生成 IMAP 查询（C#）

有些读者可能对用于与电子邮件服务器交互的 IMAP 协议比较熟悉。如果使用 IMAP，你的电子邮件将停留在服务器上，直到读取或者缓存的时候才会被下载到客户端。因此，如果你希望搜索自己的电子邮件，搜索将会在服务器端完成。

要使用 IMAP 搜索，你的电子邮件客户端需要发送一个搜索请求。与所有的 IMAP 命令一样，这个搜索请求是一个字符串。用来表达 IMAP 搜索条件的 DSL 已经有了。这里我不会讨论所有的细节（如果你需要，可以查看 [RFC3501]），只会展示一个简单的例子。假设我想找到自 2008 年 6 月 23 日以来，由@thoughtworks.com 以外的其他人发送的所有包含短语"entity framework"的电子邮件。使用 IMAP，这个搜索命令中的查询将会编码为 SEARCH subject "entity framework" sentsince 23-jun-2008 not from "@thoughtworks.com"。

IMAP 的搜索命令 DSL 提供了一个很好的针对电子邮件的领域特定查询语言。然而，针对上面的例子，我们希望用 C#表达这个查询，如下：

```
var threshold = new DateTime(2008, 06, 23);
var builder = new ImapQueryBuilder((q) =>
  (q.Subject == "entity framework")
  && (q.Date >= threshold)
  && ("@thoughtworks.com" != q.From));
```

43.3.1 语义模型

我首先为 IMAP 输出创建一个语义模型（第 11 章）。这是一个简单的 IMAP 查询对象，它包含查询中每个子句的元素。这些元素用 and 连接在一起，以形成完整的查询对象。

```
class ImapQuery...
  internal List<ImapQueryElement> elements = new List<ImapQueryElement>();
  public void AddElement(ImapQueryElement element) {
    elements.Add(element);
  }

interface ImapQueryElement {
  string ToImap();
}
```

我这里给查询元素声明了一个接口。这个接口有两个实现：一个是处理基本的查询子句（from "@thoughtworks.com"），另一个是处理非运算（not）。

```
class BasicElement : ImapQueryElement {
  private readonly string name;
  private readonly object value;
  public BasicElement(string name, object value) {
    this.name = name.ToLower();
    this.value = value;
    validate().AssertOK();
  }
}
class NegationElement : ImapQueryElement {
  private readonly BasicElement child;
  public NegationElement(BasicElement child) {
    this.child = child;
  }
}
```

虽然这个查询只用一个连接，但 IMAP 可以表达通用的布尔表达式。这样做更难以处理，但大部分的电子邮件查询能以连接来妥当处理。如此，IMAP 使常用查询非常容易，而且允许你表达所需的相对不常见的条件时更有表达力。要达到说明这个模式的目的，简单的连接就足够了。

每个基本的查询元素都包括一个关键字与一个值，IMAP 就是采取这样的形式组成了它的搜索语言。在这种情况下，我将给每个元素增加一些错误检查，假如出现任何错误就抛出异常。

```
class BasicElement...
  private Notification validate() {
    var result = new Notification();
    if (null == Name)
      result.AddError("Name is null");
    if (null == Value)
      result.AddError("Value is null");
    if (!stringCriteria.Contains(Name) && !dateCriteria.Contains(Name))
      result.AddError("Unknown criteria: {0}", Name);
    if (stringCriteria.Contains(Name) && !(Value is string))
      result.AddError("{0} needs a string argument, got {1}", Name, Value.GetType());
    if (dateCriteria.Contains(Name) && !(Value is DateTime))
      result.AddError("{0} needs a DateTime argument, got {1}", Name, Value.GetType());
    return result;
  }
  private readonly static string[] stringCriteria = { "subject", "to", "from", "cc" };
  private readonly static string[] dateCriteria =
    { "since", "before", "on", "sentbefore", "sentsince", "senton"};

class Notification...
  public void AssertOK() {
```

```
    if (HasErrors) throw new ValidationException(this);
  }
```

使用其命令查询接口，我可以给我的查询构造如下模型：

```
var expected = new ImapQuery();
expected.AddElement(new BasicElement("subject", "entity framework"));
expected.AddElement(new BasicElement("since", new DateTime(2008, 6, 23)));
expected.AddElement(new NegationElement(
  new BasicElement("from", "@thoughtworks.com")));
```

有了**语义模型**，我现在就可以为 IMAP 搜索命令生成代码。这是非常简单的代码生成——只是从每个 IMAP 元素推出结果。

```
class ImapQuery...
  public string ToImap() {
    var result = "";
    foreach (var e in elements) result += e.ToImap();
    return result.Trim();
  }

class BasicElement...
  public string ToImap() {
    return String.Format("{0} {1} ", name, imapValue);
  }
  private string imapValue {
    get {
      if (value is string) return "\"" + value + "\"";
      if (value is DateTime) return imapDate((DateTime)value);
      return "";
    }
  }
  private string imapDate(DateTime d) {
    return d.ToString("dd-MMM-yyyy");
  }

class NegationElement...
  public string ToImap() {
    return String.Format("not {0}", child.ToImap());
  }
```

43.3.2　使用 C#构建

语义模型（第 11 章）允许我为 IMAP 查询（或者至少为我在本章中使用的 IMAP 查询子集）表示和生成搜索命令。现在，让我们看看用 C#生成它们的构建器。

这个构建器接收一个其构造函数里的适合的 lambda。

```
class ImapQueryBuilder...
  private readonly Expression<Func<ImapQueryCriteria, bool>> lambda;
  public ImapQueryBuilder(Expression<Func<ImapQueryCriteria, bool>> func) {
    lambda = func;
  }
```

为了在闭包中编写表达式，我们需要某个可以充当查询关键字（`subject`、`sent`、`from`）的接收者的对象。这个对象在运行时不会做任何事情，它只是提供方法来帮助我组成查询。这样，它的方法的返回值就无关紧要了，因为它们从来不会真正被调用。

```
class ImapQueryBuilder...
  internal class ImapQueryCriteria {
    public string Subject {get { return ""; }}
    public string To {get { return ""; }}
    public DateTime Sent {get { return DateTime.Now; }}
    public string From {get { return ""; }}
```

为了构建这个查询，这里使用了延迟求值的属性。

```
class ImapQueryBuilder...
  public ImapQuery Content {
    get {
      if (null == content) {
        content = new ImapQuery();
        populateFrom(lambda.Body);
      }
      return content;
    }
  }
  private ImapQuery content;
```

核心工作是由 populateFrom 这一方法完成的——递归地进行树遍历。

```
class ImapQueryBuilder...
  private void populateFrom(Expression e) {
    var node = e as BinaryExpression;
    if (null == node)
      throw new BuilderException("Wrong node class", node);
    if (e.NodeType == ExpressionType.AndAlso) {
      populateFrom(node.Left);
      populateFrom(node.Right);
    }
    else
      content.AddElement(new ElementBuilder(node).Content);
  }
```

此时，我面临的一个事实是，尽管我希望允许客户端用 C#构造 IMAP 查询，但是它们无法使用任何 C#代码。我的语义模型只能处理可能的 C#表达式的一个子集。表达式必须由&&运算符连接的一个或多个元素表达式组成。这些元素的每个节点必须是特定的二元运算符，运算符的一端必须是一个关键字——调用 IMAP 查询条件对象。然后是关于哪些运算符与哪些关键字相匹配的规则。面向字符串的关键字（from、subject、to）只能匹配==和!=。面向日期的关键字（sent、date）可以匹配任意的相等或者比较运算符。

这样，我知道我必须遍历的唯一元素是二元表达式，因此 populateFrom 在遇到其他元素时，将会抛出异常。如果表达式中的运算符是&&，我可以就这样递归到子节点。有趣的情况是元素节点——这里有足够的逻辑，我把它放到了一个单独的类中。

```
class ElementBuilder...
  private BinaryExpression node;
  public ElementBuilder(BinaryExpression node) {
    this.node = node;
    assertValidNode();
  }
```

这些元素节点有两个子节点：一个是关键字节点（如 q.To）；另一个是一些任意的 C#代码，它的返回值将会放在查询里面进行比较。因为宿主语言具备可交换性，所以我允许关键字和值以任意顺序出现。

要成为关键字，子节点必须有一个查询条件对象实例上的方法调用。我将需要能够从子节点中提取出这个关键字，所以我编写了一个方法，以子节点为参数，如果这是一个关键字表达式，则返回关键字，否则返回 null。

```
class ElementBuilder...
  private string keywordOfChild(Expression node) {
    var call = node as MemberExpression;
    if (null == call) return null;
    if (call.Member.DeclaringType != typeof(ImapQueryBuilder.ImapQueryCriteria))
      return null;
    return call.Member.Name.ToLower();
  }
```

这个实用工具方法非常有用。它的第一个用途是让我可以检查我是否有一个合法的元素节点以在其上工作。因此，我需要确保子节点之一的确是关键字节点。

```
class ElementBuilder...
  private void assertValidNode() {
    if (null == keywordOfChild(node.Left) && null == keywordOfChild(node.Right))
      throw new BuilderException("expression does not contain keyword", node);
    if (!isLegalOperator)
      throw new BuilderException("Wrong kind of operator", node);
  }
```

我不但要检查子节点之一是否是关键字节点，而且需要检查这种关键字的运算符是否合法。

```
class ElementBuilder...
  private bool isLegalOperator {
    get {
      ExpressionType[] dateOperators = {
        ExpressionType.Equal, ExpressionType.GreaterThanOrEqual,
        ExpressionType.LessThanOrEqual, ExpressionType.NotEqual,
        ExpressionType.GreaterThan, ExpressionType.LessThan
      };
      ExpressionType[] stringOperators = {
        ExpressionType.Equal, ExpressionType.NotEqual
      };
      return (isDateKeyword())
              ? dateOperators.Contains(node.NodeType)
              : stringOperators.Contains(node.NodeType);
    }
  }
  private bool isDateKeyword() {
    return dateKeywords.Contains(keywordMethod());
  }
  private static readonly string[] dateKeywords = { "sent", "date" };
  private string keywordMethod() {
    return keywordOfChild(node.Left) ?? keywordOfChild(node.Right);
  }
```

你们可能注意到了，我给日期型关键字做了更多的检查。对于字符串型关键字，我依赖语义模型来告诉我是否尝试创建一个包含非法关键字的元素。我必须以不同的方式处理日期型关键字，因为 C#表达式与语义模型之间不匹配。如果我想要查找某个特定日期之后发送的电子邮件，在 C#里面这样查找的自然方式如 q.Sent >= aDate；然而，IMAP 的做法是 sentsince aDate。本质上，我需要 C#关键字加运算符的组合以决定正确的 IMAP 关键字。因此，我必须检查构建器里的 C#的日期型关键字，因为它们是输入 DSL 的一部分，而不是语义模型的一部分。

通过检查构造函数中是否有合法的节点，我可以简化后续的逻辑，以便从节点中提取正确的数据。

现在我们来看一下，我从一个内容属性开始，它将简单的字符串情形与更复杂的日期情形分离开了。

```
class ElementBuilder...
  public ImapQueryElement Content {
    get {
      return isDateKeyword()?  dateKeywordContent() : stringKeywordContent();
    }
  }
```

针对字符串的情形，我用任何一个节点的关键字以及节点另一侧的值创建了一个基本的查询元素。假如运算符是!=，基本元素将被包装在一个非运算里。

```
class ElementBuilder...
  private ImapQueryElement stringKeywordContent() {
    switch (node.NodeType) {
      case ExpressionType.Equal:
        return new BasicElement(keywordMethod(), Value);
      case ExpressionType.NotEqual:
        return new NegationElement(new BasicElement(keywordMethod(), Value));
      default:
        throw new Exception("unreachable");
    }
  }
```

要判断值，我不需要对值节点进行语法分析。相反，我可以简单地将表达式抛回给 C#系统，从而得到它的值。这让我可以将任意合法的 C#表达式放入元素的值一侧，而不用在我的遍历代码中处理它。

```
class ElementBuilder...
  private object Value {
    get {
      return (null == keywordOfChild(node.Left))
              ? valueOfChild(node.Left)
              : valueOfChild(node.Right);
    }
  }
  private object valueOfChild(Expression node) {
    return Expression.Lambda(node).Compile().DynamicInvoke();
  }
```

日期的情形则要复杂一些，但是我仍然使用了相同的基本方法。我将需要的 IMAP 关键字取决于节点上的关键字方法和运算符的值。此外，在需要的时候，我需要加入非运算。首先，我将梳理出关键字方法。

```
class ElementBuilder...
  private ImapQueryElement dateKeywordContent() {
    if ("sent" == keywordMethod())
      return formDateElement("sent");
    else if ("date" == keywordMethod())
      return formDateElement("");
    else throw new Exception("unreachable");
  }
```

正确的日期型关键字梳理好之后，我将根据运算符类型将它们分开。

```
class ElementBuilder...
  private ImapQueryElement formDateElement(string prefix) {
    switch (node.NodeType) {
      case ExpressionType.Equal:
        return new BasicElement(prefix + "on", Value);
      case ExpressionType.NotEqual:
        return new NegationElement(new BasicElement(prefix + "on", Value));
      case ExpressionType.GreaterThanOrEqual:
        return new BasicElement(prefix + "since", Value);
      case ExpressionType.GreaterThan:
        return new NegationElement(new BasicElement(prefix + "before", Value));
      case ExpressionType.LessThan:
        return new NegationElement(new BasicElement(prefix + "since", Value));
      case ExpressionType.LessThanOrEqual:
        return new BasicElement(prefix + "before", Value);
      default:
        throw new Exception("unreachable");
    }
  }
```

注意，我利用了与被处理的面向日期的 IMAP 关键字相似的名字。我的第一段代码为每个关键字提供了单独的 switch 语句，但是我意识到通过前缀名的小技巧，我可以去除重复。代码现在比我所喜欢的还要精妙一点点，但是我认为避免重复是值得的。

43.3.3　退后一步

这差不多就是 IMAP 搜索的完整例子的实现，但是在结束例子之前，我需要多强调两点。

第一点是我描述例子的方式与我构建例子的方式之间的区别。在描述例子的时候，我发现单独地去看实现的每个部分更为容易：用命令查询接口组装语义模型（第 11 章）、生成 IMAP 代码以及遍历语法分析树。我认为单独地去看每个方面能更容易理解实现以及为何代码会采取这种方式拆分。

然而，在构建的时候，我并没有采取这种方式。我用两个阶段来完成这个例子。首先，我只支持基本元素的简单连接，然后我增加了处理非运算的能力。我在第一次遍历时为所有元素编写代码，然后在添加非操作时扩展并重构每个部分。我一直提倡采用这样的方式，即一个特性接着一个特性地构建软件，但我认为这不是解释最终结果的最佳方式。所以，不要让最终结果的结构和我解释它的方式使你误以为它就是这样构建的。

我想分享的第二点是：虽然像这样遍历语法分析树会带来使用语言精妙部分的那种极客式乐趣，但是我实际上不会以这种方式去构建 IMAP 的 DSL。替代方式是使用大量简单的**方法级联**（第 35 章）。

```
class Tester...
  var builder = new ChainingBuilder()
    .subject("entity framework")
    .not.from("@thoughtworks.com")
    .since(threshold);
```

下面是我需要做的所有的实现：

```
class ChainingBuilder...
  private readonly ImapQuery content = new ImapQuery();
  private bool currentlyNegating = false;

  public ImapQuery Content {
    get { return content; }
  }
  public ChainingBuilder not {
    get {
      currentlyNegating = true;
      return this; }
  }

  private void addElement(string keyword, object value) {
    ImapQueryElement element = new BasicElement(keyword, value);
    if (currentlyNegating) {
      element = new NegationElement((BasicElement) element);
      currentlyNegating = false;
    }
    content.AddElement(element);
  }
  public ChainingBuilder subject(string s) {
    addElement("subject", s);
    return this;
  }
  public ChainingBuilder since(DateTime t) {
    addElement("since", t);
    return this;
  }
  public ChainingBuilder from(string s) {
    addElement("from", s);
    return this;
  }
```

这并不完全是雕虫小技，其中包括非运算让我使用了混乱的上下文变量（第 13 章），但是这仍然是非常小而简单的。我需要添加方法以支持更多的关键字，但是它们依然非常简单。

当然，这个实现如此简单的主要原因之一是内部 DSL 的结构与 IMAP 查询本身如此相似。实际上，这就是以方法级联的形式表达的 IMAP 查询。相对于使用 IMAP 本身，它的优势在于 IDE 支持。有些人可能倾向于本例展示的 C#风格的语法，但我必须承认，我更钟爱 IMAP 风格的版本。

第*44*章

类符号表（Class Symbol Table）

通过一个类和它的字段来实现符号表，从而在静态类型语言中支持类型感知的自动补全。

```
public class SimpleSwitchStateMachine extends StateMachineBuilder {
  Events switchUp, switchDown;
  States on, off;
  protected void defineStateMachine() {
    on.transition(switchDown).to(off);
    off.transition(switchUp).to(on);
  }
}
```

现代 IDE 提供很多强大而令人信服的功能，可以让编程变得更简单，其中类型感知的自动补全功能是非常有用的。在 Java 和 C#的 IDE 中，我可以输入变量名然后输入句点，IDE 将会为我提供一个列表，其中包含该对象上定义的所有方法。对于这项能力，哪怕是像我一样喜欢动态类型语言的人，也不得不承认这是静态类型语言的好处。对内部 DSL 来说，你当然希望在 DSL 中输入符号名时也能有类似的能力。但是 DSL 符号通常是使用字符串或者内置的符号类型来表达的，因而缺乏相关的类型信息。

类符号表允许你通过在表达式构建器（第 32 章）中将每个符号定义为字段，以实现符号在宿主语言中的类型静态化。

44.1 运行机制

实现类符号表的基本方法是，将 DSL 脚本编写在单个表达式构建器（第 32 章）类中。通常这个构建器会是某个更通用的表达式构建器的子类，你可以在这个更通用的构建器中放置一些所有脚本都需要的行为。脚本的表达式构建器将由脚本本身的方法和各符号的字段组成。因此，如果在你的 DSL 有多个任务并需要在脚本中定义其中的 3 个任务，那么你可以通过如下的字段声明来表示：

```
Tasks drinkCoffee, makeCoffee, wash;
```

如同 DSL 处理中的很多情况一样，类名 Tasks 是一个非常规的名称。DSL 的可读性再一次超越了我通常的代码风格规则。像这样定义字段，我可以在 DSL 脚本里把它们当作字段来引用，同时 IDE 也会为它们提供自动补全功能，编译器也会对它们进行相应的检查。

然而仅仅定义字段是不够的。当我在 DSL 脚本里引用这些字段时，实际上引用的是字段的内容，而不是字段的定义。当我编写代码的时候，IDE 同时掌握定义和内容的信息，但是当我运行程序的时候，与字段定义的连接就丢失了，只省下字段的内容。在正常情况下这不是什么问题，但是如果想要实现类符号表的话，我们需要在运行时获得与字段定义的连接。

我们可以在代码运行之前为每个字段都提供恰当的包含定义信息的对象。使用类实例作为活动脚本是一个不错的方式——将代码放在初始化器方法中，以在另一个实例方法中组装字段和脚本。通常字段的内容是小型的表达式构建器，它们可以连接到底层的语义模型（第 11章）对象。为了更好地实现交叉引用，字段内容也会包含字段名。从符号表（第 12 章）的角度来说，字段名就是键，而构建器就是值。在构建器字段中保存字段名是很好的做法，因为偶尔你可能会需要用到不同的键访问方式。

通常 DSL 脚本将通过字段字面量本身来引用字段——这就是关键所在。例如，为了引用 wash 任务，我可以在 DSL 脚本中输入 wash 的字段名。但是在处理 DSL 脚本的过程中，我们可能需要字段中的构建器互相引用。为此，我们可能需要通过名称查找字段，或者遍历特定类型的所有字段。实现这些功能需要更为复杂的代码，通常会用到反射机制。不过所幸的是，通常这部分代码不会太多，而且如果封装得很好，应该不会使语言处理起来太困难。

44.2　使用时机

使用类符号表的结果就是为 DSL 中所有的语言元素提供全面的静态类型支持。这么做的最大好处就是，使 IDE 可以根据静态类型信息使用所有复杂的工具（如类型感知的自动补全），也为 DSL 脚本提供了编译时类型检查——对很多人来说这很重要（但对我而言没那么重要）。

正是由于它非常依赖 IDE 的能力，因此如果你所使用的 IDE 无法利用静态类型，那么这项技术就没那么有用，对动态类型语言也没太大的用处。

这个技术的不足之处在于，你必须根据类型系统来对 DSL 进行调整。产生的构建器类可能看起来很奇怪，此外你必须考虑在何处放置 DSL 脚本才能最好地利用这些机制，例如，把所有这些脚本都放在同一个类里。这些限制可能会让 DSL 更难读取和使用。

因此，对我而言，我必须在 IDE 的支持和对 DSL 脚本的限制之间做出权衡。如果我所使用的语言有很好的 IDE 支持，那么这将促使我考虑使用类符号表这样的技术。

如果你希望获得此类静态类型支持，你通常可以通过使用枚举作为符号来获得它（具体例子参见符号表（第 12 章））。

44.3 静态类型的类符号表（Java）

在入门示例中我使用了 Java 版的类符号表，因此我使用这个例子来说明这个技术是如何工作的。

DSL 脚本放在一个特定的类中。

```java
public class BasicStateMachine extends StateMachineBuilder {

  Events doorClosed, drawerOpened, lightOn, panelClosed;
  Commands unlockPanel, lockPanel, lockDoor, unlockDoor;
  States idle, active, waitingForLight, waitingForDrawer, unlockedPanel;
  ResetEvents doorOpened;

  protected void defineStateMachine() {
    doorClosed. code("D1CL");
    drawerOpened.code("D2OP");
    lightOn.    code("L1ON");
    panelClosed.code("PNCL");

    doorOpened. code("D1OP");

    unlockPanel.code("PNUL");
    lockPanel.  code("PNLK");
    lockDoor.   code("D1LK");
    unlockDoor. code("D1UL");

    idle
      .actions(unlockDoor, lockPanel)
      .transition(doorClosed).to(active)
      ;

    active
      .transition(drawerOpened).to(waitingForLight)
      .transition(lightOn).   to(waitingForDrawer)
      ;

    waitingForLight
      .transition(lightOn).to(unlockedPanel)
      ;

    waitingForDrawer
      .transition(drawerOpened).to(unlockedPanel)
      ;

    unlockedPanel
      .actions(unlockPanel, lockDoor)
      .transition(panelClosed).to(idle)
      ;
  }
}
```

　　DSL 脚本被放置在它自己的类中，脚本本身在一个方法内，类的字段表示符号表。我已设置好 DSL 脚本类是构建器的子类，这样我就可以使超类构建器控制脚本运行的方式。（像这样使用子类还可以让我使用对象作用域（第 36 章），尽管这里我并不需要它。）

```
class StateMachineBuilder...
  public StateMachine build() {
    initializeIdentifiers(Events.class, Commands.class, States.class, ResetEvents.class);
    defineStateMachine();
    return produceStateMachine();
  }
  abstract protected void defineStateMachine();
```

　　我在超类上定义了公有方法来运行这个脚本，它将会在运行脚本之前运行代码来设置类符号表字段。在这个例子里，运行 DSL 脚本完成了状态机信息的基本准备，并且生成语义模型（第 11 章）对象。因此，运行脚本分为 3 个不同阶段：初始化标识符（通用），运行 DSL 脚本（专用）以及最后生成模型状态机（通用）。

　　在第一步中，我需要初始化标识符，因为在 DSL 脚本中对字段的任何引用实际上引用的是字段的内容，而不是字段本身。在本例中，适合的对象是专用的标识符对象，这些对象持有标识符的名称并引用底层模型对象。这样做会使代码最终变得更混乱，因为我希望编写通用代码来设置标识符，从而避免重复的代码设置。但是任何通用代码都不知道正在设置的标识符的具体类型，因此必须动态地确定它们。

　　我希望当我们查看一个具体的例子时，这个问题会变得更清晰。例如在本例中，事件的构建器类（Events）。首先需要讨论的是这个类的名称。任何一本关于面向对象编程的书都会建议你避免使用复数作为类的名称，我同意这个意见。然而在这个 DSL 的上下文中，复数名称更具可读性——这又是一个通用编码规则不适用于 DSL 脚本的例子。DSL 命名并不会改变它是事件的构建器的事实，因此在后文中我将把它称作事件构建器类（对于它的同类也是如此）。

　　事件构建器扩展了通用的标识符类。

```
class Identifier...
  private String name;
  protected StateMachineBuilder builder;

  public Identifier(String name, StateMachineBuilder builder) {
    this.name = name;
    this.builder = builder;
  }
  public String getName() {
    return name;
  }

public class Events extends Identifier {
  private Event event;
  public Events(String name, StateMachineBuilder builder) {
    super(name, builder);
  }
  Event getEvent() {
    return event;
  }
```

这里对于职责有一个简单的划分，标识符类担负着所有标识符所需的职责，而子类只担负特定类型所需的职责。

让我们看看运行脚本的第一步——初始化标识符。因为有多种标识符类需要初始化，所以我使用通用代码来完成。我可以提供一个标识符类的列表，以下这段代码将初始化这些类的所有字段。

```
class StateMachineBuilder...
  private void initializeIdentifiers(Class... identifierClasses) {
    List<Class> identifierList = Arrays.asList(identifierClasses);
    for (Field f : this.getClass().getDeclaredFields()) {
      try {
        if (identifierList.contains(f.getType())) {
          f.setAccessible(true);
          f.set(this, Identifier.create(f.getType(), f.getName(), this));
        }
      } catch (Exception e) {
        throw new RuntimeException(e);
      }
    }
  }

class Identifier...
  static Identifier create(Class type, String name, StateMachineBuilder builder)
      throws NoSuchMethodException, InvocationTargetException,
             IllegalAccessException, InstantiationException
  {
    Constructor ctor = type.getConstructor(String.class, StateMachineBuilder.class);
    return (Identifier) ctor.newInstance(name, builder);
  }
```

这样做比我喜欢的更复杂，但它避免了编写重复的初始化方法。基本上我所做的是，遍历 DSL 脚本对象上的每个字段，如果该字段的类型在我传入的列表内，我就用一个特殊的静态工具函数（它负责寻找和调用对应的构造函数）来初始化这个字段。因此，一旦我调用了 initializeIdentifiers 方法，所有这些字段都会被组装成对象，我就可以开始使用它们来构造状态机了。

下一步是运行 DSL 脚本本身。DSL 脚本的运行是通过构建一系列适合的中间对象来捕获有关状态机的所有信息的。

首先是定义事件和命令的编码。

```
class Events...
  public void code(String code) {
    event = new Event(getName(), code);
  }
```

因为 code 参数包含创建模型事件对象所需的所有信息，所以我可以在调用 code 方法时创建它，并将其放入标识符中（命令构建器也是类似的）。

事件和命令构建器是一种简单的表达式构建器（第 32 章）。状态构建器则更像常规构建器，因为它需要多个步骤。

因为状态模型对象不是不可变的，所以我可以在构造函数里创建它。

```
class States...
  private State content;
  private List<TransitionBuilder> transitions = new ArrayList<TransitionBuilder>();
  private List<Commands> commands = new ArrayList<Commands>();

  public States(String name, StateMachineBuilder builder) {
    super(name, builder);
    content = new State(name);
  }
```

我要展示的第一个构建行为是创建一系列动作。这里的基本行为很简单，我遍历所提供的命令标识符，并把它们存储在状态构建器中。

```
class States...
  public States actions(Commands... identifiers) {
    builder.definingState(this);
    commands.addAll(Arrays.asList(identifiers));
    return this;
  }
```

如果 DSL 脚本总是在定义状态之前定义编码（正如我这里所做的），我就不必在状态构建器中存储命令构建器了，而是可以把模型命令对象放入模型状态对象里。但是，如果在状态的动作代码之前定义状态，这么做可能会导致错误。使用构建器作为中间对象，可以保证无论以什么顺序都可以正确地处理。

这里有一个地方略微有点儿难以处理。这个 DSL 假设第一个出现的状态为起始状态。因此，在开始定义状态时，我必须检查它是否是我定义的第一个状态，如果是，就将它设为起始状态。因为只有整个状态机构建器能判断某个状态是否为第一个定义的状态，所以我希望状态机构建器来完成这个判断。

```
class StateMachineBuilder...
  protected void definingState(States identifier) {
    if (null == start) start = identifier.getState();
  }
```

状态构建器确实需要通知状态机构建器该状态正在被定义，但是它并不知道状态机构建器要如何处理这个信息，因为这是状态机构建器的秘密。于是我让状态构建器向状态机构建器发送事件通知调用（因为这是状态构建器所知的所有信息），然后由状态机构建器来决定如何处理这个事件。这是一个很好的例子，说明了在传达我认为对象的职责和相关知识应该是什么样子时，命名是很重要的。

此外，我们还可以通过状态构建器来定义状态迁移。这需要一些步骤，稍微复杂一些，我将从 transition 方法开始，它创建了一个单独的状态迁移构建器对象。

```
class States...
  public TransitionBuilder transition(Events identifier) {
    builder.definingState(this);
    return new TransitionBuilder(this, identifier);
  }

class TransitionBuilder...
```

```
    private Events trigger;
    private States targetState;
    private States source;

    TransitionBuilder(States state, Events trigger) {
      this.trigger = trigger;
      this.source = state;
    }
```

由于我不必在 DSL 脚本中使用状态迁移构建器的类型，因此我可以赋予它一个更有意义的名字。这个构建器的唯一的构建器方法是 to 子句，它将自己添加到源状态构建器的状态迁移构建器列表中。

```
class TransitionBuilder...
  public States to(States targetState) {
    this.targetState = targetState;
    source.addTransition(this);
    return source;
  }
```

以上这些就是我需要在 DSL 脚本中捕获的全部专用信息。当脚本运行时，我会获得一个由中间数据组成的数据结构：所有的构建器对象都在 DSL 脚本对象本身的字段中被捕获。下面我需要根据这个结构来生成完全装配好的模型状态机。

```
class StateMachineBuilder...
  private StateMachine produceStateMachine() {
    assert null != start;
    StateMachine result = new StateMachine(start);
    for (States s : getStateIdentifers())
      s.produce();
    produceResetEvents(result);
    return result;
  }
```

这里的大部分工作就是遍历所有的状态构建器，然后让它们产生装配好的模型对象。为了找到所有的状态，我需要从脚本类的字段中获取所有的对象，因此这里我再次使用反射机制来找到状态构建器的类型的所有字段。

```
class StateMachineBuilder...
  private List<States> getStateIdentifers() {
    return getIdentifiers(States.class);
  }
  private <T extends Identifier> List<T> getIdentifiers(Class<T> klass) {
    List<T> result = new ArrayList<T>();
    for (Field f : this.getClass().getDeclaredFields()) {
      if (f.getType().equals(klass))
        try {
          f.setAccessible(true);
          result.add(((T) f.get(this)));
        } catch (IllegalAccessException e) {
          throw new RuntimeException(e);
        }
    }
    return result;
  }
```

为了产生装配好的模型对象，状态构建器将装配所有命令，并产生状态迁移配置。

```
class States...
  void produce() {
    for (Commands c : commands)
      content.addAction(c.getCommand());
    for (TransitionBuilder t : transitions)
      t.produce();
  }

class TransitionBuilder...
  void produce() {
    source.getState().addTransition(trigger.getEvent(), getTargetState().getState());
  }
```

最后就是生成重置事件。

```
class StateMachineBuilder...
  private void produceResetEvents(StateMachine result) {
    result.addResetEvents(getResetEvents());
  }
  private Event[] getResetEvents() {
    List<Event> result = new ArrayList<Event>();
    for (Events identifier : getIdentifiers(ResetEvents.class))
      result.add(identifier.getEvent());
    return result.toArray(new Event[result.size()]);
  }
```

使用类及其字段作为符号表的代码确实没那么容易编写，但是它的好处是完全的静态类型和 IDE 支持。通常而言付出的代价还是值得的。

第 *45* 章

文本打磨（Textual Polishing）

在正式处理之前进行简单的文本替换。

```
3 hours ago => 3.hours.ago
```

内部 DSL 通常比较容易开发，尤其是在你不习惯语法分析的情况下。但是所得到的 DSL 通常会包含一些宿主语言的制品，这对非程序员来说很难阅读。

文本打磨通过一系列简单的正则表达式替换，把其中的一些东西从 DSL 中去除掉。

45.1 运行机制

文本打磨是一种非常简单的技术，它在 DSL 脚本进入语法分析之前先进行一系列的文本替换工作。一个简单的例子是，如果读者不喜欢使用点（.）来表示方法调用，那么可以先使用空格替换。然后，在运行之前再用点替换空格，从而将 3 hours ago 变成 3.hours.ago。一个稍复杂的例子是，可以把 3% 变成 percentage(3)。文本打磨的结果是内部 DSL 的表达式。

实现打磨是非常容易的，你只需编写一些正则表达式来进行文本替换——绝大多数语言支持。而复杂的是如何正确地编写正则表达式，以保证它们不会进行无用的替换。例如，被引用的字符串中的空格就不应该被替换为点，但这使正则表达式的编写变得更困难。

文本打磨常见于动态语言，因为你可以在运行时对文本求值。因此这类语言可以读入 DSL 表达式，然后打磨它们，再对打磨后产生的内部 DSL 代码求值。当然你也可以在静态语言中使用它，这时你需要在编译之前对 DSL 脚本进行打磨——这需要在构建的过程中引入额外的步骤。

虽然文本打磨主要用在内部 DSL 上，但是在某些情况下它也可以用在外部 DSL 上。当某些东西用常规的词法分析和语法分析难以发现的时候（如具有语义的缩进和换行），可以在词法分析起作用之前进行文本打磨预处理。

你可以把文本打磨看作宏（第 15 章）在文本环境下的一个简单应用，当然也会具有宏所带来的问题。

45.2 使用时机

必须承认，我对文本打磨持谨慎态度。我的感觉是，如果你用得比较少，那么它不会给你太多的帮助；而如果你用得比较多，它就会变得非常复杂，所以这时候还不如使用外部 DSL。虽然重复替换的基本概念很简单，但是在正则表达式中很容易出错。

文本打磨不会改变输入的语法结构，因此你仍然需要使用宿主语言的基本语法结构。我认为有一点非常重要，就是要保持未打磨的 DSL 和最终产生的内部 DSL 表达式具有可识别的相似性。最终产生的内部 DSL 应该尽可能清晰，以便程序员阅读——对非程序员来说，打磨只是一种视觉上的便利。

如果你发现内部 DSL 中的噪声字符很恼人，那么除了文本打磨，你还有一种选择，就是使用支持语法着色的编辑器，并将那些噪声字符着色为尽可能接近背景色的柔和的颜色。这样，读者就不易注意到它们，从而更易关注 DSL 的内容。如果你将这些字符的颜色设置为与背景色一样的颜色，那么这些字符就完全不可见了。

如果你需要做很多打磨工作，那么我强烈建议你考虑使用外部 DSL。一旦掌握了如何编写语法分析器，你就会获得更多的灵活性，而且语法分析器比一系列打磨步骤更易维护。

45.3 打磨后的折扣规则（Ruby）

假设我们需要一个程序来处理订单的折扣规则。例如，当订单金额超过 3 万美元时，可以享受 3% 的折扣。为了用 Ruby 的内部 DSL 描述这样的规则，我们使用了如下的表达式：

```
rule = DiscountBuilder.percent(3).when.minimum(30000).content
```

看起来还不错，但是对非程序员来说，还是有些难懂。我通过使用对象作用域已经移除了一些难懂的部分。只要我可以将表达式作为行放在单独的文件中，我就可以通过 Ruby 的 `instance_eval`（某种形式的对象作用域（第 36 章））来对每一行进行求值。

```
processing code...
  input = File.readlines("rules.rb")
  rules = []
  input.each do |line|
    builder = DiscountBuilder.new
    builder.instance_eval(line)
    rules << builder.content if builder.has_rule?
  end
```

我的规则文件看起来是这样的：

```
percent(3).when.minimum(30000)
```

使用这种技术，我还将调用 content（方法级联（第 35 章））的 end 方法移到处理代码，处理代码将其从 DSL 的用户可见部分中取出。builder.has_rule?检查是必需的，因为它会对每一行求值，如果这一行是注释，表明没有定义好的规则。同样，如果规则异常，表明有相应的错误。但是在这个例子里，我不准备处理它。

对程序员来说，这还不错，但领域专家可能更希望使用下面这样的不同的表达方式来表达它：

```
3% if  value at least $30000
```

我可以使用**文本打磨**将这个表达方式变成上面的 DSL。打磨过程是一系列文本替换：

```
class DiscountRulePolisher...
  def polish aString
    @buffer = aString
    process_percent
    process_value_at_least
    process_if
    replace_spaces
    return @buffer
  end
```

第一个替换将 3%变为 percent(3)。

```
class DiscountRulePolisher...
  def process_percent
    @buffer = @buffer.gsub(/\b(\d+)%\s+/, 'percent(\1) ')
  end
```

这就是**文本打磨**的基本做法：通过正则表达式匹配文本，然后将它替换为实际的内部 DSL 中所需的调用。

在这个例子中，我们期待各个元素都以空白符分隔，就像我们处理外部 DSL 的分词那样。因此，确保所有的正则表达式的两端都有边界表达式是很有价值的。在大多数情况下，边界是 \b（单词边界），当然偶尔我也需要另外一些东西（如这里的 \s+，因为 "%" 不构成单词边界）。

"at least" 也是这样处理的，虽然使用的是更复杂的正则表达式。

```
class DiscountRulePolisher...
  def process_value_at_least
    @buffer = @buffer.gsub(/\bvalue\s+at\s+least\s+\$?(\d+)\b/, 'minimum(\1)')
  end
```

此外，我们的领域专家倾向于使用 "if" 而不是 "when"，在未打磨的内部 DSL 中这是一个问题，因为 "if" 是 Ruby 的关键字，不过可以通过打磨来解决。

```
class DiscountRulePolisher...
  def process_if
    @buffer = @buffer.gsub(/\bif\b/, 'when')
  end
```

这里的替代方法是将 `when` 方法重命名为 `my_if` 或 `_if` 之类的名称。这样我们能更容易地看到在已打磨的文本和最终的 DSL 之间的对应关系。

最后，将所有的空格替换为方法调用的点，结果会在我的内部 DSL 中变成一段合法的 Ruby 代码。

```
class DiscountRulePolisher...
  def replace_spaces
    @buffer = @buffer.strip.gsub(/ +/, ".")
  end
```

结果看起来不错，但是这段代码只能处理这个特定的例子。要处理更多的情况，代码需要变得更复杂也更丑陋。因此，我会密切关注这段代码，并且做好准备转向外部 DSL。

第*46*章

字面量扩展（Literal Extension）

为程序中的字面量添加方法。

`42.grams.flour`

46.1 运行机制

当考虑 DSL 表达式时，从字面量（如数值和字符串）开始是一个不错的选择。不过从传统意义上讲，这些都是语言的内置类型，有固定的接口，所以无法对它们进行扩展。而如今很多语言提供了向第三方类添加方法的技术，如 C#的扩展方法和 Ruby 的开放类。这种能力对于 DSL 格外方便，它允许你从字面量开启一个方法链。

当使用方法链时，一个重要的决定是是否使用表达式构建器（第 32 章）。如果不使用表达式构建器，就必须确保所有的中间类型都定义有适当的连贯方法。使用表达式构建器则可以避免这个麻烦，但你必须确保可以清晰地获得从构建者一直到底层对象。

例如表达式 `42.grams`，它的返回值类型应该是什么呢？我能想到 3 种选项：数值（number）、数量（quantity）或者表达式构建器。如果返回数值，那么你通常需要选择适当的标准单位，例如，针对重量可以选择千克(kg)。那么在这个例子里，`42.grams` 实际上是 0.042，而 `2.oz` 是 0.567。

有一点值得注意，在这个例子里有一个被我的同事 Neal Ford 称作**类型变异**（type transmogrification）的现象。`42.grams` 从整型开始却返回了浮点型。这就意味着如果我希望在方法级联中使用这个表达式，我必须在多种数值类型上定义方法级联中的所有方法。

对于数量类型，`42.grams` 变成了数量对象，它的数值是 **42** 而单位是克（g）。通常，我倾向于使用这种数量的方式而不是用单纯的数值来表达度量值。用数量可以更好地表达意图，同时允许我在这个对象上定义有用的行为（例如，避免出现 `42.grams + 35.cm` 这样的问题）。遗憾的是，几乎所有语言和平台都缺少内置数量类，当然你可以使用任何连贯方法轻松地自己定义它。数量的数值是封装起来的，所以极大地避免了类型变异的问题。这是因为所有的后续方法都是定义在数量上的。但是，数量上依然有一些连贯方法使数量类不容易理解。

最后一个选项是使用表达式构建器，这样 42.grams 可能会返回一个食谱构建器实例。之后，就可以使用一个或多个表达式构建器，并完全控制其余表达式的工作方式。不过问题是，你需要确保调用方容易从构建器中取出想要的结果。对于下面的表达式这可能不是什么问题：

```
ingredients {
  42.grams.flour
  2.grams.nutmeg
}
```

但是考虑表达式 42.grams + 3.oz，就有麻烦了。大多数情况下我倾向于使用表达式构建器，但实际情况取决于其使用的上下文。

46.2　使用时机

字面量扩展已经成为使 API 更连贯的一个非常热门的例子，特别是对那些能够支持这一特性的语言的倡导者而言更是如此。主流的面向对象语言并不支持为第三方类添加方法（尽管 Smalltalk 总是支持的）。虽然对于这个特性的偏爱显得很可疑，但是它的确使 API 变得更加连贯。

在某些环境中存在一个严重的问题，为字面量添加这样的方法会让这些字面量类的接口变得很臃肿。这些字面量扩展只在某些上下文中需要，所以如果在更多上下文中使用它们，则会使类的接口更加混乱。这种情况下就必须对字面量扩展带来的收益和因字面量类的接口复杂化而增加的问题进行权衡。有些语言环境允许为这些字面量扩展提供独立的命名空间，这将会避免由字面量扩展带来的接口臃肿的问题。

46.3　食谱配料（C#）

我不想再强调我是多么有创造力了，于是我决定借用我同事 Neal Ford 的一个例子。他在多篇文章和演讲中用过这个例子。这是一段简单的 C#代码。

```
var ingredient = 42.Grams().Of("Flour");
```

在这个例子里，我将使用领域类型而不是表达式构建器（第 32 章）。我从为整型添加 Grams 方法开始。

```
namespace dslOrcas.literalExtension {
  public static class RecipeExtensions {
    public static Quantity Grams(this int arg) {
      return new Quantity(arg, Unit.G);
    }
```

通常我不会在例子里展示命名空间，但在本例中这是相关的，意味着只有在命名空间正确的情况下，`Grams` 方法才会出现。

我返回一个数量对象，它是数量模式的一个简单说明。

```
public struct Quantity {
  private double amount;
  private Unit units;
  public Quantity(double amount, Unit units) {
    this.amount = amount;
    this.units = units;
  }

public struct Unit {
  public static readonly Unit G = new Unit("g");
  public String name;
  private Unit(string name) {
    this.name = name;
  }
```

虽然数量类是由我编写的，但是我认为 `Of` 方法不应该属于这个类，因为它是 DSL 的一部分，而且仅仅在有限的情况下使用，而数量类则可能作为通用库的一部分被使用。所以，我再一次使用扩展方法。

```
public static Ingredient Of(this Quantity arg, string substanceName) {
  return new Ingredient(arg, SubstanceRegistry.Obtain(substanceName));
}
```

创建配料表对象的 DSL 代码如下：

```
public struct Ingredient {
  Quantity amount;
  Substance substance;
  public Ingredient(Quantity amount, Substance substance) {
    this.amount = amount;
    this.substance = substance;
  }

public struct Substance {
  private readonly string name;
  public Substance(string name) {
    this.name = name;
  }
```

在这个 DSL 中，我使用字符串作为配料的名字，然后通过类似于符号表（第 12 章）的注册表，把它们解析为对象。

```
private static SubstanceRegistry instance = new SubstanceRegistry();
public static void Initialize() { instance = new SubstanceRegistry(); }
private readonly Dictionary<string, Substance> values = new Dictionary<string, Substance>();
public static Substance Obtain(string name) {
  if (!instance.values.ContainsKey(name))
    instance.values[name] = new Substance(name);
  return instance.values[name];
}
```

第五部分　备选计算模型

第47章

适应性模型（Adaptive Model）

在数据结构中插入代码块来实现备选计算模型。

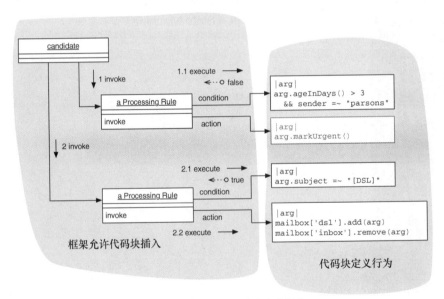

通过给数据结构添加规则来改变程序行为

  编程语言通常是根据某种计算模型而设计的。对于主流编程语言，这个模型通常是命令式模型，以面向对象的方式组织代码。这种方法在能力和可理解性上达成了一种适宜的折中，因此目前受到青睐。但对于某些特定的问题，这个模型并不总是最好的。事实上，使用 DSL 通常也意味着希望使用一种不同的计算模型。

  适应性模型可以让你在命令式语言中实现备选计算模型。你可以通过定义一种模型来实现它。在你定义的模型中，元素之间的连接代表计算模型中行为的关联。这个模型通常需要引用很多命令式的代码段。而后就可以运行该模型，运行方式是可以在模型上运行代码（过程风格）或者在模型本身中运行代码（面向对象风格）。

47.1 运行机制

我们编写软件时通常会针对软件所工作的领域进行建模。产品目录系统捕获有关产品和价格的信息，媒体网站则有新闻报道、广告以及描述它们之间关系的标签。这些模型可以是纯数据结构（数据模型）或者带有可以操作数据的代码的合成数据（对象模型）。但是即便在对象模型中，处理流也由代码决定。对象模型所操作的数据有所不同，这些不同会引起处理细节上的变化，但就整体而言，两者的处理流仍然相同。

但是，我在本书开篇的密室示例中使用的状态模型则是不同种类的模型。系统的整体行为变化很大，取决于加载特定系统时所用的状态模型。在这个例子里，本质上程序就是状态模型的实例化。诚然，状态机拥有通用的语义模型（第 11 章），该语义模型为任何特色的状态机提供了恒定因子和行为约束。但就实际意义而言，运行的程序是某个特定状态机的配置。

当模型在控制系统行为的过程中扮演主要角色时，我将其称为适应性模型。与软件中的大多数边界一样，适应性模型的边界是模糊的，但我发现这种分类是有用的。对我而言，使用适应性模型的本质在于，可以通过修改模型的实例及其之间的关系来改变程序。这样，代码和数据之间的边界就模糊了，从而我们就进入了一个充满新的可能性和新的问题的世界。虽然一些社区很欣赏这个世界（例如，Lisp 社区就格外强调代码和数据的二元性），但对许多开发人员来说，这是一个让人既着迷又害怕的世界。

适应性模型可以独立于 DSL 而存在，因为你可以在没有 DSL 的系统中使用适应性模型，而且不会影响你能从使用适应性模型上尽可能得到好处。这里 DSL 仅仅是提供了一种可以更清晰地描述你的意图的语言，从而简化适应性模型的编程。在很多例子中，命令查询 API 和不同 DSL 的差别很好地说明了这一点。使用适应性模型时最困难的地方在于理解它应该做什么，而 DSL 可以很好地帮我们克服这个困难。

在本书的例子中，我通常将内存中的对象模型用作适应性模型，但实际上适应性模型可以有很多形式。适应性模型可以是由过程代码解释的数据结构。适应性模型的一个常见用法是将模型存储在数据库中，并由其他应用程序对其进行解释。工作流系统通常使用这样的方式。

当适应性模型被存储在关系数据库中时，我经常发现它们会与某些（通常很粗糙的）投影编辑器（9.3 节）一起使用，通过表格和字段来编辑适应性模型。虽然这么做也能用，但是使用 DSL 会更具优势。DSL 通常可以更好地从全局上展现行为，当然可视化技术也能做到这点。可能文本式 DSL 的最大好处就是可以通过版本控制来管理适应性模型。我发现，如果核心系统行为没有放在版本控制系统中，那么通常会很麻烦。

适应性模型通常使用图数据结构来表示，因此，关于数据结构和算法的教科书对于使用适应性模型会很有帮助。

47.1.1 在适应性模型中纳入命令式代码

在创建初始状态机的例子时，我特意让所有行为元素都可以通过简单的数据来描述。状态机中的动作实际上只是通过发出命令编码来表示。然而，通常情况下，适应性模型需要与命令式代码有更紧密的互动。例如，在另一个状态机中，我可能想要更广泛的动作，或者在状态迁移中加入约束条件。要在适应性模型中实现这一点，可能意味着在 DSL 中实现一系列宿主编程语言中已经存在的命令式表达式，而这通常会使适应性模型变得更加复杂。将常规编程语言代码嵌入适应性模型数据结构中常常会是一个更好的选择。

一个很典型的例子是产生式规则系统（第 50 章）中的一条规则，它由两部分组成：布尔条件和行为。通常用宿主语言表示它们更好。

使用闭包是最自然的方式。

```
rule.Condition = j => j.Start == "BOS";
rule.Action = j => j.Passenger.PostBonusMiles(2000);
```

闭包让你可以很容易地将任意代码块嵌入数据结构中，所以闭包在这里是最直接的意图表达方式。这种做法的最大不足之处是，很多语言不支持闭包。如果面对的是这样的情况，需要寻求一些变通的方法。

最简单的变通方法可能就是使用命令（Command）[GoF]模式。为此，我创建了包装单个方法的小对象，我的规则类为条件和动作各用一个这样的对象。

```
class RuleWithCommand {
  public RuleCondition Condition { get; set; }
  public RuleAction Action { get; set; }
  public void Run(Journey j) {
    if (Condition.IsSatisfiedBy(j)) Action.Run(j);
  }
}

interface RuleCondition {
  bool IsSatisfiedBy(Journey j)
}

interface RuleAction {
  void Run(Journey j);
}
```

我可以通过创建子类来设置某个规则。

```
var rule = new RuleWithCommand();
rule.Condition = new BostonStart();
rule.Action = new PostTwoThousandBonusMiles();

class BostonStart : RuleCondition {
  public bool IsSatisfiedBy(Journey j) {
    return j.Start == "BOS";
  }
}
```

```
class PostTwoThousandBonusMiles : RuleAction {
  public void Run(Journey j) {
    j.Passenger.PostBonusMiles(2000);
  }
}
```

在大多数情况下，我可以通过参数化命令的方式来减少子类的数量。

```
var rule = new RuleWithCommand();
rule.Condition = new JourneyStartCondition("BOS");
rule.Action = new PostBonusMiles(2000);

class JourneyStartCondition : RuleCondition {
  readonly string start;
  public JourneyStartCondition(string start) {
    this.start = start;
  }
  public bool IsSatisfiedBy(Journey j) {
    return j.Start == this.start;
  }
}

class PostBonusMiles : RuleAction {
  readonly int amount;
  public PostBonusMiles(int amount) {
    this.amount = amount;
  }
  public void Run(Journey j) {
    j.Passenger.PostBonusMiles(amount);
  }
}
```

如果语言不支持闭包，我通常会倾向于使用这种方法。

另一个选择是使用方法名并通过反射机制来调用方法。但是我并不喜欢这种方式，因为它在底层环境中绕的弯子实在是有点儿大。

从适应性模型的角度来看，使用命令模式是一种变通的方法。但如果考虑使用 DSL 来组装适应性模型，命令模式则更具吸引力。在很多情况下，DSL 会将常见的情况包装在参数中，这很自然地可以通过参数化命令来实现。要在 DSL 中充分利用闭包的表达力，意味着要么在内部 DSL 中使用闭包，要么在外部 DSL 中使用外来代码（第 27 章），后一种情况并不常见。

47.1.2　工具

DSL 对于适应性模型是一种有价值的工具，因为它允许人们通过编程语言来配置模型的实例，这让其行为变得更加明确。但当模型变得更复杂的时候，DSL 可能会显得不够用了，这时我们就需要其他工具了。

通常适应性模型的执行并不容易理解，因为大家并不熟悉它所使用的计算模型。所以，追踪模型的运行过程非常重要。追踪时应捕获模型对输入的处理方式，并对进行了什么处理、为什么要这样处理都留有清晰的日志。这将有助于我们回答"为什么程序是这样做的？"。

当你要求模型输出一个模型实例的描述信息时，模型可以生成其自身的不同的可视化形式，如图形化的描述就很有用。Graphviz 是一个很好用的可视化工具，它可以自动布局由节点和边组成的图结构。密室控制系统的状态图就是用它生成的。从不同角度来描述模型也是很有用的做法。

这样的可视化处理和语言工作台的多维投影是等效的。与投影不同的是，它们是不可编辑的，或者说使它们可编辑的成本过于高昂。但这种可视化的做法仍然是极其有用的。你可以将构建它们自动作为构建过程的一部分，然后利用它们来检查模型的配置是否正确。

47.2　使用时机

适应性模型是使用备选计算模型的关键。使用适应性模型允许你为一个备选计算模型构建处理引擎，然后你可以通过这个模型来为特定的行为编程。例如，你为产生式规则系统创建了一个适应性模型（第 50 章），你就可以通过将规则加载到模型中来执行它们。我建议当使用本书中所提到的任何备选计算模型时，都使用适应性模型来实现它们。

这是一个听起来有些不成熟的论断，它回避了这样一个问题，那就是何时应该使用备选计算模型？这个问题的答案完全取决于哪个模型适用于你的问题域。我没有任何缜密的方法来回答这个问题。我的建议是，尝试使用不同的计算模型来表达所需的行为，然后看看它们是不是让问题变得更容易思考。这么做通常需要设计一个 DSL 原型来驱动模型，因为只依靠适应性模型本身并不足以让思考变得清晰。

大多数时候，这会涉及考虑使用一个通用的计算模型。本部分的其他模式可供参考，如果某种模式看起来适用于所要解决的问题，就值得试一试。你会发现一般不需要一种全新的计算模型，但也不一定。这种意识会随着框架的变化而不断成熟。一开始框架可能只是保存数据，而随着越来越多的行为产生，你可以看到一个适应性模型开始形成。

适应性模型有一个很大的缺点：它们可能难以理解。我经常遇到程序员抱怨难以理解一个适应性模型的工作机理。它看上去就像程序中嵌入的一段魔法，而很多人对这种魔法感到恐惧。

这种恐惧源于适应性模型会导致隐式行为的事实，因而你无法通过阅读代码来推断程序到底做了什么，而必须通过查看模型配置来理解系统的行为。许多程序员对此感到非常沮丧。通常，编写出能够表达意图的清晰的程序已经很难了，更何况现在要从难以导航的数据模型中对程序解码，调试也是一个噩梦。你可以通过构建一些工具来解决这个问题，但需要花费一些时间来构建工具而不是完成要真正实现的软件功能。

总有一些人可以理解适应性模型，他们是适应性模型的坚定拥护者，并且可以通过使用它获得令人难以置信的生产力。而其他人则尽可能避免使用它们。

这种现象让我左右为难。一方面，我就是那种觉得适应性模型很强大并且非常愿意使用它的人，而且我认为恰当地选用适应性模型可以极大地提高生产率。另一方面，我也必须意识到，对大多数开发者来说，适应性模型可能变成外星人制品，而且有时候你不得不放弃适应性模型的好处，因为在系统中有个让人惧怕触碰的魔法段可不是什么好事。而且如果仅有少数人理解它们，那么当这些人离开项目之后，其他人就无法维护这部分系统。

我希望使用 DSL 可以缓解这个问题，不使用 DSL 时，很难对适应性模型编程并理解它的功能。而 DSL 则可以通过从语言本身来捕获适应性模型配置的特点，从而将隐式行为显式地表达出来。我感觉，当 DSL 变得越来越常见，更多的人可以适应结合 DSL 来使用适应性模型，之后他们将会发现由适应性模型带来的效率上的提升。

第 *48* 章

决策表（Decision Table）

用表格的形式来表示条件语句的组合。

Premium Customer	X	X	Y	Y	N	N
Priority Order	Y	N	Y	N	Y	N
International Order	Y	Y	N	N	N	N
Fee	150	100	70	50	80	60
Alert Rep	Y	Y	Y	N	N	N

条件

结果

　　当你的一段代码里有很多条件分支，往往会搞不清楚什么样的条件组合会产生什么样的结果。

　　决策表用表格的形式来表示一组条件，这就好理解多了。表格中的每一列表示一个由特定条件组合所产生的结果。

48.1　运行机制

　　决策表由两个部分组成：条件和结果。每个条件行表明该条件的状态。对一个简单的二值布尔条件来说，该行中的每个单元格要么为真，要么为假。要捕获条件的所有组合，就要有所需的很多列。例如，对 n 个二值布尔条件来说，需要 2^n 列。

　　每个结果行表示单个输出的值。每个单元格表示匹配了同一列的条件的值。对于上面图中的例子，如果我们有一个来自优质客户的国内常规订单，它的费用将是 50 美元，而且我们不会通知代理。决策表只需要单个的结果就可以了，但是多个也可以处理。

　　像在上面图中的例子，通常我们会有一个三值布尔的逻辑，第三个值是"无所谓"，意思是不管这个条件的值是什么，该列都是合法的。使用"无所谓"这个值可以去除表中的重复，使其更加紧凑。

决策表的一个有用的性质是，你可以确定条件的所有排列是否都已被捕获为表的列，从而把未出现的那些缺失的排列报告给用户。有些组合很可能不会产生，这些组合可以被捕获为错误列。或者可以这样规定决策表的语义：允许有缺失的列，把它们当作错误。

如果我们想引入更多任意的枚举、数字范围或者字符串匹配，表格可能会变得更复杂。我们可以把每种这样的条件当作布尔值来捕获。但这样的话，决策表需要知道：如果有 $100 > x > 50$ 和 $50 >= x$ 这样的条件，那么这两个条件不可能同时为真。或者，我们可以对于 x 的值只给出单个条件行，并且允许用户在单元格中输入范围。后面这种方法通常来说是比较容易使用的。如果我们有更复杂的条件值，计算出所有的排列就会更困难，最好还是把未匹配的情况视为错误。

通常，我会建议构建一个单独的决策表*语义模型*（第 11 章）和语法分析器。有了这两者，下一步需要确定要使它们的通用性有多强。你可以为单个决策表构建模型和语法分析器。这样的表格会在表格代码中固定其条件行，同时结果的类型和数值也是固定的。通常你仍希望列值是可配置的，这样就可以轻松地为每个条件组合更改结果值。

一个较为通用的决策表允许你配置条件和结果的类型。程序会通过不同的运行方式来对每个条件（一个方法名或者一个闭包）求值。对强类型语言来说，输入和每个结果的类型需要在编译时就配置好。

语法分析器也需要类似的决策。语法分析器可以针对一个固定的决策表，尽管它配置了一个通用的*语义模型*。为了得到更好的灵活性，你需要为表格结构建立一种类似于简单文法的东西，这样语法分析器就可以正确地理解输入数据。

决策表非常容易追踪和编辑，因此特别适合从领域专家那里捕获信息。许多领域专家很熟悉电子表格，所以一个好的策略是允许领域专家在电子表格中编辑决策表，然后把电子表格导入系统中。基于你使用的电子表格程序和平台，有很多方法可以做到这一点。最原始的（但通常是最有效的）方法是把决策表保存为文本形式，如 CSV。这通常是可行的，因为表格里只有值，没有公式。当然还有其他方法，包括与电子表格程序交互，例如，与一个正在运行的 Excel 实例进行交互。像 Excel 这样的电子表格有自己的编程语言，可以通过编程来接收、编辑和传输决策表数据到远端程序。

48.2 使用时机

决策表是捕获一组交互条件的结果的非常有效的方法。它可以同时与程序员和领域专家进行良好的交互。表格的特性允许领域专家使用熟悉的电子表格工具来操作它。它的最大不足是需要花一些精力来进行设置，以便更容易地编辑和显示它，但是这种付出的代价与它带来的沟通上的收益相比，通常会小得多。

决策表可以处理一定程度的复杂度，这种复杂度不高于你能够在单个（如果复杂的话）条件表达式中可以捕获的复杂度。如果需要把多种条件组合在一起的话，可以考虑产生式规则系统（第 50 章）。

48.3 订单费用计算（C#）

这里我会列出一个决策表，它可以用来处理我在上面图中的例子。

48.3.1 模型

这里的语义模型（第 11 章）是一个决策表。我决定给这个例子创建一个比较通用的决策表，它可以处理任何数量的条件，每个条件支持三值布尔值。我用 C#范型来指定决策表的输入和输出的类型。下面是类的声明和字段：

```
class DecisionTable <Tin, Tout>{
  readonly List<Condition<Tin>> conditions = new List<Condition<Tin>>();
  readonly List<Column<Tout>> columns = new List<Column<Tout>>();
```

这个表格需要两种配置——条件和列，二者都有自己的类。条件用输入类型参数化，列用输出（结果）类型参数化。我从条件开始。

```
class DecisionTable...
  public void AddCondition(string description, Condition<Tin>.TestType test) {
    conditions.Add(new Condition<Tin>(description, test));
  }

public class Condition<T> {
  public delegate bool TestType(T input);
  public string description { get; private set; }
  public TestType Test { get; private set; }
  public Condition(string description, TestType test) {
    this.description = description;
    this.Test = test;
  }
}
```

这让我可以用这个代码为示例中的决策表配置条件：

```
var decisionTable = new DecisionTable<Order, FeeResult>();
decisionTable.AddCondition("Premium Customer", o => o.Customer.IsPremium);
decisionTable.AddCondition("Priority Order",   o => o.IsPriority);
decisionTable.AddCondition("International Order",   o => o.IsInternational);
```

这个决策表的输入类型是订单。我不会展示很细节的东西，因为这对这个例子来说是无关紧要的。输出是一个包装了输出数据的特殊类。

```
class FeeResult {
  public int Fee { get; private set; }
  public bool shouldAlertRepresentative { get; private set; }
  public FeeResult(int fee, bool shouldAlertRepresentative) {
    Fee = fee;
    this.shouldAlertRepresentative = shouldAlertRepresentative;
  }
```

设置这个表的下一步工作是捕获列值。同样，我对于列也用一个类。

```
class Column <Tresult> {
  public Tresult Result { get; private set; }
  public readonly ConditionBlock Conditions;
  public Column(ConditionBlock conditions, Tresult result) {
    this.Conditions = conditions;
    this.Result = result;
  }
```

列分为两个部分。`result` 是处理结果的类型。这个类型和决策表本身的输出类型是一致的。`ConditionBlock` 是一个特殊的类，用来表示条件值的组合。

```
class ConditionBlock...
  readonly List<Bool3> content = new List<Bool3>();
  public ConditionBlock(params Bool3[] args) {
    content = new List<Bool3>(args);
  }
```

我已经写了一个三值布尔类来表示条件中的值。稍后我会展示它是如何工作的，不过目前我可以假设 `Bool3` 只有 3 个合法的实例，分别对应真（true）、假（false）和无所谓。

我可以像这样配置这些列：

```
decisionTable.AddColumn(new ConditionBlock(Bool3.X, Bool3.T, Bool3.T),
  new FeeResult(150, true));
decisionTable.AddColumn(new ConditionBlock(Bool3.X, Bool3.F, Bool3.T),
  new FeeResult(100, true));
decisionTable.AddColumn(new ConditionBlock(Bool3.T, Bool3.T, Bool3.F),
  new FeeResult(70, true));
decisionTable.AddColumn(new ConditionBlock(Bool3.T, Bool3.F, Bool3.F),
  new FeeResult(50, false));
decisionTable.AddColumn(new ConditionBlock(Bool3.F, Bool3.T, Bool3.F),
  new FeeResult(80, false));
decisionTable.AddColumn(new ConditionBlock(Bool3.F, Bool3.F, Bool3.F),
  new FeeResult(60, false));

class DecisionTable...
  public void AddColumn(ConditionBlock conditionValues, Tout consequences) {
    if (hasConditionBlock(conditionValues)) throw new DuplicateConditionException();
    columns.Add(new Column<Tout>(conditionValues, consequences));
  }
  private bool hasConditionBlock(ConditionBlock block) {
    foreach (var c in columns) if (c.Conditions.Matches(block)) return true;
    return false;
  }
```

这描述了如何配置决策表，但是下一个问题是它是如何工作的。这个表格的核心是三值布尔。我使用多态实现了它们，为每个值使用不同的子类：

```
public abstract class Bool3 {
  public static readonly Bool3 T = new Bool3True();
  public static readonly Bool3 F = new Bool3False();
  public static readonly Bool3 X = new Bool3DontCare();
  abstract public bool Matches(Bool3 other);

  class Bool3True : Bool3 {
    public override bool Matches(Bool3 other) {
```

```
      return other is Bool3True;
    }
  }
  class Bool3False : Bool3 {
    public override bool Matches(Bool3 other) {
      return other is Bool3False;
    }
  }
  class Bool3DontCare : Bool3 {
    public override bool Matches(Bool3 other) {
      return true;
    }
  }
```

一个单独的 Bool3 有一个 Matches 方法来和另一个值比较。类似地，条件块将其 Bool3 列表和另一个条件块进行比较。

```
class ConditionBlock...
  public bool Matches(ConditionBlock other) {
    if (content.Count != other.content.Count)
      throw new ArgumentException("Conditon Blocks must be same size");
    for (int i = 0; i < content.Count(); i++)
      if (!content[i].Matches(other.content[i])) return false;
    return true;
  }
```

这个方法是一个"匹配"方法，而不是"相等"方法，因为它不是对称的。（这意味着 Bool3.X.Matches(Bool3.T)，但是反之不成立。）

条件块的匹配是核心。现在，一旦我有一个配置好的决策表，就可以在一个特定的订单上运行它，从而得到费用结果。

```
class DecisionTable...
  public Tout Run(Tin arg) {
    var conditionValues = calculateConditionValues(arg);
    foreach (var c in columns) {
      if (c.Conditions.Matches(conditionValues)) return c.Result;
    }
    throw new MissingConditionPermutationException(conditionValues);
  }
  private ConditionBlock calculateConditionValues(Tin arg) {
    var result = new List<bool>();
    foreach (Condition<Tin> c in conditions) {
      result.Add(c.Test(arg));
    }
    return new ConditionBlock(result);
  }
```

有了这些，我们可以看到决策表模型是如何配置以及如何运行的。但是在我们开始讨论语法分析器之前，我想展示一下决策表用来确保它有一个列可以匹配每一个条件排列的代码。

这段代码的顶层部分是很直观的。我编写了一个函数，它可以通过对于给定数量的条件生成所有可能的排列并检查它是否和某列相匹配的方式来找到缺失的排列。

```
class DecisionTable...
  public bool HasCompletePermutations() {
    return missingPermuations().Count == 0;
```

```
    }
    public List<ConditionBlock> missingPermuations() {
        var result = new List<ConditionBlock>();
        foreach (var permutation in allPermutations(conditions.Count))
            if (!hasConditionBlock(permutation)) result.Add(permutation);
        return result;
    }
```

现在的问题是，我是如何生成所有排列的。我发现在一个二维矩阵中完成这一点是很容易的，可以把矩阵的每一列作为一个排列。

```
class DecisionTable...
    private List<ConditionBlock> allPermutations(int size) {
        bool[,] matrix = matrixOfAllPermutations(size);
        var result = new List<ConditionBlock>();
        for (int col = 0; col < matrix.GetLength(1); col++) {
            var row = new List<bool>();
            for (int r = 0; r < size; r++) row.Add(matrix[r, col]);
            result.Add(new ConditionBlock(row));
        }
        return result;
    }
    private bool[,] matrixOfAllPermutations(int size) {
        var result = new bool[size, (int)Math.Pow(2, size)];
        for (int row = 0; row < size; row++)
            fillRow(result, row);
        return result;
    }
    private void fillRow(bool[,] result, int row) {
        var size = result.GetLongLength(1);
        var runSize = (int)Math.Pow(2, row);
        int column = 0;
        while (column < size) {
            for (int i = 0; i < runSize; i++) {
                result[row, column++] = true;
            }
            for (int i = 0; i < runSize; i++) {
                result[row, column++] = false;
            }
        }
    }
```

这个生成排列的代码比我想象的更微妙，但是看起来好像使用矩阵数据结构来编写会更简单。在这样的情况下，我很乐意使用能够使编写代码更为简单的数据结构，再把结果转换成我事实上想要使用的数据结构。它让我想起了我作为工程师的日子，那时我会碰上一些使用通常的坐标系很难解决的问题，我会把这些问题转换到容易求解它们的坐标系里，求解它们，然后转换回去。

48.3.2 语法分析器

处理这种表格形式的时候，最适合的编辑器就是电子表格。有很多种方式可以把数据从电子表格迁移到 C#程序中，我不打算在这里介绍它们，而是编写一个语法分析器来对表格的简单接口进行操作。

```
interface ITable {
  string cell(int row, int col);
  int RowCount {get;}
  int ColumnCount {get;}
}
```

我会用分隔符制导翻译（第 17 章）的思想来解析这个表格，但是没有使用定界符分隔的记号流，而是使用行和列。

对于模型，我编写了一个可以用来处理所有具有三值布尔的通用决策表。而对于语法分析器，我会编写一个专为这个表格设计的语法分析器。编写一个可配置的通用表语法分析器也是可行的，不过我想把它留给读者作为一个练习。

语法分析器的基本结构是一个命令对象，这个对象以一个 ITable 作为输入，并且返回一个决策表作为输出。

```
class TableParser...
  private readonly DecisionTable<Order, FeeResult>
                    result = new DecisionTable<Order, FeeResult>();
  private readonly ITable input;
  public TableParser(ITable input) {
    this.input = input;
  }
  public DecisionTable<Order, FeeResult> Run() {
    loadConditions();
    loadColumns();
    return result;
  }
```

按照我使用命令对象的习惯，我会把参数通过构造函数提供给这个命令，然后调用 run方法来完成这项工作。

第一步是加载条件。

```
class TableParser...
  private void loadConditions() {
    result.AddCondition("Premium Customer", (o) => o.Customer.IsPremium);
    result.AddCondition("Priority Order", (o) => o.IsPriority);
    result.AddCondition("International Order", (o) => o.IsInternational);
    checkConditionNames();
  }
```

这里有一个潜在的问题，表格可能会对条件重新排序或者改变条件的内容，但是没有更新语法分析器。所以我对条件名做了一个简单的检查。

```
class TableParser...
  private void checkConditionNames() {
    for (int i = 0; i < result.ConditionNames.Count; i++)
      checkRowName(i, result.ConditionNames[i]);
  }
  private void checkRowName(int row, string name) {
    if (input.cell(row, 0) != name) throw new ArgumentException("wrong row name");
  }
```

　除了检查条件名，加载条件实际上并不从表格中拉取任何数据。这个表格的主要目的是为每一列提供条件和结果，下一步我会加载它们。

```
class TableParser...
  private void loadColumns() {
    for (int col = 1; col < input.ColumnCount; col++ ) {
      var conditions = new ConditionBlock(
        Bool3.parse(input.cell(0, col)),
        Bool3.parse(input.cell(1, col)),
        Bool3.parse(input.cell(2, col)));
      var consequences = new FeeResult(
        Int32.Parse(input.cell(3, col)),
        parseBoolean(input.cell(4, col))
        );
      result.AddColumn( conditions, consequences);
    }
  }
```

　在从输入表格得到正确单元格的同时，我也需要把字符串解析成为适当的值。

```
class Bool3...
  public static Bool3 parse (string s) {
    if (s.ToUpper() == "Y") return T;
    if (s.ToUpper() == "N") return F;
    if (s.ToUpper() == "X") return X;
    throw new ArgumentException(
      String.Format("cannot turn <{0}> into Bool3", s));
  }
```

```
class TableParser...
  private bool parseBoolean(string arg) {
    if (arg.ToUpper() == "Y") return true;
    if (arg.ToUpper() == "N") return false;
    throw new ArgumentException(
      String.Format("unable to parse <{0}> as boolean", arg));
  }
```

第 *49* 章

依赖网络（Dependency Network）

由依赖关系链接起来的任务列表。要执行某个任务，需要调用其依赖的任务，并把这些任务当作先决条件来执行。

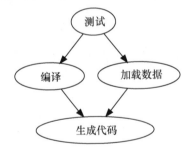

对软件开发人员来说，构建软件系统是一个常见的难题。在很多不同的时点上，你可能想要做一些不同的事情：只是编译程序，或者运行测试。如果想要运行测试，你需要先确保你的编译是最新的。为了编译，你需要确保已执行一些代码生成。

依赖网络使用一个有向无环图（Directed Acyclic Graph，DAG）来组织功能，这个图中包含任务和这些任务对其他任务的依赖关系。在上面的例子中，我们可以说测试任务依赖于编译任务，编译任务又依赖于代码生成任务。请求一个任务时，我们要先找到它所依赖的所有任务，并且确保它们都被先执行（如果需要的话）。我们可以遍历依赖网络来确保被请求任务的所有必要的先决条件任务都被执行了。我们还可以确保，即使某个任务通过不同的依赖路径出现了多次，它也只会被执行一次。

49.1　运行机制

在上面的引例中，我给大家展示了一个**面向任务**（task-oriented）的描述，这里的网络由任务的一个集合和这些任务之间的依赖关系组成。与之不同的是**面向产出**（product-oriented）的风格，这种风格的关注点是我们想要生成的产出和这些产出之间的依赖关系。为了说明两者的区别，我们来考虑下面的例子：在一个构建过程中，首先进行代码生成，然后进行编译。在面向任务的方法中，我们会说有一个代码生成任务和一个编译任务，而编译任务依赖于代码生成任务。在面向产出的方法中，我们会说有一个编译过程产生的可执行文件和一些通过代码生成产生的生成式源文件。然后通过代码生成的源文件是产生可执行文件的前提条件来描述依赖关系。两种风格的区别现在看来可能过于细微，希望随着我接下来的讲解，这种区别能够变得清晰一些。

依赖网络的运行方式基于这样的需要：要么执行一个任务（面向过程的），要么构建一个产出（面向产出的）。我们通常把所需的产出或者任务叫作**目标**。接着，系统找到目标的所有先决条件，然后继续寻找先决条件的先决条件……直到得到运行或构建所需的所有过渡性先决条件的完整列表。它调用每个任务，使用依赖关系来确保不会有任务在它的先决条件执行之前执行。该机制的一个重要性质是，任何任务都不会执行超过一次，即使遍历网络意味着会多次遇到相同的项。

为了讨论这个问题，我会引入一个规模稍微大一点的例子，它也能让我撇开现有的软件构建的例子。让我们考虑一下魔法药剂的生产设备。药剂的每种成分通常都需要通过其他成分制备。所以为了生产出健康药剂，我们需要纯净水和章鱼精华（这里我忽略了数量）。为了制造出章鱼精华，我们需要章鱼和纯净水。为了得到纯净水，我们需要干燥的玻璃杯。我们可以在这些产出之间定义链接（这里我使用的是面向产出的方法）作为一系列的依赖关系（图49-1）：

- `healthPotion => clarifiedWater, octopusEssence;`
- `octopusEssence => clarifiedWater, octopus;`
- `clarifedWater => dessicatedGlass。`

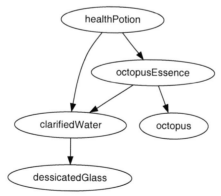

图 49-1　一个展示制备健康药剂所需的成分之间依赖关系链接的图

在这个例子里，我们想要确保在我们生产健康药剂的过程中，生产纯净水的任务只被执行一次，尽管可以通过多个依赖关系找到它。

通常使用这种比较具体的东西来思考问题是比较容易的。例如，想象纯净水是生产出来可以放到铁桶里的东西。同样的概念对于信息产出也是说得通的。在这种情况下，我们可以制订一个生产计划，包含需要什么东西来生产每种成分的信息。不过除非需要，否则我们不会为纯净水制订生产计划，因为这样的程序对于一个用仓鼠作动力的自动魔法算盘来说，所需的计算资源还是很多的。

在依赖网络中，会出现两种主要的错误。最严重的错误是**先决条件缺失**（missed prerequisite）——有些东西我们应该构建，但是实际上没有构建。这是一个很严重的错误，会导致错误的结果，而且这种错误很难被发现——所有的事情看起来都在正常运行，但是数据都是错的，因为某些先决条件没有满足。另一种错误是**不必要的构建**（unnecessary build），例如，为纯净水的生产计划计算了两遍。在大多数的情况下，这只会导致执行速度变慢，因为任务通常是幂等的，如果不是这样，可能会导致更严重的错误。

依赖网络的一个普遍特性，尤其在面向产出的情况下，是每个产出记录了自己最后一次更新的时间。这可以有助于进一步减少不必要的构建。当我请求构建一个产出时，它事实上只执行那些产出的最后修改时间比先决条件的最后修改时间早的那些过程。为了使该机制正常工作，需要先调用先决条件，从而可以在必要时重新构建。

我在这里对调用任务和执行任务进行了区分。每个过渡性先决条件都会被调用，但是只有在必要时才会被执行。所以，如果调用 octopusEssence，则 octopusEssence 会调用 octopus 和 clarifiedWater（它再调用 dessicatedGlass）。等到所有的调用都完成了，octopusEssence 就将自己生产计划的最后修改时间与 clarifiedWater 和 octopus 的进行比较。只有在 clarifiedWater 或 octopus 中任意一个生产计划的最后修改时间晚于自己的时，octopusEssence 才会运行自己。

在一个面向任务的网络中，我们通常不使用最后修改时间，而是每个任务只关心自己在某一次目标请求中是否已经被执行了，并且只在第一次被调用的时候执行。

使用持久化的最后修改时间是比较简单的，这是我们更喜欢面向产出的风格而不是面向任务的风格的一个重要原因。你可以在面向任务的系统中使用最后修改时间的信息，但是为了这么做，每个任务都需要自己承担这个职责。在面向产出的方法中使用最后修改时间可以让网络在执行时做出决定。具有这种能力是有条件的，即只有在先决条件不变从而输出也维持不变的情况下才有效。因此，需要在先决条件中声明会对输出产生影响的所有内容。

任务/产出的区别在构建自动化系统的时候就显现出来了。传统的 Unix Make 命令是面向产出的（产出是文件），而 Java 系统的 Ant 是面向任务的。面向产出系统的一个潜在问题是不会总有自然的产出。运行测试是一个很好的例子。在这个例子中，你需要类似于测试报告的东西来追踪执行过程。有时候，输出仅仅是为了满足这种依赖系统的需要；这种伪输出的典型例子是 touch 文件，这是一个只用来记录最后修改时间的空文件。

49.2　使用时机

如果一个问题可以被很好地分解为一些任务，并且每个任务都有定义良好的输入和输出，那么依赖网络就很适合。这种只执行需要执行的任务的能力，使依赖网络很适合执行资源密集型任务，或者所需工作量很大的任务，如远程操作。

与所有备选模型一样，在出错时，依赖网络通常难以调试。所以把调用和执行过程都记入日志非常重要，这样你就可以看到发生了什么。再加上只在需要时执行，所以我更推荐粒度相对较粗的任务。

49.3 分析药剂（C#）

在软件文本中看到生产魔法药剂的例子是不多见的，所以我认为是时候分析一下这些企业面临的商业挑战了。我的领域专家告诉我在竞争激烈的药剂生产领域中，配方会定期稍作调整。这就产生了一个问题，即他们需要对药剂进行各种各样的分析来进行质量控制，但是这些分析的成本高昂又耗时。因此，你不能在每次制备药剂的时候把这些分析都重新做一遍，只是在你调整配方之后重做。此外，生产链中的每一环都会对它的下游造成影响，因此如果我分析一个上游的成分，我需要确保所有使用这个输出的下游的成分都进行了最新的分析。

那么，让我们举一个基本健康药剂的例子。它的输入包含纯净水，纯净水本身的输入是干燥的玻璃杯。如果我需要对一份健康药剂配方进行麦加芬分析（MacGuffin Profile），我需要看到对它的输入（纯净水）的分析。如果我使用的纯净水配方和上周用的是一样的，那么我不需要重新做纯净水的分析。然而，如果干燥玻璃杯的配方自从我上次分析之后有了改动，那么我需要重新做一遍分析。

这就是一个依赖网络。每种成分都有作为其先决条件的输入。如果一种成分的任何一个先决条件的分析过时了，我们就需要先重新分析这些先决条件，再重新分析所请求的这种成分。

我会把这个依赖网络实现为 C#的内部 DSL，下面是示例脚本：

```
class Script : SubstanceCatalogBuilder {
  Substances octopusEssence, clarifiedWater, octopus, dessicatedGlass, healthPotion;
  override protected void doBuild() {
    healthPotion
      .Needs(octopusEssence, clarifiedWater);

    octopusEssence
      .Needs(clarifiedWater, octopus);

    clarifiedWater
      .Needs(dessicatedGlass);
  }
```

这个脚本使用了对象作用域（第 36 章）和类符号表（第 44 章）。我稍后会再讨论如何对它进行语法分析，现在我们先看看语义模型（第 11 章）。

49.3.1 语义模型

语义模型（第 11 章）的数据结构很简单：一种成分的图结构。

```
class Substance...
  public string Name { get; set; }
  private readonly List<Substance> inputs = new List<Substance>();
  private MacGuffinProfile profile;
  private Recipe recipe;

  public void AddInput(Substance s) {
    inputs.Add(s);
  }
```

每种成分都有一个配方（recipe）和一个麦加芬分析。我们只需要知道它有一个日期。（我只能告诉你这么多。）

```
class MacGuffinProfile...
  public DateTime TimeStamp {get;  private set;}
  public MacGuffinProfile(DateTime timeStamp) {
    TimeStamp = timeStamp;
  }

class Recipe...
  public DateTime TimeStamp { get; private set; }
  public Recipe(DateTime timeStamp) {
    TimeStamp = timeStamp;
  }
```

依赖网络行为在我请求分析文件的时候开始起作用。首先，调用与输入一起传递，这样这种成分的每一个过渡性输入都被调用了。然后每个环节检查它是否是最新的，然后在必要时重新计算。

```
class Substance...
  public MacGuffinProfile Profile {
    get {
      invokeProfileCalculation();
      return profile;
    }
  }
  private void invokeProfileCalculation() {
    foreach (var i in inputs) i.invokeProfileCalculation();
    if (IsOutOfDate)
      profile = profilingService.CalculateProfile(this);
  }
```

通过在做自己的检查之前在其输入上调用 invoke，我可以确保每种输入成分在检查自己之前都是最新的。如果一种成分在输入链中出现多次，它会被调用很多次，但是只会计算一次分析。这很关键，因为分析服务调用的成本很高。

我们依赖配方和分析的时间戳来判断某个环节是否是最新的。

```
class Substance...
  private bool IsOutOfDate {
    get {
      if (null == profile) return true;
      return
        profile.TimeStamp < recipe.TimeStamp
          || inputs.Any(input => input.wasUpdatedAfter(profile.TimeStamp));
    }
  }
```

```
private bool wasUpdatedAfter(DateTime d) {
  return profile.TimeStamp > d;
}
```

49.3.2　语法分析器

语法分析器是一个类符号表（第44章）的直观形式。再来看一段脚本：

```
class Script : SubstanceCatalogBuilder {
  Substances octopusEssence, clarifiedWater, octopus, dessicatedGlass, healthPotion;
  override protected void doBuild() {
    healthPotion
      .Needs(octopusEssence, clarifiedWater);

    octopusEssence
      .Needs(clarifiedWater, octopus);

    clarifiedWater
      .Needs(dessicatedGlass);
  }
}
```

这个脚本包含在一个类中。类中的字段是不同的成分。我使用对象作用域（第36章）来允许这个脚本类对裸函数调用。父类运行构建，返回一个成分列表。

```
class SubstanceCatalogBuilder...
  public List<Substance> Build() {
    InitializeSubstanceBuilders();
    doBuild();
    return SubstanceFields.ConvertAll(f => ((Substances) f.GetValue(this)).Value);
  }
  protected abstract void doBuild();
```

构建中的第一步是使用成分构建器的实例来组装字段。成分构建器有一个古怪的名字——Substances，这样 DSL 读起来更容易些。

```
class SubstanceCatalogBuilder...
  private void InitializeSubstanceBuilders() {
    foreach (var f in SubstanceFields)
      f.SetValue(this, new Substances(f.Name, this));
  }
  private List<FieldInfo> SubstanceFields {
    get {
      var fields = GetType().GetFields(BindingFlags.Instance | BindingFlags.NonPublic);
      return Array.FindAll(fields, f => f.FieldType == typeof (Substances)).ToList();
    }
  }
```

每一个成分构建器都组装有一种成分和一些连贯方法。在这种情况下，成分的属性是可读可写的，所以我可以以后修改它。

第 *50* 章

产生式规则系统（Production Rule System）

通过一组产生式规则组织逻辑，每条规则都有一个条件和一个动作。

```
if
  candidate is of good background
  and
  candidate is a productive member of society
then
  candidate is worthy of an interview

if
  candidate's parent is a member
then
  candidate is of good background

if
  candidate is English
  and
  candidate makes ten thousand a year
then
  candidate is a productive member of society
```

我们可以将许多情况简单地看作对一组条件的检测。如果是验证数据，则每种验证都可以看作一个条件，当条件为假时引发错误。对是否能够获得某一职位的资格的验证，可以看作一个由若干条件组成的链条，如果通过了链条上的所有验证，你就获得了资格。故障诊断可以看作对一系列问题的追问，每个问题又会引发新问题，从而希望通过这个过程识别出根本的故障原因。

产生式规则系统计算模型在概念上实现了一组规则，其中每条规则都有一个条件和一个随之产生的动作。通过一系列循环，系统基于所持有的数据运行规则，每个循环都会识别出匹配条件的规则，然后执行规则的动作。产生式规则系统通常是专家系统的核心。

50.1 运行机制

产生式规则系统里规则的基本结构相当简单。我们有一组规则，每条规则都有一个条件和一个动作。条件是一个布尔表达式。动作可以是任何东西，但限于依赖产生式规则系统的上下文。例如，如果产生式规则系统只做验证，动作可能就只是引发错误，每个动作可以指定引发怎样的错误，为错误提供什么数据。

产生式规则系统中比较复杂的部分是确定如何执行规则。对通用的专家系统而言，做这件事可能是很复杂的，这就是会发展出整个专家系统社区以及工具市场的原因。虽然通常是这样，但通用的产生式规则系统非常复杂并不表示我们就无法为有限的情况构建一个简单的产生式规则系统。

产生式规则系统通常会把所有用于控制规则执行的逻辑放到单个组件里，通常称为**规则引擎**（rule engine）、**推理引擎**（inference engine）或者**调度器**（scheduler）。简单的规则引擎操作一系列推理循环。循环从运行可用规则的所有条件开始。条件返回真的规则称为被**激活**（activated）。规则引擎会保存一个激活的规则列表，称为**议程**（agenda）。引擎检查完成规则的条件后，会查看议程中的规则，其意图是要执行这些规则的动作。执行规则的动作称为**履行**（firing）规则。

履行规则的顺序可以由很多不同的方式确定。最简单的方式是按照任意顺序履行规则。在这种情况下，规则编写的方式并不决定其履行的方式——这有助于保持计算的简单。另一种方式是，总是按照其在系统内定义的顺序履行规则。电子邮件系统的过滤规则是一个很典型的例子。按照特定方式定义过滤规则，这样，第一个匹配的过滤规则就会处理电子邮件，之后可能会匹配的规则都不会被履行。

另一种确定顺序的方法是定义规则时给予其优先级，在专家系统循环里，这通常称为**显著性**（salience）。在这种情况下，规则引擎会先选择履行议程中优先级最高的规则。使用优先级通常被认为是一种坏味道。如果你发现自己经常使用优先级，那么你应该重新考虑产生式规则系统是否是适用于你的问题的计算模型。

规则引擎的另一个变体是，在每条规则履行之后是否检查规则处于激活状态，或者，是否要在重新检查之前履行议程里的所有规则。根据规则的组织方式，这可能会影响系统的行为。

查看规则库时，常常会发现不同的规则组，每组都是整个问题在逻辑上的一部分。在这种情况下，把规则划分成不同的**规则集**（rule set），并按照特定顺序对它们求值是合理的。因此，假设有两组规则，一组完成基本的数据验证，另一组确定资格，那么就可以选择先运行验证规则集，然后在没有错误的情况下才运行资格确定规则集。

50.1.1 规则链

一种常见的情况是一系列验证规则，这构成了最简单的产生式规则系统。在这种情况下，将扫描所有规则，那些被履行的规则会添加错误或警告到某种形式的日志或者通知（第 16 章）

中。只需一次循环就可以完成所有激活和履行，因为规则的动作并不会改变产生式规则系统所处理数据的状态。

然而，通常情况下，规则的动作会改变数据的状态。在这种情况下，需要重新对规则条件进行求值，如果有任何条件变为真，则将其添加到议程里。规则之间的这种交互方式称为**正向规则链**（forward chaining）：从一些事实开始，使用规则推断更多的事实，而这些事实会激活更多的规则，这些规则又会创建更多的事实，以此类推。只有在议程中不再有更多的规则时，引擎才会停止。

对概述里的简单序列而言，首先会检查所有的规则。如果后两条规则都被激活并履行，则第一条规则也将被激活并履行。

另一种方式则采用不同的途径。采用这种方式时会从一个目标出发，检查规则库，以查看哪些规则的动作可以使这个目标为真。然后，取出这些规则并将它们创建为子目标，从而进一步寻找支撑它们的规则。这种方式称为**反向规则链**（backward chaining）。在简单的产生式规则系统中反向规则链不太常见，因为这种方式对简单的情况来说过于复杂了。因此，这里的讨论更关注使用正向规则链或者没有规则链的引擎。

50.1.2　矛盾的推理

规则的优势之一在于，可以单独声明每条规则，并让产生式规则系统得出结果。但是这种优势也带来了一个问题。如果推理的链条相互矛盾该如何？例如，某款对战类游戏中设置了两个战队，分别为保卫者战队和攻击者战队。两个战队对其玩家身份有一系列规则。其中规定，要加入热爱自由的保卫者战队必须通过该战队的保卫技能等级考核。然后，规则的 4.7 段落又有另一条规定：通过攻击者战队的攻击技能等级考核的玩家，只能加入攻击者战队，不能加入保卫者战队。这些规则在很多年里都运行良好，直到我通过了两个战队的技能等级考核。现在，一条规则表述的是我可以加入保卫者战队，另一条规则表述的则是我不可以加入。

这里最大的风险在于，我们可能根本没有注意到这种情况会发生。如果这些规则的结果是改变布尔变量 isEligibleForDefenderTeam 的值，那么最终结果将取决于最后运行的那条规则。除非对规则有定义好的顺序或优先级，否则就会导致不正确的推断，或者依赖于规则执行顺序中隐藏的性质而得出不同的推断。

有两种方式处理相互矛盾的规则。一种方式是通过设计规则的结构来避免矛盾。在这种方式下，要确保规则运行的方式可以避免矛盾，这可以通过规则更新数据的方式，或者通过组织规则集，也可以通过设置规则的优先级。在上述例子里，可以先将所有资格条件设置为假，并且只允许它们变为真。这种做法会迫使那些想把通过攻击者战队技能等级考核的玩家拒之门外的人以不同的方式编写规则，在编写规则时就将潜在的矛盾暴露出来。我们不得不小心翼翼，因为只要规则中有小错误，就可能颠覆整个设计。

另一种方式是按照可以容忍矛盾的方式记录所有推断，这样可以在遇到矛盾时就将其识别出来。在这种情况下，不再使用布尔值来表示申请资格，而是为每个推断创建一个单独的 fact 对象，其键为 eligibilityForDefenderTeam，值为布尔型。运行完成所有规则后，我们就会用感兴趣的键来查找所有的事实。然后，只要发现键相同而值不同的事实，就可以识别出矛盾。观察（Observation）[Fowler AP]模式是处理这种情况的一种方法。

通常来说，需要谨慎处理规则结构中的循环。在循环结构中，一条规则接着一条规则地履行下去。这种情况可能发生在相互矛盾的规则中，这些规则不断地相互推翻；也可能发生在一个正反馈环中。

专门为产生式规则系统设计的工具都有其自身的技术来处理上述问题。

50.1.3　规则结构里的模式

虽然我见过几个规则库，但不能说自己对规则系统的组织方式做过深入的研究。但是，我所见过的几个规则结构确实揭示了规则的结构中的一些通用模式。

一种通用且简单的情况是验证（validation）。之所以简单，是因为所有的规则通常只会有一个简单的结果：引发某种形式的验证错误。验证几乎不会用到规则链。我怀疑大多数认真使用过产生式规则系统的人，不会把这种情况看作规则系统，因为它们太简单了。当然，对我来说，使用专门的规则工具来处理这种情况似乎有些过度了。然而，你自己编写一个这种简单结构会是不错的选择。

确定资格更复杂一些。我们可以用这种规则库评估一个候选人是否有资格获得一个或多个契约。这可能是一个用于评价某人可参加哪种保险（如果有的话）的系统，或者是一个用于确定订单折扣的系统。在这种情况下，可以将规则构造成一系列逐步递进的步骤，由低阶规则引发高阶推断。通过保持所有推断都是正向的来避免矛盾，也许可以通过一些单独的推断路径来取消资格。

某些诊断系统更为复杂。在这样的系统中，可以观察一些问题来确定其根本原因。在这种情况下更可能出现矛盾，因此像观察[Fowler AP]这样的模式就显得更为重要了。

50.2　使用时机

如果我们感觉一些行为最好表达成一组 if-then 语句，那么产生式规则系统是一个自然选择。确实，只编写那样的控制流会是演化为产生式规则系统的一个很好的起点。

产生式规则系统一个很大的风险在于，它们很吸引人。对非程序员而言，一个小例子易于理解，可以很好地演示。从简单的演示中我们不清楚的是，当问题变大时，推断出产生式规则系统在做什么可能是非常困难的，尤其是当我们使用规则链时。这会让调试困难重重。

规则引擎工具通常会让这个问题更严重。如果我们有一个工具扩展起来很容易，我们会在很多场合使用它，直到构建的东西规模太大，我们才会意识到修改它有多困难。因此，有一种观点认为应该自己构建一些简单的东西，我们可以根据自己特定的需求进行调整，并使用它们来了解有关领域的更多信息，以及产生式规则系统如何与之相适应。一旦了解了更多，就可以评估是否值得把简单的产生式规则系统替换成工具。

尽管我还没看到过工作良好的规则引擎，但我并不认为使用规则引擎总是坏主意。重要的是，你应该谨慎对待规则引擎，并且知道自己使用规则引擎的时候会遇到什么情况。

50.3 俱乐部会员验证（C#）

验证是一个简单的产生式规则系统的典型例子，因为它很常见，通常不包括任何规则链。作为一个示例问题，我们来考虑一下申请加入某个假想的维多利亚英语俱乐部的第一步。为了处理这些申请，会用到两组单独的规则集。第一组会对基本的申请数据做验证，只是确保表格填写正确。第二组规则集用于评估面试的资格，在第二个例子里我会详述。

下面是一些验证规则：

- 国籍（Nationality）不能为空；
- 大学（University）不能为空；
- 年收入（AnnualIncome）必须是正值。

50.3.1 模型

我需要描述这个模型的两个方面。第一方面非常简单，就是规则要处理的人的数据。这是一个简单的数据类，具有我们感兴趣的各种属性。

```
class Person...
  public string Name { get; set; }
  public  University? University { get; set; }
  public  int? AnnualIncome { get; set; }
  public  Country? Nationality { get; set; }
```

现在来看规则处理部分。验证引擎的基本结构是一个验证规则列表。

```
class ValidationEngine...
  List <ValidationRule> rules = new List<ValidationRule>();

interface ValidationRule {
  void Check(Notification note, Person p);
}
```

要运行引擎，所要做的就是运行每条规则，并在通知（第16章）中收集结果。

```
class ValidationEngine...
  public Notification Run(Person p) {
    var result = new Notification();
    foreach (var r in rules) r.Check(result, p);
    return result;
  }
```

最基本的验证规则接受一个谓词和一个用来记录它是否失败的消息。

```
class ExpressionValidationRule : ValidationRule {
  readonly Predicate<Person> condition;
```

```
  readonly string description;
  public ExpressionValidationRule(Predicate<Person> condition, string description) {
    this.condition = condition;
    this.description = description;
  }
  public void Check(Notification note, Person p) {
    if (! condition(p))
      note.AddError(String.Format("Validation '{0}' failed.", description));
  }
```

然后，我可以用命令查询接口来设置和运行规则，代码如下：

```
engine = new ValidationEngine();
engine.AddRule(p => p.Nationality != null, "Missing Nationality");
var tim = new Person("Tim");
var note = engine.Run(tim);
```

50.3.2 语法分析器

对这个例子而言，我会使用简单的内部 DSL。我将直接使用 C#的 lambda 来捕获规则。
DSL 脚本的起始部分如下：

```
class ExampleValidation : ValidationEngineBuilder {
  protected override void build() {
    Validate("Annual Income is present")
      .With(p => p.AnnualIncome != null);
    Validate("positive Annual Income")
      .With(p => p.AnnualIncome >= 0);
```

这里用的是对象作用域（第 36 章），这样我就可以通过对 Validate 方法的简单调用来
定义验证规则，然后通过方法级联来捕获谓词。

这里创建了一个构建器来设置一个引擎。验证方法设置一个子规则构建器来捕获规则信息。

```
abstract class ValidationEngineBuilder {
  public ValidationEngine Engine { get; private set; }
  protected ValidationEngineBuilder() {
    Engine = new ValidationEngine();
    build();
  }
  abstract protected void build();
  protected WithParser Validate(string description) {
    return new ValidationRuleBuilder(description, Engine);
  }
}

class ValidationEngine...
  public void AddRule(Predicate<Person> condition, string errorMessage) {
    rules.Add(new ExpressionValidationRule(condition, errorMessage));
  }

class ValidationRuleBuilder : WithParser {
  readonly string description;
  readonly ValidationEngine engine;
  public ValidationRuleBuilder(string description,ValidationEngine engine){
    this.description = description;
    this.engine = engine;
  }
  public void With(Predicate<Person> condition){
    engine.AddRule(condition, description);
```

```
    }
  }
  interface WithParser {
    void With(Predicate<Person> condition);
  }
```

这里用渐进式的接口感觉上有点儿多余，因为在规则构建器上只有一个方法。但是接口名可以有助于理解语法分析器在寻找什么。

50.3.3　演进 DSL

这些验证可以很好地捕获逻辑，但是，希望在编写了一些查找空值的表达式之后，我们能开始思考是否应该存在更好的方式进行空值检查。如果这种检查很常见，就可以把空值检查的逻辑放到规则里，所以，我们在脚本里要做的就是，表示哪个属性值不能为空。

在许多语言里的一种处理方式是，以字符串的方式编写属性名，并用反射机制检查逻辑。所以，在 DSL 脚本里有下面这样一行：

```
MustHave("University");
```

为了支持它，我们要扩展模型和语法分析器。

```
class ValidationEngineBuilder...
  protected void MustHave(string property) {
    Engine.AddNotNullRule(property);
  }
class ValidationEngine...
  public void AddNotNullRule(string property) {
    rules.Add(new NotNullValidationRule(property));
  }
class NotNullValidationRule : ValidationRule {
  readonly string property;
  public NotNullValidationRule(string property) {
    this.property = property;
  }
  public void Check(Notification note, Person p) {
    var prop = typeof(Person).GetProperty(property);
    if (null == prop.GetValue(p, null))
      note.AddError("No value for {0}", property);
  }
```

这里要强调的是，我们并不需要改变语义模型（第 11 章）支持它，而是可以在构建器里很容易地放入这段代码：

```
class ValidationEngineBuilder...
  protected void MustHaveALT(string property) {
    PropertyInfo prop = typeof(Person).GetProperty(property);
    Engine.AddRule(p => prop.GetValue(p, null) != null,
                   String.Format("Should have {0}", property));
  }
```

在构建器中放入这种逻辑通常是一种简单的反射，但我劝你不要上当。如果把逻辑放到语义模型里，可以更好地利用信息，因为它知道自己在做什么。例如，这让语义模型可以生成验证代码，这样就可以在表单里嵌入 JavaScript。但是即便没有这样的需求，我依然倾向于尽可能把这些烦恼抛给语义模型。这种做法不会比把它放到构建器里产生更多的工作，却可以把规则的知识保存在最有用的地方。

字符串参数非常好，但是它也有缺点，特别是对于像 C#这一类有静态类型和良好工具支持的环境。使用 C#里的一些机制，会使捕获属性名很容易，这样，就可以用自动补全和静态检查。

幸运的是，在 C#里用 lambda 表达式就可以做到。非空检查的 DSL 脚本如下：

```
MustHave(p => p.Nationality);
```

同样，我在模型里实现了它，在构建器就简单地调用。

```
class ValidationEngineBuilder...
  protected void MustHave<T>(Expression<Func<Person, T>> expression) {
    Engine.AddNotNullRule(expression);
  }

class ValidationEngine...
  public void AddNotNullRule<T>(Expression<Func<Person, T>> e) {
    rules.Add(new NotNullValidationRule<T>(e));
  }

class NotNullValidationRule<T> : ValidationRule {
  readonly Expression<Func<Person, T>> expression;
  public NotNullValidationRule(Expression<Func<Person, T>> expression) {
    this.expression = expression;
  }
  public void Check(Notification note, Person p) {
    var lambda = expression.Compile();
    if (lambda(p) == null) note.AddError("No value for {0}", expression);
  }
}
```

这里，我用到了 lambda 的表达式，而不仅仅是 lambda。这样，验证失败时就可以在错误消息里输出代码文本。

50.4 适任资格的规则：扩展俱乐部成员（C#）

前面的例子为我们虚构的俱乐部给出了一个验证规则输入表单。下面这个例子来看看适任资格的规则，稍微有点复杂，因为涉及一些正向规则链。顶级规则是，如果候选人背景良好，而且在社会上有所作为，就可以考虑面试他。

```
class ExampleRuleBuilder : EligibilityEngineBuilder {
  protected override void build() {
    Rule("interview if good background and productive")
      .When(a => a.IsOfGoodBackground && a.IsProductive)
      .Then(a => a.MarkAsWorthyOfInterview());
```

在前面的例子里，我通过超类用到了带有对象作用域（第 36 章）的内部 DSL，虽然稍后我会描述一下语法分析的细节。有几个不同的规则来确定什么是背景良好，以及如何才算在社会上有所作为。确定背景良好的两种方式是，其父亲（或母亲）是俱乐部成员，或者在其工作岗位上完成过某项重要任务。

```
Rule("parent member means good background")
  .When(a => a.Candidate.Parent.IsMember)
  .Then(a => a.MarkOfGoodBackground());
Rule("task accomplishment means good background")
  .When(a => a.IsTaskAccomplished)
  .Then(a => a.MarkOfGoodBackground());
Rule("Needs to be at least a manager")
  .When(a => a.Candidate.Rank >= TaskRank.Manager)
  .Then(a => a.MarkAsTaskAccomplished());
Rule("Oxbridge is good background")
  .When(a => a.Candidate.University == University.Cambridge
          || a.Candidate.University == University.Oxford)
  .Then(a => a.MarkOfGoodBackground());
```

这些规则阐释出产生式规则系统的重要属性——各种规则都是开放的，可以很容易地添加新规则来表示背景良好。我可以添加这些规则，而无须改变已有规则。其缺点在于，规则库文本中没有一个地方可以确定找到所有条件。处理此问题的一种方法是使用一个工具，该工具能够找到调用 MarkOfGoodBackground 的结果的所有规则。

另一个决定某人是否有面试资格的因素在于他在社会上是否有所作为，这是典型的表示赚了多少钱的英式双关语。

```
Rule("Productive Englishman")
  .When(a => a.Candidate.Nationality == Country.England
    && a.Candidate.AnnualIncome >= 10000)
  .Then(a => a.MarkAsProductive());
Rule("Productive Scotsman")
  .When(a => a.Candidate.Nationality == Country.Scotland
    && a.Candidate.AnnualIncome >= 20000)
  .Then(a => a.MarkAsProductive());
Rule("Productive American")
  .When(a => a.Candidate.Nationality == Country.UnitedStates
    && a.Candidate.AnnualIncome >= 80000)
  .Then(a => a.MarkAsProductive());
Rule("Productive employee")
  .When(a => a.IsTaskaccomplished
    && a.Candidate.AnnualIncome >= 8000)
  .Then(a => a.MarkAsProductive());
```

看看这里用到的模式，我们看到了一个用函数序列（第 33 章）定义的规则列表。每条规则的细节都使用了 When 和 Then 子句的方法级联（第 35 章），以及用于捕获每条规则的条件和动作的内容的嵌套闭包（第 38 章）。

50.4.1　模型

适任资格模型类似于验证模型，但为了处理不同的结果以及正向规则链，它会更复杂一些。数据结构的第一部分用以报告逻辑的结果，这是一个申请。

```
class Application...
  public Person Candidate { get; private set; }
```

```
public bool IsWorthyOfInterview { get; private set; }
public void MarkAsWorthyOfInterview() { IsWorthyOfInterview = true; }
public bool IsOfGoodBackground { get; private set; }
public void MarkOfGoodBackground() {IsOfGoodBackground = true;}
public bool IsTaskAccomplished { get; private set; }
public void MarkAsTaskAccomplished() { IsTaskAccomplished = true; }
public bool IsProductive { get; private set; }
public void MarkAsProductive() { IsProductive = true; }
public Application(Person candidate) {
  this.Candidate = candidate;
  IsOfGoodBackground = false;
  IsWorthyOfInterview = false;
  IsTaskaccomplished = false;
  IsProductive = false;
}
```

　　类似于先前的 Person，它主要是一个简单的数据类，但是它也有一个非同寻常的结构。所有的属性都是布尔型，它们的初始值都为 false，并且只能变为 true。这强制规则系统中的某些结构避免了未检测到的矛盾。

　　每条资格规则都有一对闭包，其中一个用于条件，另一个用于结果，此外还有一个文本描述。

```
class EligibilityRule...
  public string Description { get; private set; }
  readonly Predicate<Application> condition;
  readonly Action<Application> action;
  public EligibilityRule(string description,
                      Predicate<Application> condition, Action<Application> action)
  {
    this.Description = description;
    this.condition = condition;
    this.action = action;
  }
```

把资格规则加载到规则集中。

```
class EligibilityRuleBase {
  private List<EligibilityRule> initialRules = new List<EligibilityRule>();
  public List<EligibilityRule> InitialRules {
    get { return initialRules; }
  }
  public void AddRule(string description, Predicate<Application> condition,
                    Action<Application> action)
  {
    initialRules.Add(new EligibilityRule(description, condition, action));
  }
```

　　正向规则链的存在让运行引擎变得稍微复杂了一些。基本的循环是检查规则，把可被激活的规则放入议程，履行议程上的规则，然后检查是否可以激活更多的规则。

```
class EligibilityEngine...
  public void Run() {
    activateRules();
    while (agenda.Count > 0) {
      fireRulesOnAgenda();
      activateRules();
    }
  }
```

使用额外的数据结构跟踪规则的运行。

```
class EligibilityEngine...
  public readonly EligibilityRuleBase ruleBase;
  List<EligibilityRule> availableRules = new List<EligibilityRule>();
  List<EligibilityRule> agenda = new List<EligibilityRule>();
  List<EligibilityRule> firedLog = new List<EligibilityRule>();
  readonly Application application;
  public EligibilityEngine(EligibilityRuleBase ruleBase, Application application) {
    this.ruleBase = ruleBase;
    this.application = application;
    availableRules.AddRange(ruleBase.InitialRules);
  }
```

我从规则库中把规则复制到一个可用规则列表中。当一条规则被激活时，就从列表中移除它（这样它就不会被再次激活），并把它放到议程里。

```
class EligibilityEngine...
  private void activateRules() {
    foreach (var r in availableRules)
      if (r.CanActivate(application)) agenda.Add(r);
    foreach (var r in agenda)
      availableRules.Remove(r);
  }

class EligibilityRule...
  public bool CanActivate(Application a) {
    try {
      return condition(a);
    } catch (NullReferenceException) {
      return false;
    }
  }
```

在 CanActivate 里遇到了空引用，只把它们视为失败来激活。这样就可以编写 anApplication.Candidate.Parent.IsMember 这样的条件表达式，而不必在编写规则时做任何空值检查了，因为相应的职责已经被移到模型里了。

履行规则时，从议程中移除它，并把它放到已履行规则的日志中。之后，可以使用日志提供用于诊断的追踪。

```
class EligibilityEngine...
  private void fireRulesOnAgenda() {
    while (agenda.Count > 0) {
      fire(agenda.First());
    }
  }
  private void fire(EligibilityRule r) {
    r.Fire(application);
    firedLog.Add(r);
    agenda.Remove(r);
  }

class EligibilityRule...
  public void Fire(Application a) {
    action(a);
  }
```

50.4.2 语法分析器

如前所述，对于资格规则构建器，我们用了与验证规则类似的结构——用了超类的对象作用域（第 36 章）。

```
abstract class EligibilityEngineBuilder {
  protected EligibilityEngineBuilder() {
    RuleBase = new EligibilityRuleBase();
    build();
  }
  public EligibilityRuleBase RuleBase { get; private set; }
  abstract protected void build();
```

把规则定义为调用 Rule 的函数序列（第 33 章）。

```
class EligibilityEngineBuilder...
  protected WhenParser Rule(string description) {
    return new EligibilityRuleBuilder(RuleBase, description);
  }

class EligibilityRuleBuilder : ThenParser, WhenParser{
  EligibilityRuleBase RuleBase;
  string description;
  Predicate<Application> condition;
  Action<Application> action;
  public EligibilityRuleBuilder(EligibilityRuleBase ruleBase, string description) {
    this.RuleBase = ruleBase;
    this.description = description;
  }
```

在带有渐进接口的子规则构建器上使用方法级联（第 35 章）来捕获规则的其余部分。第一个子句是 When：

```
class EligibilityEngineBuilder...
  interface WhenParser {
    ThenParser When(Predicate<Application> condition);
  }

class EligibilityRuleBuilder...
  public ThenParser When(Predicate<Application> condition) {
    this.condition = condition;
    return this;
  }
```

之后是 Then 子句：

```
class EligibilityEngineBuilder...
  interface ThenParser {
    void Then(Action<Application> action);
  }

class EligibilityRuleBuilder...
  public void Then(Action<Application> action) {
    this.action = action;
    loadRule();
  }
  private void loadRule() {
    RuleBase.AddRule(description, condition, action);
  }
```

第51章

状态机（State Machine）

将系统建模为一组显式的状态以及状态间的迁移。

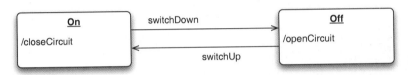

很多系统根据某些内部属性，对外界刺激的响应方式会有所不同。有时候，对这些不同的内部状态进行分类，并描述导致系统在这些状态之间迁移的原因以及由此导致的系统的不同响应是非常有用的。状态机可以用来描述甚至控制这种行为。

51.1 运行机制

状态机在软件和有关软件的讨论中很常见——这也是我在开篇的例子中使用它的原因。根据不同的使用场景，状态机的应用程度和使用形式都会有所不同。

为了探索这些场景，我将使用一个不同的例子——一个不那么明显的例子。让我们假想一个订单处理系统，当我创建一个订单时，我可以随意地在订单中添加商品（add item）或移除商品（remove item），也可以取消（cancel）这个订单。在某些时候，我需要提供订单的支付过程，我一旦完成了支付（paid），这个订单就可以发货（shipped）了，在发货之前，我仍然可以添加或移除商品，也可以取消订单。而一旦发货了，我就不能再对订单进行任何修改了。

我可以使用图 51-1 所示的状态迁移图来表示订单。

在这里，我希望讨论一下"状态"的概念。通常而言，当我们使用"状态"来描述某个对象时，我们指的是它所有属性的值的组合。因此，当从订单上移除商品时，实际上就改变了这个订单的"状态"。然而在状态机图并没有反映出所有这些可能的状态，而只给出了有限的几个状态。这些状态是模型所感兴趣的，因为这些状态会影响系统的行为，因此我将这个较小的状态集称作状态机状态。因此，从订单中移除商品时虽然改变了订单的状态，但是不会改变状态机状态。

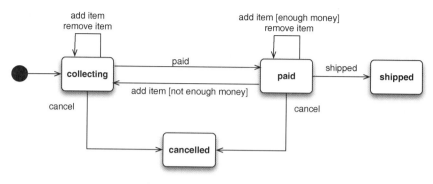

图 51-1　订单的 UML 状态机图

在思考订单的行为时使用状态模型是很有效的做法，但是这并不意味着我们需要在软件中使用状态模型。这个模型可以有助于我们理解需要在 cancel 方法上检查以验证状态是否正确，但是我们可以简单把它实现为 cancel 方法中的一个保卫子句。

同样地，要追踪订单所处的状态机状态，我们可以在订单对象上设置一个状态字段，也可以通过其他方式得到这个信息。例如，你可以通过检查支付金额是否大于或等于订单总额来确定是否处于支付状态。虽然这个状态图可以通过可视化的方法帮助我们理解订单是如何工作的，但是我们并不需要在软件中使模型清晰地显现出来。

状态机和其他备选计算模型一样，有很多不同的种类。这些不同种类的状态机虽然有很多共通之处，但是也有一些显著的差别。我们先讨论共通之处。状态机的本质在于它有多个可能的状态机状态。我们可以在每个状态上定义多个状态迁移，每个状态迁移都由一个事件触发，并促使状态机迁移到目标状态。目标状态通常是（但不绝对）不同的状态。状态机的最终行为由这些状态和触发状态间迁移的事件来定义。

图 51-1 展示了这样一个状态网络的图表表示。在"collecting"（填写）状态上，定义了 4 个状态迁移。当状态机处在这个状态时，如果收到了"cancel"（取消）事件，那么状态机将迁移到"cancelled"（已取消）状态；而"paid"（支付）事件则将状态机状态迁移到"paid"（已支付）状态，而添加商品或者移除商品事件则会让状态机回到"collecting"状态。虽然添加商品和移除商品都会回到同一个状态，但它们是不同的迁移路径。

一个常见的问题是，如何对没有定义在状态机所处的当前状态上的事件做出响应。根据应用程序的不同，这样的事件可能是一个错误，也可能会被安全地忽略。

图 51-1 还引入了另外一种概念，就是受保卫迁移（guarded transition）。当处在"paid"状态时，如果状态机收到"add item"（添加商品）事件，那么后续的状态迁移取决于是否有足够的金额。状态迁移上的布尔条件不能有重叠，否则状态机就无法判断应该迁移到哪个状态了。并不是所有的状态机都有受保护迁移，例如，在开篇的那个例子中，我们就没有用到它。

图 51-1 描绘了几个状态机状态和引发状态机在它们之间迁移的事件，但是这仍然是一个

被动模型，因为它不调用任何会导致系统发生变化的动作。要将状态机用于适应性模型（第 47 章），我们需要一种方法将动作绑定到状态机上。多年以来，有很多种模式被开发出来用以解决这个问题。你可以在两个地方绑定动作：状态迁移或者状态。在状态迁移上绑定动作，意味着当状态迁移发生时动作就会被执行；而在状态上绑定动作时，则通常意味着当状态机进入这个状态时，动作就会被调用。当然，你也可以看到动作在状态机离开某个状态时被调用。有一些状态机允许在接收到事件的时候，调用内部动作——类似于一个回到其自身的状态迁移，但可能不会再次触发任何入口动作。

不同的动作绑定方式适用于不同的问题域。我并没有特别强的倾向性，只希望在满足行为建模的基础上尽可能地保持简单。很多状态机的实现追求状态机的最大表达力，例如，使用 UML 的表达力非常强的状态机模型，但是适用于 DSL 的小型状态机通常可以与更简单的模型很好地配合工作。

51.2　使用时机

对于状态机我所能说的大概只有一件事儿，也就是当你感觉指定的行为像状态机时（是的，当你感觉到行为被事件触发，从一个状态迁移到另一个状态时），你应该使用状态机。在思考系统是否是一个状态机时，最好的方法莫过于在纸上把它描画出来，如果它看起来符合状态机，就可以尝试把它按照状态机实现出来。

这里有一个潜在的风险，之前我给出的一些语言理论（见 5.3.3 节），有助于解释以下这个问题。由于状态机只能对正则文法进行语法分析，也就是它无法处理任意嵌套的圆括号，因此如果你需要表达类似的行为，那么你将遇到同样的问题。

51.3　密室控制器（Java）

在本书的很多地方，例如，在最开始的那个例子中，我使用了一个简单的状态机作为例子。在所有涉及此例的这些例子中，我都用了一个语义模型（第 11 章）——我也在最开始的那个例子中给出了描述。状态行为并没有支持受保卫迁移,简单的动作被绑定到某状态的入口。动作非常简单——并不涉及运行一些复杂的代码块，而只是发送数字编码消息。这简化了状态机模型以及控制它的 DSL（这对于这样的例子是很重要的）。

第六部分　代码生成

第*52*章

基于转换器的代码生成（Transformer Generation）

编写一个转换器来生成代码，它读入输入模型并产生输出结果。

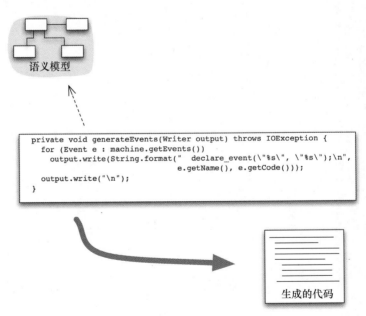

52.1　运行机制

　　所谓基于转换器的代码生成，就是编写一个程序来读取输入的语义模型（第 11 章），其输出是可以在目标环境中运行的源代码。我通常把转换器分为两类：输入驱动和输出驱动。输出驱动的转换器从所需的输出结果入手,在输入中按需收集对应的数据;而输入驱动的转换器则整体读取输入数据结构,再生成输出。

例如,当我们需要根据产品目录生成 Web 页面时,输出驱动的转换器可能会从最终的 Web 页面的结构入手:

```
renderHeader();
renderBody();
renderFooter();
```

而输入驱动的转换器则考虑输入数据的结构并遍历它们,大致如下:

```
foreach (prod in products) {
  renderName(prod);

  foreach (photo in prod.photos) {
    renderPhoto(photo);
  }
}
```

通常,转换器会将这两种方式组合使用,我经常见到这样的情况,外部逻辑是输出驱动的,而调用的例程则更多的是输入驱动的。外部逻辑描述输出文档的宽泛的结构,并将输出从逻辑上划分成不同的段落,而在这些段落内部则通过某种特定的输入数据产生输出。无论在哪种情况下,我觉得把转换过程中的每个例程看作输入驱动的或输出驱动的并意识到我们在使用哪种方式是有益的。

很多转换过程可以直接从语义模型转换到目标源代码,而对于复杂的转换过程,将其分解成多个步骤是一个有效的做法。例如,一个两步转换可能会读入输入模型并产生输出模型,而不是文本,但是更面向生成的输出。在第二步处理时,根据输出模型产生输出文本。当转换非常复杂或者需要从同一输入源(共享一些特性)产生多个输出文本时,使用多步转换是一个好办法。有了多个输出文本,你可以在第一步转换中为公共元素产生单个输出模型,而把输出文本间的差异放在第二步来完成。

使用多步转换时,你还可以混合使用多种技术,例如,第一步使用基于转换器的代码生成,第二步使用基于模板的代码生成(第 53 章)。

52.2 使用时机

当输出文本和输入模型有简单的关联,且大部分输出文本可以生成时,单步的基于转换器的代码生成是一个不错的选择。在这种情况下,它很容易编写而且不需要引入模板工具。

而当输入和输出之间关联复杂时,则可以使用多步基于转换器的代码生成,而每一步可以处理代码生成中的不同方面。

当使用基于模型的代码生成(第 55 章)时,你可以通过基于转换器的代码生成来生成一些简单的调用,然后依次调用它们来组装模型。

52.3　密室控制器（Java 生成 C）

通常我们会结合基于转换器的代码生成（第 55 章）来使用基于模型的代码生成，这样就可以清晰地隔离生成的代码和静态代码，使得每一段生成的代码都仅包含一小部分静态代码。所以在这个例子中，我将为基于模型的代码生成中的例子中的密室控制器生成代码。为了节省大家翻阅的时间，下面把要生成的代码再列一遍：

```
void build_machine() {

  declare_event("doorClosed", "D1CL");
  declare_event("drawerOpened", "D2OP");
  declare_event("lightOn", "L1ON");
  declare_event("doorOpened", "D1OP");
  declare_event("panelClosed", "PNCL");

  declare_command("lockDoor", "D1LK");
  declare_command("lockPanel", "PNLK");
  declare_command("unlockPanel", "PNUL");
  declare_command("unlockDoor", "D1UL");

  declare_state("idle");
  declare_state("active");
  declare_state("waitingForDrawer");
  declare_state("unlockedPanel");
  declare_state("waitingForLight");

  /* idle 状态的主体 */
  declare_action("idle", "unlockDoor");
  declare_action("idle", "lockPanel");
  declare_transition("idle", "doorClosed", "active");

  /* active 状态的主体 */
  declare_transition("active", "lightOn", "waitingForDrawer");
  declare_transition("active", "drawerOpened", "waitingForLight");

  /* waitingForDrawer 状态的主体 */
  declare_transition("waitingForDrawer", "drawerOpened", "unlockedPanel");

  /* unlockedPanel 状态的主体 */
  declare_action("unlockedPanel", "unlockPanel");
  declare_action("unlockedPanel", "lockDoor");
  declare_transition("unlockedPanel", "panelClosed", "idle");

  /* waitingForLight 状态的主体 */
  declare_transition("waitingForLight", "lightOn", "unlockedPanel");

  /* 重置事件迁移 */
  declare_transition("idle", "doorOpened", "idle");
  declare_transition("active", "doorOpened", "idle");
  declare_transition("waitingForDrawer", "doorOpened", "idle");
  declare_transition("unlockedPanel", "doorOpened", "idle");
  declare_transition("waitingForLight", "doorOpened", "idle");
}
```

我需要产生的输出的结构非常简单，这一点可以从构造生成器的外部例程的方式看出来。

```
class StaticC_Generator...
  public void generate(PrintWriter out) throws IOException {
    this.output = out;
    output.write(header);
    generateEvents();
    generateCommands();
    generateStateDeclarations();
    generateStateBodies();
    generateResetEvents();
    output.write(footer);
  }
  private PrintWriter output;
```

这段代码是典型的输出驱动转换器的外部例程。我不妨按其顺序遍历每一个步骤。header 只输出了文件头部所需的静态部分。

```
class StaticC_Generator...
  private static final String header =
    "#include \"sm.h\"\n" +
    "#include \"sm-pop.h\"\n" +
    "\nvoid build_machine() {\n";
```

当我创建这个生成器的时候，是用状态机对象创建的。

```
class StaticC_Generator...
  private StateMachine machine;
  public StaticC_Generator(StateMachine machine) {
    this.machine = machine;
  }
```

首先利用它来生成事件声明。

```
class StaticC_Generator...
  private void generateEvents() throws IOException {
    for (Event e : machine.getEvents())
      output.printf("  declare_event(\"%s\", \"%s\");\n", e.getName(), e.getCode());
    output.println();
  }
```

类似的还有命令和状态声明。

```
class StaticC_Generator...
  private void generateCommands() throws IOException {
    for (Command c : machine.getCommands())
      output.printf("  declare_command(\"%s\", \"%s\");\n", c.getName(), c.getCode());
    output.println();
  }

  private void generateStateDeclarations()throws IOException {
    for (State s : machine.getStates())
      output.printf("  declare_state(\"%s\");\n", s.getName());
    output.println();
  }
```

然后，我会为每个状态生成主体部分（动作和状态迁移）。在这个例子里，我必须在声明状态迁移之前先声明所有的状态，否则我将会因前向引用某个状态而导致错误。

```
class StaticC_Generator...
  private void generateStateBodies() throws IOException {
    for (State s : machine.getStates()) {
      output.printf("  /* %s 状态的主体 */\n", s.getName());
      for (Command c : s.getActions()) {
        output.printf("  declare_action(\"%s\", \"%s\");\n", s.getName(), c.getName());
      }
      for (Transition t : s.getTransitions()) {
        output.printf(
          "  declare_transition(\"%s\", \"%s\", \"%s\");\n",
          t.getSource().getName(),
          t.getTrigger().getName(),
          t.getTarget().getName());
      }
      output.println();
    }
  }
```

这里还展示了切换到输入驱动的方式，生成的所有代码都遵循输入模型的结构。这样动作和状态迁移的声明顺序就无关紧要了。这里还展示了根据动态数据来生成注释。

最后，我生成了重置事件。

```
class StaticC_Generator...
  private void generateResetEvents() throws IOException {
    output.println("  /* 重置事件迁移 */");
    for (Event e : machine.getResetEvents())
      for (State s : machine.getStates())
        if (!s.hasTransition(e.getCode())) {
          output.printf(
            "  declare_transition(\"%s\", \"%s\", \"%s\");\n",
            s.getName(),
            e.getName(),
            machine.getStart().getName());
        }
  }
```

第*53*章

基于模板的代码生成
(Templated Generation)

手工编写输出文件来生成输出，在文件中插入标注来生成可变部分。

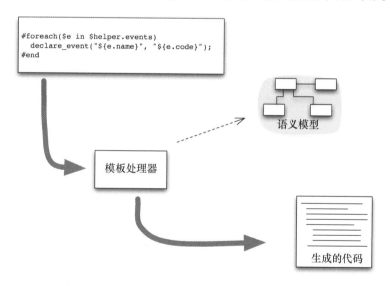

```
#foreach($e in $helper.events)
  declare_event("${e.name}", "${e.code}");
#end
```

语义模型

模板处理器

生成的代码

53.1 运行机制

基于模板的代码生成的基本思想是编写所需的输出文件，并为所有可变部分插入标注（callout）。然后使用带有模板文件的模板处理器和可以填充标注的上下文来组装真正的输出文件。

基于模板的代码生成是一种非常古老的技术，任何用过字处理软件中电子邮件合并功能的人都应该熟悉它。基于模板的代码生成在 Web 开发领域很常见，大多数有动态内容的网站会使用基于模板的代码生成。在这些场景中，整个文档就是模板，但是基于模板的代码生成也可以应用在更小的上下文中。一个例子是 C 语言中的 `printf` 函数，它使用基于模板的代码生成一次输出一个字符串。在代码生成的上下文中，通常使用基于模板的代码生成针对的是整个输出文档为一个模板，不过 `printf` 函数的例子告诉我们，基于模板的代码生成和基于转换器的代码生成（第 52 章）可以是混合的。文本宏处理器在软件开发中是另一种古老的备用方法，它是基于模板的代码生成形式。

　　基于模板的代码生成中有 3 个主要组件：模板引擎、模板和上下文。**模板**是输出文件的源文本，其中动态部分由标注表示。在代码生成的过程中，标注则会引用上下文来组装动态元素。因此，**上下文**充当了动态数据源——本质上说是模板生成所需的数据模型。上下文可以是简单的数据结构，也可以是更复杂的可编程上下文。不同的模板工具使用不同形式的上下文。**模板引擎**是将模板和上下文放在一起来生成输出的工具。控制程序使用特定的上下文和模板来运行模板程序以生成输出文件，也可以用多个上下文运行同样的模板，从而生成多个输出。

　　模板处理器的最通用的形式允许将任意宿主语言代码的表达式放入标注中，这是像 ASP 或 JSP 这样的工具使用的常见机制。与任何形式的外来代码（第 27 章）一样，这需要谨慎使用，否则宿主语言代码的结构可能会淹没模板。如果你使用嵌入任意宿主语言代码的模板处理器，我强烈建议你在标注中仅使用简单的函数调用，最好是结合嵌入助手（第 54 章）使用。

　　正因为模板文件很容易因为嵌入太多的宿主语言代码而变得一团糟，很多模板处理器不允许在标注中使用宿主语言代码。这些工具提供了一种特定的**模板语言**，以便在标注中使用它们，而不是使用任何的宿主语言代码。这种模板语言通常受到很大的限制，以鼓励使用更简单的标注并保持模板结构的清晰性。最简单的模板语言将上下文视为一个映射（map），提供表达式在映射中寻找值，并将值插入输出。对于简单的模板这种机制很有效，但对于常见情况可能还需要更多的机制来实现。

　　之所以需要更复杂的模板技术，最常见的原因在于需要根据集合中的一组对象来生成输出。这通常需要某种迭代构造，如循环。另一个常见的需求是条件生成，即根据上下文中的某个值来生成不同的模板输出。你常常会发现模板代码中有重复块，这意味着模板语言本身中可能需要某种子例程机制。

　　我不打算深入研究各种模板系统处理上述情况的不同方法，尽管这是一种有意思的消遣。对于这个问题，我通常建议使相应的模板代码尽可能保持最简。这是因为，衡量一种基于模板的代码生成机制的强大程度，与在这种机制下通过查阅模板来实现输出文件的可视化的容易程度成正比。

53.2　使用时机

　　基于模板的代码生成的最大好处在于，可以查阅模板文件，并很容易了解生成的结果是什么样子的。当输出中包含大量的静态内容，而仅有少量简单的动态内容的时候，好处尤为明显。

需要使用基于模板的代码生成的第一个迹象是，在生成的文件中有大量的静态内容。静态内容的占比越大，使用基于模板的代码生成就会越容易。此外还需要考虑需要生成的动态内容的复杂度。你所使用的迭代、条件句和高级模板语言的特性越多，就越难从模板文件中看出结果的样子。如果你必须使用这些复杂的特性，那么请考虑使用基于转换器的代码生成（第 52 章）。

53.3　使用嵌套条件生成密室状态机（Velocity 和 Java 生成 C）

生成状态机中嵌套条件的代码是一个很好的例子，输出的静态内容在输出中占有很大比重，同时动态内容又相对简单——这些都表明了使用基于模板的代码生成的好机会。在这里，我将为无视模型的代码生成（第 56 章）中的例子来生成代码。为了让你对我们要做什么有大致的了解，下面给出全部输出文件：

```c
#include <stdio.h>
#include <stdlib.h>
#include <assert.h>
#include <string.h>
#include "sm.h"
#include "commandProcessor.h"

#define EVENT_doorClosed "D1CL"
#define EVENT_drawerOpened "D2OP"
#define EVENT_lightOn "L1ON"
#define EVENT_doorOpened "D1OP"
#define EVENT_panelClosed "PNCL"
#define STATE_idle 1
#define STATE_active 0
#define STATE_waitingForDrawer 3
#define STATE_unlockedPanel 2
#define STATE_waitingForLight 4
#define COMMAND_lockDoor "D1LK"
#define COMMAND_lockPanel "PNLK"
#define COMMAND_unlockPanel "PNUL"
#define COMMAND_unlockDoor "D1UL"

static int current_state_id = -99;

void init_controller() {
  current_state_id = STATE_idle;
}
void hard_reset() {
  init_controller();
}
void handle_event_while_idle (char *code) {
  if (0 == strcmp(code, EVENT_doorClosed)) {
    current_state_id = STATE_active;
  }
  if (0 == strcmp(code, EVENT_doorOpened)) {
    current_state_id = STATE_idle;
    send_command(COMMAND_unlockDoor);
    send_command(COMMAND_lockPanel);
  }
}
```

```
void handle_event_while_active (char *code) {
  if (0 == strcmp(code, EVENT_lightOn)) {
    current_state_id = STATE_waitingForDrawer;
  }
  if (0 == strcmp(code, EVENT_drawerOpened)) {
    current_state_id = STATE_waitingForLight;
  }
  if (0 == strcmp(code, EVENT_doorOpened)) {
    current_state_id = STATE_idle;
    send_command(COMMAND_unlockDoor);
    send_command(COMMAND_lockPanel);
  }
}
void handle_event_while_waitingForDrawer (char *code) {
  if (0 == strcmp(code, EVENT_drawerOpened)) {
    current_state_id = STATE_unlockedPanel;
    send_command(COMMAND_unlockPanel);
    send_command(COMMAND_lockDoor);
  }
  if (0 == strcmp(code, EVENT_doorOpened)) {
    current_state_id = STATE_idle;
    send_command(COMMAND_unlockDoor);
    send_command(COMMAND_lockPanel);
  }
}
void handle_event_while_unlockedPanel (char *code) {
  if (0 == strcmp(code, EVENT_panelClosed)) {
    current_state_id = STATE_idle;
    send_command(COMMAND_unlockDoor);
    send_command(COMMAND_lockPanel);
  }
  if (0 == strcmp(code, EVENT_doorOpened)) {
    current_state_id = STATE_idle;
    send_command(COMMAND_unlockDoor);
    send_command(COMMAND_lockPanel);
  }
}
void handle_event_while_waitingForLight (char *code) {
  if (0 == strcmp(code, EVENT_lightOn)) {
    current_state_id = STATE_unlockedPanel;
    send_command(COMMAND_unlockPanel);
    send_command(COMMAND_lockDoor);
  }
  if (0 == strcmp(code, EVENT_doorOpened)) {
    current_state_id = STATE_idle;
    send_command(COMMAND_unlockDoor);
    send_command(COMMAND_lockPanel);
  }
}

void handle_event(char *code) {
  switch(current_state_id) {
  case STATE_idle: {
    handle_event_while_idle (code);
    return;
  }
  case STATE_active: {
    handle_event_while_active (code);
    return;
  }
  case STATE_waitingForDrawer: {
    handle_event_while_waitingForDrawer (code);
```

```
      return;
    }
  case STATE_unlockedPanel: {
    handle_event_while_unlockedPanel (code);
    return;
  }
  case STATE_waitingForLight: {
    handle_event_while_waitingForLight (code);
    return;
  }
  default: {
    printf("reached a bad spot");
    exit(2);
  }
  }
}
```

　　这里我使用的模板引擎是 Apache Velocity，它很常见也很容易理解，在 Java 和 C#中都能使用。

　　我可以将整个文件看作一段段需要生成的动态内容。每段都由集合中的一组元素来驱动，我可以迭代每个元素来为相应的段落生成代码。

　　我将从生成事件的定义开始，如#define EVENT_doorClosed "D1CL"。如果你能理解这是如何工作的，那么其余部分也就迎刃而解了。

　　我将从模板中的代码开始。

```
template file...
  #foreach ($e in $helper.events)
  #define $helper.eventEnum($e) "$e.code"
  #end
```

　　遗憾的是，这段代码里有一个容易让人感到困惑的地方，就是 C 的预处理器（本身也是基于模板的代码生成的一种形式）和 Velocity 都使用“#”来表示模板命令。#foreach 是 Velocity 的一个命令，而#define 则是 C 预处理器的一个命令。Velocity 会忽略无法识别的命令，因此#define 只会被当作文本。

　　#foreach 是在集合上迭代的 Velocity 指令，它将依次取出$helper.events 中的每一个元素，然后将元素中的值设置给$e。换言之，它是典型的 for-each 结构。

　　$helper.events 是对模板上下文的一个引用。我使用了一个嵌入助手（第 54 章），并将这个助手（在本例中是 SwitchHelper 的一个实例）放在 Velocity 上下文中。这个助手用状态机初始化，并可通过 events 属性访问它。

```
class SwitchHelper...
  private StateMachine machine;

  public SwitchHelper(StateMachine machine) {
    this.machine = machine;
  }
  public Collection<Event> getEvents() {
    return machine.getEvents();
  }
```

　　每个事件都是语义模型（第 11 章）中的对象，因此我可以直接使用 code 属性。但是在生成的代码中创建常量并引用需要做一些额外的工作，为此，我在助手中放入了一些代码。

```
class SwitchHelper...
  public String eventEnum(Event e) {
    return String.format("EVENT_%s", e.getName());
  }
```

　　当然这里也并不是非要使用常量不可，我可以直接使用事件编码本身，我生成这个常量是因为希望生成的代码是可读的。

　　命令所使用的机制和事件所使用的完全一样，我就不再赘述了。

　　为了生成状态，我需要整理出一个整型常量。

```
template file...
  #foreach ($s in $helper.states)
  #define $helper.stateEnum($s) $helper.stateId($s)
  #end

class SwitchHelper...
  public Collection<State> getStates() {
    return machine.getStates();
  }
  public String stateEnum(State s) {
    return String.format("STATE_%s", s.getName());
  }
  public int stateId(State s) {
    List<State> orderedStates = new ArrayList<State>(getStates());
    Collections.sort(orderedStates);
    return orderedStates.indexOf(s);
  }
```

　　有些读者可能觉得很不舒服，因为每次需要 ID 时都要生成状态列表并对它们排序。请放心，如果这里有性能问题，我会缓存排好序的列表，但在这个例子中并不会导致性能问题，所以我并没有这样做。

　　当所有的声明都被生成了之后，我就可以开始生成条件句了。首先是外层条件句针对当前状态的判断。

```
template file...
  void handle_event(char *code) {
    switch(current_state_id) {
#foreach ($s in $helper.states)
    case $helper.stateEnum($s): {
      handle_event_while_$s.name (code);
      return;
    }
#end
    default: {
      printf("reached a bad spot");
      exit(2);
    }
    }
  }
```

内层条件句是针对输入事件进行判断。我将它们分解成独立的函数。

```
template file...
  #foreach ($s in $helper.states)
  void handle_event_while_$s.name (char *code) {
  #foreach ($t in $helper.getTransitions($s))
    if (0 == strcmp(code, $helper.eventEnum($t.trigger))) {
      current_state_id = $helper.stateEnum($t.target);
  #foreach($a in $t.target.actions)
    send_command($helper.commandEnum($a));
  #end
    }
  #end
  }
  #end
```

为了得到每个状态的状态迁移，我需要语义模型中定义的状态迁移以及重置事件对应的状态迁移。

```
class SwitchHelper...
  public Collection<Transition> getTransitions(State s) {
    Collection<Transition> result = new ArrayList<Transition>();
    result.addAll(s.getTransitions());
    result.addAll(getResetTransitions(s));
    return result;
  }

  private Collection<Transition> getResetTransitions(State s) {
    Collection<Transition> result = new ArrayList<Transition>();
    for (Event e : machine.getResetEvents()) {
      if (!s.hasTransition(e.getCode()))
        result.add(new Transition(s, e, machine.getStart()));
    }
    return result;
  }
```

第**54**章

嵌入助手（Embedment Helper）

一个通过为模板机制提供所需的所有函数来最小化模板系统中代码的对象。

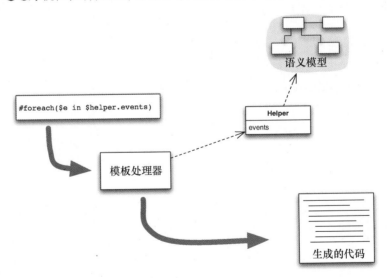

为了扩展简单表示的功能，许多系统允许在简单的表示内嵌入通用代码，从而完成仅通过该表示无法完成的功能。例如，在 Web 页面模板内嵌入代码，在文法文件中放入行为代码，在代码生成模板中放入标注。这种通用外来代码（第 27 章）机制增强了这些简单表示的能力，但没有增加基本表示本身的复杂度。然而，这种做法常见的一个问题是，这些外来代码最终可能会变得很复杂，并使包含它的表示变得晦涩。

嵌入助手将所有复杂的代码移入一个辅助类中，而在宿主的表示中只保留简单的方法调用。这样可以保持宿主表示的主导性和清晰性。

54.1 运行机制

嵌入助手背后的基本思想很像一种重构。创建嵌入助手并使其对宿主表示可见,然后把宿主表示中的所有代码都移到嵌入助手中,仅留下方法调用。

只有一个潜在的棘手技术问题需要解决,那就是在处理宿主表示时如何使一个对象进入可见范围。多数系统提供了某种机制来完成这一点,例如通过调用库。但是有时候这可能会导致一些混乱。

一旦使嵌入助手可见,所有不是简单方法调用的代码就都应该移入嵌入助手,因此在宿主表示中留下的仅是简单的方法调用。

这种技术还导致了另一个复杂的问题(这并不关乎具体技术):如何确保嵌入助手中代码的清晰?与其他任何抽象类似,关键在于谨慎的方法命名,让方法的名字可以清晰地表达被调用代码意图而不揭示其实现。这与在任何上下文中为方法和函数命名的基本技能是相同的,这也是优秀程序员的核心技能之一。

嵌入助手通常会结合基于模板的代码生成(第 53 章)一起使用,当你发现这种组合时,一个常见的问题是嵌入助手是否应该生成输出。我通常会听到一种绝对化的观点:辅助类永远不应该生成输出。我不同意这种绝对化。当然,让辅助类生成输出会带来一些问题,例如,这些输出在模板中不可见。而基于模板的代码生成的全部要点就在于可以把输出看作具有需要填空的隐藏内容,毫无疑问,生成的隐藏部分的内容将是一个问题。

然而,我想这个问题需要权衡考量,如果希望避免从辅助类生成输出,需要在模板中保留输出的复杂度与你所需要的外来代码(第 27 章)的更为复杂的构造的复杂度之间进行权衡。这需要根据不同情况做出取舍。虽然我也认为避免从嵌入助手生成输出是对的,但这不意味着我认为这么做永远好于其他选择。

54.2 使用时机

某些人声称某个模式永远应该被采用,通常我对于这种说法持怀疑态度,但是嵌入助手是我建议应该尽可能采用的模式之一,除非对于非常简单的情况。我研究了很多使用外来代码(第 27 章)的代码,发现如果改用嵌入助手,情况会有很大的不同。不采用嵌入助手的时候,很难看出宿主表示中的内容,甚至感觉这么做完全违背了使用替代表示的目的。例如,在文法文件中使用大量外来代码的话,就很难看清文法的基本流。

使用嵌入助手的关键原因是保持宿主表示的清晰,此外还有一个好处体现在工具上,尤其是当你使用成熟的 IDE 时会更加明显。在这种情况下,嵌入的代码是无法用 IDE 的工具编辑的,而一旦你把它们移到嵌入助手中,你就可以回到完整的编辑环境来修改代码了。哪怕是最简单的文本编辑器也能从中获益，如代码高亮等特性，这些特性对于嵌入的代码通常是无效的。

当然在一种情况下，你不需要使用嵌入助手：当你使用的类很自然地提供了这些信息的时候。例如，结合语义模型使用基于模板的代码生成（第 53 章）时，大部分嵌入助手的行为很自然地是语义模型（第 11 章）本身的一部分，当然前提是这不会使语义模型变得过于复杂。

54.3 密室状态（Java 和 ANTLR）

说明嵌入助手如何工作的最简单的办法也许就是展示如果不使用它代码会变成什么样子。为此，我找了一个 ANTLR 的文法文件，基本上和在内嵌翻译（第 25 章）中的例子相同。我不会展示整个文法文件，而只用其中一些规则：

```
machine   : eventList resetEventList commandList state*;
eventList : 'events' event* 'end';

event : name=ID code=ID
           {
             events.put($name.getText(),
                     new Event($name.getText(), $code.getText()));
           };

state : 'state' name=ID
           {
             obtainState($name);
             if (null == machine)
               machine = new StateMachine(states.get($name.getText()));
           }
        actionList[$name]?
        transition[$name]*
        'end'
        ;

transition [Token sourceState]
    : trigger = ID '=>' target = ID
        {
          states.get($sourceState.getText())
            .addTransition(events.get($trigger.getText()),
                    obtainState($target));
        };
```

除了行为代码中的代码，我还需要设置符号表（第 12 章），以及一些能够避免重复代码的通用函数，如 `obtainState`。我在文法文件的 `members` 段中实现了这些功能。

由于大量使用嵌入代码，这个文法文件中 Java 的代码行数多于文法 DSL 的代码行数。作为对比，下面来看一看使用嵌入助手的代码：

```
machine : eventList resetEventList commandList state*;

eventList : 'events' event* 'end';
```

```
event : name=ID code=ID {helper.addEvent($name, $code);};

state : 'state' name=ID {helper.addState($name);}
        actionList[$name]?
        transition[$name]*
        'end';

transition [Token sourceState]
 : trigger = ID '=>' target = ID {helper.addTransition($sourceState, $trigger, $target);};
```

差异在于代码被转移到了辅助类中。为了实现这一点，首先是在生成的语法分析器中放入一个辅助对象。在 ANTLR 中可以通过在 members 段内声明一个字段来实现。

```
@members {
  StateMachineLoader helper;
//...
```

这么做将会在生成的语法分析器类中放入一个字段。我将这个字段的可见性设置为包内可见，这样我就可以在其他类中操作它了。我当然可以将它定义为私有字段，并提供对应的getter 和 setter 方法，但是在这个例子里，我觉得没有必要这么做。

在运行这个程序的整个过程中，我使用加载器类来协调整个语法分析的过程，它保存状态机的结果，我通过一个 Reader 来创建它。

```
class StateMachineLoader...
  private Reader input;
  private StateMachine machine;

  public StateMachineLoader(Reader input) {
    this.input = input;
  }
```

run 方法执行了语法分析并且组装了 machine 字段。

```
class StateMachineLoader...
  public StateMachine run() {
    try {
      StateMachineLexer lexer = new StateMachineLexer(new ANTLRReaderStream(input));
      StateMachineParser parser = new StateMachineParser(new CommonTokenStream(lexer));
      parser.helper = this;
      parser.machine();
      machine.addResetEvents(resetEvents.toArray(new Event[0]));
      return machine;
    } catch (IOException e) {
      throw new RuntimeException(e);
    } catch (RecognitionException e) {
      throw new RuntimeException(e);
    }
  }
```

ANTLR 的语法分析由 parser.machine 初始化。你可以看到我在其之前的一行中设置了辅助类。在这个例子里，加载器类也充当了辅助类的角色。由于这个加载器本身比较简单，因此将辅助类的行为添加到该加载器中要好于使用单独的辅助类。

然后我就可以向辅助类上添加方法了，这些方法可以用来处理不同的调用。我不会列出所有的方法，下面是添加事件的方法：

```
class StateMachineLoader...
  void addEvent(Token name, Token code) {
    events.put(name.getText(), new Event(name.getText(), code.getText()));
  }
```

为了使文法文件中的代码量降到最少，我传入记号，并让辅助类提取有效的文本内容。

使用语法分析器生成器（第 23 章）时，我经常担心的一件事是：我到底应该如何命名嵌入助手？是按面向事件的方式还是按面向命令的方式来命名？在这个例子里，我按面向命令的方式来命名：`addEvent` 和 `addState`。而如果按面向事件的方式来命名的话，这两个方法名就应该类似于 `eventRecognized` 和 `stateNameRecognized`。对于面向事件的命名方式的争议在于，方法名无法暗示辅助类上的行为，而是由辅助类来确定要做什么。如果你针对同一个语法分析器使用不同的辅助类，每个辅助类会对语法分析做出不同的响应，这用起来非常方便。面向事件的命名方式的问题是，仅仅通过阅读文法文件，你无法判断到底发生了什么。在我只对一个活动使用文法的情况下，我倾向于阅读文法，并通过命名来了解每一步发生了什么。

在这个例子里，我使用了单独的对象作为嵌入助手。ANTLR 中的另一个方法是使用超类。ANTLR 中的 `superClass` 选项让我可以设置任何类为生成的语法分析器的超类。然后我可以使用超类作为嵌入助手，把所有必要的数据和函数都放在这个超类中。这样做的好处是我可以使用 `addEvent` 而不是 `helper.addEvent` 来调用方法。

54.4　辅助类是否应该生成 HTML（Java 和 Velocity)

我听到这样一条常见的规则：嵌入助手不可以生成任何输出。我并不觉得这条规则有什么用处，但是我觉得需要有个例子来对此进行进一步的探索。虽然我所使用的例子涉及创建 HTML，与 DSL 并没有太大的关联，但是其中所涉及的原则是相同，这也使我无须再为构想另一个牵强的例子头疼了。

假设我们有一组 person 对象，我们希望把其中的人名输出到一个无序的列表中。每个人可能具有电子邮件地址或者 URL。如果他有 URL，那么我们希望给他的名字添加一个指向他的 URL 的链接。如果是电子邮件地址，则给他的名字添加一个 mailto 链接。如果两个都没有，那么就不需要任何链接。我使用 Velocity 作为模板引擎，代码如下所示：

```
<ul>
#foreach($person in $book.people)
  #if( $person.getUrl() )
  <li><a href = "$person.url">$person.fullName</a></li>
  #elseif( $person.email )
  <li><a href = "mailto:$person.email">$person.fullName</a></li>
  #else
  <li>$person.fullName</li>
  #end
#end
</ul>
```

现在的问题是，在我的模板文件里具有一串逻辑，它可能会使得模板布局变得不清晰，这时候我们恰好可以使用嵌入助手来解决这个问题。下面是另一个模板，它使用了嵌入助手来生成输出：

```
template file...
  <ul>
  #foreach($person in $book.people)
    <li>$helper.render($person)</li>
  #end
  </ul>

class PageHelper...
  public String render(Person person) {
    String href = null;
    if (null != person.getEmail()) href = "mailto:" + person.getEmail().toString();
    if (null != person.getUrl())   href = person.getUrl().toString();
    if (null != href)
      return String.format("<a href = \"%s\">%s</a>", href, person.getFullName());
    else
      return person.getFullName();
  }
```

通过把逻辑移入辅助类，我可以使模板布局变得更清晰，但是代价是有一些 HTML 在模板中不可见。

在充分权衡之前，我应该指出，在这个争议中，有一个重要的中间地带可以探索，也就是在不生成任何输出的前提下，将一些逻辑放到嵌入助手中。

```
template file...
  <ul>
  #foreach($person in $book.people)
    #if( $helper.hasLink($person) )
    <li><a href = "$helper.getHref($person)">$person.fullName</a></li>
    #else
    <li>$person.fullName</li>
    #end
  #end
  </ul>

class PageHelper...
  public boolean hasLink(Person person) {
    return (null != person.getEmail()) || (null != person.getUrl());
  }
  public String getHref(Person person) {
    if (null != person.getUrl()) return person.getUrl().toString();
    if (null != person.getEmail()) return "mailto:" + person.getEmail().toString();
    throw new IllegalArgumentException("Person has no link");
  }
```

对于这个问题，我的观点是，某些情况下把一些输出生成逻辑放到嵌入助手中是合理的选择。当逻辑越复杂并且整个模板越复杂时，把输出生成逻辑放入嵌入助手带来的收益就越大，因为我可以更好地组织这些逻辑。对于这种做法，最大的异议来自当不同人分别工作在模板(如 HTML 设计者)和代码的情况下。这种情况下，修改会产生协作成本。例如，如果 HTML 设计者希望为链接输出增加一个样式类，而这个链接是由嵌入助手生成的，那么设计者需要跟程序员协作才能完成这个修改。当然这仅发生在不同的人工作在不同的文件上的情况下，而通常为 DSL 生成代码并不会有这样的问题。

第 55 章

基于模型的代码生成（Model-Aware Generation）

通过对 DSL 的语义模型的显式模拟来生成代码，从而实现生成的
代码中通用部分与专用部分的分离。

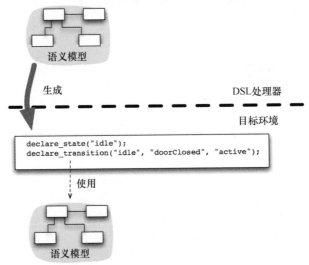

当生成代码时，就会将 DSL 脚本的语义嵌入代码中。通过使用基于模型的代码生成，你
会在生成的代码中以某种形式复制语义模型（第 11 章），从而在生成的代码中保持通用部分和
专用部分的分离。

55.1　运行机制

基于模型的代码生成的最重要的特点是，它遵从了通用与专用分离的原则。生成的代码

中，模型采用的实际形式并没有那么重要，这就是我说生成的代码中包含语义模型（第 11 章）的一个影子模型（simulacrum model）的原因。

这个影子模型的存在有很多原因。通常当你生成代码时，目标环境会具有这样或那样的限制，这些限制使语义模型的表达通常很难如你所愿，因此必须做出相应的妥协，这使得语义模型无法有效地表示系统的意图。但是，重要的是要意识到只要能保持通用代码和专用代码的分离，这就不是什么大问题。

由于影子模型是语义模型的一个独立版本，你可以并且也应该在不使用代码生成的前提下，构建并测试这个模型。确保有一个简单的 API 来组装这个模型，这样，代码生成只需生成调用此 API 的配置代码。之后，你可以使用测试脚本通过这个 API 来测试这个影子模型。这样就可以构建、测试以及优化目标环境的核心行为而无须运行代码生成进程。可以通过一个相对简单的模型测试组装机制来实现这一点，这样应该更容易理解和调试。

55.2　使用时机

与使用无视模型的代码生成（第 56 章）相比，使用基于模型的代码生成有很多优势。无须代码生成的影子模型更容易构建和测试，因为你不需要重新运行并理解代码生成的过程就可以使用影子模型。同时，由于生成的代码主要由影子模型上的 API 调用组成，这样的代码更易生成，这使代码生成器更容易构建和维护。

制约使用基于模型的代码生成的主要原因是目标环境的限制，要么是很难有效地表达影子模型，要么是在运行时使用影子模型而存在性能方面的问题。

在很多情况下，DSL 被当作某个已存在的模型的前端来使用，如果你通过代码生成来使用这个模型，那么你就是在使用基于模型的代码生成。

55.3　密室状态机（C）

我将再次用密室状态机作为例子来说明基于模型的代码生成。我假想这样一个场景，我们已经没有可以运行 Java 的设备来运行我们的密室系统了，新到的一批设备只能用 C 语言进行编程。因此，我们需要根据已有的 Java 版的语义模型来生成 C 语言代码。

在这个例子里，我不会讨论实际的代码生成，要了解这方面的内容，可以参考基于转换器的代码生成（第 52 章）中的例子。在这里，我将集中讨论生成的和手写的最终代码在基于模型的代码生成中可能是什么样子。

在 C 语言中有很多种方式可以实现这样的模型，我所采用的方式是，把它实现为一种数据结构和基于这个数据结构之上的一组例程，并以此来产生我们需要的行为。由于每个物理控制器仅控制一个设备，因此我可以将这个数据结构作为静态数据存储。这样我就可以避免运行时在堆上分配内存，同时我可以在最开始就将需要的内存分配好。

我将这个数据结构构建为一组嵌套的记录和数组，在这个数据结构的顶端是控制器。

```
typedef struct {
  stateMachine *machine;
  int currentState;
} Controller;
```

你会注意到我使用整数来表示当前状态。在后面你将会看到，我在影子模型中使用整数引用来表示模型中不同部分之间的所有不同链接。

状态机有状态数组、事件数组和命令数组。

```
typedef struct {
  State states[NUM_STATES];
  Event events[NUM_EVENTS];
  Command commands[NUM_COMMANDS];
} stateMachine;
```

这些不同数组的长度通过宏定义来设置。

```
#define NUM_STATES 50
#define NUM_EVENTS 50
#define NUM_TRANSITIONS 30
#define NUM_COMMANDS 30
#define NUM_ACTIONS 10
#define COMMAND_HISTORY_SIZE 50
#define NAME_LENGTH 30
#define CODE_LENGTH 4
#define EMPTY -1
```

事件和命令都有其自己的名称和编码。

```
typedef struct {
  char name[NAME_LENGTH + 1];
  char code[CODE_LENGTH + 1];
} Event;

typedef struct {
  char name[NAME_LENGTH + 1];
  char code[CODE_LENGTH + 1];
} Command;
```

表示状态的结构中包含动作和状态迁移。动作是与命令对应的整数，状态迁移则由一对整数表示，其中一个整数表示触发事件，另一个整数则代表目标状态。

```
typedef struct {
  int event;
  int target;
} Transition;

typedef struct {
  char name[NAME_LENGTH + 1];
  Transition transitions[NUM_TRANSITIONS];
  int actions[NUM_COMMANDS];
} State;
```

很多 C 程序员可能会倾向于使用指针运算而不是数组下标来对数组进行遍历，但是我还是避免使用指针运算，因为对没有 C 语言背景的读者来说，可能会带来不必要的困扰（当然以前我 C 语言的水平也不是那么好，现在就更加生疏了）。这里有一点需要注意，我认为即使是生成的代码也应该是可读的（即使它们不会被编辑），因为它们经常会被用于调试。为了确保它们的可读性，你需要了解你的目标读者，例如到底是什么样的人会调试这段代码。在这个例子里，即使你作为一个代码生成器的编写者，可能习惯于指针运算，也应该考虑读到这段代码的人是否也习惯阅读，只有经过仔细的权衡后才能决定是否在生成的代码里使用指针运算。

在数据结构的结束部分，我将状态机和控制器声明为静态全局变量，这意味着在全局只有唯一一个实例。

```
static stateMachine machine;
static Controller controller;
```

所有数据定义都在一个单独的.c 文件里，这样就可以用一组外部声明的函数将数据结构封装起来。专用代码只需要知道这些函数，而不需要了解数据结构本身。在这种情况下，无须关注才是幸福的。

在初始化状态机时，我将字符串结束符'\0'放入字符串记录的首字符，从而将它们都置为空。

```
void init_machine() {
  int i;
  for (i = 0; i < NUM_STATES; i++) {
    machine.states[i].name[0] = '\0';
    int t;
    for (t = 0; t < NUM_TRANSITIONS; t++) {
      machine.states[i].transitions[t].event = EMPTY;
      machine.states[i].transitions[t].target = EMPTY;
    }
    int c;
    for (c = 0; c < NUM_ACTIONS; c++)
      machine.states[i].actions[c] = EMPTY;
  }
  for (i=0; i < NUM_EVENTS; i++) {
    machine.events[i].name[0] = '\0';
    machine.events[i].code[0] = '\0';
  }
  for (i=0; i < NUM_COMMANDS; i++) {
    machine.commands[i].name[0] = '\0';
    machine.commands[i].code[0] = '\0';
  }
}
```

为了声明新的事件，我将寻找第一个空白事件并插入数据。

```
void declare_event(char *name, char *code) {
  assert_error(is_empty_event_slot(NUM_EVENTS - 1), "event list is full");
  int i;
  for (i = 0; i < NUM_EVENTS; i++) {
    if (is_empty_event_slot(i)) {
      strncpy(machine.events[i].name, name, NAME_LENGTH);
      strncpy(machine.events[i].code, code, CODE_LENGTH);
```

```
        break;
      }
    }
  }
}

int is_empty_event_slot(int index) {
  return ('\0' == machine.events[index].name[0]);
}
```

`assert_error` 是一个条件检查的宏，如果条件为假，就会调用带有消息的错误处理函数。

```
#define assert_error(test, message) \
do { if (!(test)) sm_error(#message); } while (0)
```

注意，我将宏包装在 do-while 块里。这看起来很奇怪，但可以避免在 if 语句内部使用这个宏时会遇到的干扰问题。

命令的声明也用同样的方法，所以我就跳过这部分的代码了。

状态是通过一组函数来声明的，第一个函数仅声明了状态的名称。

```
void declare_state(char *name) {
  assert(is_empty_state_slot(NUM_STATES - 1));
  int i;
  for (i = 0; i < NUM_STATES; i++) {
    if (is_empty_state_slot(i)) {
      strncpy(machine.states[i].name, name, NAME_LENGTH);
      break;
    }
  }
}

int is_empty_state_slot(int index) {
  return ('\0' == machine.states[index].name[0]);
}
```

声明动作和状态迁移稍稍有些复杂，因为我们必须根据名称来查找动作的 ID。如下所示：

```
void declare_action(char *stateName, char *commandName) {
  int state = stateID(stateName);
  assert_error(state >= 0, "unrecognized state");
  int command = commandID(commandName);
  assert_error(command >= 0, "unrecognized command");
  assert_error(EMPTY == machine.states[state].actions[NUM_ACTIONS -1],
               "too many actions on state");
  int i;
  for (i = 0; i < NUM_ACTIONS; i++) {
    if (EMPTY == machine.states[state].actions[i]) {
      machine.states[state].actions[i] = command;
      break;
    }
  }
}

int stateID(char *stateName) {
  int i;
  for (i = 0; i < NUM_STATES; i++) {
    if (is_empty_state_slot(i)) return EMPTY;
    if (0 == strcmp(stateName, machine.states[i].name))
      return i;
```

```
  }
  return EMPTY;
}

int commandID(char *name) {
  int i;
  for (i = 0; i < NUM_COMMANDS; i++) {
    if (is_empty_command_slot(i)) return EMPTY;
    if (0 == strcmp(name, machine.commands[i].name))
      return i;
  }
  return EMPTY;
}
```

状态迁移也是类似的。

```
void declare_transition (char *sourceState, char *eventName,
                         char *targetState)
{
  int source = stateID(sourceState);
  assert_error(source >= 0, "unrecognized source state");
  int target = stateID(targetState);
  assert_error(target >= 0, "unrecognized target state");
  int event = eventID_named(eventName);
  assert_error(event >=0, "unrecognized event");
  int i;
  for (i = 0; i < NUM_TRANSITIONS; i++){
    if (EMPTY == machine.states[source].transitions[i].event) {
      machine.states[source].transitions[i].event = event;
      machine.states[source].transitions[i].target = target;
      break;
    }
  }
}

int eventID_named(char *name) {
  int i;
  for (i = 0; i < NUM_EVENTS; i++) {
    if (is_empty_event_slot(i)) break;
    if (0 == strcmp(name, machine.events[i].name))
      return i;
  }
  return EMPTY;
}
```

现在我可以使用这些声明函数来定义一个完整的状态机。在这个例子里，就是格兰特女士的那个。

```
void build_machine() {

  declare_event("doorClosed", "D1CL");
  declare_event("drawerOpened", "D2OP");
  declare_event("lightOn", "L1ON");
  declare_event("doorOpened", "D1OP");
  declare_event("panelClosed", "PNCL");

  declare_command("lockDoor", "D1LK");
  declare_command("lockPanel", "PNLK");
  declare_command("unlockPanel", "PNUL");
```

```
declare_command("unlockDoor", "D1UL");

declare_state("idle");
declare_state("active");
declare_state("waitingForDrawer");
declare_state("unlockedPanel");
declare_state("waitingForLight");

/* idle 状态的主体 */
declare_action("idle", "unlockDoor");
declare_action("idle", "lockPanel");
declare_transition("idle", "doorClosed", "active");

/* active 状态的主体 */
declare_transition("active", "lightOn", "waitingForDrawer");
declare_transition("active", "drawerOpened", "waitingForLight");

/* waitingForDrawer 状态的主体 */
declare_transition("waitingForDrawer", "drawerOpened", "unlockedPanel");

/* unlockedPanel 状态的主体 */
declare_action("unlockedPanel", "unlockPanel");
declare_action("unlockedPanel", "lockDoor");
declare_transition("unlockedPanel", "panelClosed", "idle");

/* waitingForLight 状态的主体 */
declare_transition("waitingForLight", "lightOn", "unlockedPanel");

/* 重置事件迁移 */
declare_transition("idle", "doorOpened", "idle");
declare_transition("active", "doorOpened", "idle");
declare_transition("waitingForDrawer", "doorOpened", "idle");
declare_transition("unlockedPanel", "doorOpened", "idle");
declare_transition("waitingForLight", "doorOpened", "idle");
}
```

这部分组装代码将由代码生成器生成（见 52.3 节）。

现在我可以展示状态机工作的代码了，在这个例子里，这是一个函数，它被调用来处理带有给定事件编码的事件。

```
void handle_event(char *code) {
  int event = eventID_with_code(code);
  if (EMPTY == event) return;  //忽略未知事件
  int t = get_transition_target(controller.currentState, event);
  if (EMPTY == t) return; //在这个状态中没有迁移，所以无所谓
  controller.currentState = t;

  int i;
  for (i = 0; i < NUM_ACTIONS; i++) {
    int action = machine.states[controller.currentState].actions[i];
    if (EMPTY == action) break;
    send_command(machine.commands[action].code);
  }
}

int eventID_with_code(char *code) {
  int i;
  for (i = 0; i < NUM_EVENTS; i++) {
    if (is_empty_event_slot(i)) break;
    if (0 == strcmp(code, machine.events[i].code))
```

```
        return i;
    }
    return EMPTY;
}

int get_transition_target(int state, int event) {
    int i;
    for (i = 0; i < NUM_TRANSITIONS; i++) {
        if (EMPTY == machine.states[state].transitions[i].event) return EMPTY;
        if (event == machine.states[state].transitions[i].event) {
            return machine.states[state].transitions[i].target;
        }
    }
    return EMPTY;
}
```

现在我们有了一个可以工作的状态机模型了。这里有一些需要注意的点。首先，数据结构有些原始，因此需要遍历整个数组来查找各种编码和名称。在定义状态机的时候，这可能不是什么问题，但是，如果是运行这个状态机，那么最好可以通过哈希函数来替代线性查找。由于这个状态机已经被很好地封装了，要完成这个替代并不难，因此我把这项任务留给读者作为练习。改变模型的此类实现细节并不会影响定义新的状态机的配置函数的接口，这样的封装是非常重要的。

这个模型并不包含任何形式的重置事件。在 DSL 脚本和 Java 版语义模型中定义的各种重置事件，在 C 语言版的状态机中变成了额外的状态迁移。这使得状态机的运行变得更加简单。这是一种典型的折中的例子，相较于清晰地表达意图，我更喜欢简单的操作。对于真正的语义模型（第11 章），我倾向于尽可能地表达意图，而对于生成的目标环境中的影子模型，我并不十分强调意图。

我可以通过移除事件、命令和状态的名称，进一步简化状态机的执行。这些名称仅在配置状态机时使用，在执行中根本没有用到。因此，我可以使用某种形式的查询表，而一旦状态机被完整定义了，我就可以丢弃这个表。事实上，声明函数可以仅使用整数，如`declare_action(1,2);`。这样的代码非常不易读，当然你可以说这种代码是生成的，所以可读性没有那么重要。但是在这个情况下，我仍然倾向于保留这些名称，因为我认为哪怕对于生成的代码，可读性也非常重要，除此之外更重要的是，在出错的情况下，使用名称可以使状态机产生更有用的诊断信息。当然，如果目标环境中空间非常紧张，那么我也会放弃它。

55.4 动态加载状态机（C）

如上面例子那样生成 C 语言代码意味着当我们重新设置一个状态机时，需要重新编译。使用基于模型的代码生成也允许我们在运行时构建状态机，方法是通过另一个文件来驱动代码生成。

在这个例子里，我可以通过如下的文本文件来表达某个特定状态机的行为：

```
config_machine.txt...
  event doorClosed D1CL
  event drawerOpened D2OP
  event lightOn L1ON
  event doorOpened D1OP
  event panelClosed PNCL
```

```
command lockDoor D1LK
command lockPanel PNLK
command unlockPanel PNUL
command unlockDoor D1UL
state idle
state active
state waitingForDrawer
state unlockedPanel
state waitingForLight
transition idle doorClosed active
action idle unlockDoor
action idle lockPanel
transition active lightOn waitingForDrawer
transition active drawerOpened waitingForLight
transition waitingForDrawer drawerOpened unlockedPanel
transition unlockedPanel panelClosed idle
action unlockedPanel unlockPanel
action unlockedPanel lockDoor
transition waitingForLight lightOn unlockedPanel
transition idle doorOpened idle
transition active doorOpened idle
transition waitingForDrawer doorOpened idle
transition unlockedPanel doorOpened idle
transition waitingForLight doorOpened idle
```

我可以根据 Java 版的语义模型（第 11 章）来生成这个文件。

```
class StateMachine...
  public String generateConfig() {
    StringBuffer result = new StringBuffer();
    for(Event e : getEvents()) e.generateConfig(result);
    for(Command c : getCommands()) c.generateConfig(result);
    for(State s : getStates()) s.generateNameConfig(result);
    for(State s : getStates()) s.generateDetailConfig(result);
    generateConfigForResetEvents(result);
    return result.toString();
  }

class Event...
  public void generateConfig(StringBuffer result) {
    result.append(String.format("event %s %s\n", getName(), getCode()));
  }

class Command...
  public void generateConfig(StringBuffer result) {
    result.append(String.format("command %s %s\n", getName(), getCode()));
  }

class State...
  public void generateNameConfig(StringBuffer result) {
    result.append(String.format("state %s\n", getName()));
  }
  public void generateDetailConfig(StringBuffer result) {
    for (Transition t : getTransitions()) t.generateConfig(result);
    for (Command c : getActions())
      result.append(String.format("action %s %s\n", getName(), c.getName()));
  }
```

　　为了运行这个状态机，我可以结合 C 语言标准库里内置的简单的字符串处理函数和分隔符制导翻译（第 17 章）来解释 config_machine 中的内容。

通过打开文件并解释里面的每一行就可以完成构建这个状态机的整个函数。

```
void build_machine() {
  FILE * input = fopen("machine.txt", "r");
  char buffer[BUFFER_SIZE];
  while (NULL != fgets(buffer, BUFFER_SIZE, input)) {
    interpret(buffer);
  }
}
```

标准 C 函数 strtok 可以让我将一个字符串用空白符分隔成不同的记号。我可以从分隔的结果中取出第一个记号，然后把它分派给特定的函数来解释。

```
#define DELIMITERS " \t\n"

void interpret(char * line) {
  char * keyword;
  keyword = strtok(line, DELIMITERS);
  if (NULL == keyword) return; //忽略空行
  if ('#' == keyword[0]) return; //注释
  if (0 == strcmp("event", keyword)) return interpret_event();
  if (0 == strcmp("command", keyword)) return interpret_command();
  if (0 == strcmp("state", keyword)) return interpret_state();
  if (0 == strcmp("transition", keyword)) return interpret_transition();
  if (0 == strcmp("action", keyword)) return interpret_action();
  sm_error("Unknown keyword");
}
```

每个特定的函数取出必要的记号，然后调用在上个例子中定义的函数 declare。这里我只给出事件的处理代码，因为其他的代码都很类似。

```
void interpret_event() {
  char *name = strtok(NULL, DELIMITERS);
  char *code = strtok(NULL, DELIMITERS);
  declare_event(name, code);
}
```

（将第一个参数置为 NULL 并重复调用 strtok 将会返回上一次调用 strtok 的同一个字符串中的后续记号。）

我不认为这个文本格式是 DSL，因为我设计 DSL 只是为了易于解释，而不是出于可读性的考虑。当然使这个文本格式具有一定的可读性是有好处的，例如使用状态、事件和命令的名字，因为这样更便于调试。但是当前这个场景下，这个格式的首要目的是易于解释，其次才是可读性。

这个示例的目的是说明静态目标语言的代码生成并不意味着不能使用运行时解释。通过使用基于模型的代码生成，我可以把基本的状态机模型和一个非常简单的解释器一起编译。然后我的代码生成器将生成需要解释的文本文件。这样我的控制器就可以使用 C 语言，同时修改状态机时无须重新编译。通过在我可用的环境中生成易于解释的文件，我可以最小化解释器的实现成本。当然我也可以更进一步，用 C 语言实现完整的 DSL 处理器，但是这对于 C 语言系统和 C 语言编程会有更高的处理要求。在特定情况下，这可能是一种可行的方案，如果这样，我们就不需要再使用基于模型的代码生成了。

第56章

无视模型的代码生成（Model Ignorant Generation）

将所有逻辑硬编码到生成的代码中，因而没有语义模型的显式表示。

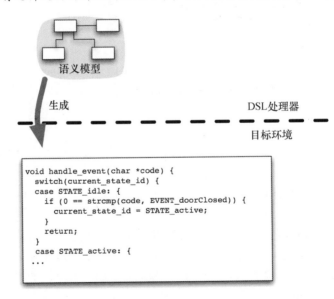

56.1 运行机制

代码生成的一个优点是，它允许你通过一种可控的方式生成那些因重复度太高而不适合手工编写的代码。这就为你提供了一种新的实现选择，而通常你是不会由于重复代码而选择这么做的。特别是，这使你可以在控制流中对某些行为进行编码，而这些行为通常是用数据结构来表示的。

为了使用无视模型的代码生成，我可以从在目标环境中编写特定的 DSL 脚本的实现开始。我喜欢从最简单的脚本开始。实现代码应该尽可能清晰，但是可以自由地混合通用代码和专用代码。对于代码中特定元素的重复也不必担心，因为这部分是生成的。这意味着我无须过于关注数据结构，通常使用过程化代码和简单的数据结构就可以了。

56.2 使用时机

有时候目标环境中所使用的语言，对于程序的结构化和模型的构建仅提供有限的设施。在这种情况下，我们就无法使用基于模型的代码生成（第 55 章）了，于是无视模型的代码生成就成了唯一的选择。使用无视模型的代码生成的另一个主要原因是，当我们使用基于模型的代码生成时，其实现需要太多的运行时资源。而将逻辑直接编码到控制流中能够减少对内存的需求或提高系统的性能。如果内存使用和性能都是非常重要的，那么无视模型的代码生成就是一种很好的选择。

然而总体而言，如果可能，我还是倾向于使用基于模型的代码生成。因为通常而言，通过基于模型的代码生成来生成代码更容易，因此基于模型的代码生成所生成的程序更容易理解和修改。而无视模型的代码生成所生成的代码更容易追踪。于是，这就产生了相反的效应，弄清楚生成什么比较容易，而编写代码来生成它们则比较难。

56.3 使用嵌套条件的密室状态机（C）

我将再一次使用密室状态机的例子。经典的状态机实现之一是使用嵌套条件，你可以根据当前状态机的状态和所接收的事件来使用条件表达式对下一步求值。在这个例子中，我将展示对格兰特女士的控制器，使用嵌套条件的实现。要了解我是如何生成代码的，可以参考基于模板的代码生成（第 53 章）中的例子。

在求值时我需要考虑两个条件：输入的事件和当前状态。我先从当前的状态开始。

```
#define STATE_idle 1
#define STATE_active 0
#define STATE_waitingForDrawer 3
#define STATE_unlockedPanel 2
#define STATE_waitingForLight 4

void handle_event(char *code) {
  switch(current_state_id) {
  case STATE_idle: {
    handle_event_while_idle (code);
    return;
  }
```

```
    case STATE_active: {
      handle_event_while_active (code);
      return;
    }
    case STATE_waitingForDrawer: {
      handle_event_while_waitingForDrawer (code);
      return;
    }
    case STATE_unlockedPanel: {
      handle_event_while_unlockedPanel (code);
      return;
    }
    case STATE_waitingForLight: {
      handle_event_while_waitingForLight (code);
      return;
    }
    default: {
      printf("in impossible state");
      exit(2);
    }
    }
}
```

测试当前状态需要使用一个存有当前状态的静态变量。

```
#define ERROR_STATE -99
static int current_state_id = ERROR_STATE;
void init_controller() {
  current_state_id = STATE_idle;
}
```

每个辅助函数都会根据接收到的事件进行进一步的条件验证。下面给出的是针对活跃状态的代码：

```
#define EVENT_drawerOpened "D2OP"
#define EVENT_lightOn "L1ON"
#define EVENT_doorOpened "D1OP"

#define COMMAND_lockPanel "PNLK"
#define COMMAND_unlockPanel "PNUL"
void handle_event_while_active (char *code) {
  if (0 == strcmp(code, EVENT_lightOn)) {
    current_state_id = STATE_waitingForDrawer;
  }
  if (0 == strcmp(code, EVENT_drawerOpened)) {
    current_state_id = STATE_waitingForLight;
  }
  if (0 == strcmp(code, EVENT_doorOpened)) {
    current_state_id = STATE_idle;
    send_command(COMMAND_unlockDoor);
    send_command(COMMAND_lockPanel);
  }
}
```

其他辅助函数都是类似的，所以在这里我就不重复了。

这样的代码重复度过高而不适合以手工方式来为不同的状态机编写，通过生成的方式来生成这些代码就很简单。

第 *57* 章

代沟（**Generation Gap**）

通过继承将生成的代码与手工编写的代码分离。

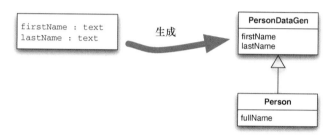

代码生成中的一个难点是，生成的代码和手工编写的代码需要区别对待。永远不要手工编辑生成的代码，否则你就无法安全地重新生成它们。

代沟指通过继承关系的连接，将生成的代码和手工编写的代码放入不同的类中以保持这两部分代码的分离。

这个模式最早是由已故的 John Vlissides（《设计模式》作者之一）描述的。在他的表述中，手工编写的类是生成的类的子类，但是据我所见的用法，本书中的相关描述略有不同。我真希望能和他好好探讨一下这个问题。

57.1　运行机制

代沟的基本形式在于生成超类（Vlissides 称之为核心类），然后手工编写子类。这样你就可以覆写子类中生成的代码的任一方面。手工编写的代码可以调用任何生成的特性，生成的代码可以通过抽象方法（编译器可以检查这些抽象方法是由子类实现的）调用手工编写的特性或钩子方法（只在需要的时候被覆写）。

当从外部引用这些类时，要一直引用手工编写的具体类。这样生成的类就会被代码的其余部分忽略。

我见过的另一种常见情形是，在这两个类之外再添加手工编写的第三个类，这个类是生成的类的超类，这个类中包含的生成的类的逻辑不依赖于由代码生成触发的变体。比起生成这些不变的代码，将它们放在超类中可以使工具（尤其是 IDE）更容易地追踪它们。一般而言，我对于代码生成的建议是，尽可能少地生成代码，这是因为生成的代码比手工编写的代码更难修改。一旦需要修改生成的代码，你就需要重新运行代码生成系统。现代 IDE 的重构功能也不能适当地处理生成的代码。

因此，在继承结构中可能存在 3 个类。

- **手工编写的基类**，其所含逻辑不随着代码生成的参数变化。
- **生成的类**，其所含逻辑由代码生成的参数自动生成。
- **手工编写的具体类**，其所含逻辑无法生成，并依赖生成的特性。只有这个类可以被其他代码使用。

你并不总需要所有这 3 个类，如果你没有不变的逻辑，就不需要手工编写的基类。同样，如果你不需要覆写生成的代码，你也可以跳过手工编写的具体类。因此，代沟的另一个合理的变体是手工编写的超类和生成的子类。

你通常会发现手工编写的类和生成的类组成的结构更复杂，它们与继承和一般调用有关。代码生成和手工编写之间的相互影响确实导致了更复杂的类结构——这是你为代码生成所带来的便利而付出的代价。

有时候你会发现代沟的一个问题是，你不知道有手工编写的具体类时该做什么，但并不总是这样。在这种情况下，你需要确定如何处理没有手工编写类的那些类。你可以使生成的类成为调用代码所使用的已命名类，但是这样会引起命名和使用上的混乱。因此我倾向于总是创建具体类，如果它们没有要覆写的内容，就让它们空着。

不过这样仍然有个问题：对于这些空类，是应该让程序员手动创建还是让代码生成系统自动创建呢？如果数量不多而且无须频繁修改，那么可以让程序员手动创建。但如果数量很多而且修改频繁，可以调整代码生成系统，让它检查是否已经存在具体类，如果没有就生成一个空类。

57.2 使用时机

代沟是一种很有效的技术，它允许将某个逻辑类分为多个单独的文件，从而保持生成的代码的独立性。不过这需要你所用的语言支持继承才能完成。使用继承意味着任何可以被覆写的成员需要有足够宽松的访问控制权限以使其对于子类可见，也就是说，Java 和 C#中的 private 不是很好的选择。

如果你所用的语言允许将同一个类的代码放置在多个文件里，如 C#的部分类或者 Ruby 的开放类，那么这也可以达到代沟的效果。C#的部分类文件的优势在于，可以让你在不使用继承的情况下分离生成的代码和手工编写的代码，从而所有的代码都在一个类里。而它的不足在于，虽然你可以向生成的类中添加特性，但它没提供任何机制来覆写这些特性。Ruby 的开放类可以处理这种情况，它可以在生成的代码之后对手工编写的代码求值，从而允许你用手工编写的方法来替换生成的方法。

早期还有一种替代方式可以达到代沟的效果，就是将生成的代码放到文件的某个标记区域，例如在 code gen start 和 code gen end 的注释之间。这种做法容易让人感到困惑，导致无法阻止他人意外地修改生成的代码，而且每次修改生成的代码之后版本之间的比对会变得很困难。因此，如果你可以找到一种方式将生成的代码放置在不同的文件里，那么这就总是一种较好的方法。

虽然代沟是一个不错的做法，但是它并不是唯一能使生成的代码和手工编写的代码分离的方式。通常而言，将这两种代码各自放入单独的类中，然后让它们彼此调用是效果较好的方式。这种方法更加简单易懂且便于使用，因此一般来说我推荐使用它。只有当调用关系变得比较复杂的时候（例如，我需要根据一些特殊情况来覆写生成的类中的默认行为），我才会推荐使用代沟。

57.3 根据数据模式生成类（Java 和一些 Ruby）

代码生成中的一个常见的话题是，根据某种形式的数据模式（data schema）来生成类的数据定义。例如，如果你正在编写一个行数据入口（Row Data Gateway）[Fowler PoEAA]来访问数据库，那么类的大部分内容都可以根据数据库模式本身来生成。

我觉得无论是 SQL 还是 XML 的模式都过于复杂，于是我选择一个更简单的例子——从 CSV 文件中读取信息。这个例子非常简单，我们甚至不需要处理引用和字符转义。对于每一个文件，我都有一个简单的模式文件来定义文件名和每个字段的数据类型。例如，对于人员，我使用这样的模式：

```
firstName : text
lastName : text
empID : int
```

以及样本数据：

```
martin, fowler, 222
neal, ford, 718
rebecca, parsons, 20
```

根据这个模式，我希望可以生成 Java DTO[Fowler PoEAA]，其中包含模式中每个字段的正确类型、getter 方法和 setter 方法，以及一些验证。

当用类似于 Java 这样的编译型语言生成代码时，很可能会妨碍构建过程。如果我使用 Java 来编写代码生成器，我就必须使编译代码生成器与编译其余代码分离。这样构建过程就会变得混乱，特别是使用 IDE 的时候。另一种方式是使用脚本语言来实现代码生成，这样我只需要运行一个脚本就可以生成代码，这会简化构建过程，但其代价是将会引入另一种语言。当然我的观点是，你总是会用到脚本语言，因为你总会有一些用脚本来实现任务自动执行的需求。在这个例子里，我选择将 Ruby 作为脚本语言，使用 ERB（Ruby 内置的模板系统）来实现基于模板的代码生成（第 53 章）。

这种模式的语义模型（第 11 章）非常简单。模式是带有字段名和类型的字段集合。

```ruby
class Schema...
  attr_reader :name
  def initialize name
      @name = name
      @fields = []
  end

class Field...
  attr_accessor :name, :type
  def initialize name, type
      @name = name
      @type = type
  end
```

对这个模式文件进行语法分析相当简单，我只要逐行读取它，并根据冒号分割成记号，然后创建字段对象。由于它的语法分析逻辑很简单，因此我就不再单独将语法分析代码从语义模型对象本身中分离出来了。

```ruby
class Schema...
  def load input
    input.readlines.each {|line| load_line line }
  end

  def load_line line
    return if blank?(line)
    tokens = line.split ':'
    tokens.map! {|t| t.strip}
    @fields << Field.new(tokens[0], tokens[1])
  end

  def blank? line
    return line =~ /^\s*$/
  end
```

一旦组装了语义模型，我就可以用它来生成数据类了。我从字段定义和访问它们的方法开始，我希望生成这样的代码：

```java
public class PersonDataGen extends AbstractData {

  private String firstName;
  public String getFirstName () {
    return firstName ;
  }
  public void setfirstName (String arg ) {
    firstName = arg;
  }
  protected void checkFirstName(Notification note) {};
```

```
private String lastName;
public String getLastName () {
  return lastName ;
}
public void setLastName (String arg ) {
  lastName = arg;
}
protected void checkLastName(Notification note) {};

private int empID;
public int getEmpID () {
  return empID ;
}
public void setEmpID (int arg ) {
  empID = arg;
}
protected void checkEmpID(Notification note) {};
```

我将生成的类设置为不变的手工编写的类的子类。我并不用这个类处理字段的基本定义，我稍后将介绍它的用途。

为了实现这一点，我需要一个模板。

```
public class <%=name%>DataGen extends AbstractData {
  <% @fields.each do |f| %>
  private <%= f.java_type %> <%= f.name %>;
  public <%=f.java_type%> <%=f.getter_name%> () {
    return <%=f.name%> ;
  }
  public void <%= f.setter_name %> (<%= f.java_type %> arg ) {
    <%= f.name %> = arg;
  }
  protected void <%= f.checker_name %>(Notification note) {};
  <% end %>
```

这一模板中会引用语义模型上的很多方法以协助完成代码生成。

```
class Field...
  def java_type
    case @type
      when "text" : "String"
      when "int"  : "int"
      else raise "Unknown field type"
    end
  end

  def method_suffix
    @name[0..0].capitalize + @name[1..-1]
  end

  def getter_name
    "get#{method_suffix}"
  end

  def setter_name
    "set#{method_suffix}"
  end

  def checker_name
    "check#{method_suffix}"
  end
```

这样生成字段让我可以覆写 getter 方法和 setter 方法，或者为类添加新的方法。在这个例子中，我可以返回首字母大写的名字，以及添加一个生成全名的方法。

```
public class PersonData extends PersonDataGen {
  public String getLastName() {
    return capitalize(super.getLastName());
  }
  public String getFirstName() {
    return capitalize(super.getFirstName());
  }
  private String capitalize(String s) {
    StringBuilder result = new StringBuilder(s);
    result.replace(0,1, result.substring(0,1).toUpperCase());
    return result.toString();
  }
  public String getFullName() {
    return getFirstName() + " " + getLastName();
  }
```

除了数据访问，我还希望可以进行验证。这里我将这些代码添加到手工编写的子类型中。我也希望所有这些验证方法可以很容易地被一起运行，那么我可以将它们添加到手写的基类中去。

```
class AbstractData...
  public Notification validate() {
    Notification note = new Notification();
    checkAllFields(note);
    checkClass(note);
    return note;
  }
  protected abstract void checkAllFields(Notification note);
  protected  void checkClass(Notification note) {}
```

验证方法调用一个抽象方法逐个检查所有字段，同时调用一个空的钩子（hook）方法来验证多字段逻辑。我将在具体的手写类中覆写这个钩子方法，生成的类则根据用于生成字段的信息来实现这个抽象方法。

```
class PersonDataGen...
  protected void checkAllFields(Notification note) {
    checkFirstName (note);
    checkLastName (note);
    checkEmpID (note);
  }
```

正如在之前的例子里看到的，这些检查方法本身只是空的钩子方法，我可以覆写它们以增加验证行为。

```
class PersonData...
  protected void checkEmpID(Notification note) {
    if (getEmpID() < 1) note.error("Employee ID must be postitive");
  }
```

参 考 文 献

[Dragon] Aho, Alfred V., Monica S. Lam, Ravi Sethi, and Jeffrey D. Ullman. *Compilers: Principles, Techniques, and Tools*. 2nd Edition. Addison-Wesley. 2006. ISBN 0321486811.

[Anderson] Anderson, Chris. *Essential Windows Presentation Foundation*. Addison-Wesley. ISBN 0321374479.

[Beck IP] Beck, Kent. *Implementation Patterns*. Addison-Wesley. ISBN 0321413091.

[Beck TDD] Beck, Kent. *Test-Driven Development*. Addison-Wesley. ISBN 0321146530.

[Beck SBPP] Beck, Kent. *Smalltalk Best Practice Patterns*. Addison-Wesley. ISBN 013476904X.

[Cross] Cross, Bradford. *The Compositional DSL vs. Computational DSL Smack Down*.

[Evans DDD] Evans, Eric. *Domain-Driven Design*. Addison-Wesley. ISBN 0321125215.

[Fowler PoEAA] Fowler, Martin. *Patterns of Enterprise Application Architecture*. Addison-Wesley. ISBN 0321127420.

[Fowler AP] Fowler, Martin. *Analysis Patterns*. Addison-Wesley. ISBN 0201895420.

[Fowler Refactoring] Fowler, Martin. *Refactoring*. Addison-Wesley. ISBN 0201485672.

[Freeman and Pryce] Freeman, Steve and Nat Pryce. "Evolving an Embedded Domain-Specific Language in Java." In: *Companion to the 21st ACM SIGPLAN Conference on Object-Oriented Programming Systems, Languages, and Applications*.

[GoF] Gamma, Erich, Richard Helm, Ralph Johnson, and John Vlissides. *Design Patterns*. Addison-Wesley. ISBN 0201633612.

[Herrington] Herrington, Jack. *Code Generation in Action*. Manning. ISBN 1930110979.

[Kabanov et al.] Kabanov, Jevgeni, Michael Hunger, and Rein Raudjärv. *On Designing Safe and Flexible Embedded DSLs with Java 5*.

[Hohpe and Woolf] Hohpe, Gregor and Bobby Woolf. *Enterprise Integration Patterns*. Addison-Wesley. ISBN 0321200683.

[Meszaros] Meszaros, Gerard. *xUnit Test Patterns*. Addison-Wesley. ISBN 0131495054.

[Meyer] Meyer, Bertrand. *Object-Oriented Software Construction*. Addison-Wesley. ISBN 0136291554.

[parr-antlr] Parr, Terence. *The Definitive Antlr Reference*. Pragmatic Bookshelf. 2007. ISBN 0978739256.

[parr-LIP] Parr, Terence. *Language Implementation Patterns*. Pragmatic Bookshelf. 2009. ISBN 193435645X.

模 式 清 单

模式名（英文）	模式名（中文）	描述	章号
Adaptive Model	适应性模型	在数据结构中插入代码块来实现备选计算模型	第 47 章
Alternative Tokenization	可变分词方式	在语法分析器中改变词法分析行为	第 28 章
Annotation	注解	与程序元素（如类、方法等）相关的数据，可以在编译时或运行时进行处理	第 42 章
BNF	巴克斯-诺尔范式	形式化地定义编程语言的语法	第 19 章
Class Symbol Table	类符号表	通过一个类和它的字段来实现符号表，从而在静态类型语言中支持类型感知的自动补全	第 44 章
Closure	闭包	可表示为对象（或一级数据结构）的代码块，通过允许引用其作用域，可被无缝放入代码流	第 37 章
Construction Builder	构造型构建器	将构造函数的参数保存为构建器的字段，然后通过这个构建器，逐步地完成对不可变对象的创建	第 14 章
Context Variable	上下文变量	用变量保存语法分析所需的上下文	第 13 章
Decision Table	决策表	用表格的形式来表示条件语句的组合	第 48 章
Delimiter-Directed Translation	分隔符制导翻译	通过将源文本分解成块（通常是行）并逐块进行语法分析的方式来翻译源文本	第 17 章
Dependency Network	依赖网络	由依赖关系链接起来的任务列表。要执行某个任务，需要调用其依赖的任务，并把这些任务当作先决条件来执行	第 49 章
Dynamic Reception	动态接收	处理消息时不需要在接收类中定义这些消息	第 41 章
Embedded Interpretation	内嵌解释	将解释器动作嵌入文法，以便在执行语法分析的时候可以对文本直接进行解释以产生响应	第 26 章
Embedded Translation	内嵌翻译	将生成输出的代码嵌入语法分析器，以便在语法分析的过程中逐步产生输出	第 25 章
Embedment Helper	嵌入助手	一个通过为模板机制提供所需的所有函数来最小化模板系统中代码的对象	第 54 章
Expression Builder	表达式构建器	基于通常的命令查询 API 提供连贯接口的一个或者一组对象	第 32 章
Foreign Code	外来代码	在外部 DSL 中嵌入一些外来代码，以提供比在 DSL 中能够指定的更复杂的行为	第 27 章
Function Sequence	函数序列	将函数调用组合成语句的序列	第 33 章
Generation Gap	代沟	通过继承将生成的代码与手工编写的代码分离	第 57 章
Literal Extension	字面量扩展	为程序中的字面量添加方法	第 46 章
Literal List	字面量列表	用字面量列表表示表达式	第 39 章

模式名（英文）	模式名（中文）	描述	章号
Literal Map	字面量映射	用字面量映射表示表达式	第 40 章
Macro	宏	使用基于模板的代码生成在进行语言处理前把输入文本转换成不同的文本	第 15 章
Method Chaining	方法级联	让修饰符方法返回宿主语言对象，这样就可以在单个表达式中调用多个修饰符	第 35 章
Model Ignorant Generation	无视模型的代码生成	将所有逻辑硬编码到生成的代码中，因而没有语义模型的显式表示	第 56 章
Model-Aware Generation	基于模型的代码生成	通过对 DSL 的语义模型的显式模拟来生成代码，从而实现生成的代码中通用部分与专用部分的分离	第 55 章
Nested Closure	嵌套闭包	通过将函数调用的语句的子元素放入参数的闭包中来表达这些元素	第 38 章
Nested Function	嵌套函数	通过将函数调用嵌套为其他调用的参数来组合函数	第 34 章
Nested Operator Expression	嵌套运算符表达式	可以递归地包含相同形式的表达式的运算符表达式（如算术表达式或布尔表达式）	第 29 章
Newline Separator	换行分隔符	使用换行符作为语句的分隔符	第 30 章
Notification	通知	收集错误消息和其他消息，并将它们汇报给调用者	第 16 章
Object Scoping	对象作用域	将 DSL 脚本置于对象中，从而使对各裸函数的引用转化为对单个对象的引用	第 36 章
Parse Tree Manipulation	语法分析树操作	捕获代码片段的语法分析树，从而可以使用 DSL 处理代码对其进行操作	第 43 章
Parser Combinator	语法分析器组合子	通过组合语法分析器对象，创建一个自顶向下的语法分析器	第 22 章
Parser Generator	语法分析器生成器	以文法文件作为 DSL，驱动语法分析器的构建	第 23 章
Production Rule System	产生式规则系统	通过一组产生式规则组织逻辑，每条规则都有一个条件和一个动作	第 50 章
Recursive Descent Parser	递归下降语法分析器	使用控制流实现文法运算符，使用递归函数实现非终止符识别器，以此实现自顶向下的语法分析器	第 21 章
Regex Table Lexer	基于正则表达式表的词法分析器	利用正则表达式列表来实现词法分析器	第 20 章
Semantic Model	语义模型	由 DSL 组装的模型	第 11 章
State Machine	状态机	将系统建模为一组显式的状态以及状态间的迁移	第 51 章
Symbol Table	符号表	用来存储语法分析过程中所有可识别的对象以解决引用问题的地方	第 12 章
Syntax-Directed Translation	语法制导翻译	一个文法并使用该文法让翻译过程结构化，通过这种方式来翻译源文本	第 18 章
Templated Generation	基于模板的代码生成	手工编写输出文件来生成输出，在文件中插入标注来生成可变部分	第 53 章
Textual Polishing	文本打磨	在正式处理之前进行简单的文本替换	第 45 章
Transformer Generation	基于转换器的代码生成	编写一个转换器来生成代码，它读入输入模型并产生输出结果	第 52 章
Tree Construction	树构造	语法分析器会创建并返回源文本的语法树，用以在后续的树遍历代码中进行操作	第 24 章

速 查 表

如何将语法分析逻辑从语义逻辑（或代码生成逻辑）中分离出来？
=> 语义模型（第 11 章）
使用内部 DSL => 表达式构建器（第 32 章）+ 语义模型（第 11 章）

语法分析

如何持有符号以便在语法分析的不同部分交叉引用？
=> 符号表（第 12 章）

如何在语法分析过程中保持层级上下文？
尽可能在栈上保持，并使用参数和返回值。
如果不行 => 上下文变量（第 13 章）

如何逐步构建不可变对象？
=> 构造型构建器（第 14 章）

如何收集并向语法分析的调用者返回多个错误？
=> 通知（第 16 章）

外部 DSL

如何将文本分解成语法分析结构？
=> 语法制导翻译（第 18 章）+ BNF（第 19 章）
如果结构非常简单 => 分隔符制导翻译（第 17 章）

如何构建词法分析器？
=> 基于正则表达式表的词法分析器（第 20 章）
如果使用语法分析器生成器，并且其词法分析器生成器正好满足要求，就使用该词法分析器生成器。

如何构建语法分析器？
=> 语法分析器生成器（第 23 章）

如果文法很简单 => 语法分析器组合子（第 22 章）

如果当前平台上没有语法分析器生成器 => 语法分析器组合子（第 22 章）

倾向于用控制流而不是对象组合 => 递归下降语法分析器（第 21 章）

如何生成输出？

如果输出可以清晰地映射到语义模型 => 内嵌翻译（第 25 章）

如果转换很复杂 => 树构造（第 24 章）

希望立即运行简单的 DSL 语句 => 内嵌解释（第 26 章)

如何处理算术表达式、布尔表达式或类似的结构？

=> 嵌套运算符表达式（第 29 章）

如何处理那些十分罕见以至于不值得扩展 DSL 的场景？

如何将非 DSL 的行为织入 DSL？

=> 外来代码（第 27 章）+ 嵌入助手（第 54 章）

正在使用外来代码，但 DSL 已经被淹没，因而很难找到。

=> 嵌入助手（第 54 章）

如何在语法分析过程中改变词法分析规则？

=> 可变分词方式（第 28 章）

在使用语法制导翻译时，如何处理作为文法的一部分的换行符？

=> 换行分隔符（第 30 章）

内部 DSL

如何表示一系列高级语句？

=> 函数序列（第 33 章）

如何处理一系列固定的子句？

必选的子句 => 嵌套函数（第 34 章）

可选的子句 => 字面量映射（第 40 章）

需要可选的子句，且不支持字面量映射语法 => 方法级联（第 35 章）

如何处理一系列可变的子句？

相同的子句 => 字面量列表（第 39 章）

不同的子句 => 方法级联（第 35 章）

所有子句仅出现一次 => 字面量映射（第 40 章）

如何在方法名中构建简单的表达式？

如何将方法参数表示为方法名？

=> 动态接收（第 41 章）

如何使用以数字或其他字面量开头的表达式？

=> 字面量扩展（第 46 章）

如何在不使用全局数据或全局函数的情况下使用裸函数调用？

=> 对象作用域（第 36 章）

如何控制对子句求值的时机？

方法里的子句 => 嵌套闭包（第 38 章）

类定义里的子句 => 注解（第 42 章）

如何获得静态类型检查或者类型安全的自动补全？

=> 类符号表（第 44 章）

如何使我的 DSL 看上去不那么像宿主语言？

我的修改只是简单的文本替换 => 文本打磨（第 45 章）

如果是更复杂的情况，就使用外部 DSL。

如何用以宿主语言编写的表达式来组装语义模型，而不用对表达式求值？

=> 语法分析树操作（第 43 章）

备选计算模型

如何使用异于宿主语言的模型安排计算？

=> 适应性模型（第 47 章）

如何表示条件逻辑？

有复合的条件表达式 => 决策表（第 48 章）

有一个待求值的条件列表 => 产生式规则系统（第 50 章）

如何表示某些计算开销很大且包含一些必须先检查并在必要时执行的先决任务的任务？

=> 依赖网络（第 49 章）

如何表示一种可以根据所处的状态对事件产生不同响应的机器？

=> 状态机（第 51 章）

代码生成

如何驱动生成输出代码的过程？

大部分的输出代码是生成的 => 基于转换器的代码生成（第 52 章）

有很多输出代码并非生成的 => 基于模板的代码生成（第 53 章）

使用基于模板的代码生成时如何保持模板的可读性？

=> 嵌入助手（第 54 章）

如何在目标代码中构造语义？

=> 基于模型的代码生成（第 55 章）

目标语言的表达力不足时 => 无视模型的代码生成（第 56 章）

如何交织生成的代码和手写的代码？

在生成的代码和手写的代码之间使用调用。

需要一个对象中同时包含生成的代码和手写的代码 => 代沟（第 57 章）